"十三五"职业教育国家规划教材

国家职业教育焊接技术与自动化专业

教学资源库配套教材

焊接结构生产

主　编　冯菁菁

副主编　赵艳艳

参　编　王子瑜　戴志勇　王博　雷兆峰

主　审　邓洪军

机械工业出版社
CHINA MACHINE PRESS

本书是国家职业教育焊接技术与自动化专业教学资源库配套教材，是根据焊接专业教学资源库专业建设项目组会同行业专家共同制定的高等职业教育焊接技术与自动化专业教学标准和“焊接结构生产”课程标准编写的。

本书共8个项目，内容包括焊接接头的认知、焊接结构的应力与变形、焊接结构生产工艺过程设计、焊接结构件的备料与加工、焊接结构件的成形加工、焊接结构生产的装配与焊接工艺、焊接工装的使用、典型焊接结构的制造工艺。为便于教学，本书配套有电子教案、助教课件、教学动画及教学视频等教学资源。读者可登录焊接资源库网站 http：//hjzyk.36ve.com：8103/访问。

本书采用双色印刷，并将相关的微课和模拟动画以二维码的形式植入书中，以方便读者学习使用。

本书在编写过程中，根据最新国家职业技能要求，从现代高职人才培养目标出发，注重教学内容的实用性，结合焊接专业技术岗位特点，贴近焊接生产实际组织教学内容，以典型产品加工为载体组织教材内容，以达到让学生掌握焊接结构生产的基本知识和基本技能的目的。全书通俗易懂、实用性强，便于组织教学，可作为高等职业院校智能焊接技术专业教材，也可作为有关技术人员、管理人员的岗位培训教材。

图书在版编目（CIP）数据

焊接结构生产/冯菁菁主编．—北京：机械工业出版社，2018.4（2025.1重印）
国家职业教育焊接技术与自动化专业教学资源库配套教材
ISBN 978-7-111-59401-7

Ⅰ.①焊…　Ⅱ.①冯…　Ⅲ.①焊接结构-焊接工艺-高等职业教育-教材　Ⅳ.①TG44

中国版本图书馆CIP数据核字（2018）第048524号

机械工业出版社（北京市百万庄大街22号　邮政编码100037）
策划编辑：王海峰　于奇慧　　责任编辑：王海峰　张丹丹
责任校对：陈　越　　封面设计：鞠　杨
责任印制：常天培
固安县铭成印刷有限公司印刷
2025年1月第1版第12次印刷
184mm×260mm·16.75印张·379千字
标准书号：ISBN 978-7-111-59401-7
定价：55.00元

电话服务
客服电话：010-88361066
010-88379833
010-68326294

网络服务
机　工　官　网：www.cmpbook.com
机　工　官　博：weibo.com/cmp1952
金　　书　　网：www.golden-book.com
机工教育服务网：www.cmpedu.com

关于“十四五”职业教育
国家规划教材的出版说明

为贯彻落实《中共中央关于认真学习宣传贯彻党的二十大精神的决定》《习近平新时代中国特色社会主义思想进课程教材指南》《职业院校教材管理办法》等文件精神，机械工业出版社与教材编写团队一道，认真执行思政内容进教材、进课堂、进头脑要求，尊重教育规律，遵循学科特点，对教材内容进行了更新，着力落实以下要求：

1. 提升教材铸魂育人功能，培育、践行社会主义核心价值观，教育引导学生树立共产主义远大理想和中国特色社会主义共同理想，坚定“四个自信”，厚植爱国主义情怀，把爱国情、强国志、报国行自觉融入建设社会主义现代化强国、实现中华民族伟大复兴的奋斗之中。同时，弘扬中华优秀传统文化，深入开展宪法法治教育。

2. 注重科学思维方法训练和科学伦理教育，培养学生探索未知、追求真理、勇攀科学高峰的责任感和使命感；强化学生工程伦理教育，培养学生精益求精的大国工匠精神，激发学生科技报国的家国情怀和使命担当。加快构建中国特色哲学社会科学学科体系、学术体系、话语体系。帮助学生了解相关专业和行业领域的国家战略、法律法规和相关政策，引导学生深入社会实践、关注现实问题，培育学生经世济民、诚信服务、德法兼修的职业素养。

3. 教育引导学生深刻理解并自觉实践各行业的职业精神、职业规范，增强职业责任感，培养遵纪守法、爱岗敬业、无私奉献、诚实守信、公道办事、开拓创新的职业品格和行为习惯。

在此基础上，及时更新教材知识内容，体现产业发展的新技术、新工艺、新规范、新标准。加强教材数字化建设，丰富配套资源，形成可听、可视、可练、可互动的融媒体教材。

教材建设需要各方的共同努力，也欢迎相关教材使用院校的师生及时反馈意见和建议，我们将认真组织力量进行研究，在后续重印及再版时吸纳改进，不断推动高质量教材出版。

机械工业出版社

国家职业教育焊接技术与自动化专业教学资源库配套教材编审委员会

总序

跨入21世纪，我国的职业教育经历了职教发展史上的黄金时期。经过了“百所示范院校”和“百所骨干院校”，涌现出一批优秀教师和优秀的教学成果。而与此同时，以互联网技术为代表的各类信息技术飞速发展，它带动其他技术的发展，改变了世界的形态，甚至人们的生活习惯。网络学习，成为了一种新的学习形态。职业教育专业教学资源库的出现，是适应技术与发展需要的结果。通过职业教育专业资源库建设，借助信息技术手段，实现全国甚至是世界范围内的教学资源共享。更重要的是，以资源库建设为抓手，适应时代发展，促进教育教学改革，提高教学效果，实现教师队伍教育教学能力的提升。

2015年，职业教育国家级焊接技术与自动化专业资源库建设项目通过教育部审批立项。全国的焊接专业从此有了一个统一的教学资源平台。焊接技术与自动化专业资源库由哈尔滨职业技术学院，常州工程职业技术学院和四川工程职业技术学院三所院校牵头建设，在此基础上，项目组联合了48所大专院校，其中有国家示范（骨干）高职院校23所，绝大多数院校均有主持或参与前期专业资源库建设和国家精品资源课及精品共享课程建设的经验。参与建设的行业、企业在我国相关领域均具有重要影响力。这些院校和企业遍布于我国东北地区、西北地区、华北地区、西南地区、华南地区、华东地区、华中地区和台湾地区的26个省、自治区、直辖市。对全国省、自治区、直辖市的覆盖程度达到81.2%。三所牵头院校与联盟院校包头职业技术学院，承德石油高等专科学校，渤海船舶职业技术学院作为核心建设单位，共同承担了12门焊接专业核心课程的开发与建设工作。

焊接技术与自动化专业资源库建设了“焊条电弧焊”“金属材料焊接工艺”“熔化极气体保护焊”“焊接无损检测”“焊接结构生产”“特种焊接技术”“焊接自动化技术”“焊接生产管理”“先进焊接与连接”“非熔化极气体保护焊”“焊接工艺评定”“切割技术”共12门专业核心课程。课程资源包括课程标准、教学设计、教材、教学课件、教学录像、习题与试题库、任务工单、课程评价方案、技术资料和参考资料、图片、文档、音频、视频、动画、虚拟仿真、企业案例及其他资源等。其中，新型立体化教材是其中重要的建设成果。与传统教材相比，本套教材采用了全新的课程体系，加入了焊接技术最新的发展成果。

焊接行业、企业及学校三方联动，针对“书是书、网是网”，课本与资源库毫无关联的情况，开发互联网+资源库的特色教材，为教材设计相应的动态及虚拟互动资源，弥补纸质教材图文呈现方式的不足，进行互动测验的个性化学习，不仅使学生提高了学习兴趣，而且拓展了学习途径。在专业课程体系及核心课程建设小组指导下，由行业专家、企业技术人员和专业教师共同组建核心课程资源开发团队，融入国际标准、国家标准和焊接行业标准，共同开发课程标准，与机械工业出版社共同统筹规划了特色教材和相关课程资源。本套新型的焊接专业课程教材，充分利用了互联网平台技术，教师使用本套教材，结合焊接技术与自动化网络平台，可以掌握学生的学习进程、效果与反馈，及时调整教学进程，显著提升教学效果。

教学资源库正在改变当前职业教育的教学形式，并且还将继续改变职业教育的未来。随着信息技术和教学手段不断发展完善，教学资源库将会以全新的形态呈现在广大学习者面前，本套教材也会随着资源库的建设发展而不断完善。

教学资源库配套教材编审委员会

2017 年 10 月

前言

本书为国家职业教育焊接技术与自动化专业教学资源库配套教材。为了满足职业教育课程改革和教材建设的要求，体现项目式教学改革成果，编者在总结多年教学经验并搜集制作大量教学资源的基础上，编写了本书。

为贯彻落实党的二十大报告中“深入实施科教兴国战略、人才强国战略”部署，推进产教融合、科教融汇，本书力求体现职业教育的培养目标和教学要求，对接职业标准和岗位要求，充分考虑职业院校学生的认知规律，以学生为中心，以典型工作任务为载体设计教材内容，大幅度降低理论深度，强调实践性、应用性、创新性。本书综合性较强，建议在学习之前熟练掌握“熔焊原理”“焊接工艺”及“焊接质量检验”等课程内容。

为全面贯彻党的教育方针，落实立德树人根本任务；加快建设高质量教育体系，发展素质教育，本书在配套的数字资源中，融入了大国工匠的相关内容，以培养学生的工匠精神、工匠品质，同时在知识拓展模块中，引入了中国制造相关内容，以激发学生的民族自豪感和奋斗热情。

本书的主要特色如下：

1）打破理论和实践界限，采用任务驱动模式，将知识学习、技能培养和素质教育有机结合，突出对学生动手能力、专业技能、爱国情怀和工匠精神的培养。

2）利用计算机和网络技术建立立体化教材，通过扫描二维码可观看相关微课和模拟动画。

3）本书内容组织生动、活泼，并安排了“想一想”“小知识”等栏目，激发学生阅读兴趣。

4）每个任务所附的思考与练习，切合教学内容和职业教育特点，内容丰富，形式多样，贴近 1+X 特殊焊接技术职业技能等级证书培训与考核内容。

5）为了更好地实现校企合作，本书在编写过程中还邀请了企业一线的工程技术人员参与，使教材内容能够包含企业最前沿信息。

本书的主要内容、学时分配（共 120 学时）与教学建议详见下表。

项目	内容	建议学时	教学建议
项目一	焊接接头的认知	14	线上-线下混合教学
项目二	焊接结构的应力与变形	20	线上-线下混合教学
项目三	焊接结构生产工艺过程设计	16	线上-线下混合教学
项目四	焊接结构件的备料与加工	18	线上-线下混合教学
项目五	焊接结构件的成形加工	16	线上-线下混合教学

（续）

项目	内容	建议学时	教学建议
项目六	焊接结构生产的装配与焊接工艺	10	线上-线下混合教学
项目七	焊接工装的使用	10	线上-线下混合教学
项目八	典型焊接结构的制造工艺	16	线上-线下混合教学

本书由冯菁菁任主编，赵艳艳任副主编，邓洪军教授任主审。本书共 8 个项目，编写分工为：项目二、项目八由冯菁菁编写，项目三由雷兆峰（企业）与冯菁菁共同编写，项目一、项目五由赵艳艳编写，项目七由王子瑜编写，项目四和项目六由戴志勇和王博共同编写。

在编写过程中，本书参阅了有关同类教材、书籍和网络资料，并得到参编学校和企业的大力支持，在此一并致以诚挚的谢意。由于编者水平有限，书中难免存在缺点和不足之处，敬请广大读者批评指正。

编　者

目录

项目一
焊接接头的认知

项目概述

焊接接头是组成焊接结构的关键元件，其强度和可靠性直接影响着整个焊接结构的安全使用。本项目介绍焊接接头的基本理论，分别以支架焊接图和典型接头尺寸设计为载体，让学生在掌握焊接接头的组成和基本形式、焊缝的基本形式、焊缝符号的组成与标注及焊接接头强度的基本理论等相关知识的基础上能够正确识读焊接图，了解焊接符号在图中表示的含义及要求。同时，能够根据焊接接头强度基本理论，对给定接头进行强度校核，通过静载强度校核焊缝是否满足使用要求。培养学生的守法意识和质量意识；用企业产品在真实的企业情境中组织教学，让学生感受到企业氛围和文化，培养学生的职业道德和职业素养，建议采用项目化教学，学生以小组的形式来完成任务，培养学生自主学习、与人合作、与人交流的能力。

任务一　支架焊接图的识读

学习目标

1. 了解焊接接头的组成及类型、焊缝的空间位置、焊缝符号的表示方法。
2. 读懂焊接图样及焊接符号在焊接图中表示的含义，学会焊接图焊缝尺寸的标注方法。
3. 了解焊缝坡口的基本形式，掌握坡口的选用原则。

任务描述

焊接图能表达焊件焊接时的基本技术要求、焊件的重要结构信息及各焊件间的连接情况，在焊接生产中，读懂焊接图、了解焊接图所表达的焊接工艺信息是实施焊接的重要前提之一。图 1-1 所示为支架焊接图，要求读懂工件图样，了解各焊接符号在图中表示的含义及要求。

识读焊接图时，要从图样中焊接符号的构成分析和技术要求分析两个方面入手。由图 1-1 可知，该支架由三个零件焊接组合而成，即件 1 与件 2 焊接、件 2 与件 3 焊接。要识读支架的焊接图，首先应了解零件间焊接接头形式等基本知识以及焊缝符号及尾部符号后的数字所表示的含义，并分析不同焊件之间的连接情况。

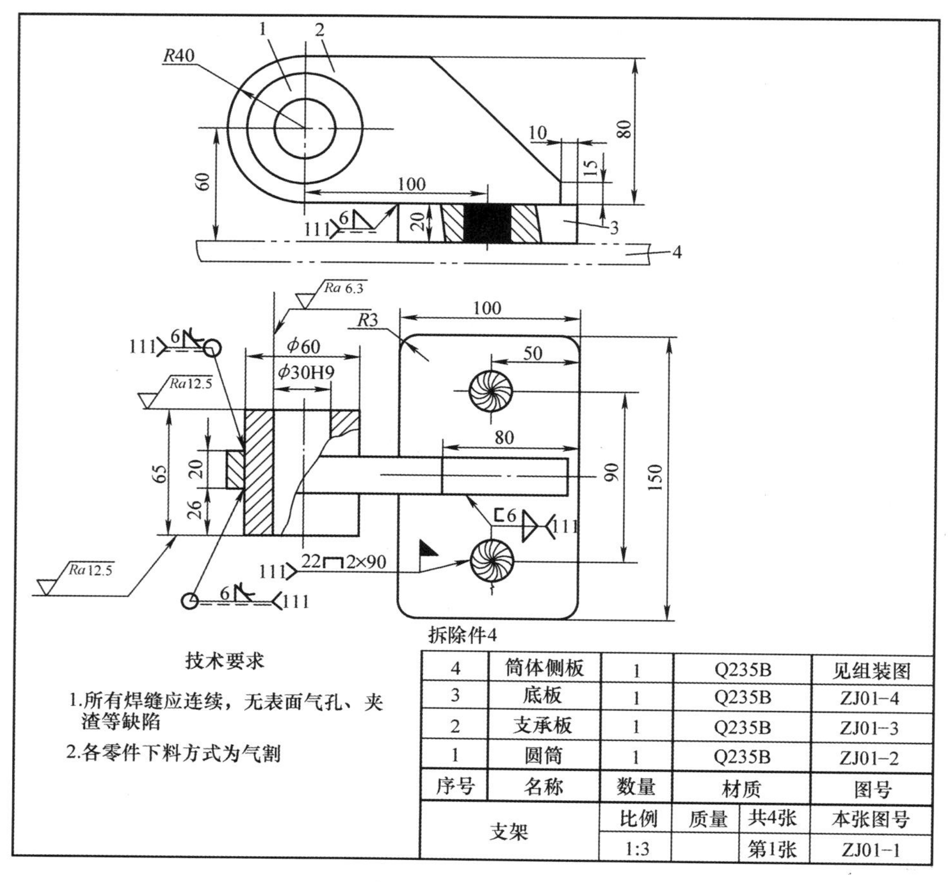

4	筒体侧板	1	Q235B	见组装图
3	底板	1	Q235B	ZJ01-4
2	支承板	1	Q235B	ZJ01-3
1	圆筒	1	Q235B	ZJ01-2
序号	名称	数量	材质	图号
支架	比例	质量	共4张	本张图号
	1:3		第1张	ZJ01-1

图 1-1　支架焊接图

必备知识

一、焊接结构的特点及分类

焊接作为一种金属连接的工艺方法，已经在机械制造业中得到广泛应用，许多传统的铸、锻制品，由于毛坯加工量大，零部件受力不理想等原因逐步被焊接产品或铸焊、锻焊结构产品所代替。焊接结构形式各异，繁简程度不一，类型很多，几乎渗透到国民经济的各个领域，目前各国的焊接结构用钢量，均已占其钢材消费量的40%~60%。

1. 焊接结构的特点

焊接结构是将各种经过轧制的金属材料及铸、锻等坯料采用焊接方法制成能承受一定载荷的金属结构。焊接结构具有一系列其他结构无法比拟的优点，主要体现在以下几个方面：

1）焊接接头的强度高。由于铆接接头需要在母材上钻孔，因而削弱了接头的工作截面，使其接头强度低于母材。而焊接接头的强度、刚度一般可与母材相等或相近，能够承受母材所能承受的各种载荷。

2）焊接结构设计的灵活性大。通过焊接，可以方便地实现多种形状和不同厚度的材料的连接，甚至可以将不同种类的材料连接起来，也可以通过与其他工艺方法联合使用，使焊接结构的材料分布更合理，材料应用更恰当。

3）焊接接头的密封性好。焊缝处的气密性能和水密性能是其他连接方法所无法比拟的。特别是在高温、高压容器结构上，只有焊接才是最理想的连接形式。

4）焊接结构适用于大型或重型、单件小批量生产的简单产品结构制造，如船体、桁架和球形容器等。在制造时，一般先将几何尺寸大、形状复杂的结构进行分解，对分解后的零件或部件分别加工，然后通过总体装配焊接形成一个整体结构。

5）焊前准备工作简单。

6）结构的变更与改型快，而且容易。

焊接结构的缺点和不足主要表现在以下几个方面：

1）在焊接时难免产生各类焊接缺陷，如果修复不当或缺陷漏检，则会产生过大的应力集中，从而降低整个焊接结构的承载能力。

2）由于焊接结构多是整体的大刚度结构，裂纹一旦扩展，就难以被制止，因此焊接结构对于脆性断裂、疲劳、应力腐蚀和蠕变破坏都比较敏感。

3）焊接结构中存在残余应力和变形。这不仅影响焊接结构的外形尺寸和外观质量，同时给焊后的继续加工带来很多麻烦，甚至直接影响焊接结构的强度。

4）焊接会改变材料的部分性能，使焊接接头附近变成一个不均匀体，即具有几何的不均匀性、力学的不均匀性、化学成分的不均匀性和金属组织的不均匀性。

5）对于一些高强度的材料，因其焊接性能较差，更容易产生焊接裂纹等缺陷。

根据以上这些特点可以看出，若要获得优质的焊接结构，必须要合理地设计结构、正确地选择材料和选择合适的焊接设备，制订正确的焊接工艺和进行必要的质量检验，只有这样才能保证合格的产品质量。

2. 焊接结构的分类

焊接结构形式各异，繁简程度不一，类型很多，但焊接结构都是由一个或若干个不同的基本构件组成的，如梁、柱、桁架、箱体、容器等。分类的方法有几种，按半成品的制造方法可分为板焊结构、铸焊结构、锻焊结构、冲焊结构等；按结构的用途则可分为车辆结构、船体结构、飞行结构、容器结构等；按材料厚度可分为薄壁结构、厚壁结构；按材料种类可分为钢制结构、铝制结构、钛制结构等；现在国内通用的分类方法是根据焊接结构的工作特性来分类，主要分为以下几种类型：

（1）梁及梁系结构　梁是在一个或两个主平面内承受弯矩的构件。这类结构的工作特点是结构件受横向弯曲，当多根梁通过焊接组成梁系结构时，各梁的受力情况变得比较复杂，如大型水压机的横梁、桥式起重机的主梁等。

（2）柱类结构　柱类结构是轴心受压和偏心受压（带有纵向弯曲）的构件。柱和梁一起组成厂房、高层房屋和工作平台的钢骨架。这类结构的特点是，承受压力或在受压的同时又承受纵向弯曲。与梁类结构一样，结构的断面形状大多为I形、箱形或管式圆形断面。

（3）桁架结构　桁架结构常用于大跨度的厂房、展览馆、体育馆和桥梁等公共建筑中。这里的桁架指的是桁架梁，是格构化的一种梁式结构。其主要结构特点在于各杆件受力均以单向拉、压为主，通过对上下弦杆和腹杆的合理布置，可适应结构内部的弯矩和剪力分布。结构布置灵活，应用非常广泛，如用于大中型工业和民用的建筑、大跨度的桥式起重机、门式起重机等。

（4）板壳结构（又称壳体结构）　这类结构是由钢板焊接而成的，钢板的厚度远小于其他两个尺寸。按照几何形状，板又分为薄板和薄壳。薄板是平面的板；薄壳是曲面的板。因为板壳结构是由薄板和薄壳组成的，所以板壳结构又称薄壁结构，如储气罐、贮液罐等要求密闭的容器，大直径高压输油管、输气管等，以及高炉的炉壳、轮船的船体等。另外还有汽车起重机箱型伸缩臂架、转台、车架、支腿等，挖掘机的动臂、斗杆、铲斗，门式起重机的主梁、刚性支腿、挠性支腿等也都属于板壳结构。

（5）杆系结构　这类结构是由若干杆件按照一定的规律组成几何不变结构，其特征是每根杆件的长度远大于宽度和厚度，即截面尺寸较小。常见的塔式起重机的臂架和塔身是杆系结构，高压输电线路塔架、变电构架、广播电视发射塔架也是杆系结构。

（6）骨架结构　骨架结构大多数用于起重运输机械，通常受动载荷，故要求它具有较轻的重量和较大的刚度。如北京奥运会主体育场“鸟巢”、船体钢筋、客车棚架、列车和汽车箱体等，均属于此类结构。

（7）机器结构　这类结构主要包括机床大件（机身、立柱、横梁等）、压力机机身、减速器箱体以及大型机器零件等。这类结构通常在交变载荷或重复性载荷下工作，必须具有精确的尺寸，才能保证主要部件或仪表零件的加工质量。采用钢板焊接或铸焊、锻焊联合的工艺制造机器零部件结构，可以解决铸、锻设备能力不足的问题，同时可大大缩短制造周期。

二、焊接接头的组成及基本形式

1. 焊接接头的组成

在焊件需连接部位，用焊接方法制造而成的接头称为焊接接头，一般简称接头。以熔焊为例，焊接接头由焊缝金属、熔合区和热影响区组成，如图 1–2 所示。

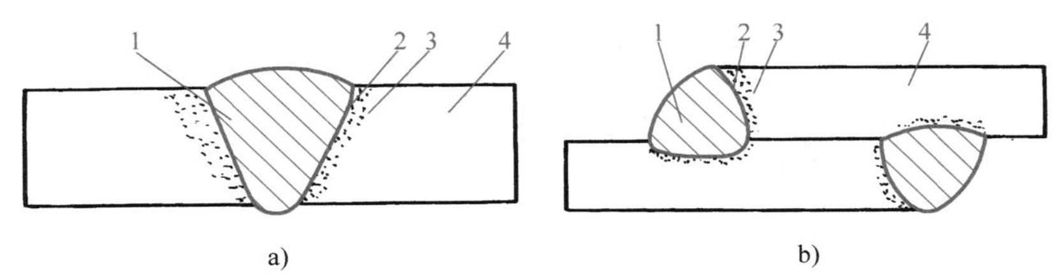

图 1–2　熔焊接头的组成

a）对接接头断面图　b）搭接接头断面图

1—焊缝金属　2—熔合区　3—热影响区　4—母材

小知识

熔焊接头是采用高温热源对焊件进行局部加热熔化，冷却凝固后，将被焊母材连接在一起而形成的。

焊缝金属是由焊接填充金属及部分母材金属熔化结晶后形成的铸造组织，其化学成分和组织与母材金属有较大差异。热影响区受焊接热循环的影响，组织和性能都发生变化，特别是熔合区的组织和成分更为复杂。因此，焊接接头是一个成分、组织和性能都不均匀的连接体。

视频：焊接接头及组成

2. 焊接接头的基本形式

焊接接头的种类和形式很多，可以从不同的角度将它们加以分类。焊接接头按所采用的焊接方法可分为熔焊接头、压焊接头和钎焊接头三大类。因熔焊接头在焊接结构制造中应用较广，故本节只介绍熔焊接头的基本类型。根据组对的形式，常用的熔焊接头可分为对接接头、搭接接头、T 形接头和角接接头四种。

（1）对接接头　对接接头是把同一平面上的两被焊工件相对焊接起来而成形的接头。与其他类型的接头相比，对接接头的受力状况较好，应力集中程度小，是采用熔焊方法焊接优先选用的接头形式。对于熔焊接头，根据工艺需要和设计要求，将被焊工件的待焊部位加工并装配成具有一定几何形状和尺寸的沟槽，称为焊接坡口，简称坡口。焊接对接接头时，为了保证焊接质量、减少焊接变形和焊接材料消耗，根据焊件的壁厚和所选用的焊接工艺方法不同，往往需要把被焊工件的对接边缘加工成各种形式的坡口，进行坡口对接焊。对接接头可以采用直边对接、V 形坡口对接、双 V 形（X 形）坡口对接、U 形坡口对接、V 形或 U 形组合坡口对接等多种形式，如图 1–3 所示。

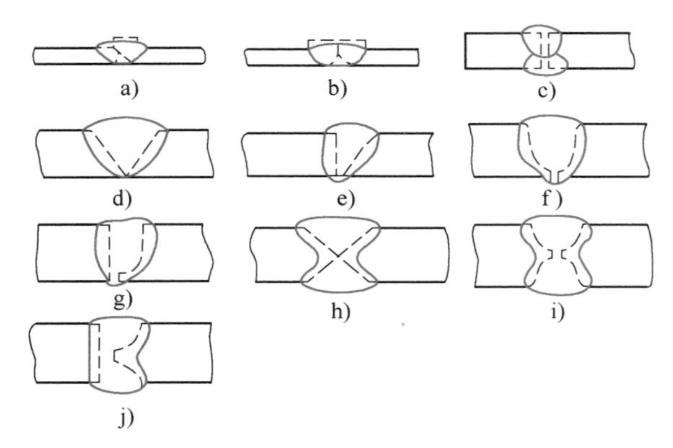

图 1-3　对接接头的各种形式

a）单边卷边坡口接头　b）双边卷边坡口接头　c）I 形坡口接头

d）V 形坡口接头　e）单边 V 形坡口接头　f）带钝边 U 形坡口接头

g）带钝边 J 形坡口接头　h）双 V 形坡口接头　i）带钝边双 U 形坡口接头　j）带钝边双 J 形坡口接头

（2）搭接接头　搭接接头是把两被焊工件部分地重叠在一起或加上专门的搭接件用角焊缝或塞焊缝、槽焊缝连接起来的接头。搭接接头的应力分布极不均匀，疲劳强度较低，不是理想的接头形式。但是，搭接接头的焊前准备和装配工作比较简单，所以在受力较小的焊接结构中仍能得到广泛的应用。常见的搭接接头的形式如图 1-4 所示。

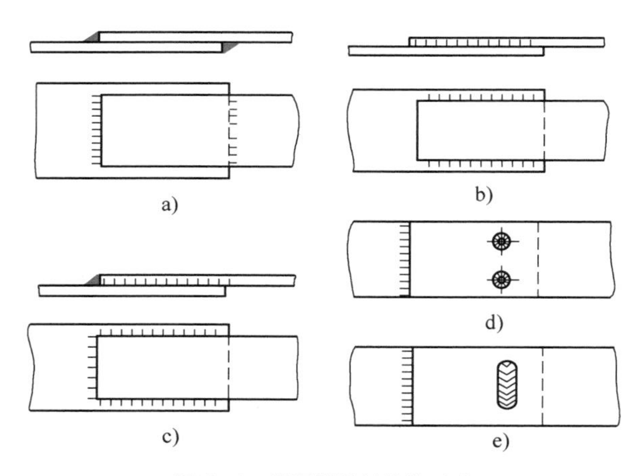

图 1-4　常见搭接接头的形式

a）正面角焊缝连接　b）侧面角焊缝连接　c）联合角焊缝连接

d）正面角焊缝 + 塞焊缝连接　e）正面角焊缝 + 槽焊缝连接

（3）T 形接头　T 形接头是把互相垂直的或成一定角度的被焊工件用角焊缝连接起来的接头。这类接头是一种典型的电弧焊接头，能承受各种方向的外力和力矩的作用。常见的 T 形接头的形式如图 1-5 所示。

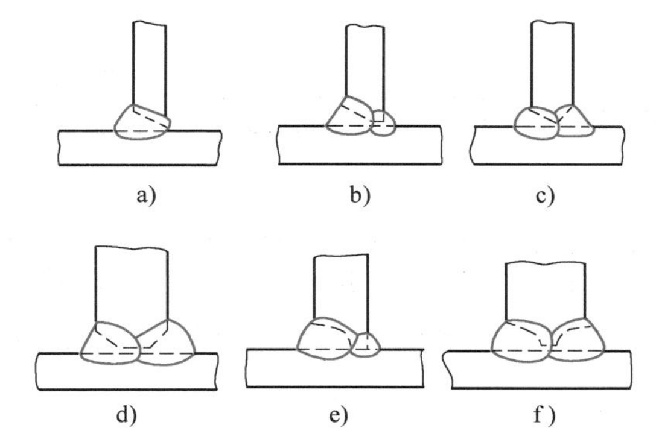

图 1-5　常见 T 形接头的形式

a）单边 V 形坡口接头　b）带钝边单边 V 形坡口接头　c）双 V 形坡口接头

d）带钝边双 V 形坡口接头　e）带钝边 J 形坡口接头　f）带钝边双 J 形坡口接头

（4）角接接头　角接接头是两被焊工件间构成大于 30°、小于 135° 夹角的端部进行连接的接头。角接接头多用于箱形构件，常见的直角接头的形式如图 1-6 所示。

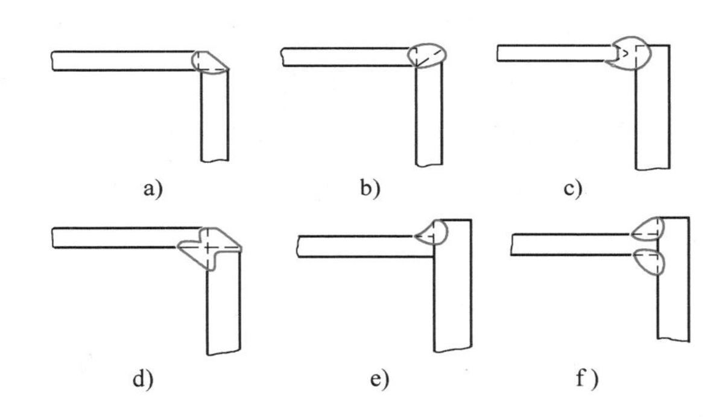

图 1-6　常见直角接头的形式

a）简单形　b）单 V 形　c）K 形　d）X 形　e）单 J 形　f）双 J 形

三、焊缝的基本形式

焊缝是指焊后焊件中所形成的结合部分。组成焊缝的金属即焊缝金属。焊缝是构成焊接接头的主体部分，主要有对接焊缝和角焊缝两种基本形式。

视频：焊接接头的类型

1. 对接焊缝

在焊件的坡口面间或一零件的坡口面与另一零件表面间焊接的焊缝为对接焊缝。

（1）坡口形式的选择　对接焊缝的焊接接头可采用卷边、平对接或加工成 V 形、U 形、X 形、K 形等坡口，如图 1-7 所示。

对接焊缝开坡口的根本目的，是确保接头的质量，同时也从经济效益考虑。坡口形式的选择取决于板材厚度、焊接方法和工艺过程。通常必须考虑以下几个方面：

1）可焊到性或便于施焊。这是选择坡口形式的重要依据之一，一般而言，要根据构件能否翻

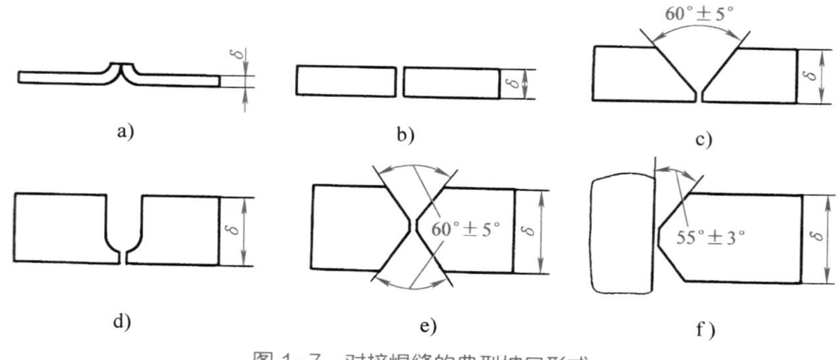

图 1-7　对接焊缝的典型坡口形式

a）δ=1~3mm　b）δ=3~8mm　c）δ=3~26mm　d）δ=20~60mm　e）δ=12~60mm　f）δ > 12mm

转、翻转难易或内外两侧的焊接条件而定。对不能翻转和内径较小的容器、转子及轴类的对接焊缝，为了避免大量的仰焊或不便从内侧施焊，宜采用 V 形或 U 形坡口。

2）节省焊接材料。对于同样厚度的焊接接头，采用 X 形坡口比 V 形坡口能节省较多的焊接材料、电能和工时。构件越厚，节省得越多，成本越低。

3）坡口易加工。V 形和 X 形坡口可以用氧气切割或等离子弧切割，也可以采用机械切削加工。对于 U 形或双 U 形坡口，一般需用刨边机加工。在圆筒体上，应尽量少开 U 形坡口，因其加工困难。

4）焊接变形小。采用不适当的坡口形状容易产生较大的焊接变形。如平板对接的 V 形坡口，其角变形就大于 X 形坡口。因此，选择合理的坡口形式可以有效地减少焊接变形。

（2）坡口尺寸的选择

1）坡口角度。其作用是使电弧能深入根部使根部焊透，大小与板厚和焊接方法有关，坡口角度越大，焊缝金属量越多，焊接变形也会增大，一般焊缝的坡口角度选 60° 左右。

2）根部间隙。采用根部间隙是为了保证根部能焊透。一般情况下，坡口角度小，需要同时增加间隙；而间隙较大时，又容易烧穿，为此，需要采用钝边防止烧穿。根部间隙过大时，还需要加垫板。

2. 角焊缝

沿两直交或近直交零件的交线所焊接的焊缝为角焊缝。角焊缝按其截面形状可分为平角焊缝、凹角焊缝、凸角焊缝和不等腰角焊缝四种，如图 1-8 所示，应用最多的是截面为直角等腰的角焊

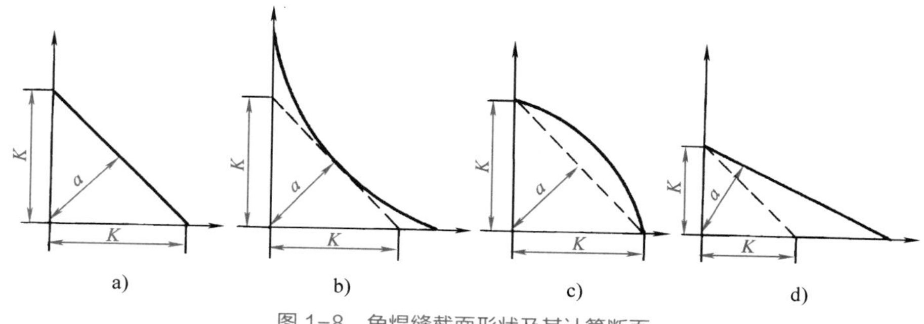

图 1-8　角焊缝截面形状及其计算断面

a）平角焊缝　b）凹角焊缝　c）凸角焊缝　d）不等腰角焊缝

缝。角焊缝的大小用焊脚尺寸 K 表示。各种截面形状角焊缝的承载能力与载荷性质有关：静载时，如母材金属塑性好，角焊缝的截面形状对承载能力没有显著影响；动载时，凹角焊缝比平角焊缝的承载能力高，凸角焊缝的最低；不等腰角焊缝，长边平行于载荷方向时，承受动载效果较好。

为了提高焊接效率、节约焊接材料、减小焊接变形，当板厚大于 13mm 时，可以采用开坡口的角焊缝。在等强度条件下，坡口角焊缝的焊接材料消耗量仅为普通角焊缝的 60%。

四、焊缝符号

焊缝符号是标注在工件图样上，指导焊接操作者施焊的主要依据。焊接操作者应清楚焊缝符号的标注方法及其含义。

1. 焊缝符号的组成

完整的焊缝符号包括基本符号、指引线、补充符号、尺寸符号及数据等。

（1）基本符号　焊缝的基本符号表示焊缝横截面的形式或特征，见表 1-1。

表 1-1　常见的基本符号（摘自 GB/T 324—2008）

名称	基本符号	示意图	标注示例
I形焊缝	‖	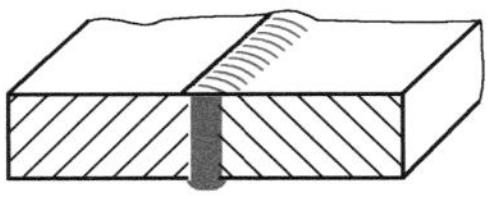	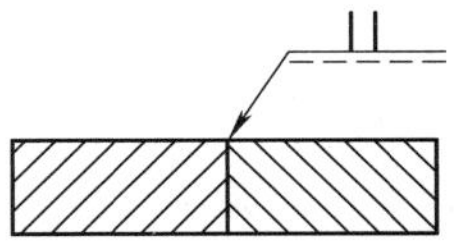
V形焊缝	V	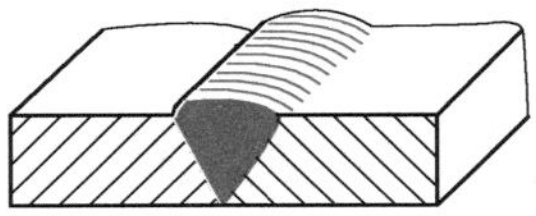	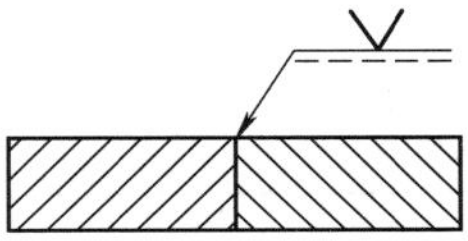
单边V形焊缝	 V	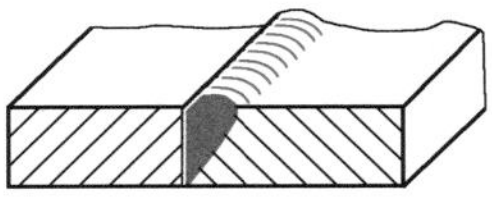	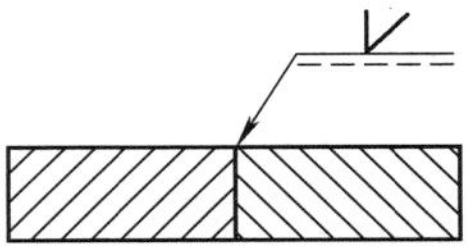
带钝边V形焊缝	 Y	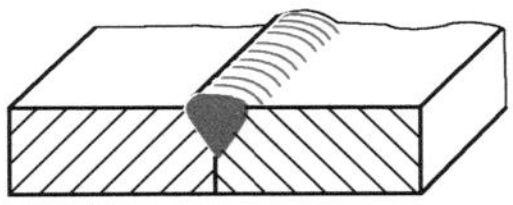	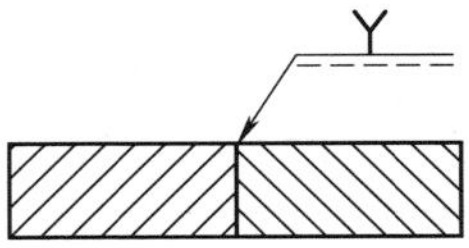
钝边单边V形焊缝	 Y	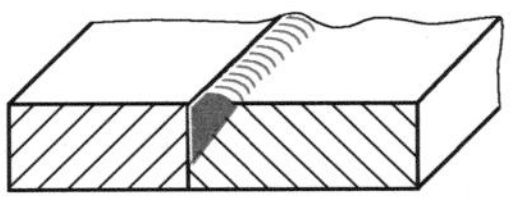	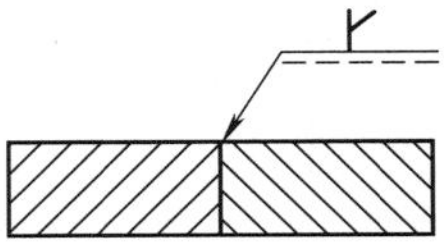
带钝边U形焊缝	 Y	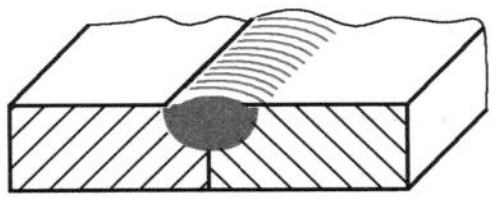	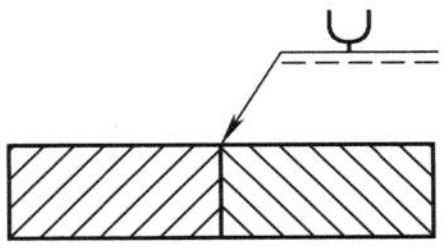
带钝边J形焊缝	 Y	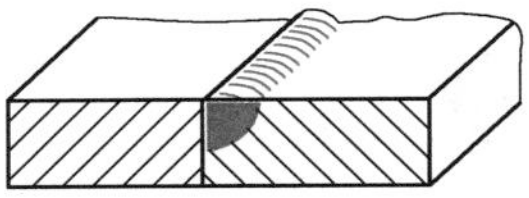	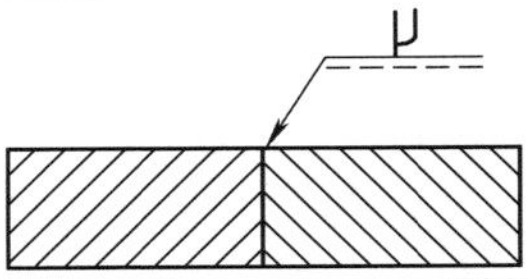

（续）

名称	基本符号	示意图	标注示例
封底焊缝		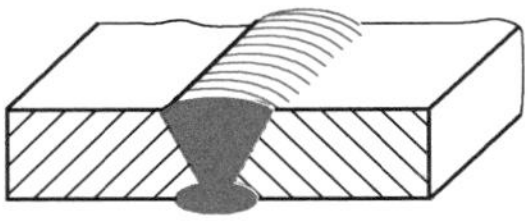	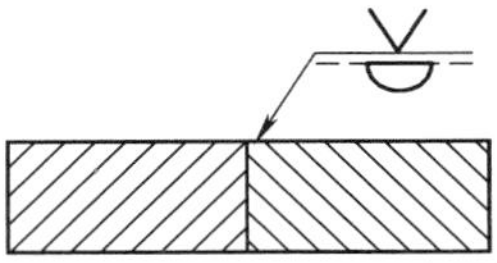
角焊缝	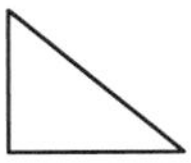	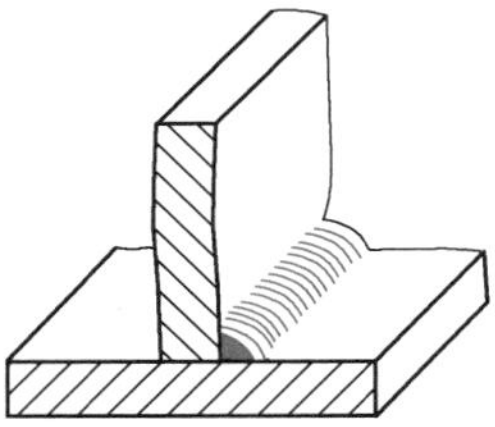	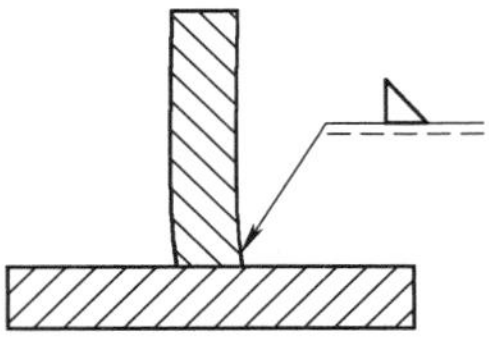
点焊缝	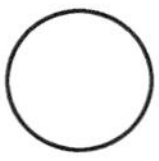	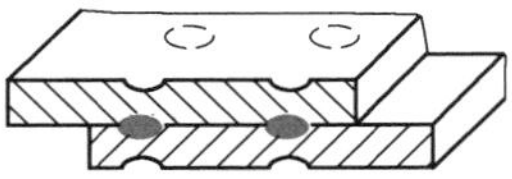	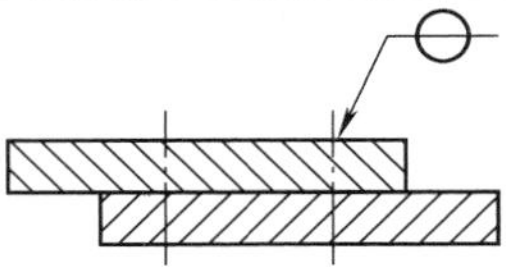

（2）补充符号　焊缝的补充符号用来补充说明有关焊缝或接头的某些特征（如表面形状、衬垫、分布、施焊特点等），见表 1–2。

表 1–2　焊缝的补充符号（摘自 GB/T 324—2008）

名称	符号	示意图	标注示例	说明
平面			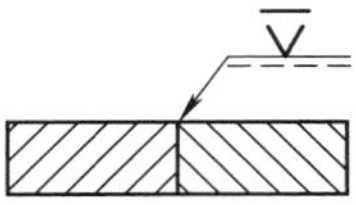	平齐的V形焊缝,焊缝表面经过加工后平整
凹面		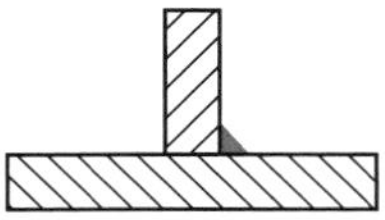	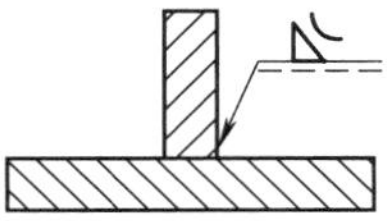	角焊缝表面凹陷
凸面		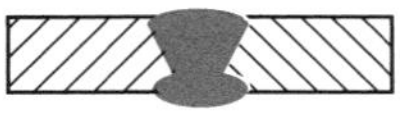	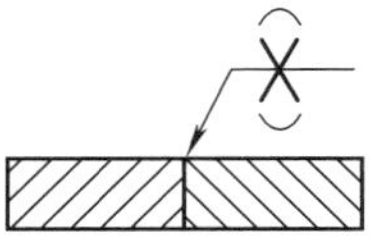	双面V形焊缝,焊缝表面凸起
圆滑过渡		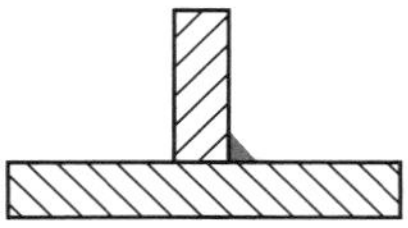	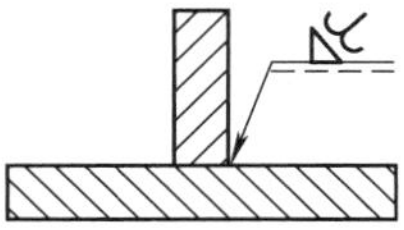	表面平滑过渡的角焊缝
永久衬垫	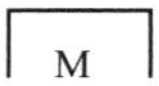 M	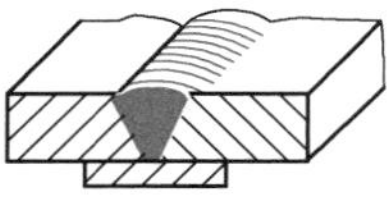	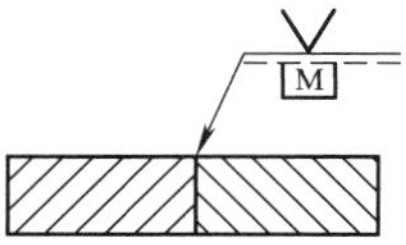 M	V形焊缝背面的衬垫永久保留

（续）

名称	符号	示意图	标注示例	说明
临时衬垫	MR		MR	V形焊缝背面的衬垫在焊接完成后拆除
三面焊缝				三面带有(角)焊缝,符号开口方向与实际方向一致
周围焊缝	○			沿着工件周围施焊的焊缝,周围焊缝符号标注在基准线与箭头线的交点处
现场焊缝				在现场焊接的焊缝
尾部	<		N=4/111	有4条相同的角焊缝采用焊条电弧焊

（3）指引线　指引线一般由带箭头的指引线（简称箭头线）和两条基准线（一条为细实线，另一条为细虚线）两部分组成，如图 1-9 所示。基准线一般与标题栏平行。指引线有箭头的一端指向有关焊缝，细虚线表示焊缝在接头的非箭头侧。在需要表示焊接方法等说明时，可在基准线末端加一尾部符号。

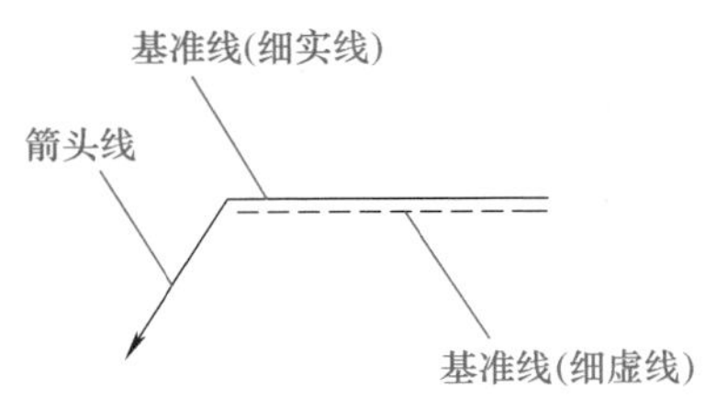

图 1-9　指引线的画法

（4）焊缝尺寸符号　焊缝尺寸符号用来代表焊缝的尺寸要求，当需要注明尺寸要求时才标注。表 1-3 所示为常用焊缝尺寸符号的含义及标注位置。

（5）焊接方法代号　按焊接过程中金属所处的状态不同，焊接方法分为熔化焊接、压力焊接和钎焊三大类。国家标准 GB/T 5185—2005《焊接及相关工艺方法代号》规定，用阿拉伯数字代号表示各种焊接工艺方法，并可在图样中标出。焊接及相关工艺方法一般采用三位数字表示：一位数代号表示工艺方法大类，两位数代号表示工艺方法分类，三位数代号表示某种工艺方法。常用的焊接及相关工艺方法代号见表 1-4。

表 1-3　常用焊缝尺寸符号的含义及标注的位置（摘自 GB/T 324—2008）

名称	符号	标注位置
工件厚度	δ	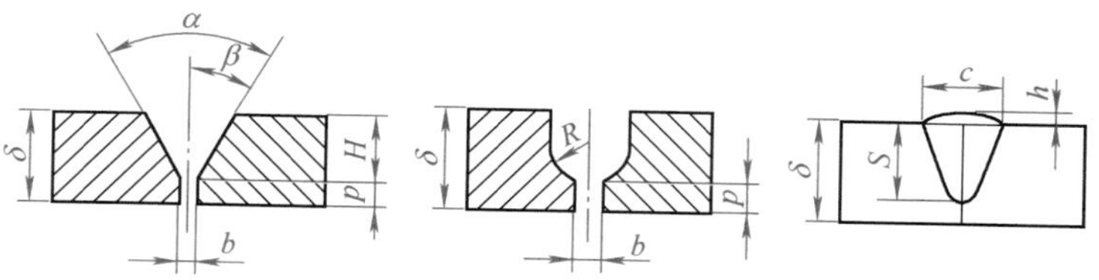
坡口角度	α	
坡口面角度	β	
根部间隙	b	
钝边	p	
坡口深度	H	
焊缝宽度	c	
余高	h	
焊缝有效厚度	S	
根部半径	R	
焊脚尺寸	K	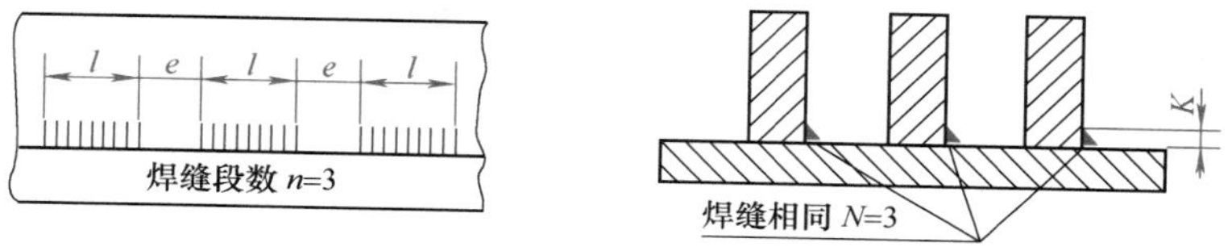 焊缝段数 n=3　焊缝相同 N=3
焊缝长度	l	
焊缝间距	e	
焊缝段数	n	
相同焊缝数量	N	

表 1-4　常用焊接及相关工艺方法代号

焊接方法	代号	焊接方法	代号
电弧焊	1	电阻焊	2
焊条电弧焊	111	点焊	21
埋弧焊	12	缝焊	22
熔化极惰性气体保护焊	131	闪光焊	24
钨极惰性气体保护焊	141	气焊	3
压焊	4	氧乙炔焊	311
超声波焊	41	氧丙烷焊	312
摩擦焊	42	其他焊接方法	7
扩散焊	45	激光焊	751
爆炸焊	441	电子束焊	76

2. 焊缝尺寸符号及数据标注原则

在焊缝符号中标注尺寸时，其标注位置如图 1–10 所示。

1）焊缝横截面上的尺寸，标在基本符号的左侧。

2）焊缝长度方向的尺寸，标在基本符号的右侧。

3）坡口角度、坡口面角度、根部间隙等尺寸，标在基本符号的上侧或下侧。

4）相同焊缝数量及焊接方法代号标注在尾部。

5）当需要标注的尺寸较多又不易分辨时，可在尺寸数据前面增加相应的尺寸符号。

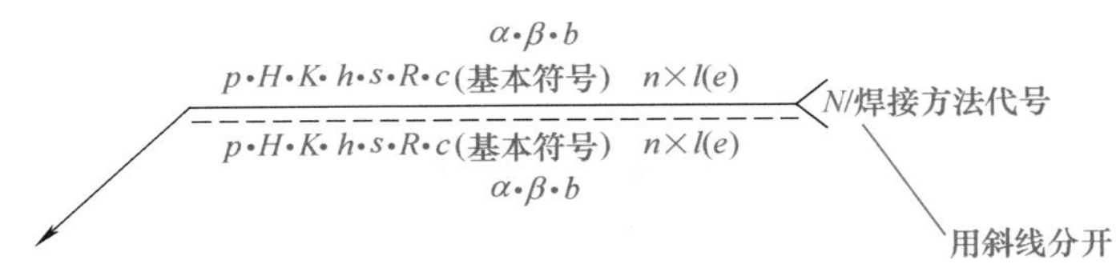

图 1–10　焊缝尺寸的标注位置

3. 识别焊缝符号的基本方法

视频：焊缝符号的读识

1）根据箭头的指引方向了解焊缝在焊件上的位置。

2）看图样上焊件的结构形式（即组焊焊件的相对位置）识别出接头形式。

3）通过基本符号可以识别焊缝形式（即坡口形式），基本符号上下标有坡口角度及对装间隙。

4）通过基准线的尾部标注可以了解采用的焊接方法、对焊接的质量要求及无损检验要求。

任务实施

1. 件 1 与件 2 的焊接连接

根据图 1–1 可知，如果部件按主视图水平固定，在件 1 圆筒与件 2 支承板的焊缝符号中，根据 GB/T 324–2008 规定，焊缝指引线“”表示焊缝在接头的箭头所指示一侧，焊缝基本符号“”表示该焊缝为角焊缝，符号中的表示该角焊缝为表面凹陷。数字“6”表示该角焊缝的焊脚尺寸，焊缝补充符号“○”表示为全位置周围施焊。根据标准规定，焊缝补充符号尾部符号“<”及后面的数字“111” 表示该焊缝用焊条电弧焊完成。

2. 件 2 与件 3 的焊接连接

如果部件按主视图水平固定，在件 2 支承板与件 3 底板的焊缝符号“”中，根据标准规定，焊缝指引线“”为角接连续对称焊缝，焊缝基本符号“”表示上下对称角焊缝，焊缝补充符号“[”表示三面施焊焊缝。数字“6”表示该角焊缝的焊脚尺寸。根据标准规定，焊缝补充符号尾部符号“<”及后面的数字“111”表示该焊缝用焊条电弧焊完成。

按主视图水平固定时，件 2 支承板与件 3 底板在仰焊的位置上，还有一处焊缝符号“”。根据标准规定，焊缝指引线“”表示焊缝在接头的箭头所指示一侧，焊缝基本符号“”表示该焊缝为角焊缝。数字“6”表示该角焊缝的焊脚尺寸。根据标准规定，焊缝补充符号尾部符号“<”

及后面的数字“111”表示该焊缝用焊条电弧焊完成。

3. 件 3 与件 4 的焊接连接

在支架俯视图中，底板件 3 与工件 4 的连接焊缝符号为“111 22⊓ 2×90 ”，根据标准规定，焊缝指引线表示用塞焊缝焊接，其中，焊缝基本符号“⊓”表示该焊缝为塞焊缝，焊缝补充符号“ ”表示该焊缝在施工现场或施工工地上进行焊接。数字“22”表示该塞焊缝是在直径为 ϕ22mm 的孔中塞焊，“2×90”中，“2”表示有两处塞焊缝，“90”表示这两处塞焊缝间距为 90mm。根据标准规定，焊缝补充符号尾部符号“<”及后面的数字“111”表示该焊缝用焊条电弧焊完成。

思考与练习

一、名词解释

1. 焊接接头　2. 对接接头　3. 搭接接头　4.T 形接头　5. 直角接头　6. 对接焊缝　7. 角焊缝

二、填空题

1. 基本的焊接接头形式有_______、_______、_______、_______、_______。

2. 根据焊接过程中金属所处的状态不同，可以把焊接分为_______、_______和_______三大类。

3. 焊接接头包括焊缝、_______区和_______区。

三、判断题

1. 焊缝符号中必须含有尾部符号。（　）

2. 尾部符号可能标注焊接方法代号。（　）

3. 坡口面角度是坡口角度的 2 倍。（　）

4. 在同一个焊缝标注中，只能有一条基准线和一条箭头线。（　）

5. 补充符号是为了补充说明焊缝的某些特征（如表面形状、垫板、焊缝分布、施焊地点等）而采用的符号。（　）

6. 焊缝符号中必须含有基本符号。（　）

7. 基本符号是表示焊缝横截面的基本形式或特征的符号。（　）

8. 焊缝符号标注时，箭头线不允许折弯。（　）

9. 焊缝的辅助符号是说明焊缝的某些特征而采用的符号。（　）

10. 对接接头的焊缝一定是对接焊缝。（　）

11. 焊缝的基本符号是表示焊缝横截面形状的符号。（　）

12. 尾部符号可能标注焊缝尺寸。（　）

四、简答题

1. 焊接接头由哪些部分组成？各组成部分有什么特点？

2. 选择坡口遵循的一般原则是什么？

3. 焊缝代号的标注规则有哪些？

任务二　对接接头静载强度校核

学习目标

1. 了解影响焊接结构的使用寿命及安全性的因素及其在结构设计和生产中的地位和作用。
2. 理解焊接结构的破坏形式及其影响因素和防止措施。
3. 掌握焊接接头静载强度计算和校核方法。

任务描述

焊接结构的使用寿命及安全性在结构设计和生产中占有非常重要的地位，结构的破坏和失效一般以疲劳破坏和脆性断裂为主，其中脆性断裂具有时间短、破坏性严重、不可预测等特点。因此，计算、校核焊接接头的静载强度，是焊接结构安全、可靠工作的基本要求，也是确定焊接结构生产质量要求的依据和设计焊接结构生产工艺过程的基础。每个焊缝的强度是否合格，将直接影响整个焊接结构的安全。

结构中的对接接头、T 形接头等是最常见的接头形式，尤其是对接接头，对其承载能力的要求更为严格。本任务主要通过对对接接头形式的强度校核，分析不同接头的静载强度校核的方法。通过分析焊接接头的应力分布和常见焊接接头的静载强度计算，检验焊接接头是否满足材料许用强度要求，以达到正确选择焊接结构材料的目的。两板对接，尺寸相同，分别为板厚 10mm、长 300mm、宽 100mm，对接接头采用 V 形坡口，坡口角度为 60° ~65°，如图 1-11 所示，其材质均为 Q235B 钢。在实际工作中，对接接头受到垂直平面弯矩作用，弯矩 M=260N · m，请通过静载强度校核该焊缝能否满足使用要求。

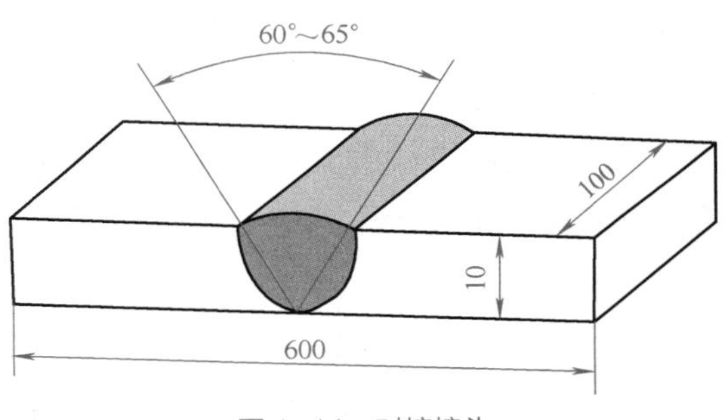

图 1-11　对接接头

必备知识

一、电弧焊接头的工作应力

1. 应力集中

视频：电弧焊接头的工作应力

在焊接接头中，有时会存在变形和某种焊接缺陷，造成接头几何形状突变或不连续，从而在接头受外力作用时，导致接头中工作应力分布不均匀。在几何形状突变处或不连续处应力突然增大，高于平均应力的现象，称为应力集中。

应力集中程度的大小，常以应力集中系数 K_T 表示。K_T 越高，应力集中程度越大。在焊接接头中引起应力集中的主要原因有：

1）焊缝中有工艺缺陷。如气孔、夹杂、裂纹和未焊透等，在其周围都会引起应力集中，其中裂纹和未焊透引起的应力集中最严重。

2）焊缝外形不合理。如对接焊缝的余高过大、角焊缝为凸角焊缝等，在焊趾处都会形成较大的应力集中。

3）焊接接头设计不合理。如接头截面的突变、加盖板的对接接头等，均会造成严重的应力集中。焊缝布置不合理，如只有单侧焊缝的 T 形接头，也会引起应力集中。

2. 电弧焊接头的工作应力分布

（1）对接接头　在焊接结构生产中，对接接头的焊缝中略高于母材金属板面的部分称为余高。由于余高造成了构件表面不平滑，因此在焊缝与母材金属的过渡处引起应力集中，如图 1−12 所示。K_T 的大小与余高 h 和焊缝向母材金属过渡的半径 r 有关。减小 r 和增大 h，均使 K_T 增加。当余高 h 为零时，K_T=1，应力集中消失。由余高带来的应力集中，对动载结构的疲劳强度是十分不利的，所以此时要求它越小越好。对重要的动载结构，可采用削平余高或增大过渡圆弧的措施来降低应力集中，以提高接头的疲劳强度。

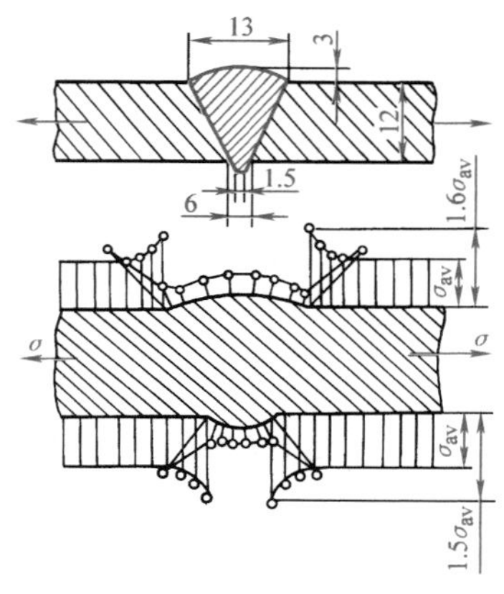

图 1−12　接头的应力分布（σ_{av} 为平均应力值）

与其他形式的接头相比，对接接头外形的变化不大，所以它的应力集中较小，而且易于降低和消除。因此，对接接头是最好的接头形式，不但静载可靠，而且疲劳强度也较高。

（2）T 形接头　由于 T 形接头焊缝向母材金属过渡较急剧，接头中应力分布极不均匀，在角焊缝的根部和过渡处，易产生很大的应力集中，如图 1−13 所示。

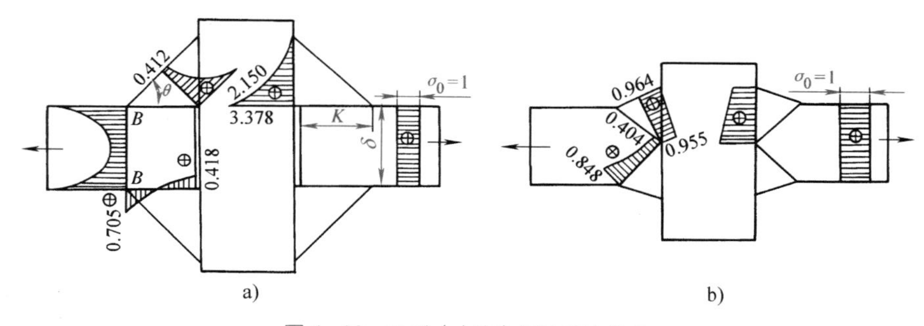

图 1−13　T 形（十字）接头应力分布

a）未开坡口　b）开坡口

图 1−13a 是未开坡口 T 形接头中正面焊缝的应力分布状况。由于整个厚度没有焊透，因此焊缝根部应力集中很大。在焊趾截面 *B*—*B* 上应力分布也不均匀，*B* 点的应力集中系数 K_T 值随角焊缝的形状不同而变化，应力集中系数 K_T 随 θ 角的减小而减小，随焊脚尺寸 K 的增大而减小。

图 1−13b 是开 K 形坡口并焊透的 T 形接头，这种接头使应力集中程度大大降低。由此可见，保证焊透是降低 T 形接头应力集中的重要措施之一。因此，在焊接结构生产中，对重要的 T 形接

头必须开坡口焊透或采用深熔法进行焊接。

（3）搭接接头　根据搭接角焊缝受力的方向，可以将搭接角焊缝分为正面角焊缝、侧面角焊缝和斜向角焊缝三种，如图 1–14 所示。焊缝与力的作用方向相垂直的角焊缝称为正面角焊缝（l_3段）；而相平行的称为侧面角焊缝（l_1、l_5段）；介于两者之间的称为斜向角焊缝（l_2、l_4段）。

1）正面角焊缝的工作应力分布。在正面角焊缝的搭接接头中，应力分布很不均匀，如图 1–15 所示。在角焊缝的焊根 *A* 点和焊趾 *B* 点，都有较大的应力集中。减小 *θ* 角和增大熔深，焊透根部，都可以降低应力集中系数。

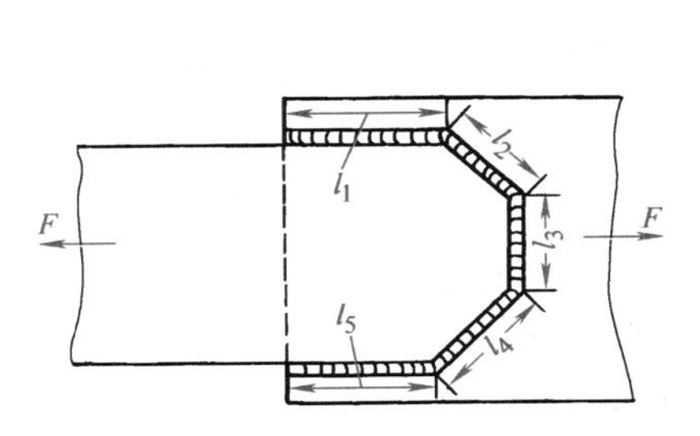

图 1–14　搭接接头的角焊缝

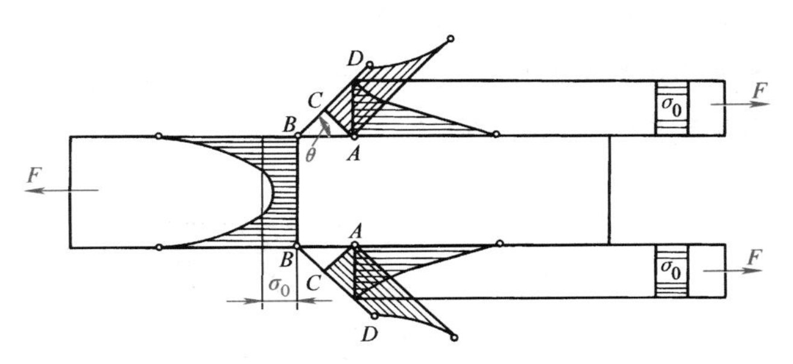

图 1–15　正面搭接角焊缝的应力分布

2）侧面角焊缝的工作应力分布。侧面角焊缝的工作应力分布如图 1–16 所示，其特点是最大应力在两端，中部应力最小，而且焊缝较短时应力分布较均匀，焊缝较长时，应力分布不均匀的程度就增加。因此，采用过长的侧面角焊缝是不合理的，通常规定侧面角焊缝不得大于 50*K*（*K* 为焊脚尺寸）。

3）联合角焊缝的工作应力分布。既有侧面角焊缝又有正面角焊缝的搭接接头称为联合角焊缝搭接接头。在只有侧面角焊缝的搭接接头中，母材金属断面上的应力分布不均匀（图 1–16），增加正面角焊缝后应力分布较为均匀，*A—A* 截面上两端点处的应力集中得到改善，如图 1–17 所示。由于正面角焊缝能承担一部分外力，且比侧面角焊缝刚度大，变形小，所以侧面角焊缝的切应力也得到改善。为此在设计搭接接头时，如增加正面角焊缝，不但可以改善应力分布，还可以缩短搭接长度。

试验证明，在各种角焊缝构成的搭接接头中，在焊脚尺寸相同的条件下，正面角焊缝的单位

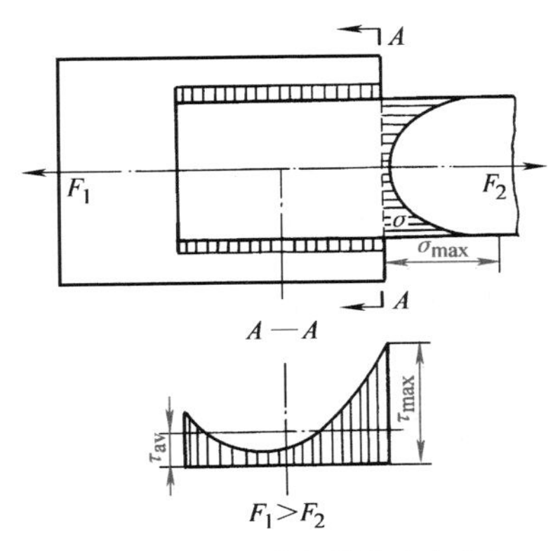

图 1–16　侧面角焊缝的应力分布

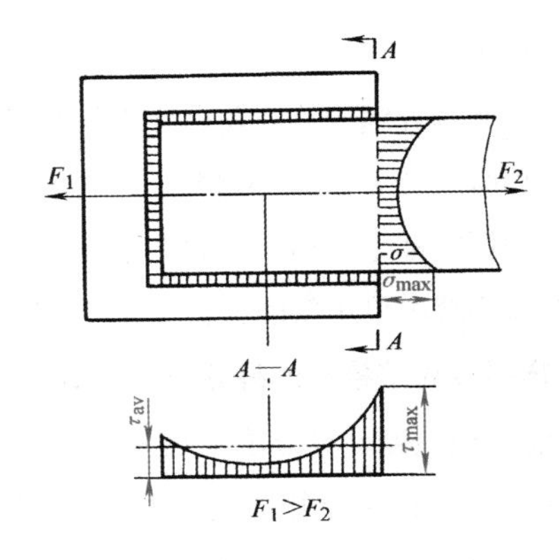

图 1–17　联合角焊缝的工作应力分布

长度强度较侧面角焊缝高，而斜向角焊缝的单位长度强度介于两者之间。

二、焊接接头的静载强度计算

1. 工作焊缝和联系焊缝

任何一个焊接结构上都有若干条焊缝，根据其传递载荷的方式和重要程度，一般可分为两种：一种焊缝与被连接的元件是串联的，它承担着传递全部载荷的作用，即焊缝一旦断裂，结构就立即失效，这种焊缝称为工作焊缝，如图 1−18a 所示，其应力称为工作应力；另一种焊缝与被连接的元件是并联的，它仅传递很小的载荷，主要起元件之间相互联系的作用，焊缝一旦断裂，结构不会立即失效，这种焊缝称为联系焊缝，如图 1−18b 所示，其应力称为联系应力。在结构设计时，无须计算联系焊缝的强度，只计算工作焊缝的强度。对于具有双重性的焊缝，它既有工作应力又有联系应力，则只计算工作应力，不考虑联系应力。

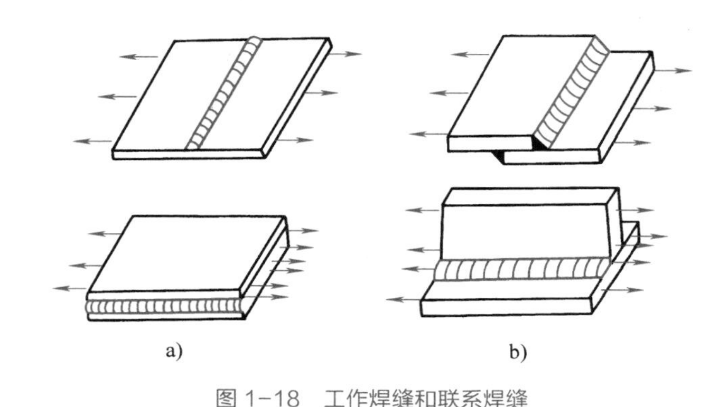

图 1−18　工作焊缝和联系焊缝

a）工作焊缝　b）联系焊缝

2. 焊接接头静载强度计算的假设

由于焊接接头的应力分布非常复杂，所以精确计算接头的强度是困难的，常用的计算方法都是在一些假设的前提下进行的，称之为简化计算法。工程上为了计算方便常做如下假设：

1）残余应力对接头强度没有影响。

2）焊趾处和余高处的应力集中对接头强度没有影响。

3）接头的工作应力是均布的，以平均应力计算。

4）正面角焊缝与侧面角焊缝的强度没有差别。

5）焊脚尺寸 K 的大小对角焊缝的强度没有影响。

6）角焊缝都是在切应力的作用下破坏的，一律按切应力计算其强度。

7）以焊缝中最小断面为计算断面。图 1−19 所示为各种焊缝的计算断面。

3. 电弧焊对接接头的静载强度计算

目前静载强度计算方法仍然采用许用应力法。而接头的强度计算实际上是计算焊缝的强度。因此，强度计算时的许用应力均为焊缝的许用应力。

电弧焊对接接头静载强度计算的一般表达式为

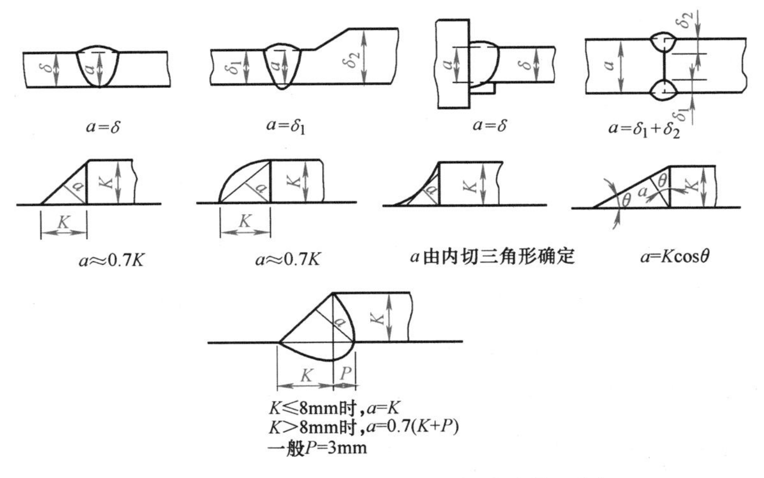

图 1-19　各种焊缝的计算断面（a 为计算厚度）

$$\sigma \leqslant [\sigma'] \text{ 或 } \tau \leqslant [\tau'] \tag{1-1}$$

式中　σ、τ——平均工作应力；

$[\sigma']$、$[\tau']$——焊缝的许用应力。

计算对接接头的强度时，可不考虑焊缝余高，焊缝计算长度取实际长度，计算厚度取两板中的较薄者。如果焊缝金属的许用应力与基本金属相等，则可不必进行强度计算。

全部焊透的对接接头的各种受力情况如图1-20所示。图中 $\boldsymbol{F}$ 为接头所受的拉（或压）力，$\boldsymbol{F}_s$ 为剪切力，M_1 为板平面内的弯矩，M_2 为垂直平面的弯矩。

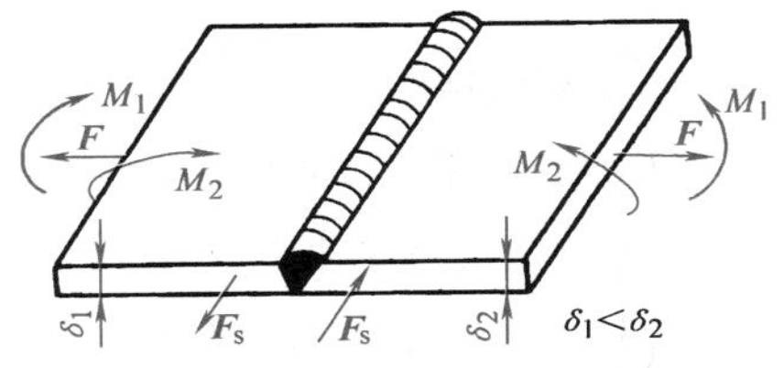

图 1-20　对接接头的受力情况

视频：对接接头静载强度校核

各种受力情况下的强度计算公式如下：

（1）受拉时

$$\sigma_t = \frac{F}{L\delta_1} \leqslant [\sigma_t'] \tag{1-2}$$

（2）受压时

$$\sigma_p = \frac{F}{L\delta_1} \leqslant [\sigma_p'] \tag{1-3}$$

（3）受剪切时

$$\tau = \frac{F_s}{L\delta_1} \leqslant [\tau'] \tag{1-4}$$

（4）受板平面内的弯矩（M_1）时

$$\sigma = \frac{6M_1}{\delta_1 L^2} \leqslant [\sigma_t'] \tag{1-5}$$

（5）受垂直平面内的弯矩（M_2）时

$$\sigma = \frac{6M_2}{\delta_1^2 L} \leqslant [\sigma_t'] \tag{1-6}$$

式中　σ_t、σ_p、τ、σ——焊缝所承受的工作应力（MPa）；

F、F_s——接头所受的力（N）；

M_1、M_2——接头所受的弯矩（N·mm）；

L——焊缝长度（mm）；

δ_1——接头中较薄板的板厚（mm）；

$[\sigma_t']$、$[\sigma_p']$、$[\tau']$——焊缝许用应力（MPa）。

例　两块板厚为5mm、宽为500mm的钢板对接在一起，两端受284 000N的拉力，材料为Q235A钢，$[\sigma_t']$=142MPa，试校核其焊缝强度。

解　已知F=284 000N，L=500mm，δ_1=5mm，$[\sigma_t']$=142MPa，代入式（1-2）得

$$\sigma_t = \frac{F}{L\delta_1} = \frac{284\,000\text{N}}{500\text{mm}\times 5\text{mm}} = 113.6\text{MPa} < [\sigma'_t] = 142\text{MPa}$$

所以这个对接接头焊缝强度满足要求，结构工作时是安全的。

想一想

通过强度计算公式，如何进行板厚及焊缝长度的设计？

三、焊接结构的疲劳破坏

1. 疲劳的基本特征及危害

金属材料、零件和构件在循环应力或循环应变作用下经过较长时间而发生断裂的现象称为疲劳。通过对大量疲劳破坏现象的分析与研究，总结出疲劳破坏具有以下共同特征：

1）疲劳断裂都经历裂纹萌生、稳定扩展和失稳扩展三个阶段。对于焊接结构，裂纹多起源于焊接接头表面几何不连续、引起应力集中的部位。裂纹萌生首先从裂纹源处形成微裂纹，随后逐渐稳定地扩展。当裂纹扩展到某一临界尺寸后，构件剩余断面不足以承受外载荷时，裂纹失稳扩展而发生突然断裂。

2）疲劳裂纹宏观断口呈脆性，无明显塑性变形。在断口上可观察到裂纹源、光滑或贝壳状的疲劳裂纹扩展区和粗糙的瞬断区，如图1-21所示。它们与断裂三阶段一一对应。扩展区的微观特征是：对塑性材料可观察到明显、清晰、整齐的疲劳裂纹；对脆性材料或变形能力受限制的材料，条纹形状模糊不清。断裂区具有宏观脆性特征，多数情况是粗晶断口。根据上述断口特征，可判断断裂的性质和破坏的原因。

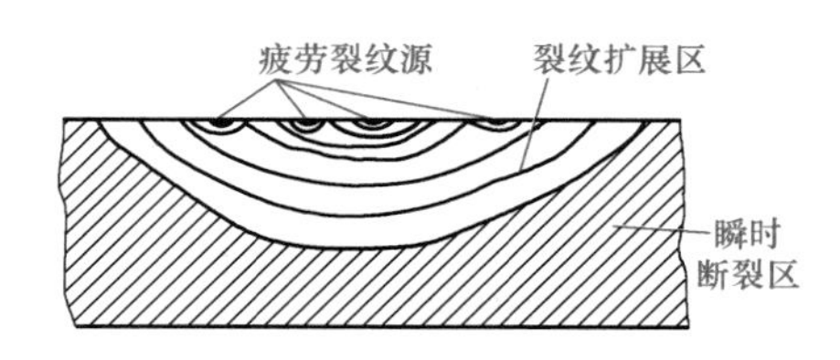

图1-21　在断口上观察到的断裂三阶段

小知识

疲劳断裂的断口，具有一般脆性断口的放射线、人字纹或结晶状形貌。

3）疲劳破坏具有突发性和灾难性。疲劳裂纹的萌生和稳定扩展不易发现，失稳扩展（断裂）则是突然发生的，没有预兆，难以预防。图 1-22 所示为典型的焊接结构疲劳断裂事例。

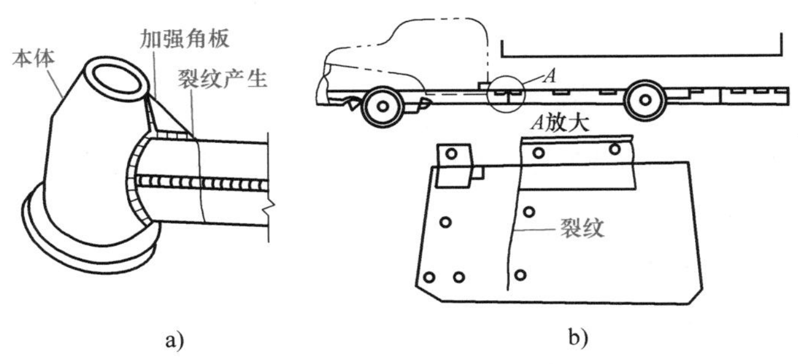

a)　　b)

图 1-22　焊接结构疲劳断裂事例

a）直升机起落架的疲劳断裂　b）载货汽车纵梁的疲劳断裂

视频：焊接结构的疲劳破坏

2. 疲劳断裂的原因

表面光滑的结构之所以会萌生疲劳裂纹是因为滑移生核。金属在冶炼或加工过程中，材料表面和内部多少会有些缺陷与不均匀，虽然工作应力不高，但部分缺陷会造成应力集中而产生比屈服强度高的应力，发生位错和塑性变形，在最大切应力方向发生滑移，如没有非金属夹杂物、缺陷、切口之类的应力集中源，则由于构件表面区域处于平面受力状态，有利于塑性滑移，因而，首先在构件表面滑移生核。在反复疲劳载荷下，不同方向的滑移在构件表面产生凸出和凹入，多次凹入处则萌生出微观疲劳裂纹，裂纹从与主应力成 45° 方向逐渐转向沿与主应力垂直方向扩展，成为宏观疲劳裂纹，直至失稳断裂。

疲劳断裂一般从应力集中处开始，而焊接结构的疲劳又往往是从焊接接头处开始，产生疲劳裂纹所需的循环次数也远比其他连接形式少，这是因为焊接接头中容易产生未焊透、夹渣、咬边、裂纹等焊接缺陷，它们往往就是疲劳裂纹源，可直接越过疲劳裂纹的孕育期，加速断裂的过程。另外焊接接头处也存在较严重的应力集中，有较高的焊接残余应力，这些都表明焊接结构更容易产生疲劳裂纹和导致疲劳断裂。

疲劳断裂是由循环交变应力、拉应力以及塑性应变三者的共同作用而发生的，其中循环交变应力使裂纹形成，而拉应力造成裂纹的扩展，塑性应变则影响整个疲劳过程。

3. 影响焊接接头疲劳性能的因素

焊接结构的疲劳强度，在很大程度上取决于构件中的应力集中情况，不合理的接头形式和焊接过程中产生的各种缺陷（如未焊透、咬边等）是产生应力集中的主要原因。除此之外，焊接结构自身的一些特点，如接头性能的不均匀性、焊接残余应力等，都对焊接结构疲劳强度有影响。

（1）应力集中和表面状态的影响　结构上几何不连续的部位都会产生不同程度的应力集中，金属材料表面的缺口和内部的缺陷也可造成应力集中。焊接接头本身就是一个几何不连续体，不同的接头形式和不同的焊缝形状，就有不同程度的应力集中，其中具有角焊缝的接头应力集中较为严重。

构件上缺口越尖锐，应力集中越严重（即应力集中系数 K_T 越大），疲劳强度降低也越大。

不同材料或同一材料因组织和强度不同，缺口的敏感性（或缺口效应）是不相同的。高强度钢较低强度钢对缺口敏感，即在具有同样缺口的情况下，高强度钢的疲劳强度比低强度钢降低很多。焊接接头中，承载焊缝的缺口效应比非承载焊缝强烈，而承载焊缝中又以垂直于焊缝轴线方向的载荷对缺口最为敏感。

表面状态粗糙相当于存在很多微缺口，这些缺口的应力集中会导致疲劳强度下降。表面越粗糙，疲劳极限降低就越严重。材料的强度水平越高，表面状态的影响也越大。焊缝表面波纹过于粗糙，对接头的疲劳强度是不利的。

（2）焊接残余应力的影响　焊接结构的残余应力对疲劳强度是有影响的。焊接残余应力的存在，改变了平均应力 σ_{av} 的大小，而应力幅 σ_a 却没有改变。在残余拉应力区使平均应力增大，其工作应力有可能达到或超出疲劳极限而使焊接结构遭到破坏，故残余拉应力对疲劳强度有不利影响；反之，残余压应力对提高疲劳强度是有利的。对于塑性材料，当循环特征 $r<1$ 时，材料是先屈服后才疲劳破坏，这时残余应力已不产生影响。

由于焊接残余应力在结构上是拉应力与压应力同时存在的，如果能调整到残余压应力位于材料表面或应力集中区则是十分有利的；如果材料表面或应力集中区存在的是残余拉应力，则极为不利，应设法消除。

（3）焊接缺陷的影响　焊接缺陷对疲劳强度影响的大小与缺陷的种类、尺寸、方向和位置有关。片状缺陷（如裂纹、未熔合、未焊透）比带圆角的缺陷（如气孔等）影响大；表面缺陷比内部缺陷影响大；与作用力方向垂直的片状缺陷的影响比其他方向的大；位于残余拉应力场内的缺陷，其影响比在残余压应力场内的大；同样的缺陷，位于应力集中场内（如焊趾裂纹和根部裂纹）的影响比在均匀应力场中的影响大。不同材料具有不同的缺口敏感性，同样尺寸的缺陷对不同材料焊接结构的疲劳强度的影响并不相同，未焊透对五种材料疲劳强度的影响如图 1−23 所示。从图 1−23 中可以看出，随着未焊透的增加，疲劳强度迅速下降，并且以 12Cr19Ni9 奥氏体不锈钢的下降幅度最大。

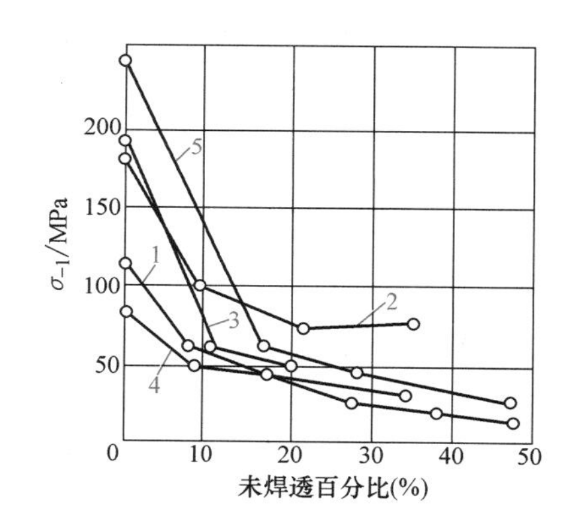

图 1−23　未焊透对五种材料疲劳强度的影响

1—5A06 机械化氩弧焊　2—30CrMnSi 埋弧焊
3—12Cr19Ni9 机械化氩弧焊　4—2A12 机械化氩弧焊
5—低碳钢埋弧焊

4. 提高焊接结构疲劳强度的措施

（1）降低应力集中　应力集中是降低焊接接头和结构疲劳强度的主要因素，因此，降低应力集中是提高焊接接头和结构疲劳强度的重要措施。通常采用如下方法：

1）采用合理的结构形式。①优先选用对接接头，尽量不用搭接接头；对于重要结构，最好把 T 形接头或角接接头改成对接接头，让焊缝避开拐角部位；必须采用 T 形接头或角接接头时，应尽量采用全熔透的对接焊缝。②尽量避免偏心受载的设计，使构件内力的传递流畅、分布均匀，不引起附加应力。③减小断面突变，当板厚或板宽相差悬殊而需对接时，应设计平缓的过渡区；

结构上的尖角或拐角处应做成圆弧状，其曲率半径越大越好。④避免三向焊缝空间交汇，焊缝尽量不设置在应力集中区，尽量不在主要受拉构件上设置横向焊缝；当以上情况不可避免时，一定要保证该焊缝的内外质量，减小焊趾处的应力集中。⑤只能单面施焊的对接焊缝，在重要结构上不允许在背面放置永久性垫板；避免采用断续焊缝，因为每段焊缝的始末端都有较高的应力集中。

另外，在常温静载下工作的焊接结构和在动载或低温下工作的焊接结构，在构造设计上有着不同的要求，后者更要重视细部设计。表 1-5 列出两种承载情况下构造设计上的差别。

表 1-5　常温下承受静载荷与变载荷的焊接结构在构造设计上的区别

序号	静载荷下工作	变载荷下工作
1	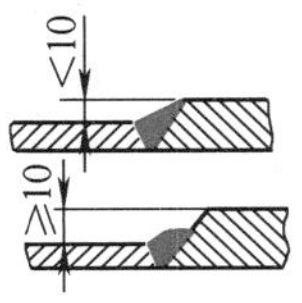 ≤10 ≥10	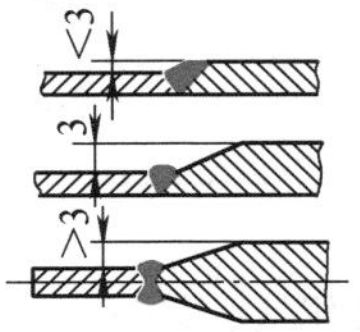 ≤3 3 >3
2	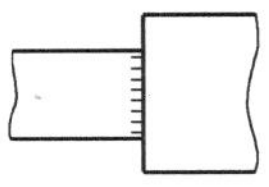	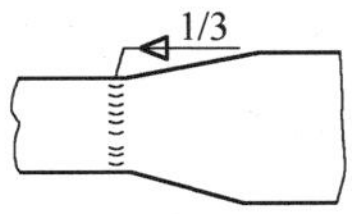 1/3
3	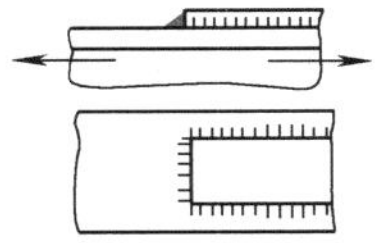	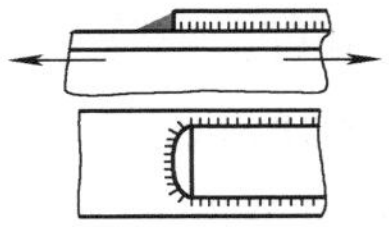
4	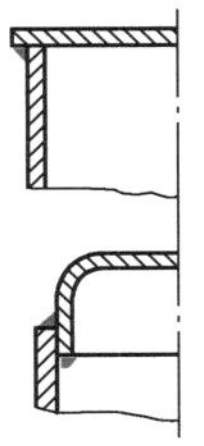	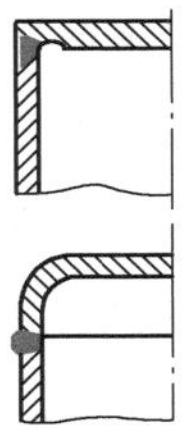
5	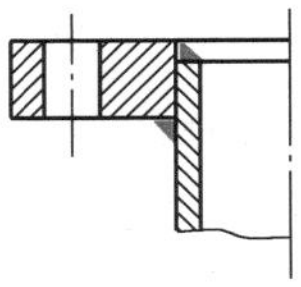	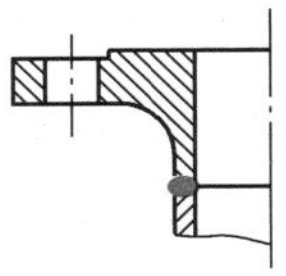
6	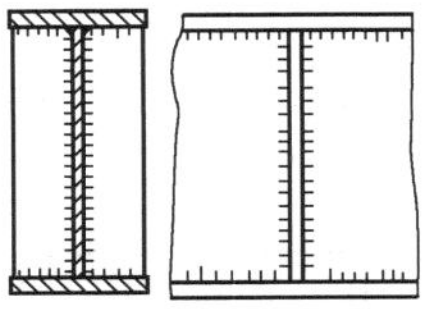	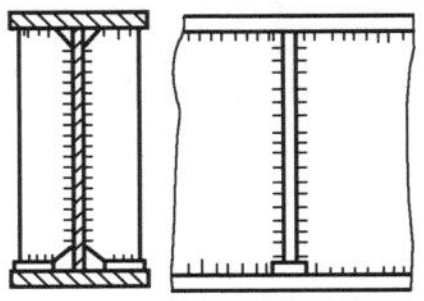
7	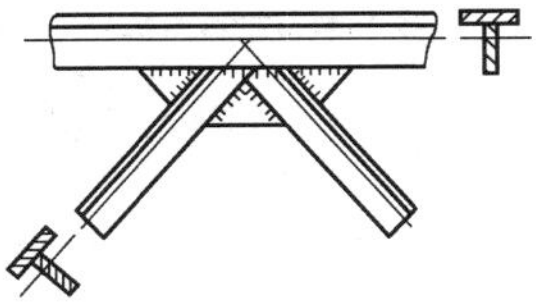	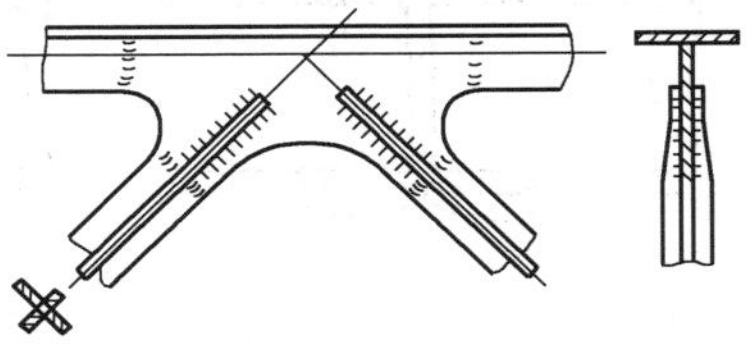

（续）

序号	静载荷下工作	变载荷下工作
8	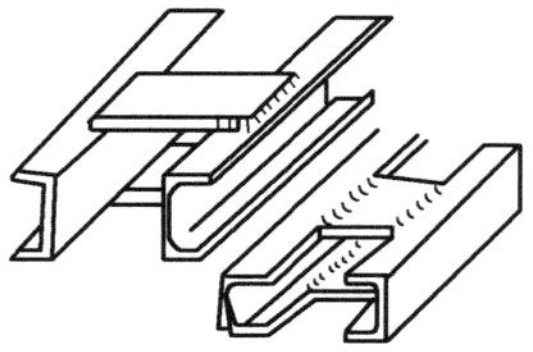	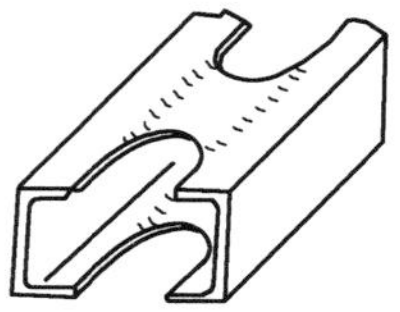
9	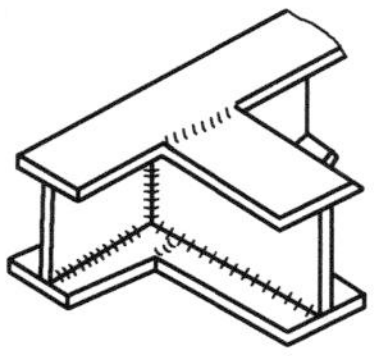	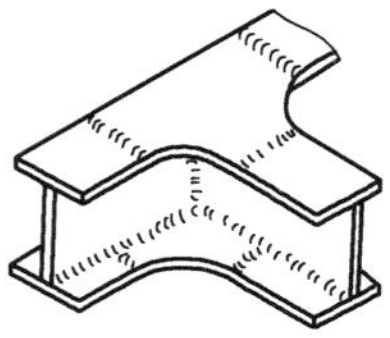

2）正确的焊缝形状和良好的焊缝内外质量。①对接接头焊缝的余高应尽可能小，焊后最好能刨（或磨）平而不留余高；② T 形接头最好采用带凹度表面的角焊缝，不用有凸度的角焊缝；③焊缝与母材表面交界处的焊趾应平滑过渡，必要时对焊趾进行磨削或氩弧重熔，以降低该处的应力集中。

任何焊接缺陷都有不同程度的应力集中，尤其是片状焊接缺陷，如裂纹、未焊透、未熔合和咬边等对疲劳强度影响最大。因此，在结构设计上要保证每条焊缝易于施焊，以减少焊接缺陷，同时发现超标的缺陷必须予以清除。

（2）调整残余应力　残余压应力可提高疲劳强度，而拉应力降低疲劳强度。因此，若能调整构件表面或应力集中处存在残余压应力，就能提高疲劳强度。例如，通过调整施焊顺序、局部加热等都有可能获得有利于提高疲劳强度的残余应力场。图 1–24 所示为工字梁对接，对接焊缝 1 受弯曲应力最大且与之垂直。若在接头两端预留一段角焊缝 3 不焊，先焊焊缝 1，再焊腹板对接缝 2，焊缝 2 的收缩使焊缝 1 产生残余压应力。最后焊预留的角焊缝 3，它的收缩使缝 1 与缝 2 都产生残余压应力。试验表明，这种焊接顺序比先焊焊缝 2 后焊焊缝 1 的疲劳强度提高了 30%。图 1–25 为纵向焊缝连接节点板，在纵缝端部缺口处是应力集中点，采取点状局部加热，只要加热位置适当，就能形成一个残余应力场，使缺口处获得有利的残余压应力。

此外，还可以采取表面形变强化，如滚压、锤击或喷丸等工艺使金属表面塑性变形而硬化，并在表层产生残余压应力，以达到提高疲劳强度的目的。

（3）进行焊后消除应力热处理　消除接头应力集中处的应力可以提高接头的疲劳强度，但

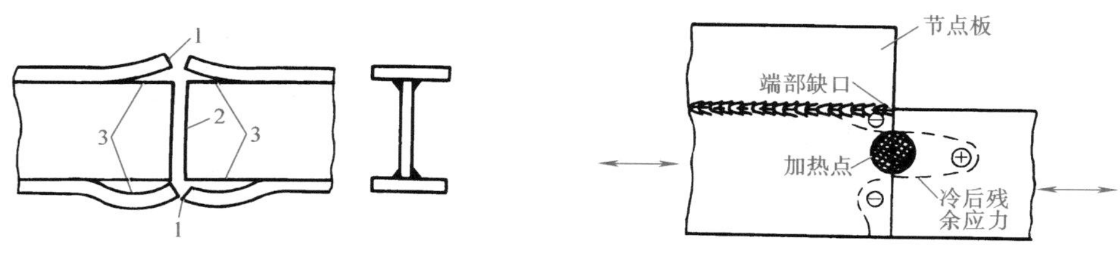

图 1–24　工字梁对接焊的顺序

图 1–25　纵向焊缝连接节点板

是用焊后消除应力的退火方法不一定都能提高构件的疲劳强度。一般情况下，在循环应力较小或循环系数较低、应力集中较高时，利用焊后整体或局部消除应力的热处理会取得较好的效果。

（4）改善材料的组织和性能　强度是材料抵抗断裂的能力，但高强度材料对缺口比较敏感，因此设法提高一点塑性和韧性，做到强度、塑性和韧性合理配合，将显著改善材料的抗疲劳能力。此外，还应提高材料的冶金质量，减少钢中夹杂物。重要构件可采用真空熔炼、真空除气，甚至电渣重熔等冶炼工艺的材料，以保证纯度，从而使材料具有较高的抗疲劳能力。

视频：提高焊接结构疲劳强度的措施

（5）特殊保护措施　大气及介质侵蚀往往会对材料的疲劳强度有影响，因此采用一定的保护涂层是有利的。例如在应力集中处涂上含填料的塑料层是一种实用的改进方法。

四、焊接结构的脆性破坏

焊接结构广泛应用以来，曾发生过一些脆性断裂（简称脆断）事故。这些事故无征兆，是突然发生的，一般都有灾难性后果，必须高度重视。引起焊接结构脆断的原因是多方面的，它涉及材料选用、构造设计、制造质量和运行条件等。防止焊接结构脆断是一个系统工程，光靠个别试验或计算方法是不能确保安全使用的。

1. 焊接结构脆断的特征与危害

视频：焊接结构脆性破坏的基本知识

通过对大量焊接结构脆断事故进行分析，发现焊接结构脆断有下述特点：

1）多数脆断是在环境温度或介质温度降低时发生的，故称为低温脆断。

2）脆断的名义应力较低，通常低于材料的屈服强度，往往还低于设计应力，故又称为低应力脆性破坏。

3）破坏总是从焊接缺陷处或几何形状突变、应力和应变集中处开始的。

4）破坏时没有或极少有宏观塑性变形产生，一般都有断裂片散落在事故周围。断口是脆性的平断口，宏观外貌呈人字纹和晶粒状，根据人字纹的尖端可以找到裂纹源。微观上多为晶界断裂和解理断裂。

5）脆断时，裂纹传播速度极高，一般是声速的1/3左右，在钢中可达1200~1800m/s。当裂纹扩展进入更低的应力区或材料的高韧性区时，裂纹就停止扩展。

6）若模拟断裂时的温度对断口附近材料做韧性试验，则发现其韧性均很差，对离断口较远材料进行力学性能复验，其强度和伸长率往往仍符合原规范要求。

脆断一般都在应力不高于结构的设计许用应力和没有显著塑性变形的情况下发生，并瞬时扩展到结构整体，具有突然破坏的性质，不易事先发现和预防，因此往往造成人员伤亡和财产的巨大损失。

小知识

由焊接引起的缺陷是钢结构焊接接头脆断的重要原因，据调查，美国船舶脆断事故约有40%是从焊接缺陷处开始破坏的。

2. 焊接结构脆断的原因

焊接结构产生脆性断裂的原因基本上可归纳为以下四个方面：

（1）材料在工作温度下塑性和韧性不足　金属材料的韧性随着温度的降低而急剧下降，即使塑性好的材料，在低温下也会产生脆性断裂。

（2）焊缝的粗大组织及热影响区的脆化　出现这种情况会使焊接接头韧性大大降低，这是焊接结构发生脆断的主要原因。

（3）材料中存在裂纹等缺陷　大量事故的调查研究表明，焊接结构产生低应力脆断破坏的根本原因是结构中存在着一定尺寸的焊接缺陷（如裂纹、夹渣、未焊透、气孔和咬边等），而其中以裂纹、未焊透和咬边产生脆性断裂的危险性最大。这些缺陷不仅显著减小材料的实际强度，还大大降低结构的抗断裂能力。

（4）达到足够的应力水平　达到足够的应力水平是产生脆断的另一个重要原因。不正确的设计和不良的制造、安装工艺是产生应力集中及焊接残余应力的主要原因。焊接结构的一个重要特点就是焊接接头具有一定的焊接残余应力，而且往往是拉应力，其纵向残余应力一般可达到钢材的屈服强度，这是不可忽视的。对重要的结构如果不采取消除残余应力的措施，会引起脆性失效。另外，焊接时造成的角变形和错边等几何偏差以及预制组装，都会产生严重的附加应力，促进焊接结构的脆性断裂。

3. 焊接结构脆断的影响因素

对各种焊接结构脆断事故进行分析和研究，发现焊接结构发生脆断是材料（包括母材和焊材）、结构设计和制造工艺三方面因素综合作用的结果。就材料而言，主要是在工作温度下韧性不足；就结构设计而言，主要是处于极为不利的应力状态，限制了材料塑性的发挥；就制造工艺而言，除了因焊接工艺缺陷造成严重应力集中外，还因为焊接热的作用改变了材质（如产生热影响区的脆化）和产生焊接残余应力与变形等。

（1）影响金属材料脆断的主要因素　研究表明，同一种金属材料由于受到外界因素的影响，其断裂的性质会发生改变，其中最主要的因素是温度、加载速度和应力状态，而且这三者往往是共同起作用。

1）温度的影响。温度对材料断裂性质影响很大，图 1–26 为热轧低碳钢的温度 – 拉伸性能关系曲线。从图 1–26 中可以看出，随着温度降低，材料的屈服强度和抗拉强度增加。而反映材料塑性的断面收缩率却随着温度降低而降低，约在 −200℃时为零。这时对应的屈服强度与抗拉强度接近相等，说明材料断裂的性质已从延性断裂转化为脆性断裂。

温度不仅对材料的拉伸性能有影响，也对材料的冲击韧度、断裂韧度发生类似的影响。图 1–27 所示为温度对不同材料冲击吸收能量的影响，可以看出随着温度降低，其韧性和韧度都下降。

2）加载速度的影响。试验证明，钢的屈服强度 R_{eL} 随着加载速度提高而提高，如图 1–28 所示。这说明了钢材的塑性变形抗力随加载速度提高而加强，促进了材料脆性断裂。提高加载速度的作用相当于降低温度。

3）应力状态的影响。金属材料断裂分为延性断裂和脆性断裂，结构是否发生脆性断裂与应

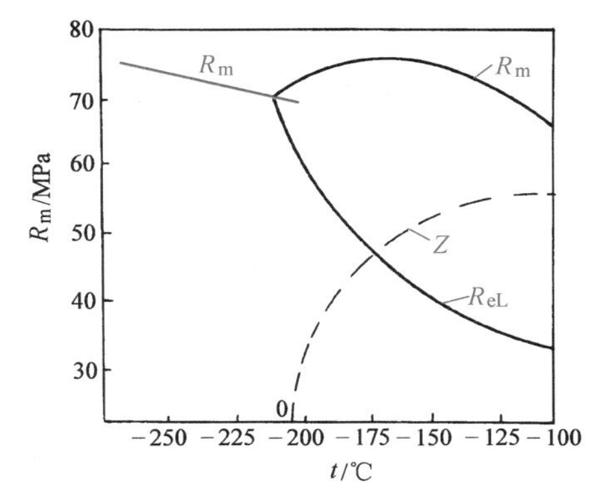

图 1-26　w_C=0.2% 钢的温度与拉伸性能关系

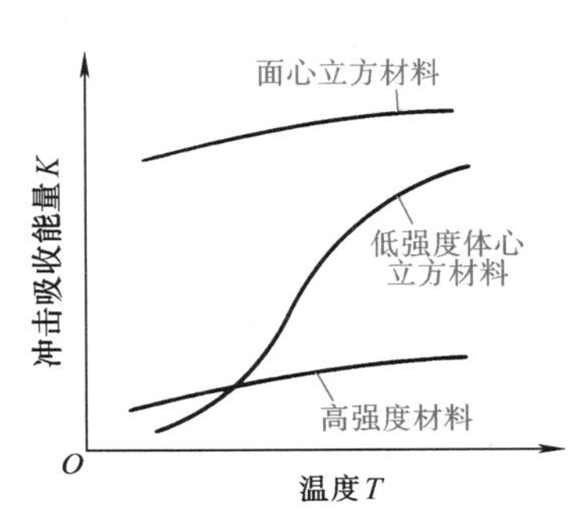

图 1-27　温度对三类不同材料冲击吸收能量的影响

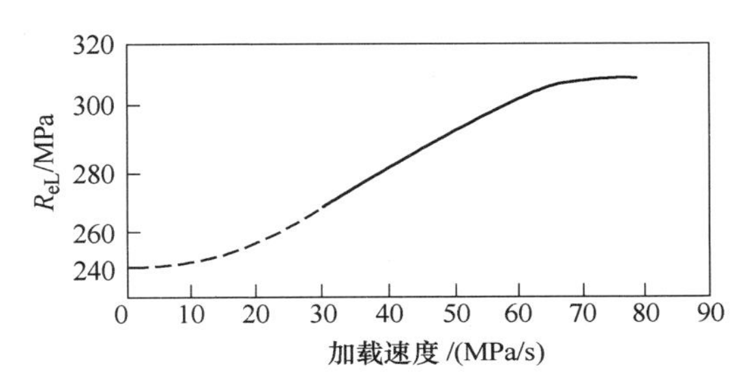

图 1-28　加载速度对 R_{eL} 的影响

力状态有关。如果平面上的最大切应力先达到材料的切断抗力，则发生延性断裂；若最大拉正应力首先达到材料的正断抗力，则发生脆性断裂。

4）材料状态的影响。前述三个因素均属引起材料脆断的外因。材料本身的质量则是引起脆断的内因。①厚度的影响。厚度增大，发生脆断可能性增大。②晶粒度的影响。对于低碳钢和低合金钢来说，晶粒度越细，转变温度越低，越不易发生脆断。③化学成分的影响。碳素结构钢，随着碳含量的增加，脆断倾向增大。其他如 N、O、H、S、P 等元素会增大钢的脆性。而适量加入 Ni、Cr、V、Mn 等元素则有助于减小钢的脆性。

必须指出，金属材料韧性不足发生脆断既有内因，又有外因，外因通过内因起作用。但是上述三个外因的作用往往不是单独的，而是共同作用、相互促进。同一材料光滑试样拉伸要达到纯脆性断裂，其温度一般都很低（低碳钢约 −200℃左右）。如果是带缺口试样，则发生脆性断裂的温度将大大提高。缺口越尖锐，提高脆断的温度幅度就越大，这说明不利的应力状态会提高脆性转变温度。如果厚板再加上带有尖锐的缺口（如裂纹的尖端），在常温下也会产生脆性断裂。提高加载速度（如冲击）也同样会使材料的脆性转变温度大幅度提高。

（2）影响结构脆断的设计因素　焊接结构是根据焊接工艺特点和使用要求设计的。设计上，有些不利因素是这类结构固有特点造成的，因而比其他结构更易于引起脆断；有些则是设计不合理而引起脆断。这些因素是：

1）焊接连接是刚性连接。焊接接头通过焊缝把两母材熔合成连续的、不可拆卸的整体，两母材之间已没有任何相对松动的可能。结构一旦开裂，裂纹很容易从一个构件穿越焊缝传播到另一构件，继而扩展到结构整体，造成整体断裂。铆钉连接和螺栓连接不是刚性连接，接头处两母材是搭接，金属之间不连续，靠搭接面的摩擦传递载荷，遇到偶然冲击时，搭接面有相对位移的可能，从而起到吸收能量和缓冲的作用。万一有一个构件开裂，裂纹扩展到接头处因不能跨越而自动停止，不会导致整体结构的断裂。

2）构造设计上存在不同程度的应力集中因素。焊接接头中的搭接接头、T形（或十字）接头和角接接头，本身就是结构上不连续的部位。连接这些接头的角焊缝，在焊趾和焊根处便是应力集中点。对接接头是最理想的接头形式，但也随着余高的增加，也会使焊趾的应力集中趋于严重。

3）结构细部设计不合理。焊接结构设计，必须重视选材和总体结构的强度和刚度的计算，但若是构造设计不合理，尤其是细部设计考虑不周，也会导致脆断的发生。因为焊接结构的脆断总是从焊接缺陷处或几何形状突变、应力和应变集中处开始的。下面列举几种不妥的构造设计，它们可能成为脆断的诱因。①断面突变处不做过渡处理；②造成三向拉应力状态的构造设计，如采用过厚的板、焊缝密集、三向焊缝汇交、在拘束状态下施焊、复杂的残余应力分布等；③在高工作应力区布置焊缝。

（3）影响结构脆断的工艺因素　焊接结构在生产过程中一般要经历下料、冷（或热）成形、装配、焊接、矫形和焊后热处理工序。金属材料经过这些工序后，其材质可能发生了变化，焊接时可能产生缺陷，焊后产生残余应力和变形等，都对结构脆断有影响。

1）应变时效对结构脆断的影响。钢材随时间发生脆化的现象称为时效。钢材经一定塑性变形后发生的时效称为应变时效。焊接结构生产过程中有两种情况可以产生应变时效：一种是当钢材经剪切、冷成形或冷矫形等工序产生了一定塑性变形（冷作硬化）后，经150~450℃温度加热而产生应变时效；另一种是焊接时，由于加热不均匀，近缝区的金属受到不同热循环作用，尤其是当近缝区上有某些尖锐刻槽或在多层焊的先焊焊道中存在缺陷时，便会在刻槽和缺陷处形成焊接应力、应变集中，从而产生较大的塑性变形，结果在热循环和塑性变形的共同作用下产生应变时效，这种时效称热应变时效，或动应变时效。

研究表明，许多低强度钢应变时效引起局部脆化非常严重，它大大降低了材料延性，提高了材料的脆性转变温度，使材料的缺口韧性和断裂韧度值下降；热应变时效对脆性的影响比冷作硬化后的应变时效大，即前者的脆性转变温度高于后者。

2）焊接接头非均质性的影响。焊接接头中焊缝金属与母材之间有强度匹配问题以及焊接的快速加热与冷却使焊缝和热影响区发生金相组织变化问题，这些非均质性对结构脆断有很大影响。

①焊缝金属与母材不匹配。通过对不同强度级别钢材以不同强度匹配的焊接接头抗断裂试验研究发现，焊缝强度高于母材的焊接接头（高匹配）对抗脆断较为有利。这种高匹配接头的极限裂纹尺寸 a_{cr} 比等匹配和低匹配的接头大，而且焊缝金属的止裂性能也较高。这种现象被认为是高匹配的焊缝金属受到周围软质母材的保护，变形大部分发生在母材金属上。

②接头金相组织发生变化。焊接局部快速加热和冷却，使焊缝和热影响区发生一系列金相组织的变化，因而相应地改变了接头部位的缺口韧性。实践表明，对高强度钢的焊接，用过小的热输入，接头散热快，会造成淬火组织并易产生裂纹；用过大热输入则会造成过热，因晶粒粗大而脆化，

降低了材料的韧性。通常需要通过工艺试验，确定出最佳的焊接热输入。

3）焊接残余应力的影响。焊接残余应力对结构脆断的影响是有条件的，在材料的开裂转变温度以下（材料已变脆）时，焊接拉伸残余应力有不利影响，它与工作应力叠加，可以形成结构的低应力脆性破坏；而在转变温度以上时，焊接残余应力对脆性破坏无不利影响。焊接拉伸残余应力具有局部性质，一般只限于焊缝及其附近部位，离开焊缝区其值迅速减小。峰值残余拉应力有助于断裂产生，若在峰值残余拉应力处存在应力集中因素，则是非常不利的。

4）焊接工艺缺陷的影响。焊接接头中，焊缝和热影响区是最容易产生焊接缺陷的地方。焊接缺陷可以分为平面缺陷（包括未熔合、未焊透、裂纹以及其他类裂纹缺陷）、体积缺陷（气孔、夹渣和类似缺陷）和成形不佳（焊缝太厚、角变形、错边等）。

这三类缺陷中以平面缺陷结构断裂影响最为严重，而平面缺陷中又以裂纹缺陷影响为甚。裂纹尖端应力应变集中严重，最易导致脆性断裂。裂纹的影响程度不但与其尺寸、形状有关，而且与其所在位置有关。若裂纹位于高值拉应力区，就更容易引起低应力破坏。体积缺陷也同样会削减工作截面而造成结构不连续，同时也是产生应力集中的部位，它对脆断的影响程度取决于缺陷的形态和所处位置。

视频：影响结构脆断的工艺因素

4. 防止焊接结构脆性破坏的措施

材料在工作条件下韧性不足、结构上存在严重应力集中（包括设计上和工艺上）和过大的拉应力（包括工作应力、残余应力和温度应力）是造成结构脆性破坏的主要因素。若能有效地解决其中一方面因素所存在的问题，则发生脆断的可能性将显著减小。通常是从选材、设计和制造三方面采取措施来防止结构的脆性破坏。

（1）正确选用材料　所选钢材和焊接填充金属材料应保证在使用温度下具有合格的缺口韧性。为此，选材时应注意以下两点：

1）在结构工作条件下，焊缝、熔合区和热影响区的最脆部位应有足够的抗开裂性能，母材应具有一定的止裂性能。即：首先不让接头处开裂，万一开裂，母材能够制止裂纹的传播。

2）钢材的强度和韧度要兼顾，不能片面追求强度指标。

（2）合理的结构设计　设计有脆断倾向的焊接结构时，应注意以下几个原则：

1）减少结构或焊接接头部位的应力集中。①应尽量采用应力集中系数小的对接接头，避免采用搭接接头。若有可能，把T形接头或角接接头改成对接接头，如图1-29所示。②尽量避免断面有突变。当不同厚度的构件对接时，应尽可能采用圆滑过渡，如图1-30所示。同样，宽度不同的板拼接时，也应平缓过渡，避免出现急剧转角。③避免焊缝密集，焊缝之间应保持一定的距离，如图1-31所示。④焊缝应布置在便于施焊和检验的部位，以减少焊接缺陷。

2）在满足使用要求的前提下，尽量减小结构的刚度，因为刚度过大会引起对应力集中的敏感性和大的拘束应力。

3）不采用过厚的截面，因为厚截面结构容易形成三向拉应力状态，约束塑性变形，从而降低断裂韧性并提高脆性转变温度，进而增加脆断危险。此外，厚板的冶金质量也不如薄板。

4）对附件或不受力的焊缝设计给予足够重视。应和主要承力构件或焊缝一样对待，精心设计，

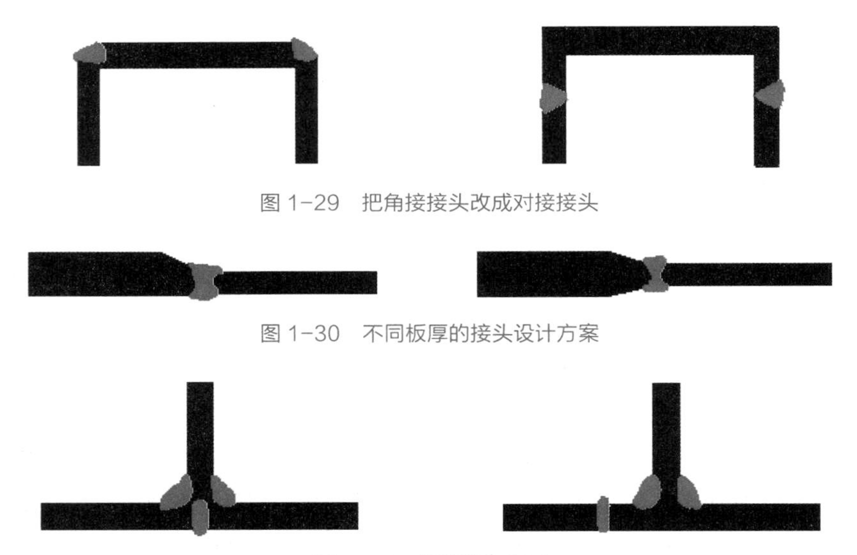
图 1-29　把角接接头改成对接接头

图 1-30　不同板厚的接头设计方案

图 1-31　焊缝错开布置

因为脆性裂纹一旦从这些不受重视的部位产生，就会扩展到主要受力的构件中，使结构破坏。

（3）正确的制造过程　有脆断倾向的焊接结构制造时应注意：

1）在结构上，应将所有焊缝都应看成是工作焊缝，焊缝内、外质量同样重要，在选择焊接材料和制订工艺参数方面应同等看待。

2）在保证焊透的前提下减少焊接热输入，或选择热输入量小的焊接方法。因为焊缝金属和热影响区过热会降低冲击韧度，尤其是焊接高强度钢时更应注意。

3）充分考虑应变时效引起局部脆性的不利影响。尤其是结构上受拉边缘，要注意加工硬化，一般不用剪切而采用气割或刨边机加工边缘。若焊后进行热处理，则不受此限制。

4）减小或消除焊接残余内应力。焊后热处理可消除焊接残余应力，同时也能消除冷作引起的应变时效和焊接引起的动应变时效的不利影响。

5）严格生产管理，加强工艺纪律，不能随意在构件上打火引弧，因为任何弧坑都是微裂纹源；减少造成应力集中的几何不连续性，如错边、角变形、焊接接头内外缺陷（如裂纹及类裂纹缺陷）等。凡超标缺陷需返修，焊补工作须在热处理之前进行。

为防止重要焊接结构发生脆性破坏，除采取上述措施外，在制造过程中还要加强质量检查，采用多种探伤手段，及时发现焊接缺陷。在使用过程中也应不间断地进行监控，如用声发射技术监测，发现不安全因素应及时处理，能修复的要及时修复。在役的结构修复要十分慎重，防止因修复引起新的问题。

任务实施

1. 接头形式及受力分析

本任务母材材质采用 Q235B 钢，接头形式为对接接头，焊接接头受垂直平面弯曲载荷的作用，M=260N · m，对接接头尺寸及受力如图 1-32 所示。

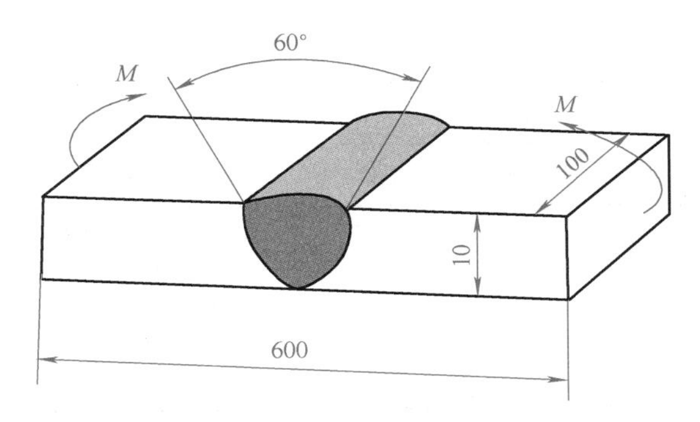

图 1-32　对接接头尺寸及受力

焊缝在实际工作时，材质和所受应力状态与对焊缝的破坏程度有很大关系。在进行静载强度计算时，只有当实际受载荷数值小于许用应力值时，焊缝才不会被破坏。

2. 强度计算及校核

母材材质为 Q235B，厚度为 10mm，查表 1-6 和表 1-7 得：

材料组别为第一组，许用应力 $[\sigma_t']$=166.5MPa。

受垂直平面弯矩作用，M_2=260N · m，由式$\sigma=\dfrac{6M_2}{\delta_1^2 L}\leqslant[\sigma_t']$，得

$$\sigma=\frac{6\times260\times10^9}{100\times10^2}\text{Pa}=156\text{MPa}<166.5\text{MPa}$$

因此，该对接接头受垂直平面弯矩作用时，强度符合要求。

表 1-6　钢结构焊缝许用应力　（单位：MPa）

焊缝种类	应力种类		符号	自动焊、半自动焊和用E43XX型焊条的手工焊接				自动焊、半自动焊和用E50XX型焊条的手工焊接		
				构件的钢号						
				Q215		Q235		Q345(16Mn)		
				第一组①	第二、三组①	第一组①	第二、三组①	第一组①	第二组①	第三组①
对接焊缝	抗压		$[\sigma_t]$	152	136	166.5	152	235	226	210
	抗拉	自动焊或用精确方法②检查质量的手工焊和半自动焊	$[\sigma_t']$	152	136	166.5	152	235	226	210
		用普通方法检查质量的手工焊和半自动焊	$[\sigma_t']$	127	117.5	142	127	201	191	181
	抗剪		$[\tau]$	93	83	98	93	142	136	127
角焊缝	抗拉、抗压、抗剪		$[\tau']$	107	107	117.5	117.5	166.5	166.5	166.5

① 钢材按其尺寸分组，分组尺寸见表 1-7。

② 检查焊缝的普通方法指外观检查、测量尺寸、钻孔检查等；精确方法是在普通方法的基础上，用射线或超声波进行补充检查。

表 1-7　钢材的分组尺寸　　（单位：mm）

组别	钢材的牌号			
	Q215A或Q235A			Q345(16Mn)
	棒钢的直径	型钢的厚度	钢板的厚度	钢材的直径或厚度
第一组	≤40	≤50	4~20	≤16
第二组	40~100	15~20	20~40	17~25
第三组	—	>20	—	26~36

注：1. 棒钢包括圆钢、方钢、扁钢及六角钢。型钢包括角钢、工字钢和槽钢。

2. 工字钢和槽钢的厚度是指腹板的厚度。

思考与练习

一、名词解释

1. 应力集中　2. 正面角焊缝　3. 侧面角焊缝　4. 联合角焊缝　5. 工作焊缝　6. 联系焊缝　7. 疲劳　8. 应变时效

二、填空题

1. 应力集中系数的大小与_______和_______有关。

2. _______接头外形的变化不大，所以它的应力集中较小，而且易于降低和消除。因此，_______接头是最好的接头形式，不但_______，而且_______也较高。

3. 根据搭接角焊缝受力的方向，可以将搭接角焊缝分为_______、_______和_______三种。

4. T 形接头焊缝向母材金属过渡较急剧，接头中应力分布极不均匀，在_______和_______处，易产生很大的应力集中。

5. 试验证明，在相同的焊脚尺寸的条件下，_______角焊缝的单位长度强度较_______角焊缝高，而_______角焊缝的单位长度强度介于两者之间。

6. 在结构设计时无需计算_______焊缝的强度，只需计算_______焊缝的强度。

7. 疲劳断裂都经历_______、_______和_______三个阶段。

8. 疲劳断裂是在_______、_______和_______三者的共同作用下发生的，其中的_______使裂纹形成，而_______造成裂纹的扩展，_______则影响整个疲劳过程。

9. 对重要的动载结构，可采用_______或_______的措施来降低应力集中，以提高接头的疲劳强度。

10. 焊接接头中焊缝金属与母材之间有_______问题以及焊接的快速加热与冷却使焊缝和热影响区发生_______问题。这些非均质性对结构脆断有很大影响。

三、简答题

1. 焊接接头引起应力集中的原因有哪些?

2. 疲劳破坏现象有哪些共同特征?

3. 影响焊接接头疲劳性能的因素有哪些?

4. 提高焊接结构疲劳强度的措施有哪些?
5. 焊接结构的脆性断裂有哪些特征?
6. 焊接结构产生脆断的原因有哪些?
7. 影响焊接结构脆断的因素有哪些? 分别是如何影响的?
8. 防止焊接结构脆性破坏的措施有哪些?

名人语录

你在团队中做到极致，你就是团队的工匠；你在行业中做到极致，你就是行业的工匠；你在国家层面做到极致，你就是这个国家的工匠。——大国工匠高凤林

大国工匠——高凤林

项目二
焊接结构的应力与变形

项目概述

焊接过程中，由于局部高温加热而造成焊件上温度分布不均匀，最终导致在结构内部产生了焊接应力与变形。焊接应力与变形是直接影响焊接结构性能、安全可靠性和制造工艺性的重要因素。它会导致在焊接接头中产生冷、热裂纹等缺陷，在一定的条件下还会对结构的断裂特性、疲劳强度和形状尺寸精度有不利的影响。在构件制造过程中，焊接变形往往引起正常的工艺流程中断。因此掌握焊接应力与变形的规律，对于焊接结构的完整性设计和制造工艺方法的选择都有重要意义。本项目分别以典型结构为载体，让学生在了解应力与变形基础知识，掌握应力与变形产生的原因、控制应力与变形的措施以及消除应力与变形的方法的基础上，能够正确完成残余应力的控制与消除、焊接变形的预防与矫正等具体任务。用企业产品在真实的企业情境中组织教学，让学生感受到企业氛围和文化，培养学生的职业道德和职业素养，培养学生自主学习、与人合作、与人交流的能力。

任务一　锻压机机架焊接残余应力的控制

学习目标

1. 了解焊接结构应力与变形的类型及产生原因，焊接残余应力在焊接接头中的分布形式。
2. 理解焊接残余应力的影响因素，掌握控制和减小焊接残余应力的技术措施。
3. 学会结合生产条件合理制定典型结构控制和减小焊接残余应力的措施。

任务描述

图 2−1 所示为某企业承接生产的锻压机开式机架（图中省略了上封头板）。板材为 Q235，板厚为 50mm，最大件平面尺寸为 2000mm × 1500mm，最小件平面尺寸为 670mm × 310mm。由于机架刚度要求较高，并且由厚钢板拼接而成，因此焊接过程中拘束度非常大，会产生较大的焊接残余应力，并且在机架的后续机械加工过程中，残余应力的释放会导致机架变形。此外，锻压机机架在工作时往往承受交变载荷与冲击载荷，焊接应力的存在降低了机架的力学性能。因此，需要在机架的焊接过程中制定相应的技术措施来控制和减小焊接残余应力。

制定合理的控制和减小焊接残余应力的技术措施，首先要明确产生焊接残余应力的原因，并确定其类型，而后确定哪些工艺条件对焊接残余应力的产生有影响，最终确定控制、消除残余应力的技术措施。由于锻压机机架在工作时承受交变载荷和冲击载荷，所以本机架焊缝要求全焊透。

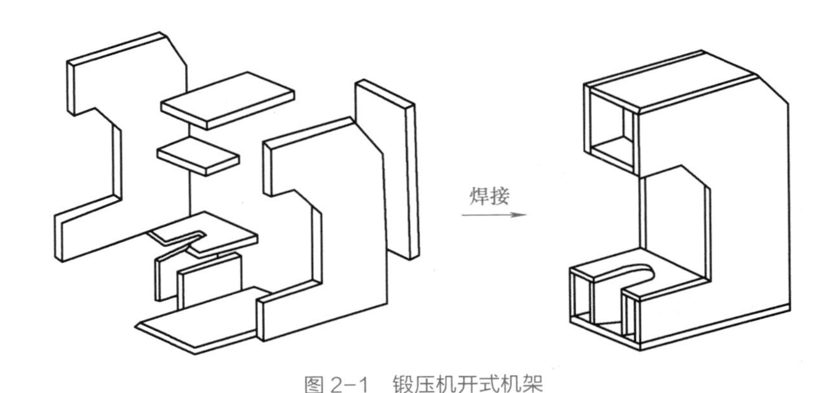

图 2−1　锻压机开式机架

必备知识

一、焊接应力与变形的产生

1. 应力与变形的基础知识

（1）应力　物体在受外力作用后，以及在物理、化学或物理化学变化过程中，如温度、金相组织或化学成分等变化时，其内部会产生内力。作用在物体单位截面上的内力叫作应力。根据引起内力的原因不同，应力分为工作应力和内应力。物体由于外力的作用在其单位截面上出现的内力称为工作应力。

物体在无外力作用的情况下而存在于内部的应力称为内应力。内应力是由于物体内部成分不均匀、金相组织及温度的变化等因素造成物体内部的不均匀性变形而引起的应力。内应力存在于许多工程结构中，如焊接结构、铸造结构等。内应力的主要特点是：在物体内部，内应力构成一平衡力系。

根据内应力产生的原因不同，可分为热应力、装配应力、相变应力和焊接应力等。还可以根据内应力所涉及的范围，将其分为宏观内应力、微观内应力和超微观内应力。

（2）变形　物体在外力或温度等因素的作用下，其形状和尺寸会发生变化，这种变化称为物体的变形。

按照物体变形的性质不同，变形可以分为弹性变形和塑性变形。当使物体产生变形的外力或其他因素去除后，变形也随之消失，即物体恢复原状，这样的变形称为弹性变形。当外力或其他因素去除后变形仍然存在，物体不能恢复原状，这样的变形称为塑性变形。

物体的变形还可按拘束条件分为自由变形和非自由变形。以图 2-2 中的一根金属杆为例，当温度为 T_0 时，长度为 L_0，均匀加热，温度上升至 T 时，若金属杆不受阻，杆的长度会增加至 L，其长度的改变 $\Delta L_T=L-L_0$，ΔL_T 就是自由变形，如图 2-2a 所示。

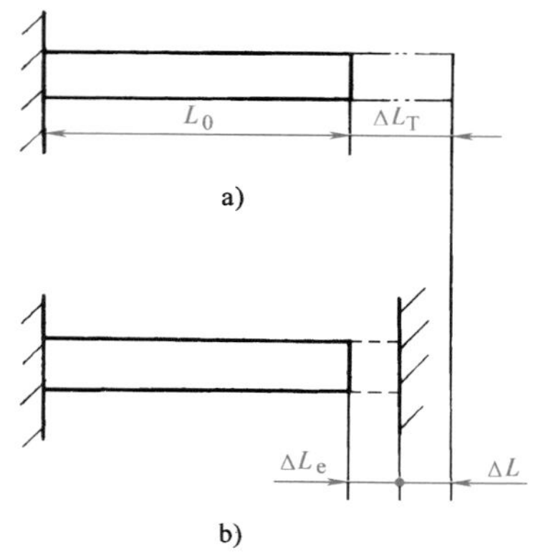

图 2-2　金属杆件的变形
a）自由变形　b）非自由变形

单位长度的变形量称为变形率，自由变形率用 ε_T 表示，其数学表达式为

$$\varepsilon_T=\Delta L_T/L_0=\alpha\,(T-T_0) \tag{2-1}$$

式中　α——金属的线膨胀系数，它的数值随材料及温度而变化。

如果金属杆在温度变化过程中的伸长受到阻碍，则变形量不能完全表现出来，就是非自由变形，如图 2-2b 所示。其中，把能表现出来的这部分变形称为外观变形，用 ΔL_e 表示，外观变形率 ε_e 可用下式表示，即

$$\varepsilon_e=\Delta L_e/L_0 \tag{2-2}$$

未表现出的变形称为内部变形，用 ΔL 表示，即

$$\Delta L=\Delta L_T-\Delta L_e \tag{2-3}$$

同样，内部变形率 ε 用下式表示，即

$$\varepsilon=\Delta L/L_0 \tag{2-4}$$

（3）焊接应力与焊接变形　焊接应力是焊接过程中及焊接过程结束后，存在于焊件中的内应力。由焊接而引起的焊件尺寸的改变称为焊接变形。焊接加热及冷却过程中产生的应力与变形，称为焊接瞬时应力和焊接瞬时变形；焊接过程结束后，残留在焊接结构中的应力与变形，称为焊接残余应力和焊接残余变形。

小知识

焊接应力和变形直接影响结构的制造质量和使用性能，严重时会导致构件的失效甚至报废。

2. 研究焊接应力与变形的几个假定

由于金属在焊接过程中其物理性能和力学性能都会发生变化，所以产生焊接应力与变形的原因比较复杂，为了分析问题方便，对金属材料做以下假定：

（1）平截面假定　假定构件在焊前所取的截面，焊后仍保持平面。即构件只发生伸长、缩短、弯曲，构件变形时其横截面只发生平移或偏转，永远保持平面。

（2）金属性能不变的假定　假定在焊接过程中材料的某些热物理性质，如线膨胀系数（α）、比热容（c）、热导率（λ）等均不随温度的变化而变化。

（3）金属屈服强度假定　低碳钢屈服强度与温度的关系如图 2-3 中实线所示，为了讨论问题的方便，可以将它简化为图中虚线所示。即在 500℃以下，屈服强度与常温相同，不随温度的变化而变化；在 500~600℃范围内，屈服强度呈线性下降；600℃以上时屈服强度为零，呈全塑性状态。把材料屈服强度为零时的温度称为塑性温度。

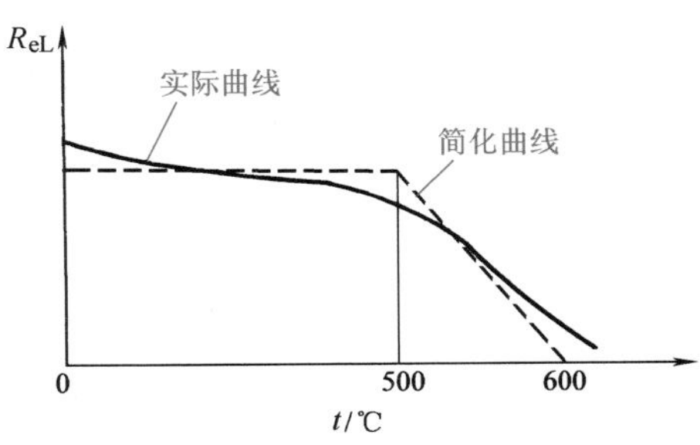

图 2-3　低碳钢的屈服强度与温度的关系

（4）焊接温度场假定　通常将焊接过程中的某一瞬间，焊接接头中各点的温度分布称为温度场。在焊接热源作用下，构件上各点的温度在不断地变化，可以认为达到某一极限热状态时，温度场不再改变，这时的温度场称为极限温度场。

3. 焊接应力与变形产生的原因

视频：焊接应力与变形产生的原因

焊接应力和变形是由多种因素交互作用而导致的结果，主要因素包括焊件受热不均匀、焊缝金属的收缩、金相组织的变化及焊件刚性与拘束的影响等，其中最根本的原因是焊件受热不均匀。此外，焊缝在焊接结构中的位置、装配焊接顺序、焊接方法、焊接电流及焊接方向等对焊接应力与变形也有一定的影响。

（1）焊件受热不均匀　为了便于了解焊件在不均匀受热时如何产生应力与变形，首先对均匀加热时产生应力与变形的情况进行讨论。

1）不受约束的杆件在均匀加热时的应力与变形。根据前面对变形知识的讨论，不受约束的杆件在均匀加热与冷却时，其变形属于自由变形，因此在杆件加热过程中不会产生任何内应力，冷却后也不会有任何残余应力和残余变形，如图 2-4a 所示。

2）受约束的杆件在均匀加热时的应力与变形。根据前面对非自由变形情况的讨论，受约束杆件的变形属于非自由变形，既存在外观变形，也存在内部变形。

如果加热温度较低，没有达到材料的屈服强度温度时（$t < t_s$），材料的变形为弹性变形，加热过程中杆件内部存在压应力的作用。当温度恢复到原始温度时，杆件自由收缩到原来的长度，压应力全部消失，不存在残余变形和残余应力。

如果加热温度较高，达到或超过材料的屈服强度温度时（$t > t_s$），则杆件中产生压缩塑性变形，内部变形由弹性变形和塑性变形两部分组成，甚至全部由塑性变形组成（$t > 600$℃）。当温度恢复到原始温度时，弹性变形恢复，塑性变形不可恢复，可能出现以下三种情况：

①如果杆件加热时自由延伸，冷却时限制收缩，那么冷却后杆件内既有残余应力，又有残余变形，如图 2–4b 所示。

②如果杆件加热时不能自由延伸，可以自由收缩，那么杆件中没有残余应力，只有残余变形，如图 2–4c 所示。

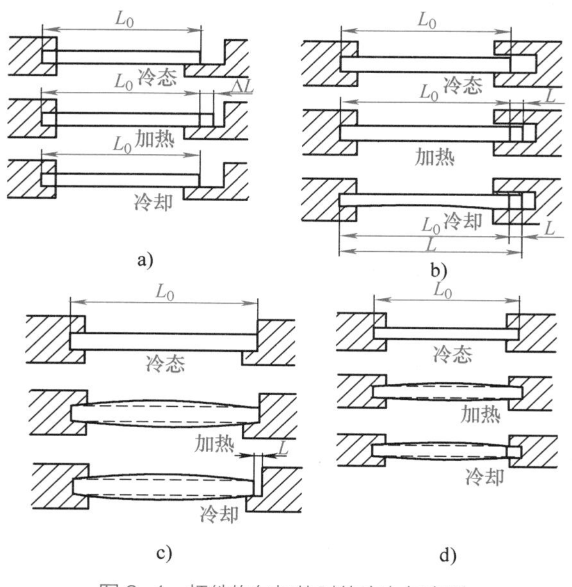

图 2–4　杆件均匀加热时的应力与变形

a）自由状态　b）自由延伸 – 限制收缩状态

c）限制延伸 – 自由收缩状态　d）限制延伸 – 限制收缩状态

③如果杆件受绝对拘束，那么杆件中存在残余应力而没有残余变形，如图 2–4d 所示。

实际生产中的焊件，与上述的第一种情况相似，焊后既有焊接应力存在，又有焊接变形产生。以上所述的是一般杆件在均匀加热时的应力与变形。下面讨论材料不均匀加热时的应力与变形。

3）长板条中心加热（类似于堆焊）引起的应力与变形。如图 2–5a 所示的长度为 L_0，厚度为 δ 的长板条，材料为低碳钢，在其中间沿长度方向上进行加热。为简化讨论，将板条上的温度区域分为两种：中间为高温区，其温度均匀一致；两边为低温区，其温度也均匀一致。

加热时，如果板条的高温区与低温区是可分离的，高温区将伸长，低温区长度不变，如图 2–5b 所示，但实际上板条是一个整体，所以板条将整体伸长，此时高温区内产生较大的压缩塑性变形和压缩弹性变形，如图 2–5c 所示。

冷却时，由于压缩塑性变形不可恢复，所以，如果高温区与低温区是可分离的，则高温区应缩短，低温区应恢复原长，如图 2–5d 所示。但实际上板条是一个整体，所以板条将整体缩短，这就是板条的残余变形，如图 2–5e 所示。同时在板条内部也产生了残余应力，中间高温区为拉应力，两侧低温区为压应力。

4）长板条一侧加热（相当于板边堆焊）引起的应力与变形。如图 2–6a 所示的材质均匀的钢

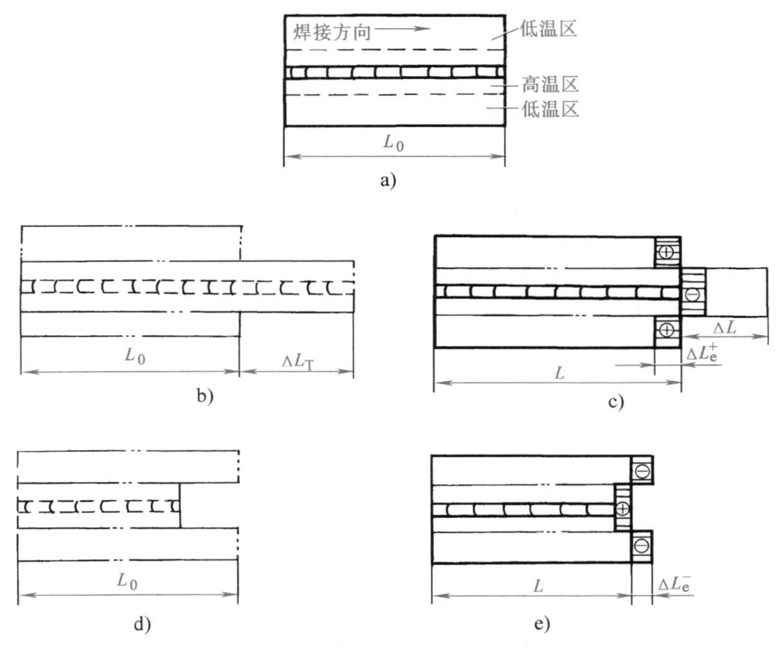

图 2-5　长板条中心加热和冷却时的应力与变形

a）原始状态　b）、c）加热过程　d）、e）冷却以后

板，在其上边缘快速加热。假设钢板由许多互不相连的窄条组成，则各窄条在加热时将按温度高低而有不同的伸长，如图 2-6b 所示。但实际上，板条是一个整体，各板条之间是互相牵连、互相影响的，上一部分金属因受下一部分金属的阻碍作用而不能自由伸长，因此产生了压缩塑性变形。由于钢板上的温度分布是自上而下逐渐降低的，因此，钢板产生了向下的弯曲变形，如图 2-6c 所示。

钢板冷却后，各板条的收缩应如图 2-6d 所示。但实际上钢板是一个整体，上一部分金属要受到下一部分的阻碍而不能自由收缩，所以钢板产生了与加热时相反的残余弯曲变形，如图 2-6e 所示。同时在钢板内产生了如图 2-6e 所示的残余应力，即钢板中部为压应力，钢板两侧为拉应力。

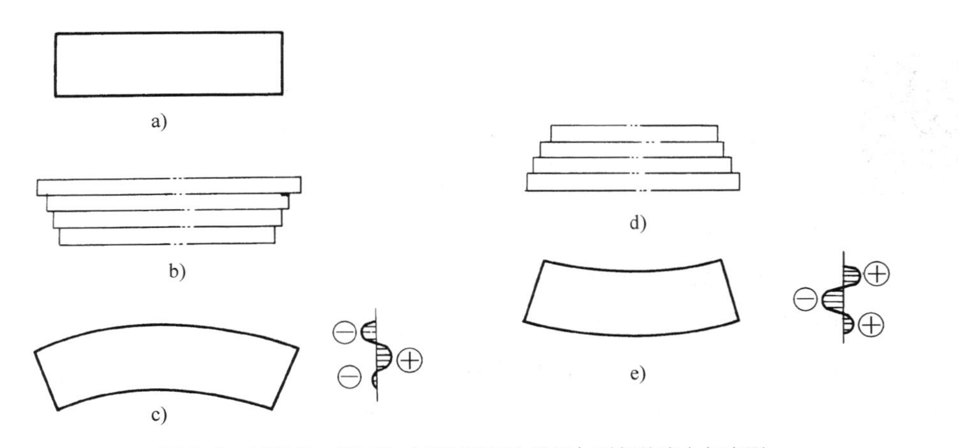

图 2-6　长板条一侧加热（相当于板边堆焊）引起的应力与变形

a）原始状态　b）假设各板条的伸长　c）加热后的变形　d）假设各板条的收缩　e）冷却后的变形

由上述讨论可知：

1）对构件进行不均匀加热，在加热过程中，只要温度高于材料的屈服强度温度，构件就会产生压缩塑性变形，冷却后，构件必然有残余应力和残余变形。

2）通常，焊接过程中焊件的变形方向与焊后焊件的变形方向相反。

3）焊接加热时，焊缝及其附近区域将产生压缩塑性变形，冷却时压缩塑性变形区要收缩。如果这种收缩能充分进行，则焊接残余变形大，焊接残余应力小；若这种收缩不能充分进行，则焊接残余变形小，而焊接残余应力大。

4）焊接过程中及焊接结束后，焊件中的应力分布都是不均匀的。焊接结束后，焊缝及其附近区域的残余应力通常是拉应力。

（2）焊缝金属的收缩　当焊缝金属冷却，由液态转为固态时，其体积要收缩。由于焊缝金属与母材是紧密联系的，因此，焊缝金属并不能自由收缩，这将引起整个焊件的变形，同时在焊缝中引起残余应力。另外，一条焊缝是逐步形成的，焊缝中先结晶的部分要阻止后结晶部分的收缩，由此也会产生焊接应力与变形。

小知识

在焊接过程中，局部金属发生相变，其比体积增大或减小而引起的应力称为相变应力。

（3）金属组织的变化　钢在加热及冷却过程中发生相变，可得到不同的组织，这些组织的比体积各不相同，由此也会造成焊接应力与变形。

（4）焊件的刚性和拘束　刚性是指焊件抵抗变形的能力；而拘束是焊件周围物体对焊件变形的约束。刚性是焊件本身的性能，它与焊件材质、焊件截面形状和尺寸等有关；而拘束是一种外部条件。焊件的刚性和拘束对焊接应力和变形也有较大的影响。焊件自身的刚性及受周围的拘束程度越大，焊接变形越小，焊接应力越大；反之，焊件自身的刚性及受周围的拘束程度越小，则焊接变形越大，而焊接应力越小。

二、焊接残余应力的分布

视频：焊接残余应力的分布

厚板焊接时出现的焊接应力是三向的。当焊件厚度不大时（小于 20mm），沿厚度方向的应力（习惯指 σ_z）相对较小，可将其忽略而看成双向应力 σ_x、σ_y。薄长板条对接焊时，因垂直焊缝方向的应力 σ_y 较小而忽略，主要考虑平行于焊缝轴线方向的纵向应力 σ_x。这里着重讨论纵向残余应力和横向残余应力的分布情况。

1. 纵向残余应力 σ_x 的分布

作用方向平行于焊缝轴线的残余应力称为纵向残余应力，用 σ_x 表示。

在焊接结构中，焊缝及其附近区域的纵向残余应力为拉应力，一般可达到材料的屈服强度；离开焊缝区，拉应力急剧下降并转为压应力。宽度相等的两板对接时，其纵向残余应力在焊件横截面上的分布情况如图 2-7 所示。

图 2-8 所示为板边堆焊时，其纵向残余应力 σ_x 在焊缝横截面上的分布。两块不等宽度的板对接时，宽度相差越大，宽板中的应力分布越接近于板边堆焊时的情况。若两板宽度相差较小时，其应力分布近似于等宽板对接时的情况。

纵向残余应力在焊件纵截面上的分布规律如图 2-9 所示。在焊件纵截面端头，由于拘束很小，纵向残余应力为零，因此焊缝端部存在一个残余应力过渡区，而焊缝中段是残余应力稳定区。当焊缝较短时，不存在稳定区，焊缝越短，σ_x 越小。

小知识

不同成分的板材，纵向残余应力分布规律基本相同，但由于热物理性能和力学性能不同，其残余应力大小不尽相同。如钛材，焊缝中的纵向残余应力一般为板材屈服强度的 0.5~0.8 倍，铝材焊缝为 0.6~0.8 倍。

2. 横向残余应力 σ_y 的分布

垂直于焊缝轴线的残余应力称为横向残余应力，用 σ_y 表示。

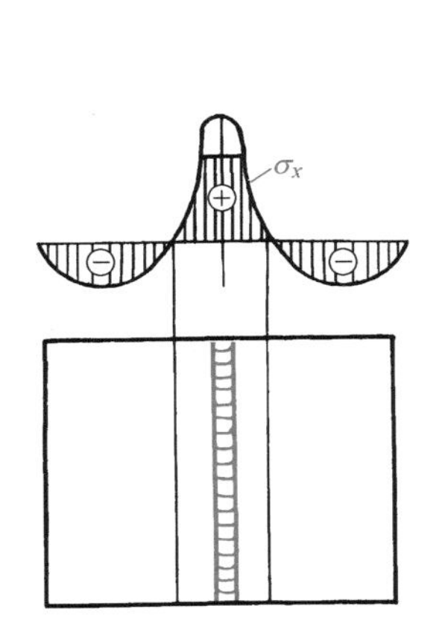

图 2-7 对接接头 σ_x 在焊缝横截面上的分布

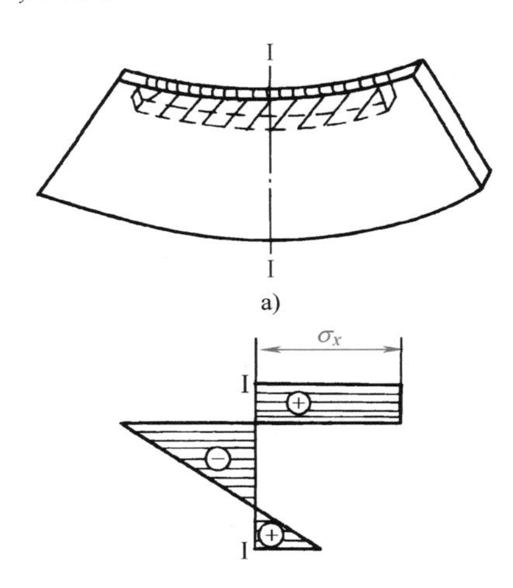

图 2-8 板边堆焊时的残余应力与变形

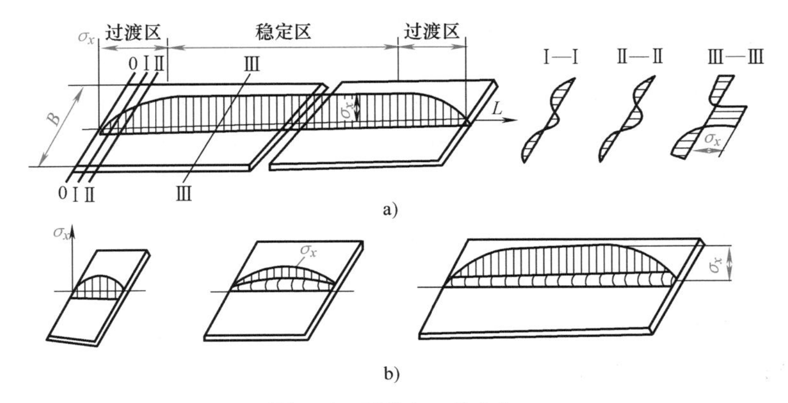

图 2-9 焊缝中 σ_x 的分布

a）焊缝各截面中 σ_x 的分布 b）不同长度焊缝中 σ_x 的分布

横向残余应力 σ_y 的产生原因比较复杂，一般认为它是由焊缝及其附近塑性变形区的纵向收缩引起的横向应力 σ'_y 和由焊缝及其塑性变形区的横向收缩的不均匀和不同时性所引起的横向应力 σ''_y 两部分合成得来的。

1）焊缝及其附近塑性变形区的纵向收缩引起的横向应力 σ'_y 如图 2-10a 所示，该构件由两块平板条对接而成，如果假想沿焊缝中心将构件一分为二，即两块板条都相当于板边堆焊，将出现如图 2-10b 所示的弯曲变形。要使两板条恢复到原来位置，必须在焊缝中部加上横向拉应力，在焊缝两端加上横向压应力。由此可以推断，焊缝及其附近塑性变形区的纵向收缩引起的横向应力如图 2-10c 所示，其两端为压应力，中间为拉应力。各种长度的平板条对接焊，其 σ'_y 的分布规律基本相同，但焊缝越长，中间部分的拉应力将有所降低，如图 2-11 所示。

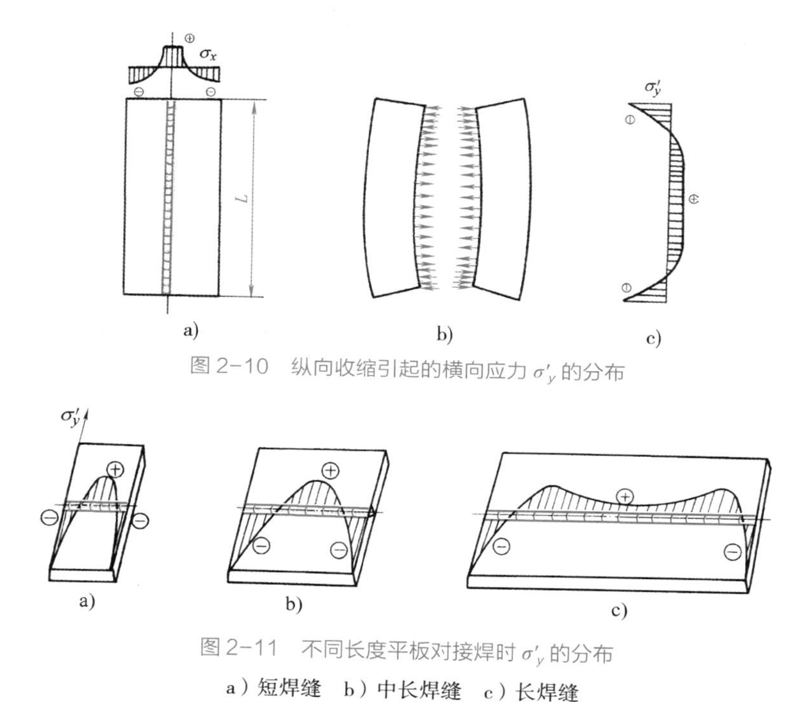

图 2-10　纵向收缩引起的横向应力 σ'_y 的分布

图 2-11　不同长度平板对接焊时 σ'_y 的分布

a）短焊缝　b）中长焊缝　c）长焊缝

2）横向收缩所引起的横向应力 σ''_y 在焊接结构上，一条焊缝不可能同时完成，先焊的部分先冷却，后焊的部分后冷却。先冷却的部分会限制后冷却部分的横向收缩，这就引起了横向应力 σ''_y。σ''_y 的分布与焊接方向、分段方法及焊接顺序等因素有关。图 2-12 所示为不同焊接方向时 σ''_y 的分布。其中图 2-12a 中焊缝分两段由中间向两端焊接，中间部分先焊先收缩，两端部分后焊后收缩，则两端部分的横向收缩受到中间部分的限制，因此 σ''_y 的分布是中间部分为压应力，两端部分为拉应力；在图 2-12b 中，焊缝则是从两端向中间进行焊接，中间部分为拉应力，两端部分为压应力。

总之，在焊接结构中，σ'_y、σ''_y 是同时存在的，且横向残余应力 σ_y 的大小受到 R_{eL} 的限制。

3. 特殊情况下残余应力的分布

（1）厚板中的焊接残余应力　厚板结构中除了存在纵向残余应力和横向残余应力外，在厚

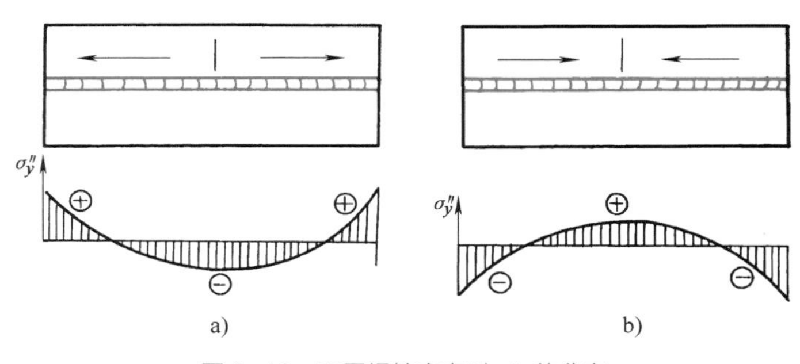

图 2-12　不同焊接方向时 σ''_y 的分布

a）由中间向两端焊　b）由两端向中间焊

度方向还存在较大的残余应力 σ_z。研究表明，残余应力在厚度上的分布是不均匀的，主要受焊接工艺方法的影响。一般来说，板厚增加时，残余应力峰值也增加，但板厚达到数十毫米后，板厚对残余应力峰值的影响就不明显了。

图 2-13 为厚 240mm 的低碳钢电渣焊焊缝中心线上的应力分布。该焊缝中心存在三向均为拉伸的残余应力，且均为最大值，这与电渣焊工艺有关。因电渣焊时，焊缝正、背面装有水冷铜滑块，表面冷却速度快，中心部位冷却较慢，最后冷却的收缩受周围金属制约，故中心部位出现较高的拉应力。

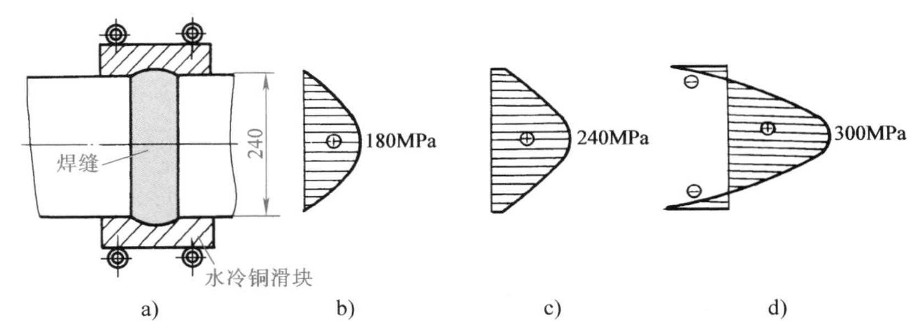

图 2-13　厚板电渣焊中焊缝中心线上的应力分布

a）焊缝示意图　b）σ_z 在厚度上的分布　c）σ_x 在厚度上的分布　d）σ_y 在厚度上的分布

（2）在拘束状态下焊接残余应力　在生产中，焊接结构往往是在受拘束的情况下进行焊接的。如图 2-14a 所示，焊件横向加以刚性拘束，焊后其横向收缩受到限制，因而产生了拘束横向残余应力，其分布如图 2-14b 所示。拘束横向残余应力与无拘束横向残余应力（图 2-14c）叠加，结果在焊件中产生了如图 2-14d 所示的合成横向残余应力。

（3）封闭焊缝中残余应力　封闭焊缝是指焊道构成封闭回路的焊缝。在板壳结构中经常遇到接管、镶块和人孔法兰等封闭焊缝焊接，它们是在较大拘束下焊接的，内应力都较大。其大小与焊件和镶入体本身的刚度有关，刚度越大，内应力也越大。图 2-15 所示为圆盘中焊入镶块后的残余应力，σ_t 为切向应力，σ_r 为径向应力。从图 2-15b 中可以看出，径向应力均为拉应力，切向应力在焊缝附近最大，为拉应力，由焊缝向外侧逐渐下降为压应力，由焊缝向中心达到一个均匀值。在镶块中部有一个均匀的双轴应力场，镶块直径越小，外板对它的约束越大，这个均匀双轴应力

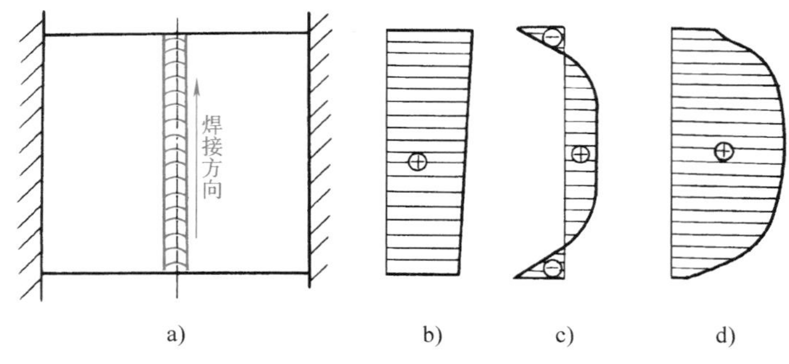

图 2-14 拘束状态下对接接头的横向应力分布

a）拘束状态下的焊件 b）拘束横向残余应力 c）无拘束横向残余应力 d）合成横向残余应力

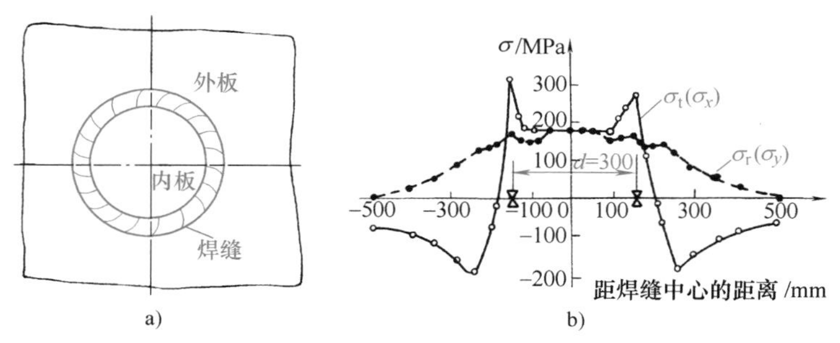

图 2-15 圆盘中焊入镶块后的残余应力

a）封闭焊缝 b）σ_t 和 σ_r 的分布

值就越高。

（4）焊接梁柱中的残余应力 图 2-16 所示为 T 形梁、工字梁和箱形梁纵向残余应力的分布情况。对于此类结构，可以将其腹板和翼板分别看作是板边堆焊或板中心堆焊加以分析。一般情况下，焊缝及其附近区域中总是存在较高的纵向拉应力，而在腹板的中部则会产生纵向压应力。

（5）环形焊缝中的残余应力 管道对接时，环形焊缝中的焊接残余应力分布比较复杂，当管径和壁厚之比较大时，环形焊缝中的应力分布与平板对接相类似，如图 2-17 所示，但焊接残余应力的峰值比平板对接焊要小。

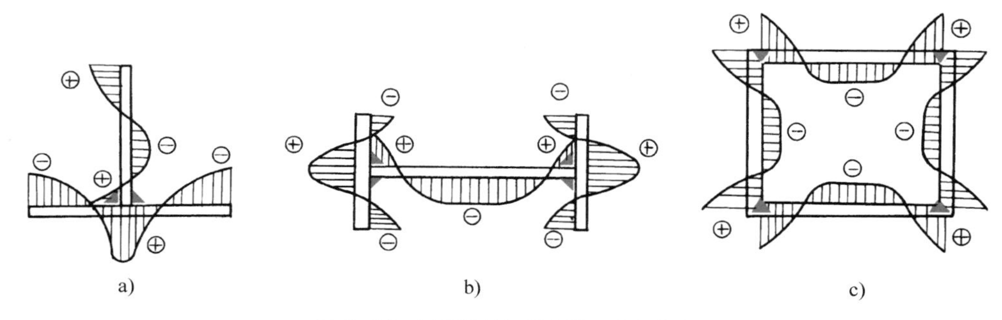

图 2-16 焊接梁柱的纵向残余应力分布

a）焊接 T 形梁的残余应力 b）焊接工字梁的残余应力 c）焊接箱形梁的残余应力

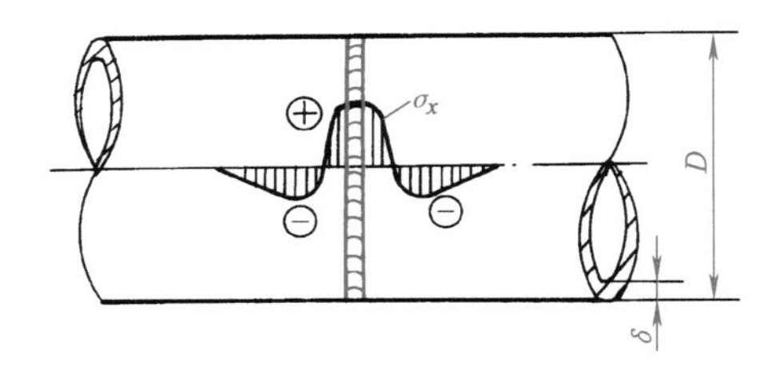

图 2-17　圆筒环缝纵缝纵向残余应力分布

三、控制焊接残余应力的具体措施

控制焊接残余应力，一般来说，可以从设计和工艺两方面着手。设计焊接结构时，在不影响结构使用性能的前提下，应尽量考虑采用能减小和改善焊接应力的设计方案；另外，在制造过程中还要采取一些必要的工艺措施，以使焊接应力减小到最低程度。

1. 设计措施

1）在保证结构强度的前提下，尽量减少结构上焊缝的数量和焊缝尺寸。

2）避免焊缝过于集中，焊缝间应保持足够的距离。焊缝过分集中不仅使应力分布更不均匀，而且可能出现双向或三向复杂的应力状态。此外，焊缝不要布置在高应力区及结构截面突变的地方，以防止残余应力与外力叠加，影响结构的承载能力。

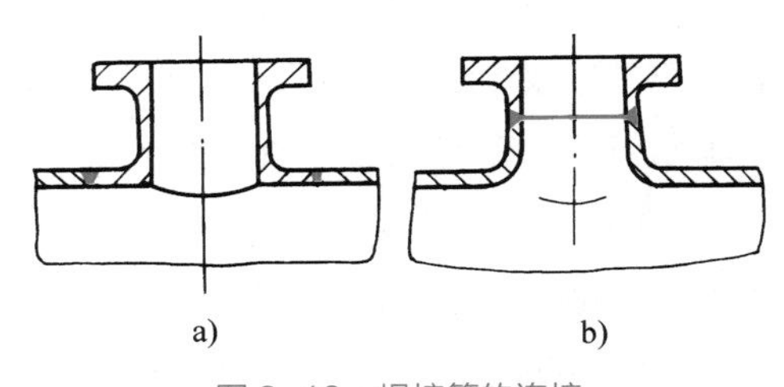

图 2-18　焊接管的连接
a）插入式　b）翻边式

3）采用刚性较小的接头形式。如图 2-18 所示为容器与接管之间连接接头的两种形式，插入式连接的拘束度比翻边式的大，前者的焊缝上可能产生双向拉应力，且达到较高数值，而后者的焊缝上主要是纵向残余应力。

2. 工艺措施

正确的设计并不能完全控制、减少焊接残余应力，选择正确、合理的工艺方法是减少焊接应力的重要环节。

（1）采用合理的装配焊接顺序和方向　合理的装配焊接顺序应该能使每条焊缝尽可能自由收缩，具体应注意以下几点：

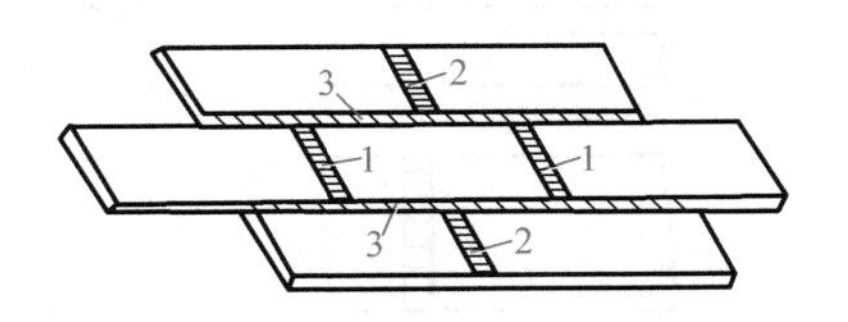

图 2-19　拼板时的焊接顺序
1、2—短焊缝　3—长焊缝

1）在一个平面上的焊缝，焊接时应保证焊缝的纵向和横向收缩均能比较自由。如图 2-19 所示的拼板焊接，应先焊错开的短焊缝 1、2，后焊直通长焊缝 3，使焊缝有较大的横向收缩余地。

由许多平板拼接而成的大型容器底部，焊接顺序如图 2-20 中所标的数字，焊接应从中间向四周进行，使焊缝的收缩由中间向外依次进行。这样能最大限度地让焊缝自由收缩，以减少焊接应力。

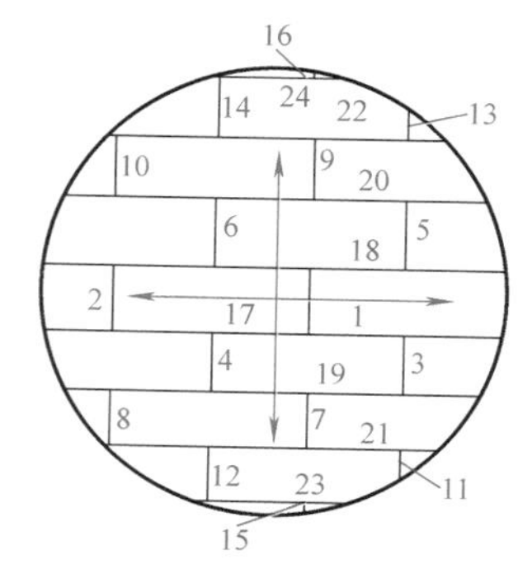

图 2-20　平板拼接大型容器底部焊接顺序

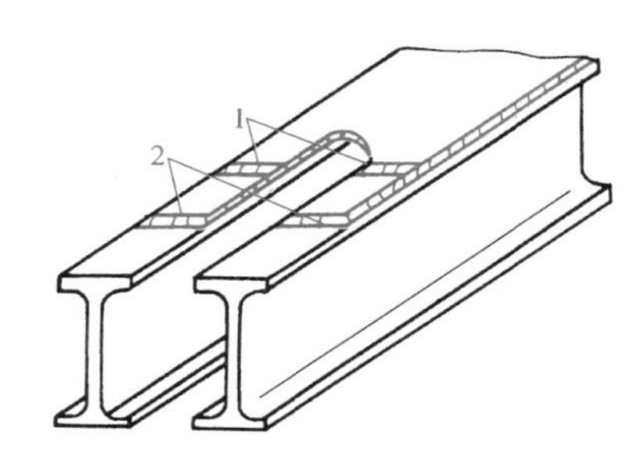

图 2-21　带盖板的双工字梁结构焊接顺序

2）收缩量最大的焊缝先焊。因为先焊的焊缝收缩时受阻较小，因而残余应力就比较小。

如图 2-21 所示的带盖板的双工字梁结构，应先焊盖板上的对接焊缝 1，后焊盖板与工字梁之间的角焊缝 2，原因是对接焊缝的收缩量比角焊缝的收缩量大。

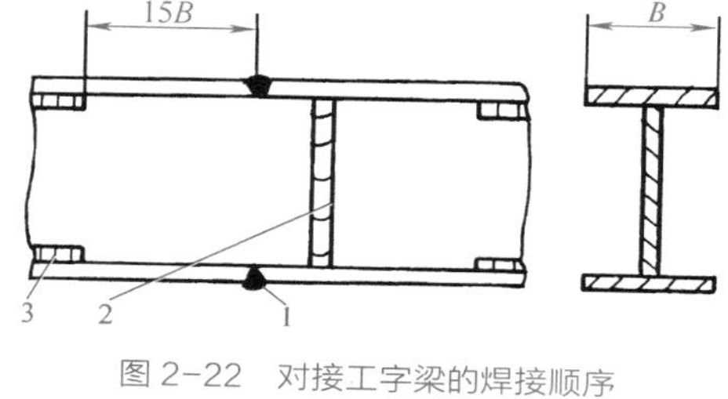

图 2-22　对接工字梁的焊接顺序

3）工作时受力最大的焊缝先焊。如图 2-22 所示的大型工字梁，应先焊受力最大的翼板对接焊缝 1，再焊腹板对接焊缝 2，最后焊预先留出来的一段角焊缝 3。

4）注意平面交叉焊缝的焊接顺序。如图 2-23 为几种 T 形接头焊缝和十字接头焊缝，应采用图 2-23 中 a、b、c 的焊接顺序，只有这样才能避免在焊缝的相交点产生裂纹及夹渣等缺陷。图 2-23d 为不合理的焊接顺序。

（2）缩小焊接区与结构整体之间的温差　引起焊接应力与变形的根本原因是焊件受热不均匀，焊接区与结构整体之间的温差越大，则引起的焊接应力与变形越大。工程中常用“预热法”和“冷

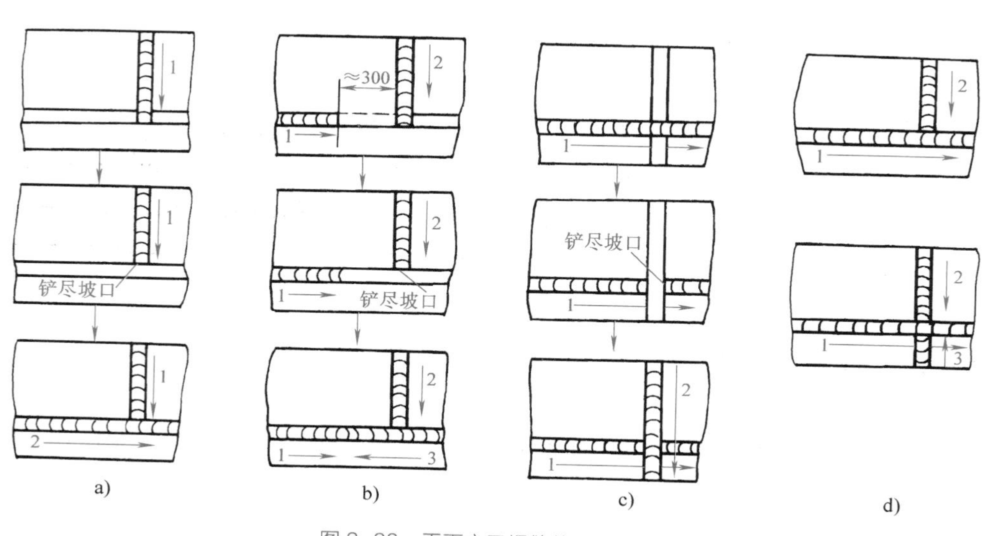

图 2-23　平面交叉焊缝的焊接顺序

焊法”减小焊接区与结构整体之间的温差。

预热法是在施焊前，预先将焊件局部或整体加热到 150~650℃。焊接或焊补那些淬硬倾向较大的材料的焊件，以及刚性较大或脆性材料焊件时，常常采用预热法。

冷焊法是通过减少焊件受热来减小焊接部位与结构上其他部位间的温度差。具体做法有：尽量采用小的热输入施焊，选用小直径焊条、小电流、快速焊及多层多道焊。另外，应用冷焊法时，环境温度应尽可能高。

想一想

“预热法”和“冷焊法”的实质是否相同？

（3）降低焊缝的拘束度　平板上镶板的封闭焊缝焊接时拘束度大，焊后焊缝纵向和横向拉应力都较高，极易产生裂纹。为了降低残余应力，应设法减小该封闭焊缝的拘束度。图 2−24 所示是焊前对镶板的边缘适当翻边，做出角反变形，焊接时翻边处拘束度减小。若镶板收缩余量预留得合适，则焊后残余应力可减小，且镶板与平板平齐。

（4）开减应力槽法　对于厚度大、刚度大的焊件，在不影响结构强度的前提下，可以在焊缝附近开几个减应力槽，以降低焊件的局部刚度，达到减少焊接残余应力的目的。图 2−25 所示为两种开减应力槽法的应用实例。

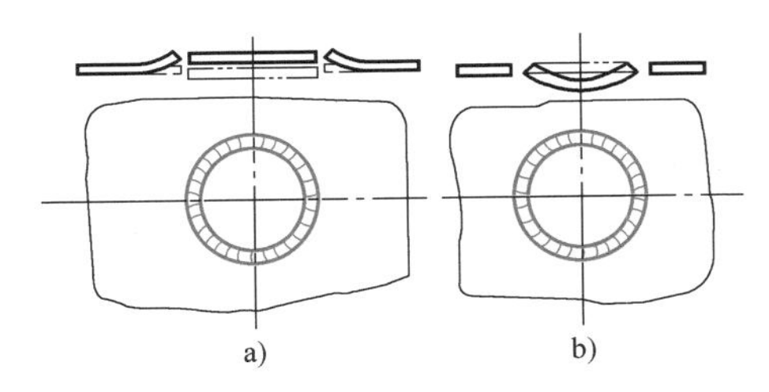

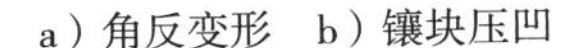

图 2−24　降低焊缝拘束度

a）角反变形　b）镶块压凹

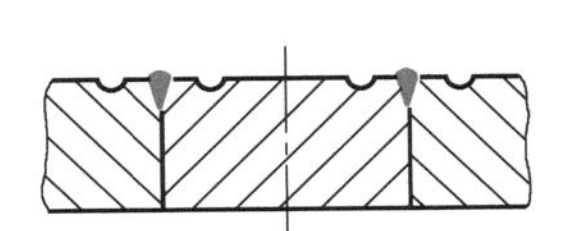

图 2−25　开减应力槽法的应用实例

（5）加热“减应区”法　焊接时加热那些阻碍焊接区自由伸缩的部位（称“减应区”），使之与焊接区同时膨胀和同时收缩，起到减小焊接应力的作用，此法称为加热“减应区”法。图 2−26 所示为加热“减应区”法的减应原理。图中框架中心已断裂，若直接焊接断口处，则焊缝横向收缩受阻，在焊缝中将存在相当大的横向应力。若焊前在两侧构件的“减应区”处同时加热，则两侧受热膨胀，使中心构件断口间隙增大。此时对断口处进行焊接，焊后两侧也停止加热，于是焊缝和两侧加热区同时冷却收缩，互不阻碍，从而减小了焊接应力。

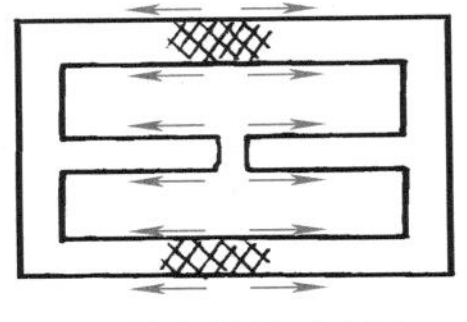

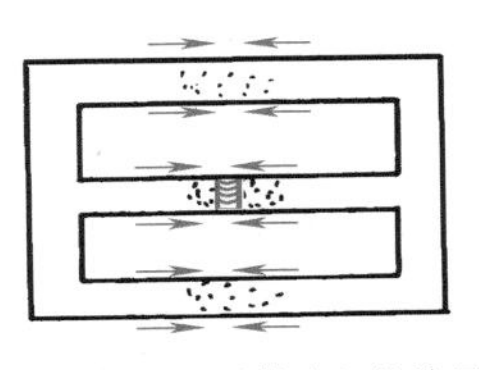

图 2−26　加热“减应区”法示意图

a）加热过程　b）冷却过程

此方法在铸铁补焊中应用最多，也最有效。此方法成败的关键在于正确选择加热部位，选择的原则是：只加热阻碍焊接区膨胀或收缩的部位。检验加热部位是否正确的方法是：用气焊矩在所选处试加热一下，若待焊处的缝隙是张开的，则表示选择正确，否则不正确。图 2-27 为几种典型焊件的减应区选择。

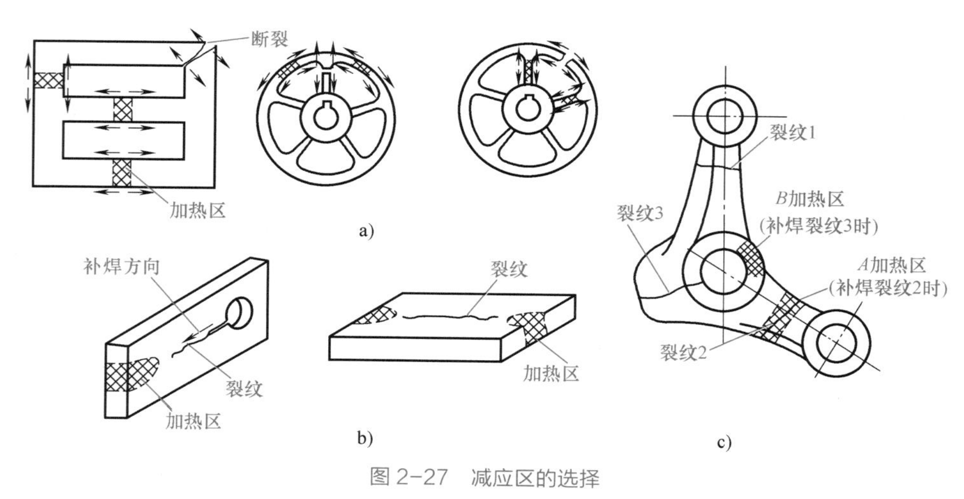

图 2-27　减应区的选择

a）框架与杆系类构件加热区　b）以边、角、棱等处作为加热区　c）机车摇臂断裂焊补加热区

任务实施

1. 制定控制焊接应力的设计措施

（1）合理的焊缝设计　本任务所用材料板材厚度为 50mm，因此，为了保证焊缝质量，确定双面开坡口焊接。为减小焊缝截面尺寸，坡口角度为 30°　。T 形接头及角接接头焊缝坡口形式均采用图 2-28 所示的形式。

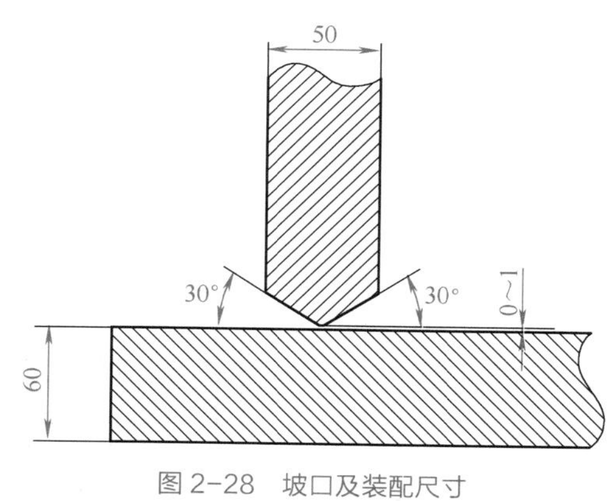

图 2-28　坡口及装配尺寸

（2）合理的焊接顺序和方向　焊接时，尽量使焊缝自由收缩，应先焊收缩量比较大、工作时受力大的焊缝；拼板时，先焊错开的短焊缝，再焊直通的长焊缝。机架装配 - 焊接顺序如图 2-29 所示。

2. 制定控制焊接应力的工艺措施

（1）焊接方法的选择　本任务选择 CO_2 气体保护焊进行焊接。因为与焊条电弧焊和埋弧焊等其他焊接方法相比，CO_2 气体保护焊具有保护效果好、生产效率高、成本低、节约能源等优点。与焊条电弧焊相比，对于 25mm 厚的低碳钢板对接焊缝，每米焊缝消耗的电能，前者仅为后者的 40%。

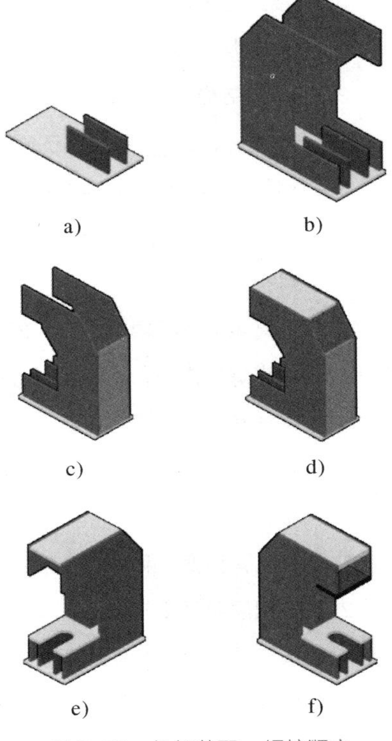

图 2–29　机架装配 – 焊接顺序

（2）采用多层多道焊接　多层焊包括多层单道焊和多层多道焊，一层焊缝可以由若干道焊道组成。多层焊主要应用于焊接大厚壁结构，较相同情况下采用单层焊，可以减小热输入量，从而减小变形和焊接缺陷。

（3）焊前预热　根据相关标准，本任务焊接时采用的预热温度为 200℃。预热能减缓焊后的冷却速度，防止焊接裂纹的产生，同时也能减小焊缝及热影响区的淬硬程度，降低焊接应力，提高接头的抗裂性。另外，预热可以降低焊接结构的拘束程度，对降低角接接头的拘束度尤为明显。随着预热温度的提高，裂纹发生率逐渐下降。

（4）层间温度的控制　本任务层间温度应不高于 200℃。对焊件进行多层多道焊时，前道焊缝的最低温度称为层间温度。对于焊前要求预热的材料，当需要进行多层多道焊时，其层间温度应和预热温度大致相同，如层间温度低于预热温度，应重新进行预热。

思考与练习

一、名词解释

1. 应力　2. 变形　3. 外观变形　4. 焊接瞬时应力　5. 焊接瞬时变形　6. 焊接残余应力　7. 焊接残余变形　8. 温度场　9. 极限温度场　10. 预热法

二、填空题

1. 焊件沿平行于焊缝方向上的应力称为________。
2. 为减少焊接残余应力，焊接时，应先焊收缩量________的焊缝，使焊缝能较自由地收缩。
3. 根据内应力产生的原因不同，可分为________、________、________以及________等。
4. 可以根据内应力所涉及的范围，将其分为________、________和________。
5. 物体的变形还可按拘束条件分为________和________。物体单位长度的变形量称为________。
6. 焊缝在焊接结构中的________、________、________、________及焊接方向等对焊接应力与变形也有一定的影响。
7. 通常，焊接过程中焊件的变形方向与焊后焊件的变形方向________。

8. 焊接过程中及焊接结束后，焊件中的应力分布都是________。焊接结束后，焊缝及其附近区域的残余应力通常是________。

9. 在焊接结构中，焊缝及其附近区域的纵向残余应力为________。一般可达到材料的屈服强度，离开焊缝区，________急剧下降并转为________。

10. 焊接时加热那些阻碍焊接区________的部位，使之与焊接区同时膨胀和同时收缩，起到______的作用，此法称为加热“减应区”法。

三、判断题

1. 整体高温回火的温度越高，时间越长，残余应力消除得越彻底。（　）

2. 为减小焊接应力，在焊接过程中应该先焊收缩量比较小的焊缝。（　）

3. 预热法和冷焊法都可以减少焊接部位与结构上其他部位间的温度差，从而减少焊接应力。（　）

4. 如果焊件在焊接过程中产生的压应力大于材料的屈服点，则焊后不会产生焊接残余变形和残余应力。（　）

四、简答题

1. 什么叫弹性变形和塑性变形?

2. 低碳钢屈服强度与温度有什么关系?

3. 焊接应力与变形产生的原因有哪些?

4. 焊件的刚性与拘束对焊接应力和变形有什么影响?

5. 防止和减小焊接应力的措施有哪几种？简述其原理。

任务二　压力容器焊接残余应力的消除

学习目标

1. 了解焊接残余应力对焊接结构的影响。
2. 掌握减少和消除焊接残余应力的技术措施。
3. 学会结合生产条件合理制定典型结构生产过程中消除焊接残余应力的措施。

任务描述

图 2-30 所示为某企业承接生产的压力容器。罐体母材为 15GrMoR 钢，厚度为 30mm。该罐体的工作温度为 350~420℃，工作压力为 2.0~3.0MPa，罐体内的工作介质为中变气或石油气。

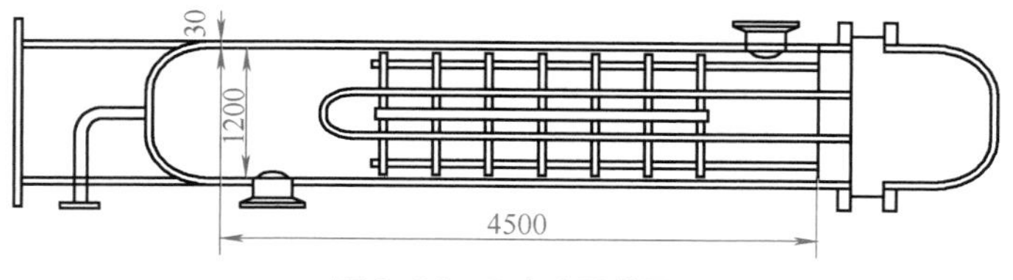

图 2-30　压力容器简图

15GrMoR 钢是一种铬钼珠光体耐热钢，其在高温工作下具有良好的抗氧化性、热强性，还有比较好的耐硫腐蚀和耐氢腐蚀性能。但由于 15GrMoR 钢含有较高的 Cr 和 Mo 等合金元素，所以其焊接性较差，具有较大的淬硬倾向。生产过程中，容易产生较大的焊接残余应力，从而导致裂纹的形成。为此，需要制定合理的方案消除焊接残余应力。

必备知识

一、残余应力对焊接结构的影响

1. 对构件承载能力的影响

在大多数焊接构件中，焊缝区的纵向拉伸残余应力峰值较高。对于钢材焊接接头，可接近其屈服强度。当外加的工作应力与其方向一致而相叠加时，在这区域会产生局部的塑性变形，使这部分材料丧失继续承受外载的能力，减小了构件的有效承载截面。

2. 对结构脆性断裂的影响

在实际的焊接构件中，当采用韧性较低的钢材作为结构材料时，应当注意焊接残余应力的不利影响。残余拉应力和外载引起的拉应力叠加有可能使局部区域的应力首先达到断裂强度，导致结构早期破坏。因此，焊接残余应力的存在将明显降低脆性材料结构的静载强度。

3. 对焊接结构疲劳强度的影响

焊接接头在交变载荷的作用下产生疲劳裂纹时，焊接拉伸残余应力将促使裂纹进一步扩展，并提高了应力平均值和应力循环特征，从而加剧了应力循环损伤。当焊缝区的拉应力使应力循环的平均值增大时，焊接接头的疲劳强度会降低。此外，焊接接头往往会引起应力集中，残余拉应力对疲劳强度的不利影响会更加明显。

焊接残余应力在构件内是拉应力与压应力并存，如果用热处理消除应力，则在消除了拉应力的不利影响的同时，也消除了压应力的有利作用。因此，最好的做法是对焊接残余应力场进行调整和控制，使构件表面或危险部件（如应力集中点）处在残余压应力状态，这样就能提高构件的疲劳强度。

4. 对受压杆件稳定性的影响

当外载引起的压应力与残余压应力叠加之和达到屈服强度 R_{eL} 时，这部分截面就丧失了进一步承受外载的能力，于是削弱了杆件的有效截面，使压杆的失稳临界应力 σ_{cr} 下降，对压杆稳定性有不利的影响。

5. 对焊件加工精度和尺寸稳定性的影响

某些焊件为达到图样要求的外形尺寸和精度，焊后要求进行机械加工。若焊件未经相应的消除应力处理，则在机械加工过程中由于一部分金属从焊件上被切除，从而破坏了它原来的平衡状态，于是残余应力会重新分布以达到新的平衡，从而使构件产生变形，于是加工精度受到影响。

小知识

焊接残余应力并不像焊接变形那样直观，能用眼睛分辨出来，而必须通过专门的仪器才能测知它的存在及分布情况。

二、消除焊接残余应力的方法

虽然在结构设计时考虑了残余应力的问题，在工艺上也采取了一定的措施来防止或减小焊接残余应力，但由于焊接应力的复杂性，结构焊接完以后仍然可能存在较大的残余应力。另外，有些结构在装配过程中还可能产生新的内应力，这些焊接残余应力及装配应力都会影响结构的使用性能。特别是重要的焊接结构，焊后应设法采取措施消除残余应力。常用的消除残余应力的方法如下：

1. 热处理法

热处理法是利用材料在高温下屈服强度下降和蠕变现象来达到松弛焊接残余应力的目的，同时热处理还可改善焊接接头的性能。生产中常用的热处理法有整体高温回火和局部高温回火两种。

（1）整体高温回火　整体高温回火是将整个构件缓慢加热到一定的温度，并在该温度下保温一定的时间，然后空冷或随炉冷却。各种材料的回火温度见表 2-1。高温保温时间按材料的具体厚度确定。钢按 1~2min/mm 计算，一般不少于 30min，也不高于 3h。为使板厚方向上的温度均匀地升高到所要求的温度，当板材表面达到所要求的温度后，还需要一定的均温时间。

热处理一般在炉内进行。对于大型容器，也可以采用在容器外壁覆盖绝热层，而在容器内部用火焰或电阻加热的方法来处理。整体高温回火消除残余应力的效果取决于加热温度、保温时间、加热和冷却速度、加热方法和加热范围。一般可消除 60%~90% 的残余应力，在生产中应用比较广泛。

表 2-1　各种材料的回火温度

材料种类	碳钢及低、中合金钢①	奥氏体钢	铝合金	镁合金	钛合金	铌合金	铸铁
回火温度/℃	580~680	850~1 050	250~300	250~300	550~600	1 100~1 200	600~650

① 含钒低合金钢在 600~620℃回火后，塑性、韧性下降，回火温度宜选择 550~650℃。

（2）局部高温回火　对于某些不允许或不可能进行整体高温回火的焊接结构，可采用局部高温回火。局部高温回火就是对构件焊缝周围的局部应力很大的区域及其周围，缓慢加热到一定温度后保温，然后缓慢冷却。多用于形状较简单而且拘束度较小的接头，如管道接头、长的圆筒容器接头，以及长构件的对接接头等。

局部高温回火可以采用电阻、红外线、火焰和工频感应加热等。其消除应力的效果不如整体高温回火，它不能完全消除残余应力，只能降低残余应力峰值，使应力的分布比较平缓。消除应力的效果取决于局部区域内温度分布的均匀程度。

2. 机械拉伸法

机械拉伸法是通过不同方式在构件上施加一定的拉伸应力，使焊缝及其附近产生拉伸塑性变形，与焊接时在焊缝及其附近所产生的压缩塑性变形相互抵消一部分，达到松弛残余应力的目的。实践证明，拉伸载荷加得越高，压缩塑性变形量就抵消得越多，残余应力消除得越彻底。在压力容器制造的最后阶段，通常要进行水压试验，其目的之一也是利用加载来消除部分残余应力。

3. 温差拉伸法

温差拉伸法的基本原理与机械拉伸法相同，其不同点是机械拉伸法采用外力进行拉伸，而温差拉伸法是采用局部加热形成的温差来拉伸压缩塑性变形区。如图 2-31 所示为温差拉伸法消除残余应力示意图，在焊缝两侧各用一适当宽度（一般为100~150mm）的氧乙炔焰嘴加热焊件，使焊件表面加热到200℃左右，在焰嘴后面一定距离用水管喷头冷却，以造成两侧温度高、焊缝区温度低的温度场，两侧金属的热膨胀对中间温度较低的焊缝区进行拉伸，产生拉伸塑性变形，抵消焊接时所产生的压缩塑性变形，从而达到消除残余应力的目的。温差拉伸法的参数见表2-2。温差拉伸法常用于焊缝比较规则、厚度不大（< 40mm）的容器、船舶等板、壳结构，具有一定的实用价值。如果工艺参数选择适当，可取得较好的消除应力效果。

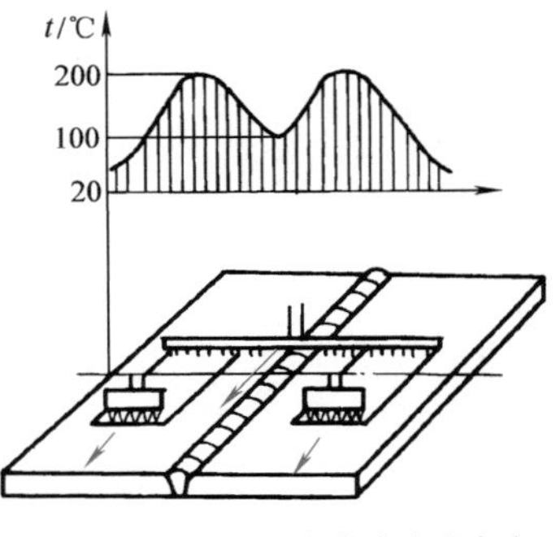

图 2-31　温差拉伸法消除残余应力示意图

表 2-2　温差拉伸法的参数

钢板厚度/mm	加热宽度/mm	焊炬中心距/mm	焊炬移动速度/(mm·min^{-1})
8	60	115	600
10	100	125	400
15	100	180	500
17	100	180	300
20	100	180	250
25	100	180	200
30	100	180	175
35	100	180	150
40	100	180	125

4. 焊缝锤击法

在焊后用锤子或一定直径的半球形风锤锤击焊缝，可使焊缝金属产生延伸变形，能抵消一部分压缩塑性变形，起到减小焊接应力的作用。锤击时注意施力应适度，以免施力过大而产生裂纹。

5. 振动法

振动法又称振动时效或振动消除应力法（VSR）。它是利用由偏心轮和变速马达组成的激振器，使结构发生共振所产生的循环应力来降低内应力。其效果取决于激振器、工件支点位置、激振频率和时间。振动法所用设备简单、价廉，节省能源，处理费用低，时间短（从数分钟到几十分钟），也没有高温回火时金属表面氧化等问题。目前在焊件、铸锻件中，为了提高尺寸稳定性，较多地采用此法。

6. 爆炸法

爆炸法是通过布置在焊缝及其附近的炸药带，引爆产生的冲击波与残余应力的交互作用，使金属产生适量的塑性变形，从而使残余应力得到松弛。要根据焊件厚度和材料性能，选定恰当的单位焊缝长度上的炸药量和布置方式。图 2-32 所示为用于大型中厚板焊接结构爆炸消除焊接应力的炸药布置方式。平板对接多在焊接残余拉应力区布药，曲面板对接的接头（如容器或管道上的焊缝）可以在内外表面上布药。研究表明，在曲板内表面残余拉应力区内布药的效果比在外表面布药更显著。当内表面布药有困难时，在外表面焊缝两边的适当位置上布药爆炸，也能取得降

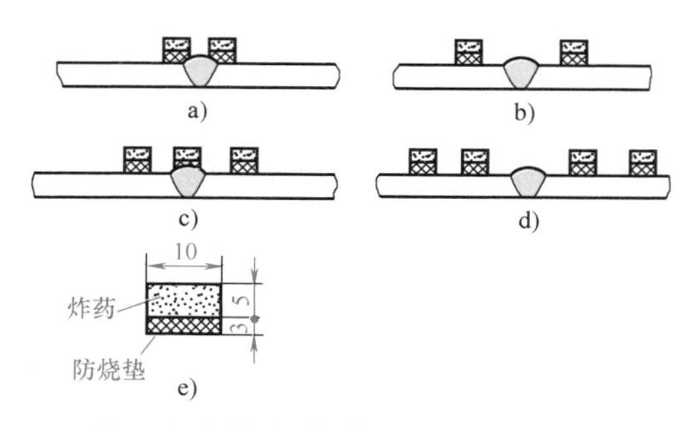

图 2-32　爆炸消除焊接应力的炸药布置方式

低残余应力的效果。一般使用条状橡胶炸药，其爆速为 5000m/s，用雷管引爆。

爆炸法消除焊接应力已在国内压力容器、化工反应塔、管道、水工结构和箱形梁等结构中得到应用。但爆炸施工作业必须严格按国家有关条例执行，且控制好每次炸药用量，以保安全。

任务实施

1. 制定焊前正火处理工艺

根据有关标准和焊接手册，焊前对 15CrMoR 钢板进行正火处理，正火温度为 900℃，保温 1h 后随炉冷却。具体工艺见表 2-3 和图 2-33。

表 2-3　15CrMoR 钢的正火工艺

热处理方式	热处理工艺要求						
	入炉温度/℃	升温速度/($℃\cdot h^{-1}$)	保温温度/℃	保温时间/h	降温速度/($℃\cdot h^{-1}$)	冷却方式	出炉温度/℃
正火	<400	≤140	900	1	190	空冷	<400

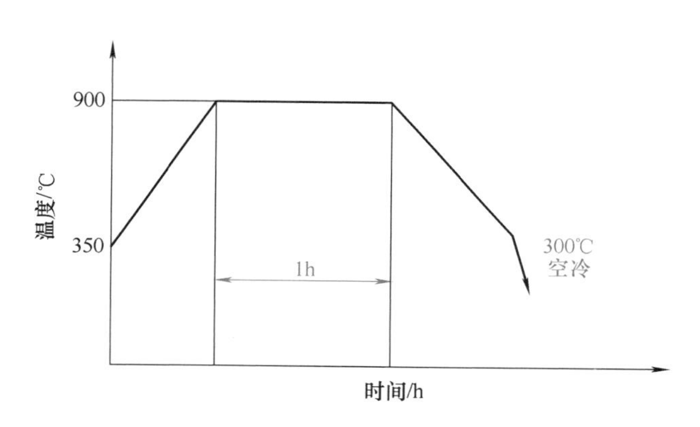

图 2-33　正火温度与时间的关系

2. 制定焊后回火处理工艺

容器焊接后，焊接区存在着较大的残余应力，当残余应力与焊缝中残存的氢结合时，将促使热影响区发生硬化，导致产生冷裂纹及延迟裂纹，因此，焊后需要进行消除应力处理，松弛焊接残余应力，改善接头性能，进一步释放焊缝金属中的有害气体，防止冷裂纹产生。本任务采用焊后进行热处理的方式来消除残余应力。根据有关标准和焊接手册，焊后对 15CrMoR 钢板进行高温回火处理，回火温度为（680±10）℃，保温 1h，其具体工艺见表 2-4 和图 2-34。

表 2-4　15CrMoR 钢的回火工艺

热处理方式	热处理工艺要求						
	入炉温度/℃	升温速度/(℃·h^{-1})	保温温度/℃	保温时间/h	降温速度/(℃·h^{-1})	冷却方式	出炉温度/℃
正火	300	≤140	680±10	1	190	空冷	<400

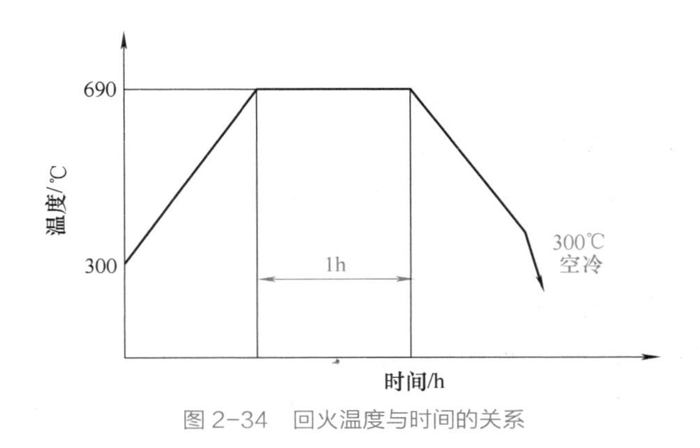

图 2-34　回火温度与时间的关系

思考与练习

一、填空题

1. 残余_______和外载引起的_______叠加有可能使局部区域的应力首先达到断裂强度，导致结构早期破坏。
2. 焊接残余应力在构件内是_______与_______并存，如果用热处理消除应力，则在消除了_______的不利影响的同时，也消除了_______的有利作用。
3. 热处理法是利用材料在高温下_______和_______来达到_______的目的，同时热处理还可改善焊接接头的性能。
4. 整体高温回火消除残余应力的效果取决于_______、_______、_______、加热方法和_______。一般可消除_______的残余应力，在生产中应用比较广泛。
5. 实践证明，拉伸载荷加得_______，压缩塑性变形量就抵消得_______，残余应力消除得_______。
6. 温差拉伸法常用于焊缝_______、厚度_______的容器、船舶等板、壳结构，具有一定的实用价值。
7. 在焊后用锤子或一定直径的半球形风锤锤击焊缝，可使焊缝金属产生_______，能抵消一部分_______，起到减小_______的作用。
8. 爆炸法是通过布置在焊缝及其附近的炸药带，引爆产生的_______与_______的交互作用，使金属产生适量的塑性变形，从而使________得到松弛。

二、简答题

1. 焊接残余应力对焊接结构的影响有哪些？

2. 消除焊接残余应力的方法有哪些？简述其原理。

任务三　车体顶板焊接变形的控制

学习目标

1. 了解焊接变形的分类、产生原因及影响因素。
2. 掌握预防和减少焊接变形的技术措施。
3. 学会结合生产条件合理制定控制和减少焊接变形的方法。

任务描述

焊接变形主要是由焊件在焊接过程中不均匀加热引起的，是焊接结构生产中所遇到的一个普遍问题。例如，地铁车顶部分的结构特点和制造工艺过程，决定了车顶焊接变形是不可避免的，一旦出现大范围变形，就需要投入大量人力去矫正，比较复杂的变形，其矫正的工作量可能比焊接本身的工作量还要大，严重的变形会影响结构尺寸精度和车身外形质量。

如图 2-35 所示，地铁车顶总长为 21 848mm，宽度为 2 448mm，车顶主要由 5 块铝合金型材板和 2 根边梁组成，装配焊接后形成 6 条长纵向焊缝。车顶总体属于长而薄的板型结构，结构的变形将影响与侧墙、端墙的整体装配，变形严重时会影响车体内部装饰件的安装等。请结合焊接

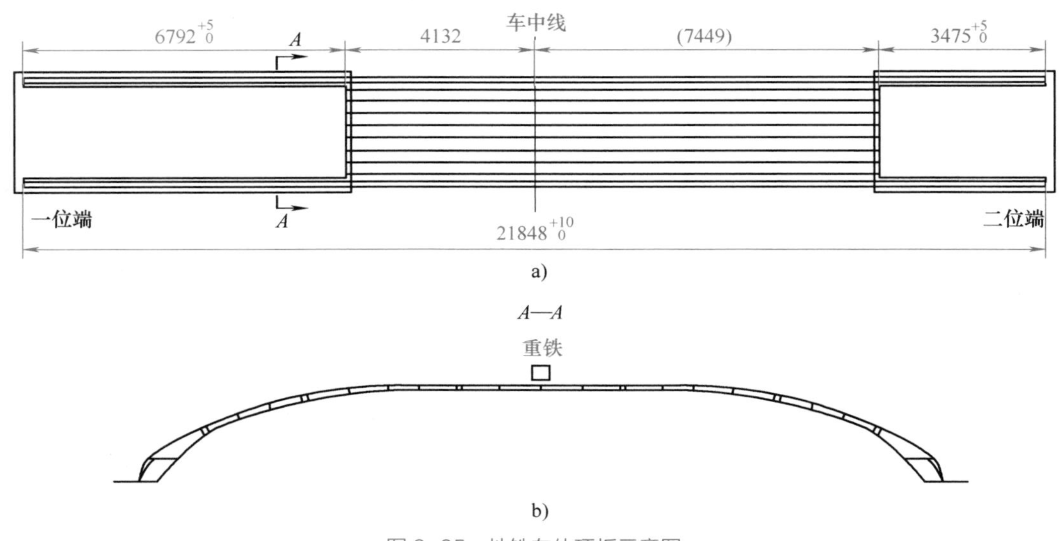

图 2-35　地铁车体顶板示意图

a）车顶总体尺寸　b）A-A 剖视图

变形控制的相关知识，制定合理的焊接变形控制措施。

必备知识

一、焊接变形的分类及影响因素

焊接变形按其对整个焊接结构的影响程度，可分为局部变形和整体变形；按焊接变形的特征，可分为收缩变形、角变形、弯曲变形、波浪变形和扭曲变形，这五种基本变形形式如图 2-36 所示。

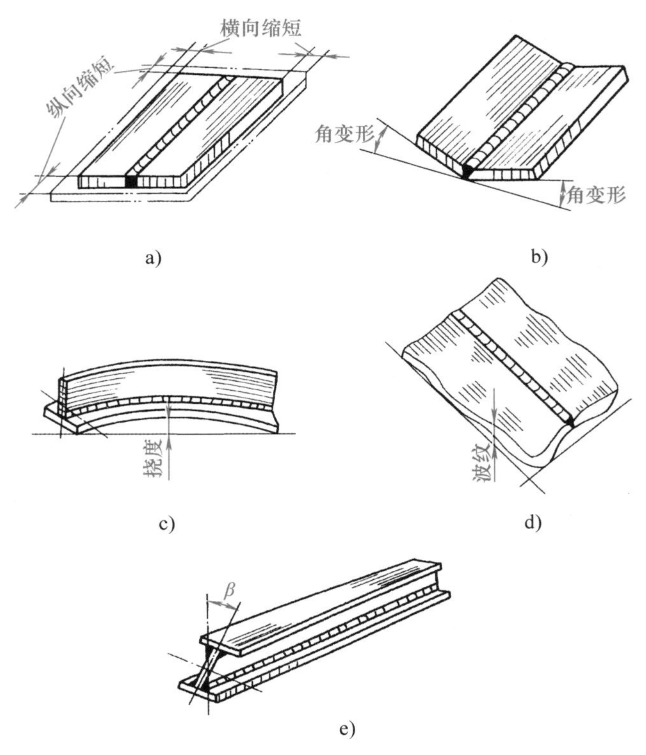

图 2-36　焊接变形的基本形式

a）收缩变形　b）角变形　c）弯曲变形　d）波浪变形　e）扭曲变形

1. 收缩变形

焊件在焊后所发生的尺寸缩短现象，称为收缩变形，它分为纵向收缩变形和横向收缩变形。

（1）纵向收缩变形　如图 2-37 所示，沿焊缝轴线方向尺寸的缩短称为纵向收缩变形，用 Δx 表示。这是由于焊缝及其附近区域在焊接高温的作用下产生纵向的压缩塑性变形，焊件冷却后这个区域要收缩，于是引起纵向收缩变形。

纵向收缩变形量一般随长度的增加而增加；焊件的截面面积越大，焊件的纵向收缩量越小；纵向收缩变形量还取决于材料的弹性模量、压缩塑性变形区的面积和压缩塑性变形量等。压缩塑性变形量与纵向收缩变形量成正比，其大小与焊接方法、焊接参数、焊接顺序以及母材的热物理性质有关，其中以热输入影响最大。一般情况下，压缩塑性变形量与热输入成正比。对于同样截面的焊缝，可以一次焊成，也可以采用多层焊。多层焊每层所用的热输入比单层焊时要小得多，因此，多层焊时每层焊缝所产生的压缩塑性变形区面积比单层焊时小。但多层焊所引起的总变形量并不等于各层焊缝之和，因为各层所产生的塑性变形区面积是相互重叠的。图 2-38 所示为单层焊和双层焊对接接头塑性变形区对比。单层焊的塑性变形区面积为 $ABCD$；双层焊第一层焊道产生的塑性变形区为 $A_1B_1C_1D_1$，第二层的塑性变形区为 $A_2B_2C_2D_2$。由此可以得出结论：对截面相同的焊缝，采用多层

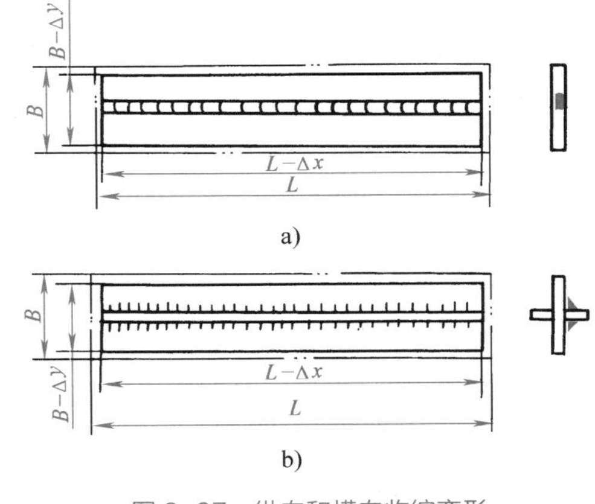

图 2-37　纵向和横向收缩变形

a）对接焊缝　b）角焊缝

焊引起的纵向收缩量比单层焊小，分的层数越多，每层的热输入越小，纵向收缩量就越小。

焊件的原始温度对焊件的纵向收缩也有影响。一般来说，焊件的原始温度升高，相当于热输入增大，焊后纵向收缩量增大。但是，当原始温度高到某一程度时，可能会出现相反的情况，因为随着原始温度的升高，焊件上的温差减小，温度趋于均匀化，压缩塑性变形率下降，可使压缩塑性变形量减小，从而使纵向收缩量减小。

焊件材料的线膨胀系数对纵向收缩量也有一定的影响，线膨胀系数大的材料，焊后纵向收缩量大，如不锈钢和铝比碳钢焊件的收缩量大等。

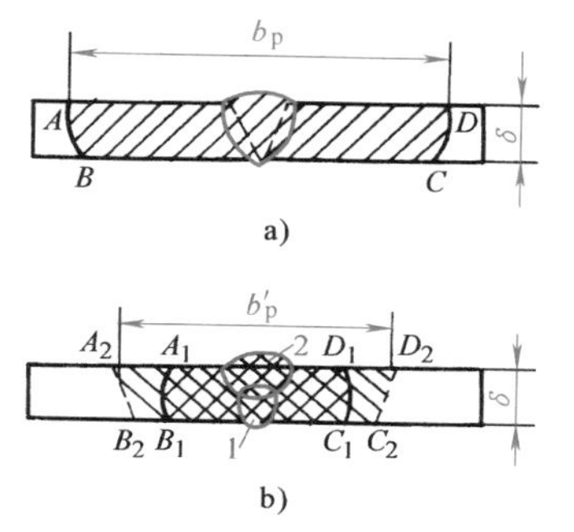

图 2-38　单层焊和双层焊对接接头塑性变形区对比

a）单层焊　b）双层焊

（2）横向收缩变形　沿垂直于焊缝轴线方向尺寸的缩短即为横向收缩变形，如图 2-37 中的 Δy。构件焊接时，不仅产生纵向收缩变形，同时也产生横向收缩变形。产生横向收缩变形的过程比较复杂，影响因素很多，如热输入、接头形式、装配间隙、板厚、焊接方法以及焊件的刚性等，其中以热输入、装配间隙、接头形式等影响最为明显。

不管何种接头形式，其横向收缩变形量总是随焊接热输入的增大而增加。装配间隙对横向收缩变形量的影响也比较大，且情况复杂。一般来说，随着装配间隙的增大，横向收缩也增加。

另外，横向收缩量沿焊缝长度方向分布是不均匀的。因为一条焊缝是逐步形成的，先焊的焊缝冷却收缩对后焊的焊缝有一定的挤压作用，使后焊的焊缝横向收缩量更大。一般来说，焊缝的横向收缩沿焊接方向是由小到大，逐渐增大到一定长度后便趋于稳定。由于这个原因，生产中常将一条焊缝的两端头间隙取不同值，后半部分比前半部分要大 1~3mm。

小知识

如果焊件在用夹具固定的条件下焊接，其收缩变形量可减小 40%~70%，但焊后会引起较大的焊接应力。

横向收缩的大小还与装配后定位焊和装夹情况有关，定位焊焊缝越长，装夹的拘束程度越大，横向收缩变形量就越小。

对接接头的横向收缩量随焊缝金属量的增加而增大；热输入、板厚和坡口角度增大，横向收缩量也增加，但是板厚的增大会使接头的刚度增大，可以限制焊缝的横向收缩，使横向收缩量减少。

另外，多层焊时，先焊的焊道引起的横向收缩较明显，后焊焊道引起的横向收缩量逐层减小。焊接方法对横向收缩量也有影响，如相同尺寸的构件采用埋弧焊比采用焊条电弧焊时横向收缩量小；气焊的横向收缩量比电弧焊的大。

视频：平板对接收缩变形

角焊缝的横向收缩要比对接焊缝的横向收缩小得多。同样的焊缝尺寸，板越厚，横向收缩变形越小。

2. 角变形

焊后由于焊缝的横向收缩使得两连接件间相对角度发生变化的变形叫角变形。中厚板对接焊、堆焊、搭接焊及T形接头焊接时，都可能产生角变形。焊缝接头形式不同，其角变形的特点也不同，如图2-39所示。

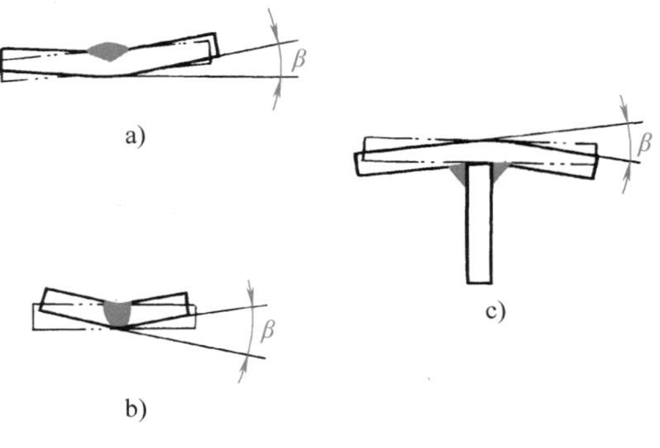

图2-39　几种接头的角变形

a）堆焊　b）对接接头　c）T形接头

（1）平板堆焊的角变形　平板堆焊时，在钢板厚度方向上的温度分布是不均匀的。温度高的一面受热膨胀较大，另一面膨胀小甚至不膨胀。由于焊接面膨胀受阻，因此出现了较大的压缩塑性变形，这样，冷却时在钢板厚度方向上就会产生收缩不均匀的现象，焊接一面收缩大，另一面收缩小，从而产生如图2-39 a所示的角变形。

角变形的大小与焊接热输入、板厚等因素有关，也与焊件的刚性有关。当热输入一定时，板厚越大，厚度方向上的温差越大，角变形增加；但当板厚增大到一定程度时，构件的刚性增大，抵抗变形的能力增强，角变形反而减小。另外，板厚一定时，若热输入增大，则压缩塑性变形量增加，角变形增加；但热输入增大到一定程度时，堆焊面与背面的温差减小，角变形反而减小。

小知识

产生角变形的根本原因是焊缝的横向收缩变形在板厚方向上的不均匀分布，由此造成了构件平面的偏转。

（2）对接接头的角变形　对接接头的角变形如图2-39b所示，主要与坡口形式、坡口角度、焊接层数、焊接顺序等有关。坡口截面不对称的焊缝，其角变形大，因而用X形坡口代替V形坡口，有利于减小角变形；坡口角度越大，焊缝横向收缩沿板厚分布越不均匀，角变形越大。同样的板厚和坡口形式下，多层焊比单层焊的角变形大，多层多道焊比多层焊的角变形大。另外，坡口截面对称，采用不同的焊接顺序，产生的角变形大小也不相同。图2-40a所示为X形坡口对接接头，先焊完一面后翻转再焊另一面，焊第二面时所产生的角变形不能完全抵消第一面产生的角变形，这是因为焊第二面时第一面已经冷却，增加了接头的刚性，使第二面的角变形小于第一面，最终产生一定的残余角变形。如果采用正反面各层对称交替焊，如图2-40b所示，则正、反面的角变形可相互抵消。但采用这种方法时焊件翻转次数比较多，不利于提高生产率。比较好的办法是，先在一面少焊几层，然后翻转过来焊满另一面，使其产生的角变形稍大于先焊的一面，最后再翻转过来焊满第一面，如图2-40c所示，这样就能以最少的翻转次数来获得最小的角变形。非对称坡口的非对称焊接如图2-40d所示，应先焊焊接量少的一面，后焊焊接量多的一面，并且注意每一层的焊接方向应相反。

薄板焊接时，正反面的温差小，且薄板的刚度小，焊接过程中，在压应力作用下易产生失稳，使角变形方向不定，没有明显规律性。

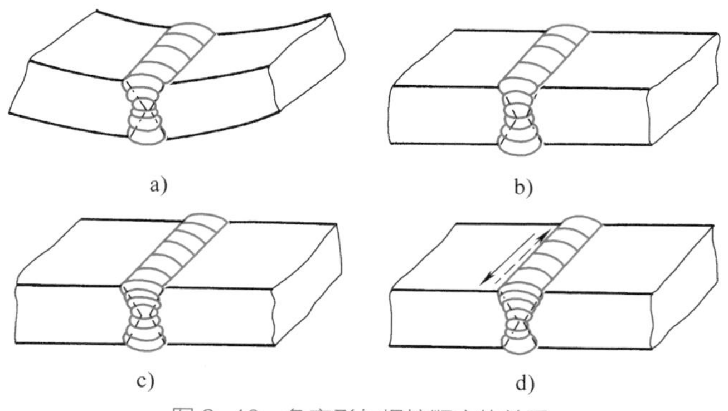

图 2-40　角变形与焊接顺序的关系

a）对称坡口非对称焊（一次翻转）　b）对称坡口对称交替焊　c）对称坡口非对称焊（两次翻转）　d）非对称坡口非对称焊

（3）T 形接头的角变形　T 形接头的角变形可以看成由立板相对于水平板的回转与水平板本身的角变形两部分组成，如图 2-41a 所示。T 形接头不开坡口焊接时，其立板相对于水平板的回转相当于坡口角度为 90° 的对接接头角变形 β'，如图 2-41b 所示；水平板本身的角变形相当于水平板上堆焊引起的角变形 β''，如图 2-41 c 所示。这两种角变形综合的结果，使 T 形接头两板间的角度发生如图 2-41 d 所示的变化。

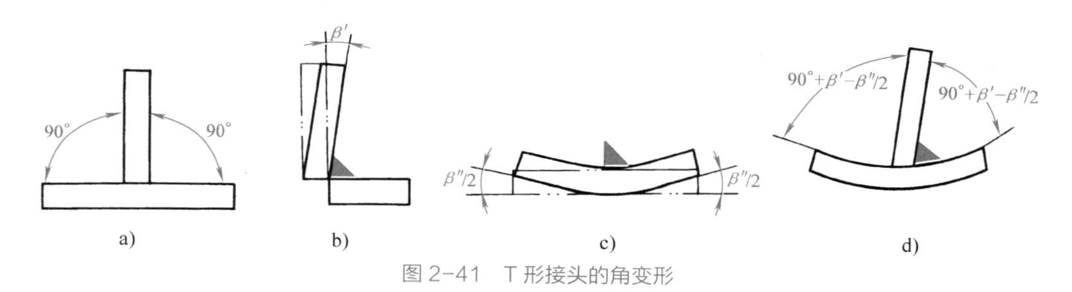

图 2-41　T 形接头的角变形

a）T 形接头　b）立板的回转变形　c）水平板的角变形　d）T 形接头总变形

为了减小 T 形接头的角变形，一方面可以通过开坡口来减小立板与水平板间的焊缝夹角，以减小 β' 值；另一方面还可以通过减小焊脚尺寸来减少焊缝金属量，以降低 β'' 值。

3. 弯曲变形

弯曲变形是由于焊缝的中心线与结构截面的中性轴不重合或不对称，焊缝的收缩沿构件宽度方向分布不均匀而引起的。由于焊缝的收缩分纵向收缩和横向收缩，因此弯曲变形分两种：纵向收缩引起的弯曲变形和横向收缩引起的弯曲变形。

（1）纵向收缩引起的弯曲变形　图 2-42 所示为板边的堆焊，由于焊缝的中心线在结构截面中性轴的一侧，其焊缝的纵向收缩沿宽度方向不均匀分布，因而引起弯曲变形。通过研究表明，弯曲变形的大小与塑性变形区的中心线到焊件截面中性轴的距离（偏心距 s）成正比，偏心距 s 越大，弯曲变形越严重；若焊缝位置对称或接近于截面中性轴，则弯曲变形就比较小。纵向收缩引起的弯曲变形还与焊件的刚度成反比。

（2）横向收缩引起的弯曲变形　如果焊缝的横向收缩在结构上分布不对称，也会引起构件的弯曲变形。如图 2-43 所示，工字梁上布置若干短肋板，由于肋板与腹板及肋板与上翼板的角焊缝均分布于结构中性轴的上部，它们的横向收缩沿梁高度方向分布不对称，因而引起工字梁的下挠变形。

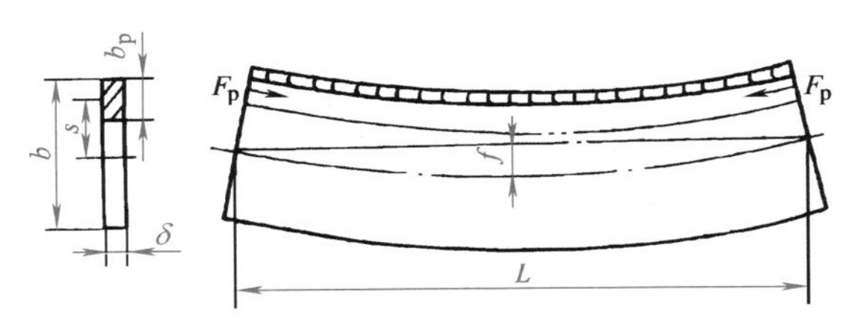

图 2-42　焊缝纵向收缩引起的弯曲变形

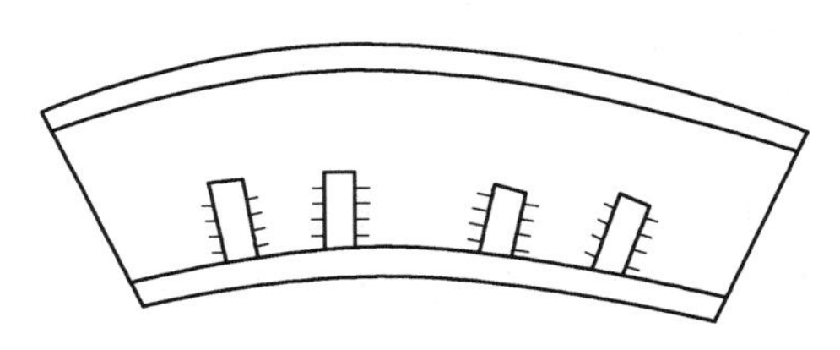

图 2-43　焊缝横向收缩引起的弯曲变形

4. 波浪变形

波浪变形常发生于板厚小于 6mm 的薄板焊接过程中，又称为失稳变形。大面积平板拼接，如船体甲板、大型油罐底板等，极易产生波浪变形。

防止波浪变形可从两方面着手：一是尽量减少产生波浪变形的外部因素，即降低焊接残余压应力，如采用减小塑性变形区的焊接方法，选用较小的焊接热输入等；二是通过增加焊件刚度和拘束度来提高焊件失稳临界应力，如给焊件增加肋板，适当增加焊件的厚度等。

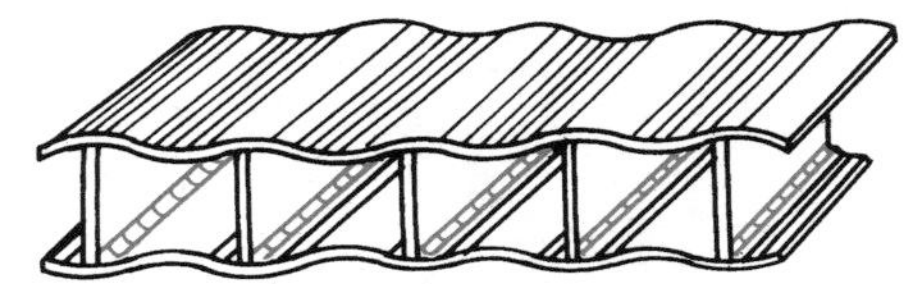

图 2-44　焊接角变形引起的波浪变形

焊接角变形也可能产生波浪变形。如图 2-44 所示，采用大量肋板的结构，每块肋板的角焊缝引起的角变形，连贯起来就造成波浪变形。这种波浪变形与失稳的波浪变形有本质的区别，要有不同的解决办法。

5. 扭曲变形

在一些框架、杆件或梁柱等刚性较大的焊接构件上，往往会发生扭曲变形。在图 2-45 中，工字梁上有四条纵向焊缝，如果按图中 1~4 的顺序和方向焊接，因为角焊缝引起的角变形在焊缝长度方向逐渐增大，则会产生扭曲变形。若两条角焊缝同时同向焊接，或在夹具中进行焊接，则可以减小或防止扭曲变形。

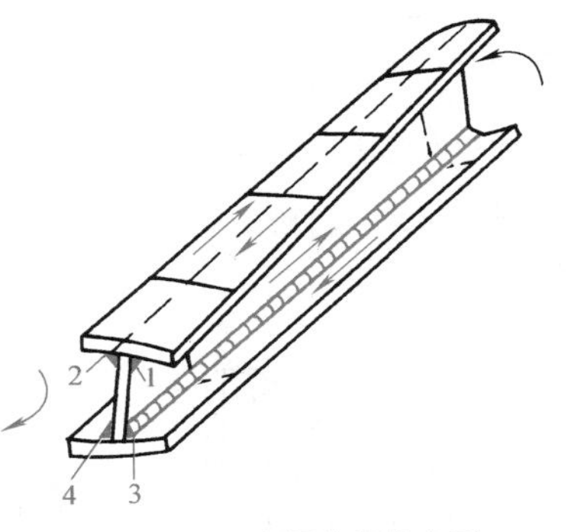

图 2-45　工字梁的扭曲变形

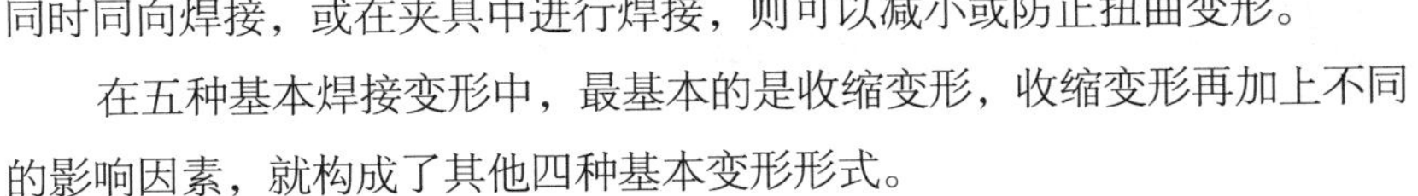

在五种基本焊接变形中，最基本的是收缩变形，收缩变形再加上不同的影响因素，就构成了其他四种基本变形形式。

视频：工字梁的扭曲变形

二、控制焊接变形的措施

从焊接结构的设计开始，就应考虑控制变形可能采取的措施。进入生产阶段，可采用焊前预防变形的措施，以及在焊接过程中适当的工艺措施。

视频：焊接变形的控制（一）

1. 控制焊接变形的设计措施

（1）选择合理的焊缝尺寸和坡口形式

1）选择合理的焊缝截面尺寸。焊接变形与焊缝金属的多少有很大关系，因此对结构焊缝进行设计时，在保证结构承载能力和焊接质量的前提下，应根据板的厚度选取工艺上合理的最小焊缝截面尺寸。尤其是角焊缝尺寸，最容易盲目加大。

对受力较大的T形或十字形接头，在保证强度相同的条件下，采用开坡口的焊缝可减少焊缝金属，对减小角变形有利，如图2-46所示。

2）选择合理的坡口形式。对接焊缝，选用对称的坡口形式比非对称的坡口形式容易控制角变形。因此，具有翻转条件的结构，宜选用双V形等对称的坡口形式。T形接头立板端开J形坡口比开单边V形坡口产生的角变形小，如图2-47所示。

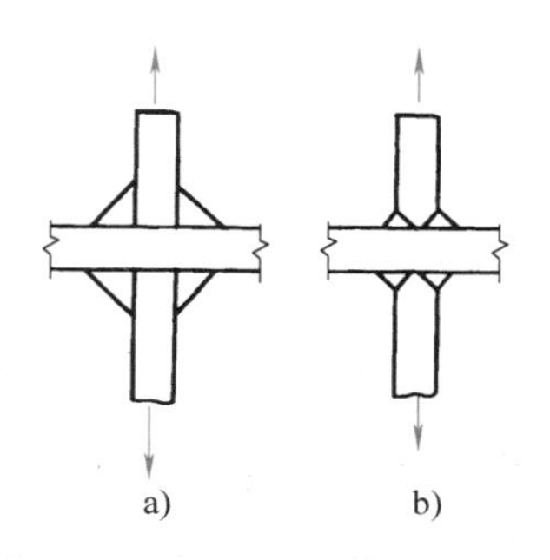

图2-46　相同承载能力的十字形接头

a）不开坡口　b）开坡口

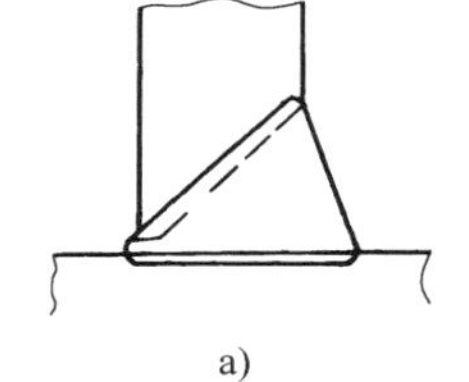

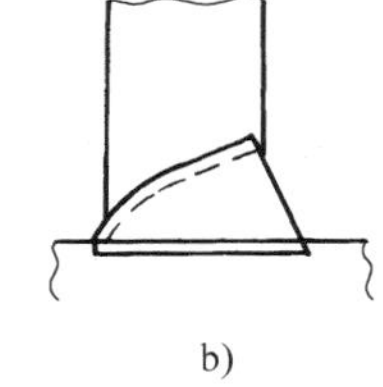

图2-47　T形接头的坡口

a）角变形大　b）角变形小

（2）合理确定焊缝长度和数量　由于焊缝长度对焊接变形有影响，所以在满足强度要求和密封性要求的前提下，可以用断续焊缝代替连续焊缝，以减小焊接变形。另外，在设计过程中还要尽可能减少焊缝数量。如在薄壳结构中，适当增加壁板的厚度，可以减少肋板的数量，从而减轻焊接变形的矫正工作量。如采用图2-48所示的压制型材代替肋板，对于防止焊接变形是非常

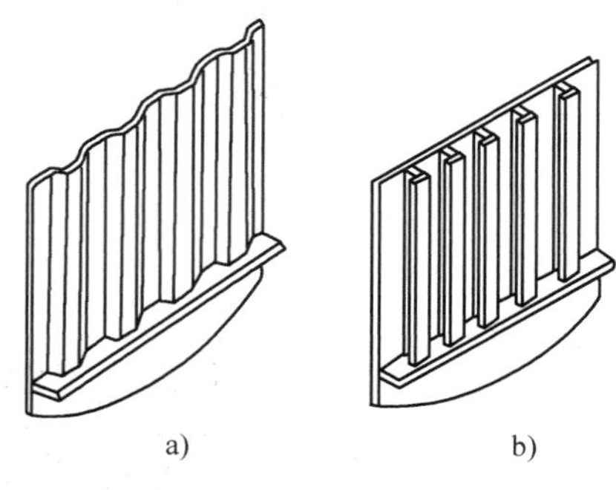

图2-48　采用压制型材代替焊接肋板减少焊缝数量和焊接变形

a）压制型材　b）焊接肋板

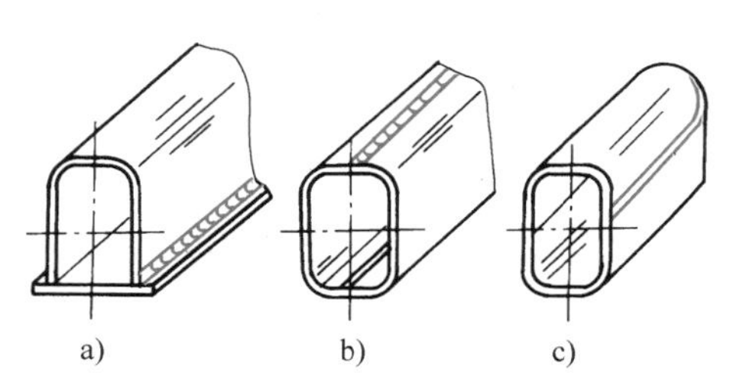

图2-49　箱形结构的焊缝安排

a）不合理　b）、c）合理

有效的。

（3）合理安排焊缝位置　结构设计过程中，应尽量使焊缝中心线与结构截面的中性轴重合或靠近中性轴，力求在中性轴两侧的变形量大小相等，方向相反，起到相互抵消的作用。图 2-49 所示箱形结构，图 2-49a 中的焊缝集中于中性轴一侧，弯曲变形大，图 2-49b、c 中的焊缝安排合理。

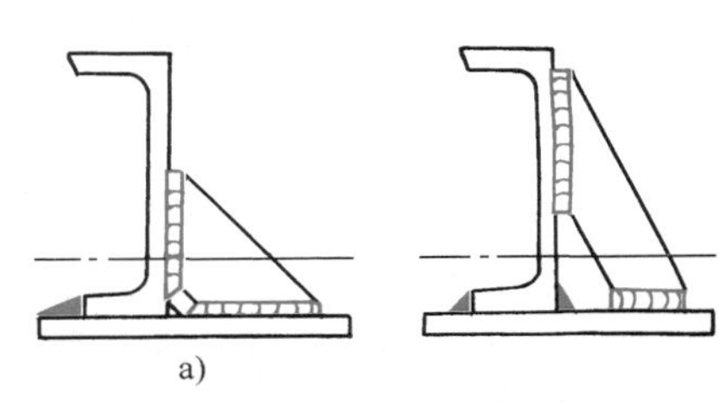

图 2-50　肋板焊缝的合理安排

a）不合理　b）合理

图 2-50a 所示的肋板设计，焊缝集中在截面的中性轴下方，而肋板焊缝的横向收缩集中在中性轴下方将引起上拱的弯曲变形。改成图 2-50b 所示的设计形式后，即可以减小和防止这种变形。

2. 控制焊接变形的工艺措施

（1）留余量法　此法就是在下料时，将零件的长度或宽度尺寸相对于设计尺寸适当加大，以补偿焊件的收缩。余量的多少可根据公式并结合生产经验来确定。留余量法主要用于防止焊件的收缩变形。

（2）反变形法　反变形法在生产中应用比较广泛，它是根据焊件的变形规律，焊前预先将焊件向与焊接变形的相反方向进行人为的变形（反变形量与焊接变形量相等），使之与焊接变形相抵消。此法很有效，但必须准确地估计焊后可能产生的变形方向和大小，并根据焊件的结构特点和生产条件灵活地运用。图 2-51 所示为控制平板对接焊产生角变形的方法，即反变形法。反变形法主要用于控制焊件的角变形和弯曲变形。

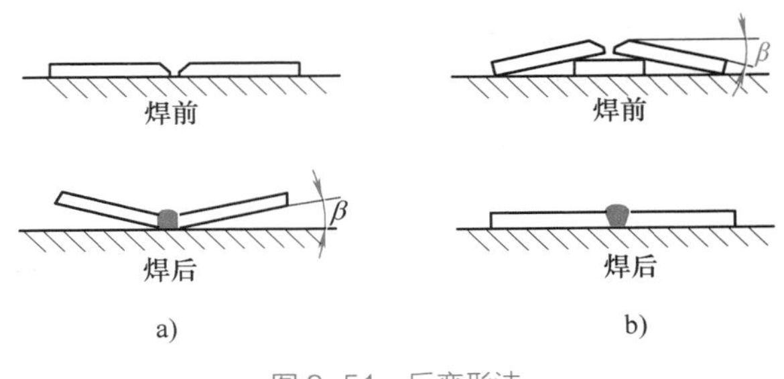

图 2-51　反变形法

a）未采用反变形法　b）采用反变形法

（3）刚性固定法　将焊件固定在具有足够刚性的胎架机具上，或者临时装焊支承，来增加焊件的刚度或拘束度，以达到减小焊接变形的目的，这就是刚性固定法。常用的刚性固定法有以下几种：

视频：钢板对接焊的反变形法

1）将焊件固定在刚性平台上。薄板焊接时，为避免产生波浪变形，可将其用定位焊缝固定在刚性平台上，并且用压铁压住焊缝附近，如图 2-52 所示。

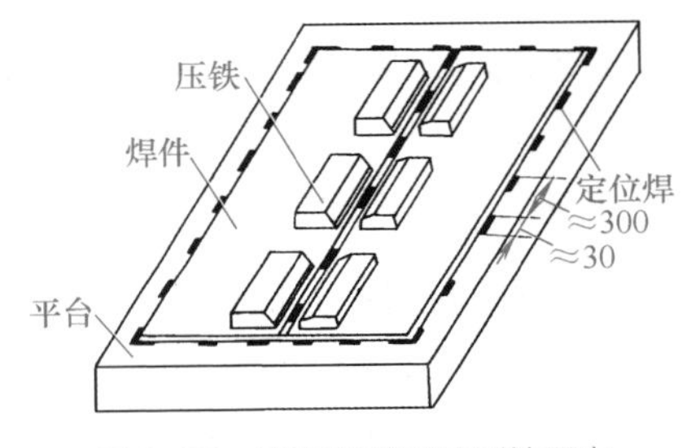

图 2-52　薄板焊接时的刚性固定

2）将焊件组合成刚性更大或对称的结构。T 形梁焊接时容易产生角变形和弯曲变形，如图 2-53 所示，将两根 T 形梁组合在一起，使焊缝对称于结构截面的中性轴，同时增加了结构的刚性，并配合反变形法（采用垫铁），采用合理的焊接顺序，对防止弯曲变形和角变形有利。

3）利用焊接夹具增加结构的刚性和拘束。如图 2-54 所示，利用夹紧器将构件固定，增加构件的拘束，就可以有效地防止构件产生角变形和弯曲变形。

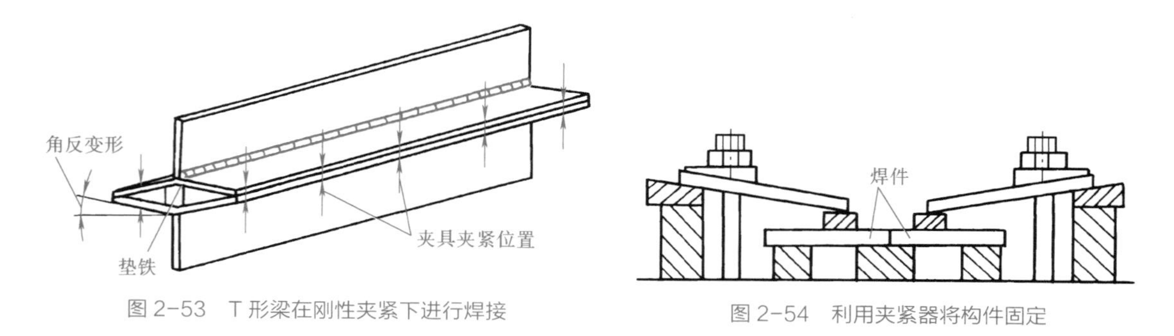

图 2-53　T 形梁在刚性夹紧下进行焊接

图 2-54　利用夹紧器将构件固定

小知识

刚性固定法对防止弯曲变形的效果不如反变形法，但对角变形和波浪变形较为有效。

4）利用临时支承增加结构的拘束。单件生产中采用专用夹具，在经济上不合理。因此，可在容易发生变形的部位焊上一些临时支承或拉杆，增加局部的刚度，能有效地减小焊接变形。图 2-55 所示为防护罩用临时支承来增加拘束的应用实例。

视频：焊接变形的控制（二）

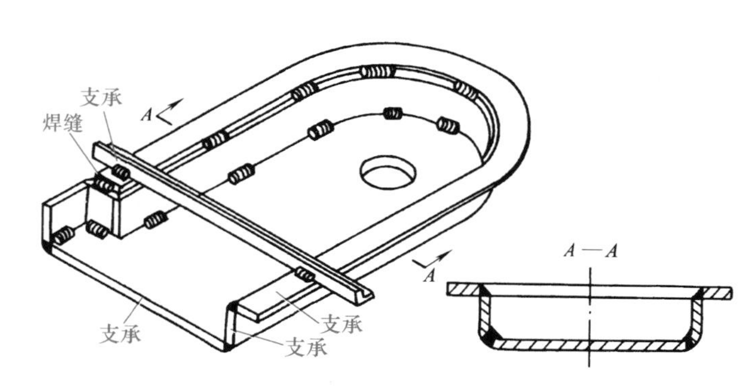

图 2-55　防护罩焊接时的临时支承

（4）选择合理的装配焊接顺序　由于装配焊接顺序对焊接结构变形的影响很大，因此，在无法使用胎夹具的情况下施焊，采用合理的装配和焊接顺序，也可使焊接变形减至最小。为了控制和减小焊接变形，装配焊接顺序应按以下原则进行：

1）正在施焊的焊缝应尽量靠近结构截面的中性轴。桥式起重机的主梁结构由上下翼板、左右腹板及中间的若干肋板组成，如图 2-56 所示。梁的大部分焊缝处于结构中性轴的上方，其横向收缩引起梁下挠的弯曲变形，而梁制造技术中要求该箱形主梁具有一定的上拱度，为了解决这一矛盾，除了在左、右腹板下料时预制上拱度外，还应选择最佳的装配焊接顺序，使下挠的弯曲

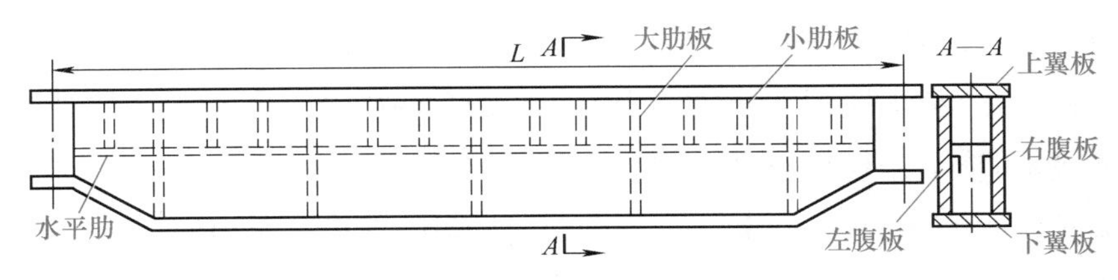

图 2-56　桥式起重机箱形主梁

变形最小。

根据该梁的结构特点，一般先将上翼板与两腹板装成“Π”形梁，如图 2-57 所示，最后装下翼板，组成封闭的箱形梁。“Π”形梁的装配焊接顺序是影响主梁上拱度的关键，应先将大、小肋板与上翼板装配，焊 A 焊缝，此时焊缝 A 基本接近结构截面的中性轴，变形最小；然后同时装配左、右腹板，焊 C 和 B 焊缝。由于焊缝基本对称于结构截面的中性轴，下挠变形很小。“Π”形梁装配完毕后，先不焊接上翼板与左、右腹板的角焊缝，等到下翼板装配完毕后再焊接左、右腹板与上、下翼板的四条焊缝，这样由于四条角焊缝基本对称于结构截面的中性轴，可以使焊接变形控制在最小。因此，该方案是最佳的装配焊接顺序，也是目前类似结构在实际生产中广泛采用的一种方案。

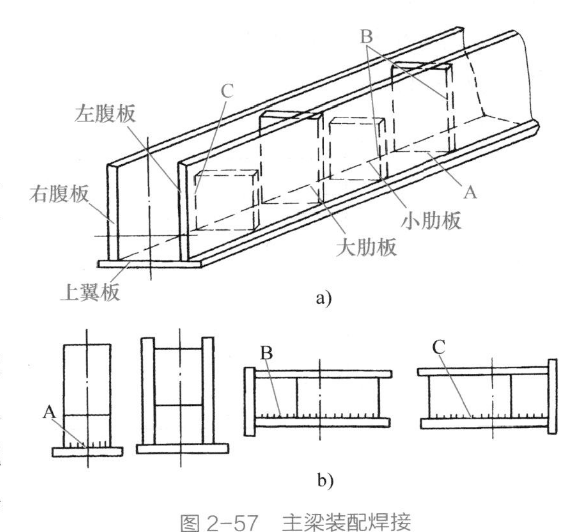

图 2-57　主梁装配焊接

a）Π 形梁结构示意图　b）Π 形梁的装配焊接方案

2）对于焊缝非对称布置的结构，装配焊接时应先焊焊缝少的一侧。图 2-58a 所示为压力机的压型上模，截面中性轴 $x-x$ 以上有四条焊缝，多于中性轴 $x-x$ 以下的两条焊缝，如果装配焊接顺序不合理，最终将产生下挠的弯曲变形。解决的办法是先由两人对称地焊接 1 和 1′ 焊缝（图 2-58b），此时将产生较大的上拱弯曲变形并增加了结构的刚性，再按图 2-58c 的位置焊接焊缝 2

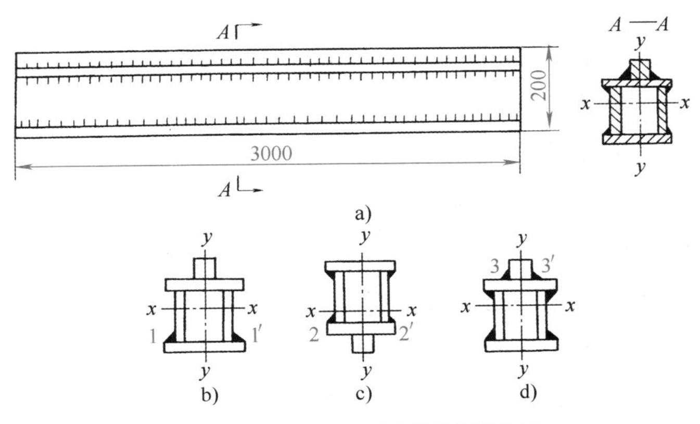

图 2-58　压力机压型上模的焊接顺序

和 2′ ，此时将产生下挠弯曲变形，最后按图 2-58d 的位置焊接 3 和 3′ ，此时将产生下挠弯曲变形，这样，上拱弯曲变形近似等于两次下挠弯曲变形的和，并且方向相反，弯曲变形基本相互抵消。

3）焊缝对称布置的结构，应由偶数焊工对称地施焊。如图 2-59 所示的圆筒体对接焊缝，应由两名焊工对称地施焊。

4）长焊缝（1m 以上）焊接时，可采用图 2-60 所示的方向和顺序进行焊接，以减小其焊后的收缩变形。

5）对于相邻两条焊缝，为了防止产生扭曲变形，应按图 2-61 正确的方向和顺序焊接。

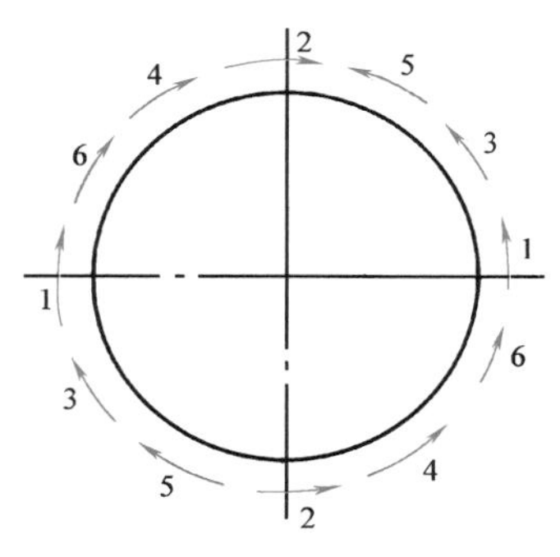

图 2-59　圆筒体对接焊缝的焊接顺序

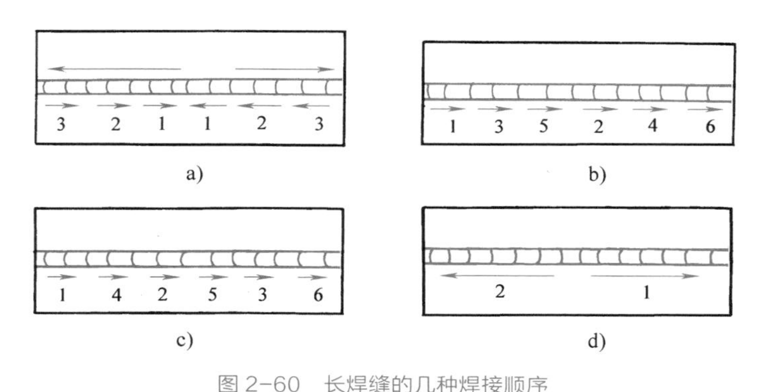

图 2-60　长焊缝的几种焊接顺序

a）分段退焊法　b）、c）跳焊法　d）分段焊法

（5）合理地选择焊接方法和焊接参数　由于各种焊接方法的热输入不同，因而产生的焊接变形也不一样。能量集中和热输入较低的焊接方法，可有效地降低焊接变形。用 CO_2 气体保护焊焊接中厚钢板所产生的变形，比用气焊和焊条电弧焊小得多，更薄的板可以采用脉冲钨极氩弧焊、激光焊等方法焊接。电子束焊的焊缝很窄，变形极小，一般经精加工的工件，焊后仍具有较高的精度。

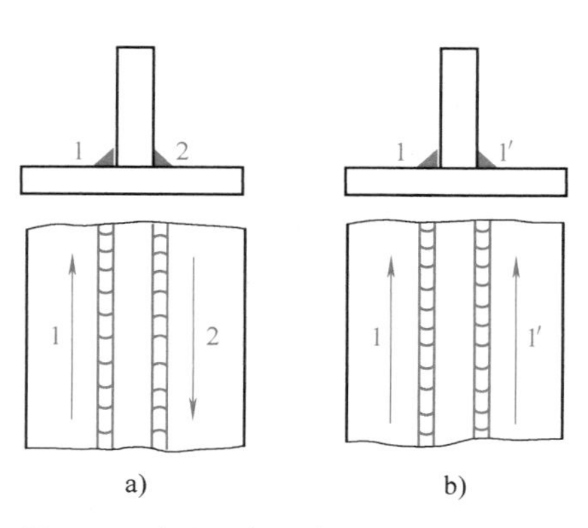

图 2-61　相邻两条焊缝的焊接方向和顺序

a）不正确　b）正确

焊接热输入是影响变形量的关键因素，当焊接方法确定后，可通过调节焊接参数来控制热输入。在保证熔透和焊缝无缺陷的前提下，应尽量采用小的焊接热输入。根据焊件结构特点，可以灵活地运用热输入对变形影响的规律来控制焊接变形。如图 2-62 所示的不对称截面梁，因焊缝 1、2 离结构截面中性轴的距离 s 大于焊缝 3、4 到中性轴的距离 s' ，所以焊后会产生下挠的弯曲变形。如果在焊接 1、2 焊缝时，采用多层焊，每层选择较小的热输入，焊接 3、4 焊缝时，采用单层焊，选择较大的热输入，这样焊接焊缝 1、2 时所产生的下挠变形与焊接焊缝 3、4 时所产生的上拱变形基本可以相互抵消，焊后基本平直。

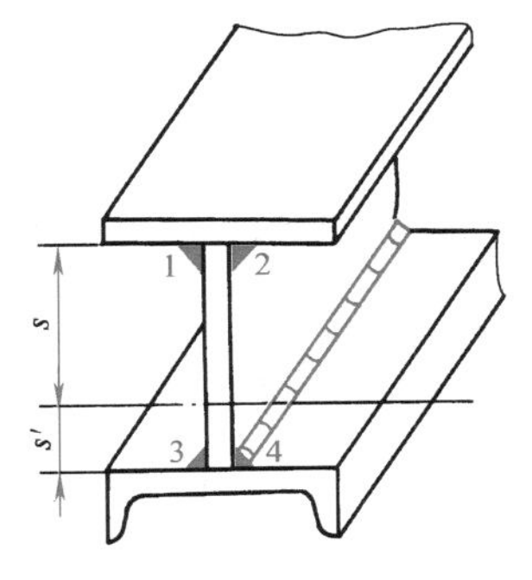

图 2-62　非对称截面结构的焊接

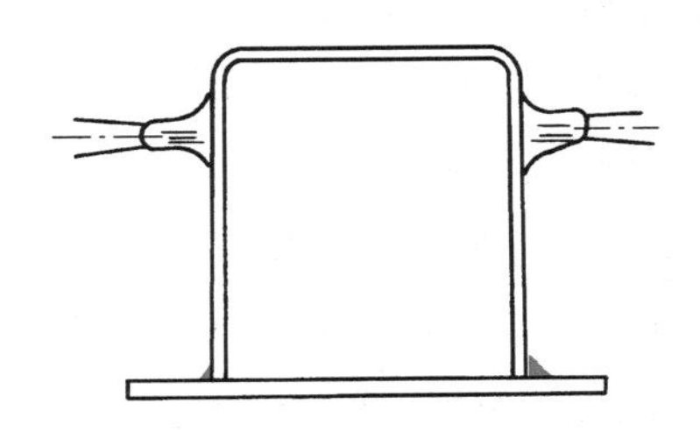

图 2-63　采用热平衡法防止焊接变形

想一想

哪些工艺措施，在减小焊接变形的同时，也没有产生更大的残余应力？

（6）热平衡法　对于某些焊缝不对称布置的结构，焊后往往会产生弯曲变形。如果在与焊缝对称的位置上采用气体火焰与焊接同步加热，只要加热的工艺参数选择适当，就可以减小或防止构件的弯曲变形。图 2-63 所示为采用热平衡法对边梁箱形结构的焊接变形进行控制。

视频：采用热平衡法防止焊接变形

（7）散热法　散热法就是通过各种方式将焊缝及其附近处的热量迅速带走，减小焊缝及其附近的受热区，达到减小焊接变形的目的。图 2-64a 所示为水浸法散热示意图，图 2-64b 所示为喷水法散热，图 2-64c 所示为采用纯铜板中钻孔通水的散热垫法散热。

以上所述为控制焊接变形的常用方法。在焊接结构的实际生产过程中，应充分估计各种变形，分析各种变形的变形规律，根据现场条件选用一种或几种方法，有效地控制焊接变形。

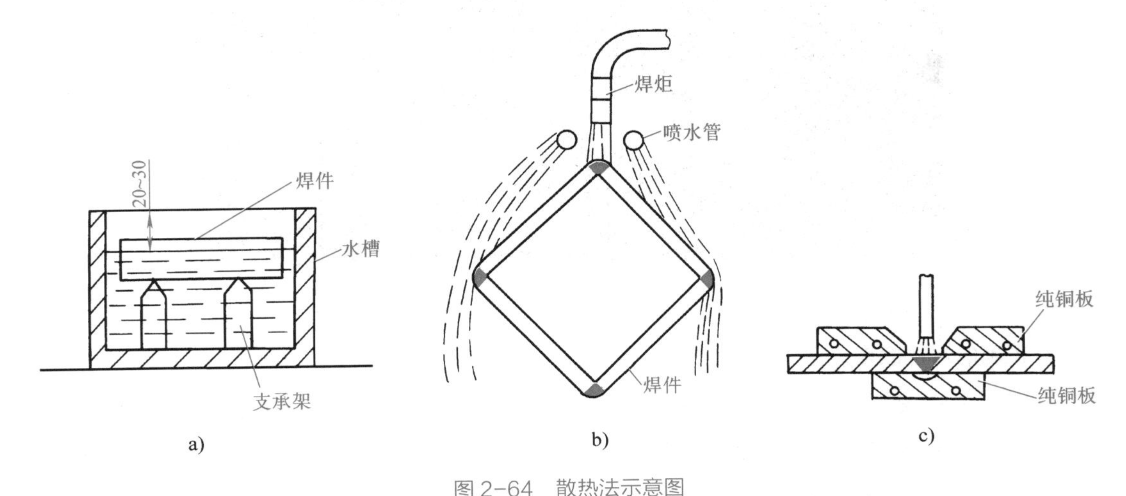

图 2-64　散热法示意图

a）水浸法散热　b）喷水法散热　c）散热垫法散热

任务实施

1. 焊接方法及工艺的确定

（1）确定焊接方法　本任务采用 MIG 焊进行焊接。MIG 焊电弧热量集中，热影响区小，因此变形可以得到一定的控制。

（2）确定焊接参数　根据结构具体情况，采用直流反极性进行焊接。焊接材料选择 ER5356，保护气体为 70%He+30%Ar（体积分数），焊接电流 I=178A，电弧电压 U=23V，焊接速度 v=12.5mm/s，气体流量为 20~25L/min。

2. 刚性固定防止变形

（1）外加负载刚性固定　如图 2-65 所示，在车顶的中间板上加负载，即在车顶中间压上一块重铁，以控制总体变形，方便后续焊缝得以顺利完成。

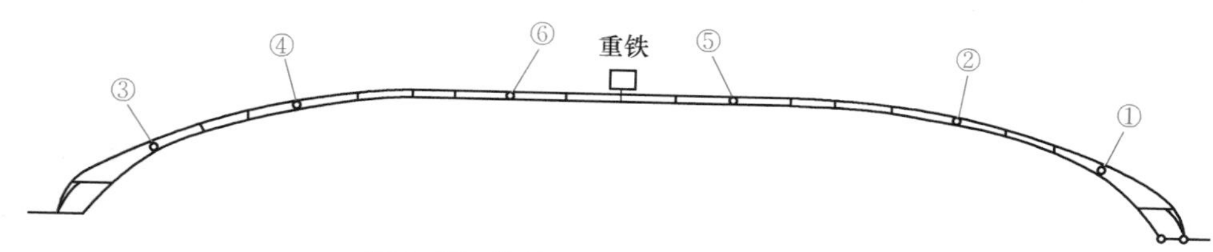

图 2-65　焊接顺序及重铁放置位置示意图

（2）工装刚性固定　利用焊接胎夹具，包括横梁、横梁支承和 F 钳，如图 2-66 所示，在车顶组装焊接过程中通过焊接胎夹具将其固定，增加结构整体刚度，很好地控制焊接变形。

图 2-66　车顶工装组成示意图

3. 正确的焊接顺序

（1）采用对称自动焊接　如图 2-65 所示，先焊①、③两条焊缝，再焊②、④两条焊缝，最后焊接⑤、⑥两条焊缝，能有效地控制焊接变形。

（2）分段焊接　沿着焊缝长度方向，每 300mm 焊接 100mm 的焊道，如图 2-67 所示。通过分段焊接，能有效地减小收缩变形的叠加，从而控制总体的焊接收缩变形。

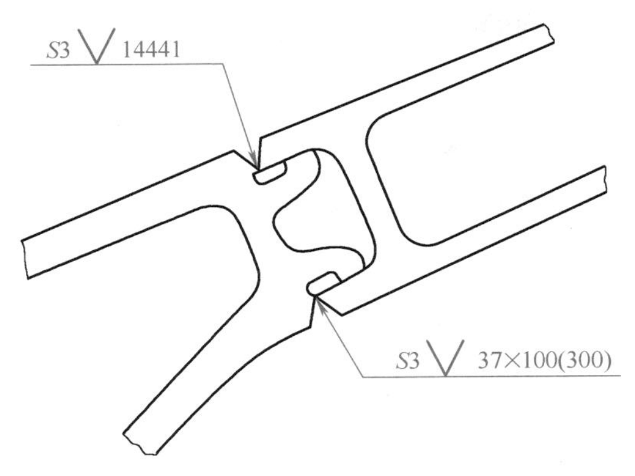

图 2-67　接头焊缝符号

思考与练习

一、名词解释

1. 收缩变形　2. 角变形　3. 弯曲变形　4. 波浪变形

二、填空题

1. 波浪变形产生的原因一种是由于__________，另一种是由于__________。

2. 焊接变形按其变形的特征，可分为________、________、________、________和扭曲变形。

3. 对截面相同的焊缝，采用多层焊引起的纵向收缩量比________小，分的层数________，每层的热输入________，纵向收缩量就________。

4. 横向收缩量沿焊缝的长度方向分布是不均匀的。一般来说，焊缝的横向收缩沿焊接方向是________，由于这个原因，生产中常将一条焊缝的两端头间隙取不同值，后半部分比前半部分要________。

5. 横向收缩的大小还与装配后定位焊和装夹情况有关，定位焊焊缝__________，装夹的拘束程度________，横向收缩变形量就________。

6. 弯曲变形是由于焊缝的中心线与____________不重合或不对称，焊缝的收缩沿构件宽度方向分布不均匀而引起的。

7. 由于焊缝长度对焊接变形有影响，所以在满足强度要求和密封性要求的前提下，可以用______代替________，以减小焊接变形。

8. 留余量法主要用来防止焊件________。反变形法主要用来控制焊件的________和________。

9. 焊接热输入是影响变形量的关键因素，当焊接方法确定后，可通过调节________来控制热输入。在保证熔透和焊缝无缺陷的前提下，应尽量采用________的焊接热输入。

10. 常用的散热法有________、________和________。

三、判断题

1. 扭曲变形产生的主要原因是焊缝的角变形沿焊缝长度方向分布不均匀。（　）

2. 焊接过程中，只要焊缝尺寸相同，产生的焊接变形大小就一样。（　）

3. 焊件的装配间隙越大，其横向收缩量越大。（　）

四、简答题

1. 影响纵向收缩变形的因素有哪些？分别是如何影响的？

2. 影响横向收缩变形的因素有哪些？分别是如何影响的？

3. 平板堆焊角变形产生的原因是什么？

4. 角变形的产生与哪些因素有关？

5. 影响纵向弯曲变形量的因素有哪些？

6. 控制焊接变形的设计措施有哪些？

7. 简述控制焊接变形的工艺措施。

8. 常用的刚性固定法有哪几种？

9. 什么是合理的装配焊接顺序？

任务四　T 形构件焊接残余变形的消除

学习目标

1. 了解焊接残余变形对焊接结构的危害作用。

2. 掌握矫正焊接残余变形的方法。

3. 学会结合生产条件合理制定典型结构矫正焊接残余变形的方案。

任务描述

本次任务要求学生了解焊接残余变形（可简称为焊接变形）的种类，熟悉防止焊接变形的设计措施及工艺措施，掌握矫正焊接变形的方法。根据焊接结构件发生变形的具体情况，能够选择

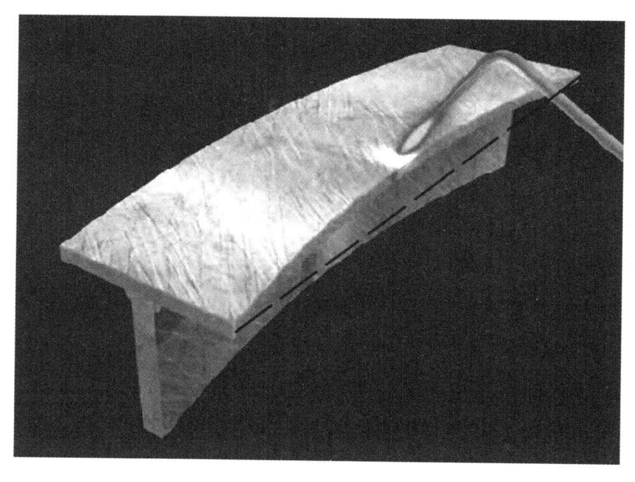

图 2-68　发生变形的 T 形梁

正确的矫正方法对发生变形的构件进行矫正。

图 2-68 所示 T 形梁在焊接后发生了旁弯变形，其弯曲变形量超过其允许变形量，为了满足后续装配精度要求，需对此 T 形梁进行变形矫正，请根据前述知识选择合理的矫正方法对其进行矫正。

必备知识

一、焊接变形的危害

焊接变形是焊接结构生产中经常出现的问题。焊接结构的变形对焊接结构生产有极大的影响。

首先，零件或部件的焊接残余变形，给装配带来困难，进而影响后续焊接的质量。在生产中有时为了保证焊接后需要，进行机械加工的工件尺寸片面地多留余量，加大坯料尺寸，增加了材料消耗和机械加工工时。

其次，过大的残余变形还要进行矫正，增加了结构的制造成本。

再次，焊接变形还会降低焊接接头的性能和承载能力。

因此，实际生产中，必须设法控制焊接变形，使变形控制在技术要求所允许的范围之内。

视频：焊接残余变形的矫正

二、矫正焊接变形的方法

在焊接结构生产中，焊接变形十分复杂，所以虽然在结构设计和生产工艺方面已经采取了各种控制和减小焊接变形的措施，但是构件焊接后还是难以避免焊接变形。当焊接结构中的残余变形超出技术要求的变形范围时，就必须对焊件的变形进行矫正。

1. 手工矫正法

手工矫正法就是利用锤子、大锤等工具锤击焊件的变形处，使材料延伸以补偿焊接收缩。这种方法主要用于一些小型简单焊件的弯曲变形和薄板的波浪变形的矫正。

2. 机械矫正法

机械矫正法就是在机械力的作用下使部分金属得到延伸，产生拉伸塑性变形，使变形的构件恢复到所要求的形状。具体地说，就是用千斤顶、拉紧器、压力机等将焊件顶直或压平。机械矫正法一般适用于塑性比较好的材料及形状简单的焊件，如图 2-69 所示。

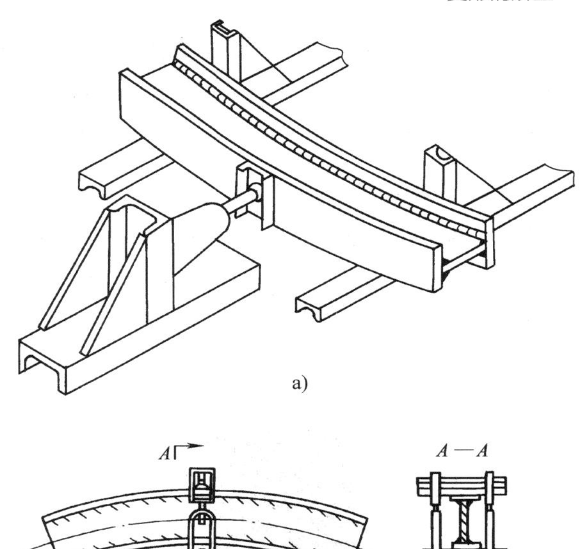

图 2-69　机械矫正法矫正梁的弯曲变形

a）千斤顶矫正　b）拉紧器矫正

3. 火焰加热矫正法

火焰加热矫正就是利用火焰对焊件进行局部加热，使焊件产生新的变形去抵消焊接变形。由于其设备简单，操作方便，所以火焰加热矫正法在生产中应用广泛，主要用于矫正弯曲变形、角变形和波浪变形等，也可用于矫正扭曲变形。

加热火焰一般采用氧乙炔中性火焰，火焰加热的方式有点状加热、线状加热和三角形加热三种。

（1）点状加热　如图 2-70 所示，加热点的数目应根据焊件的结构形状和变形情况而定。对于厚板，加热点的直径 *d* 应大些；薄板的加热点直径则应小些。一般来说，加热点直径不超过 15mm。变形量大时，加热点之间的距离 *a* 应小一些；变形量小时，加热点之间的距离则应大一些。一般 *a* 值取 50~100mm。

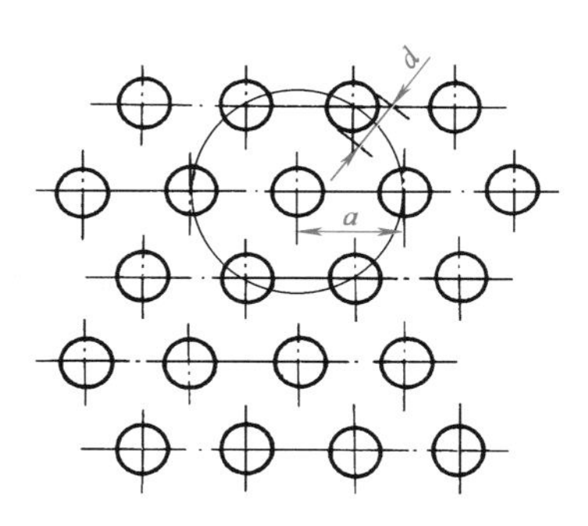

图 2-70　点状加热

小知识

如果导电系数高的铝、铜等材料的薄壁焊接构件发生焊接变形，还可以通过强电磁脉冲矫正法进行矫正。其优点是焊件表面不会产生撞击损伤痕迹，冲击能量可控制。

（2）线状加热　火焰沿直线缓慢移动或同时做横向摆动，形成一个加热带的加热方式，称为线状加热。线状加热有直通加热、链状加热和带状加热三种形式，如图 2-71 所示。线状加热可用于矫正波浪变形、角变形和弯曲变形等。

视频：薄钢板波浪变形的线状加热矫正

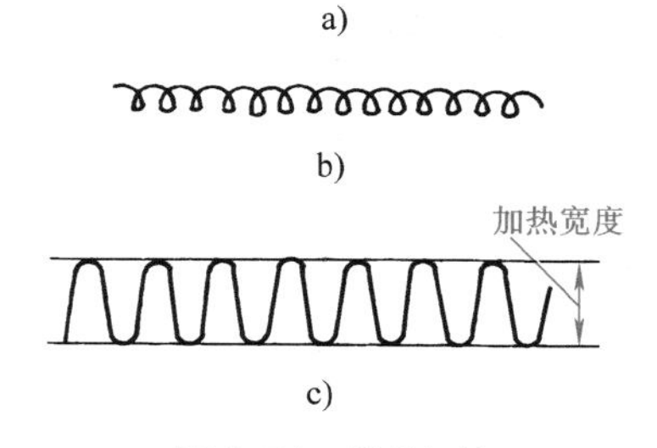

图 2-71　线状加热

a）直通加热　b）链状加热　c）带状加热

（3）三角形加热　三角形加热即加热区域呈三角形，一般用于矫正刚度大、厚度较大结构的弯曲变形。加热时，三角形的底边应在被矫正结构的拱边上，顶端朝焊件的弯曲方向，如图 2-72 所示。三角形加热与线状加热联合使用，对矫正大而厚焊件的焊接变形，效果更佳。

火焰加热矫正焊接变形的效果取决于下列三个因素：

1）加热方式。加热方式的确定取决于焊件的结构形状和焊接变形形式，一般薄板的波浪变形应采用点状加热；焊件的角变形可采用线状加热；弯曲变形多采用三角形加热。

2）加热位置。加热位置的选择应根据焊接变形的形式和变形方向而定。

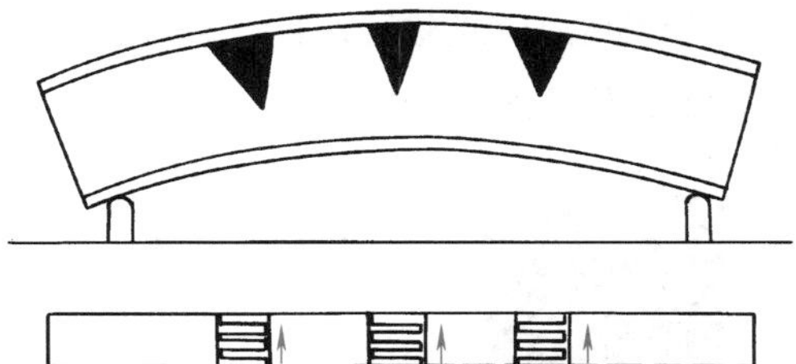
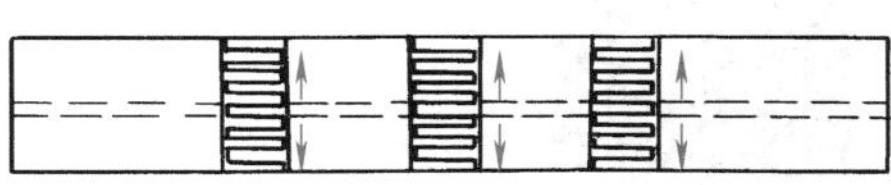
图 2-72　工字梁弯曲变形的三角形加热

3）加热温度和加热区的面积。应根据焊件的变形量及焊件材质确定，当焊件变形量较大时，加热温度应高一些，加热区的面积应大一些。

> **小知识**
>
> 火焰加热矫正法也遵循杠杆定律，火焰离中性轴越远，矫正力越大。当焊接变形较大时，加热点应选择离中性轴稍远的地方，变形小的应选择在离中性轴稍近的点。

任务实施

1. 准备工作

（1）工件准备　发生旁弯变形的 T 形梁。

（2）设备准备　根据焊接变形的特点，对此 T 形梁进行旁弯的矫正，本任务选择火焰加热矫正法进行矫正。火焰加热矫正所需设备有：氧气瓶、乙炔瓶、减压器及焊炬等。

（3）劳保准备　护目镜、口罩、手套、劳保鞋、工作服。

2. 实施

1）点燃焊炬，调整加热火焰为中性火焰。

2）根据火焰加热矫正的加热方式，选择三角形加热法对 T 形梁进行旁弯的矫正。

3）在 T 形梁的水平盖板背面，用三角形加热方式加热，加热位置分布在 T 形梁外凸的一侧，如图 2-73 所示。

4）进行旁弯矫正后的 T 形梁会产生上拱的弯曲变形，因此再次矫正上拱弯曲变形。

5）矫正上拱弯曲变形的方法如同矫正旁弯，用焊炬在图 2-74 所示的位置按照三角形的形状进行加热，加热方向由里向外指向被矫正立板的边缘。

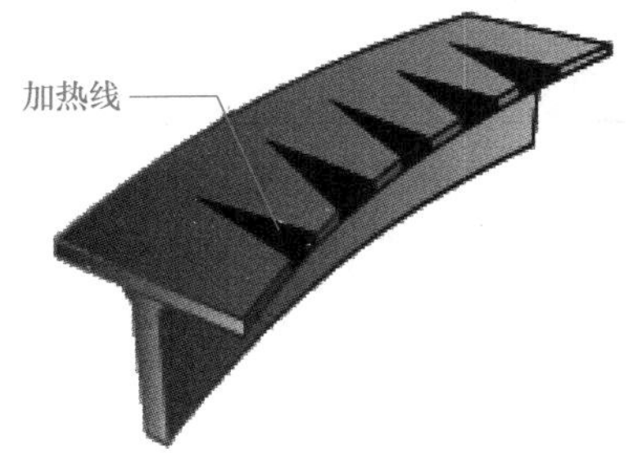

图 2-73　旁弯变形矫正位置

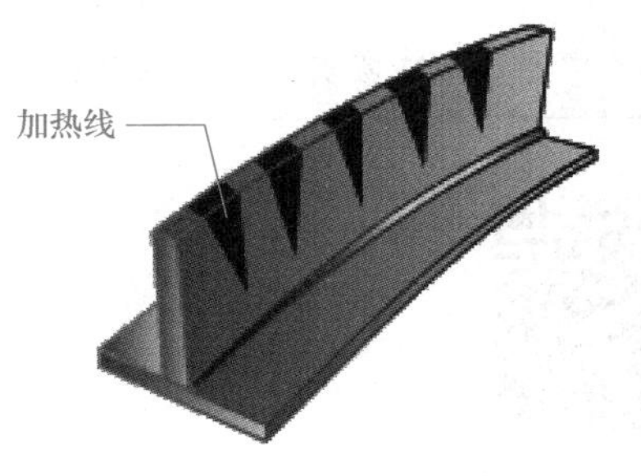

图 2-74　上拱变形矫正位置

6）随着加热的进行，T 形梁逐渐恢复平直的状态。

3. 火焰矫正注意事项

视频：T 形梁旁弯的矫正

1）应尽量避免在构件危险截面弯矩最大区进行火焰加热矫正。

2）尽量避免同一焊道多次加热，以一次加热为宜，最多不得超过三次。

3）加热部位尽量选择焊接部位，这样可使焊接应力减小。

4）控制加热温度，最好不要超过 700℃。

5）清楚被矫正构件的材质，控制冷却速度。

思考与练习

一、填空题

1. 手工矫正法主要用于一些小型简单焊件的_______和薄板的_______。

2. 机械矫正法一般适用于_______的材料及_______的焊件。

3. 火焰加热矫正就是利用火焰对焊件进行局部加热，使焊件产生_______去抵消焊接变形，主要用于矫正_______、_______、波浪变形等，也可用于矫正_______。

4. 加热火焰一般采用_______火焰，火焰加热的方式有_______、_______和三角形加热三种。

5. 对于厚板，加热点的直径 d 应_______；薄板的加热点直径则应_______。变形量大时，加热点之间的距离 a 应_______；变形量小时，加热点之间的距离则应_______。

6. 三角形加热即加热区域呈_______，一般用于矫正刚度大、厚度较大结构的_______。

二、简答题

1. 焊接变形带来的危害有哪些？

2. 矫正焊接残余变形的方法有哪几种？简述其原理。

3. 什么是火焰加热矫正法中的线状加热？其具体分为哪几种形式？

4. 火焰加热矫正焊接变形的效果取决于哪些因素？

编者语录

本项目中的应力分布和变形数据的测定，都是我们不能直观看到的，是广大焊接科研技术人员日以继夜不断进行研究和试验的结果。所以同学们在学习的过程中也要沉下心学习，在将来的工作中也应踏踏实实，耐得住寂寞。

大国工匠——陈行行

项目三

焊接结构生产工艺过程设计

项目概述

焊接工艺过程设计是根据产品的生产性质、图样和技术要求，结合现有条件，运用现代焊接技术和先进生产经验，确定产品加工方法和程序的过程。它是焊接生产设计的先行部分和关键环节。焊接工艺过程的好坏将直接影响产品制造质量、劳动生产率和制造成本，而且是组织与管理生产、设计焊接工装和焊接车间的主要依据。本项目以典型焊接结构为例，使学生在了解焊接结构生产中技术文件的基本知识，掌握焊接结构生产中技术文件的编写方法和原则，熟悉各种工艺文件主要内容的基础上，能够对给定的典型结构进行相应工艺文件的编写与制定。用企业产品在真实的企业情境中组织教学，让学生感受到企业氛围和文化、培养学生的职业道德和职业素养，培养学生自主学习、与人合作、与人交流的能力。

任务一　气体储罐焊接工艺方案的制订

学习目标

1. 了解焊接工艺过程分析的基本知识及其在焊接结构生产过程中的作用。
2. 掌握焊接工艺过程分析的基本方法。
3. 学会结合生产条件制定典型产品的焊接工艺方案。

任务描述

焊接结构生产工艺过程分析是焊接工艺过程设计的核心内容，是形成产品生产工艺方案必经的重要环节，它决定着焊接生产设计的成败。分析的目的是寻找一种既能保证产品质量，又能取得最好经济效果的制造程序和方法。图 3-1 所示为气体储罐主壳体简图，各部件材质及尺寸如图中标注所示。请结合工艺过程分析具体内容，制定该储罐的焊接工艺方案。

分析首先应从影响产品质量方面入手，因为保证产品质量是一切工作的前提；其次从先进工艺技术的可能性和先进生产组织形式方面去分析；最后综合分析结果，形成制造该产品的工艺方案。

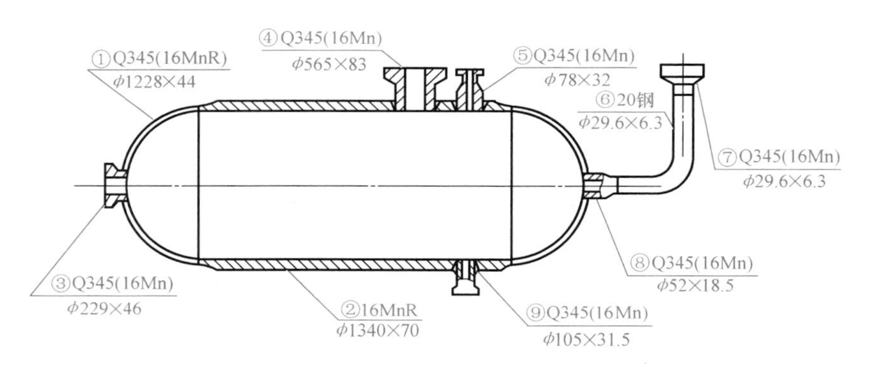

图 3-1　气体储罐主壳体简图

必备知识

任何一项技术都会产生技术和经济两个方面的效果。技术方面的效果不仅表现在达到了技术条件的要求，而且提高了产品质量和改善了劳动条件等。经济方面的效果，表现在劳动量的减少、劳动生产率的提高及材料消耗的减少等。采取技术措施，最好在技术和经济两个方面效果都好，这才是最先进的工艺。但是，这两个方面通常并不是经常统一的，在决策前应进行工艺过程分析。

工艺过程分析应遵循“在保证技术条件的前提下，取得最大经济效益”的原则，为此，进行工艺过程分析时主要从以下方面着手：

一、从生产纲领的要求进行工艺过程分析

生产纲领是指某产品或零、部件在一年内的产量（包括废品）。生产纲领不同，工装夹具设

计的内容和要求也不相同。按照生产纲领的大小，焊接生产可分为三种类型：单件生产、成批生产、大量生产。生产类型的划分见表3-1。不同的生产类型，其特点是不一样的，因此所选择的加工路线、设备情况、人员素质、工艺文件等也是不同的。

表 3-1　生产类型的划分

		产品类型及同种零件的年产量/件		
		重型	中型	轻型
单件生产		5以下	10以下	100以下
成批生产	小批生产	5~100	10~200	100~500
	中批生产	100~300	200~500	500~5000
	大批生产	300~1 000	500~5 000	5000~50 000
大量生产		1 000以上	5 000以上	50 000以上

1. 单件生产

当产品的种类繁多、数量较少、重复制造较少时，其生产性质可认为是单件生产，编制工艺规程时应选择适应性较广的通用装配焊接设备、起重运输设备和其他工装设备，这样可以在最大程度上避免设备的闲置。使用机械化生产是得不偿失的，所以可选择技术等级较高的工人进行手工生产。应充分挖掘工厂的潜力，尽可能降低生产成本。编制的工艺规程应简明扼要，只需粗定工艺路线并制定必要的技术文件即可。

2. 大量生产

当产品的种类单一、数量很多、工件的尺寸和形状变化不大时，其性质接近于大量生产。因为要长时间重复加工，所以宜采用机械化、自动化水平较高的流水线生产，每道工序都由专门的机械和工装完成，加工同步进行，生产设备负荷越大越好。对于大量生产的产品，要求制定详细的工艺规程和工序，尽可能实现工艺典型化、规范化。

3. 成批生产

成批生产的产品具有周期性重复加工的特点，机械化程度介于单件生产和大量生产之间。应部分采用流水线作业，但加工节奏不同步，应有较详细的工艺规程。

二、从保证技术条件的要求进行工艺过程分析

焊接结构的技术条件，一般可归纳为获得优质的焊接接头和获得准确的外形尺寸两个方面。

1. 保证获得优质的焊接接头

焊接接头的质量应满足产品设计的要求，主要表现在焊接接头的性能应符合设计要求和焊接缺陷应控制在规定范围之内两个方面。一般来说，影响焊接接头质量的主要因素，可归纳为以下

三个方面：

（1）焊接方法的影响　不同焊接工艺方法的热源具有不同的性质，它们对焊接接头质量有着不同的影响。例如电渣焊时，由于热源移动缓慢而热输入又大，因而使焊接接头具有粗大的金相组织，要对焊件进行一定的热处理以后，才能获得所需的力学性能。又如埋弧焊时，由于热源具有电流大、移动快的特点，这就促成了很多条件都成了导致气孔的原因，如焊剂受潮、焊丝和焊件上的铁锈及油污以及生产管理中的一些问题（如装配后没及时施焊引起接缝处生锈）等。在进行工艺分析时，这些都是选择工艺方法和确定相应措施的依据。

（2）材料成分和性能的影响　在焊接热过程作用下，母材与焊缝金属中发生了相变与组织变化，在熔化金属中进行着冶金反应，所有这些都将影响着焊接接头的各种性能。例如，碳钢结构的焊接接头内，随着母材含碳量的增加，使钢的淬硬倾向增大，热影响区内容易产生冷裂纹，同时也促使焊缝中气孔和热裂纹的产生，这些都增加了产生缺陷的可能性。合金结构钢中各种合金元素对焊接性的影响更为显著。焊后在热影响区容易产生塑性差的组织和冷裂纹；在焊缝内会形成塑性差的焊缝金属或产生热裂纹。

（3）结构形式的影响　由于结构因素而引起的焊接缺陷是很常见的，在刚性非常大的接头处，应力很大或冷却速度大都是产生裂纹的主要原因。有时在接头某一个方向上散热不好，会产生严重的咬边缺陷，降低了焊接接头的动载强度。可焊到性不好的接头，在一般情况下难以得到优良的接头质量（如容易产生成形不好、未焊透等）。

总之，影响焊接接头质量的因素很多，但这些因素不是单一存在的，而是相互作用、错综复杂的。在分析接头质量时，既要考虑到如何获得优质的焊缝，又要考虑到不同工作条件下对结构所提出的技术要求。

2. 保证获得准确的外形和尺寸

在焊接结构的技术条件中，另一个主要方面是要求获得准确的外形和尺寸。这不仅关系到它的使用性能，还因为焊接过程绝大多数是在不对称的局部加热的情况下完成的，因此，在焊接接头和焊接结构中产生应力与变形也是不可避免的，这就给焊接结构生产带来许多麻烦。所以在焊接工艺分析时应结合产品结构、生产性质和生产条件，提出控制变形的措施，确保技术条件的要求。要做到这一点，必须考虑以下两个方面的问题：

（1）考虑结构因素的影响　根据结构的刚性大小和焊缝分布，分析焊后每条焊缝可能引起焊接变形的方向及大小程度，找出对技术条件最不利的那些焊缝。

（2）采用适当的工艺措施　考虑如何安排装配、焊接顺序，才能防止和减小焊接应力与变形。在此基础上考虑焊接方法、焊接参数、焊接方向的影响，采用反变形法或刚性固定法等措施。

三、从采用先进工艺的可能性进行工艺过程分析

在进行工艺分析的过程中，首先应分析使用先进技术的可行性。采用先进技术，可大大简化工序，缩短生产周期，提高经济效益。这里从三个方面来讨论。

1. 采用先进的工艺方法

所谓先进的工艺方法，是对某一种具体的焊接结构而言。如果同一结构可以用几种焊接方法

焊接，其中有一种焊接方法相对的生产率高而且焊接质量好，同时对其他生产环节也无不利的影响，工人劳动条件也好，就可以说这种方法就是先进的焊接工艺方法。例如某厂高压锅炉的锅筒纵缝焊接，筒体材料为 20 钢，壁厚为 90mm，如图 3–2 所示。

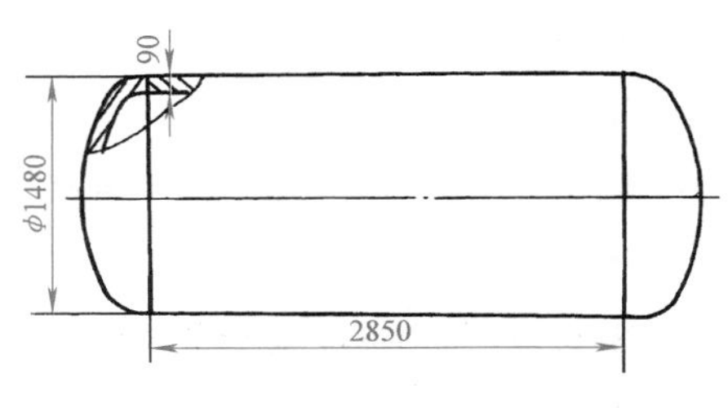

图 3–2　高压锅炉的锅筒

这种纵焊缝可以用多种方法来焊接，现在只讨论多层埋弧焊与电渣焊的效果，见表 3–2。

表 3–2　两种工艺方法比较

方法			多层埋弧焊	电渣焊
工序	1		划线，下料，拼接板坯	划线，下料，拼接板坯
	2		板坯加热（1 050℃）	板料加热
	3		初次滚圆（对口处留出300~350mm）	滚圆
	4		机械加工坡口	气割坡口
	5		再次加热	装配（焊上引出板）
	6		再次滚圆	电渣焊
	7		装配圆筒（装上卡板、引出板）	正火，随后滚圆
	8		预热（200~300℃）	
	9		手工封底焊缝	
	10		除去外面卡板和清焊根	
	11		预热（200~300℃）	
	12		埋弧焊（18~20层）	
	13		回火（焊后立即进行）	
	14		除去内部卡板和封底焊缝	
	15		埋弧焊内部多层焊缝	
	16		焊缝表面加工	
经济技术指标	每千克熔化金属	电能消耗	1.95kW·h	1.05kW·h
		焊剂消耗	1.07kg	0.05kg
	熔化系数		1.96g/A·h	36.5g/A·h

2. 焊接生产过程的机械化与自动化

在焊接结构生产中不断提高机械化与自动化水平，对提高劳动生产率、提高产品质量、改善工人劳动条件，都有着极其深远的意义。

焊接结构的生产过程，可部分实现加工机械化与自动化，也可全盘实现，这要根据具体条件来决定。在产品进行批量生产时，应优先考虑机械化与自动化。对于单件小批生产的产品，一般不必采用。但是如果产品的种类具有相似性、工装设备具有通用性时，可以先进行方案对比，再做出选择。

3. 改进产品结构，创造先进的工艺过程

在进行工艺分析时，应当创造性地采用完全新的工艺过程，有些产品只要结构形式稍加改变，工艺过程就变化很大，可明显提高产品质量及生产率，机械化与自动化水平也提高了，因此，可以说这就是先进的工艺过程。实践证明，先进工艺过程的创造，往往是从改进产品结构形式或某些接头形式开始的。

例如小型受压容器，常见的结构形式如图 3–3 所示，工作压力为 1.6MPa，壁厚为 3~5mm，它由两个压制的椭圆封头和一个圆筒节组成，它用一条纵焊缝和两条环焊缝焊成。对于单件、小批量生产来说，这种结构形式是合理的。它的主要工艺过程是：压制椭圆封头→滚圆筒节→焊纵焊缝→装配→焊接两条环缝。这种工艺过程的优点是封头压制容易、节省模具费用；其缺点是工序多、焊缝多、需要滚圆设备，装配也麻烦。在产量多的时候就不宜用上述的工艺过程，可将容器改成图 3–4 所示的结构形式，就能简化工艺过程，使生产率大幅度提高。它的主要工艺过程是：压制杯形封头→装配→焊接环焊缝。很明显工序、焊缝都减少了，装配也很容易，所以生产率和产品质量都提高了，而工人的劳动条件也有改善；它的缺点是模具费用多，但由于产量多，平均每个产品所负担的模具费用就不多了。这种结构还取消了圆筒节，节约了购置滚圆筒节设备的费用和车间生产面积，所以在大批量生产的情况下，采用图 3–4 所示的结构是合理的。

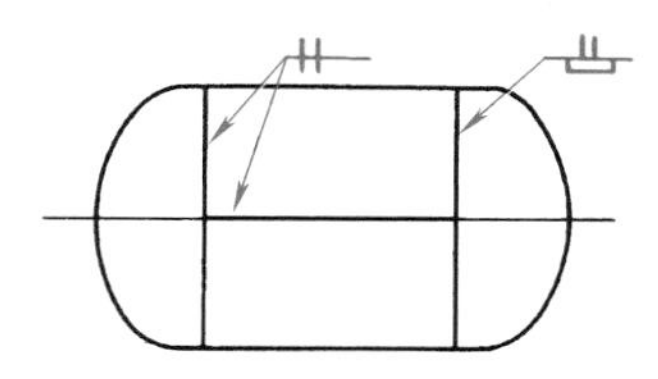

图 3–3　带圆筒节的小型容器

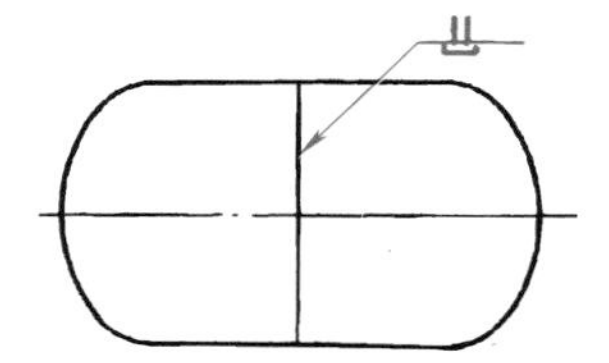

图 3–4　无圆筒节的小型容器

视频：焊接结构生产工艺过程分析

最后，还要考虑安全生产和改善工人的劳动条件等因素。生产必须要安全，要防触电、防辐射、注意通风等。在焊接带有人孔的容器环缝时，应设计成不对称的双 V 形坡口，内浅外深，这样可以减少容器内的焊接量，劳动条件比对称双 V 形坡口改善了很多。

四、焊接工艺方案的确定

工艺方案是指根据产品设计要求、生产类型和企业的生产能力，提出工艺技术准备工作的具体任务和措施的指导性文件。它是经过工艺过程分析，对生产中的重大技术问题有了解决的办法和意见之后，进行综合归纳和整理出来的。方案可能不止一个，一般须经评议和审批，确定最优方案。方案的内容主要有以下几点：

1）关键质量问题的解决原则和方法，包括关键零、部件的加工方法、重大工艺措施。

2）提出工艺试验（包括焊接工艺评定）的项目和工艺装备的配置，提出专用工装的设计原则和设计要求。

3）提出生产组织形式和工艺路线的安排原则和意见。

4）指出工艺规程制定原则、形式和繁简程度。

工艺方案经评议通过并经上级审批，即成为生产的指导文件，是编写各种工艺文件的依据。

任务实施

1. 制定气体储罐焊接工艺方案

经过对产品进行结构生产的工艺过程分析，确定气体储罐的焊接方案，见表 3-3 和图 3-5。

表 3-3　气体储罐焊接方案

<table>
<tr><th>焊缝编号</th><th>母材规格/mm</th><th>焊接方法</th><th>焊材规格/mm</th><th>预热、后热</th><th>热处理</th><th>检验</th><th>焊接工艺规格</th><th>焊接工艺评定</th></tr>
<tr><td>A1
A2</td><td>封头与筒体
Q345
（16MnR）
ϕ1 228×44</td><td>SMAW+
NGSAW</td><td>E5015
ϕ4
ϕ5
H10Mn2A
ϕ4
SJ101</td><td>预热
≥100℃</td><td>580~650℃
/2.3h</td><td rowspan="5">100%RT+
20%UT</td><td>WPS-1</td><td>PQR-1</td></tr>
<tr><td>A3
A4</td><td rowspan="2">筒体16MnR
ϕ1 340×70</td><td>SAW</td><td>H10MnMoA
ϕ4
SJ101</td><td>预热
≥100℃
后热
200~250℃/
2h</td><td>900~980℃
/70min
580~650℃
/2.3h</td><td>WPS-2</td><td>PQR-2</td></tr>
<tr><td>B1</td><td>SMAW+
NGSAW</td><td>E5015
ϕ4
ϕ5
10Mn2
ϕ4
SJ101</td><td>预热
≥100℃
后热
200~250℃/
2h</td><td>580~650℃
/2.3h</td><td>WPS-1</td><td>PQR-1</td></tr>
<tr><td>B2
B3</td><td>弯管20
钢法兰管
Q345（16Mn）
ϕ29.6×6.3</td><td>M-GTAW+
SMAW</td><td>H08MnA
ϕ2.4
E5015
ϕ3.2
ϕ4
ϕ5</td><td>—</td><td>—</td><td>WPS-3</td><td>PQR-3</td></tr>
<tr><td>D1
D2
D3
D4
D5</td><td>16MnR
ϕ1340×70
法兰管
Q345（16Mn）
ϕ565×83
ϕ78×32
ϕ105×31.5
ϕ52×18.5</td><td>SMAW</td><td>E5015
ϕ3.2
ϕ4
ϕ5</td><td>预热
≥100℃
后热
200~250℃
/2h</td><td>580~650℃
/2.3h</td><td>WPS-4</td><td>PQR-4</td></tr>
</table>

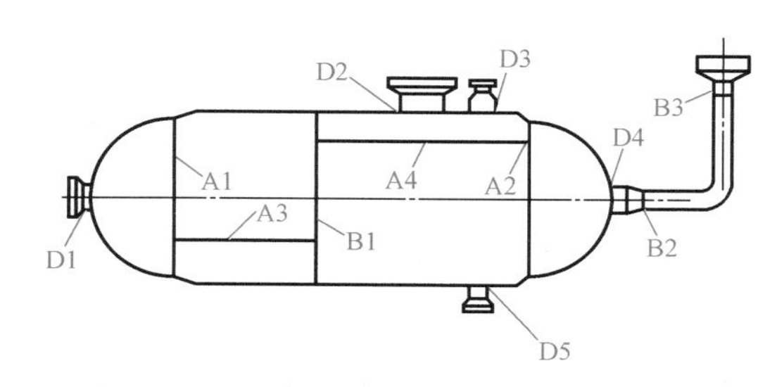

图 3-5　气体储罐受压接头的位置、接头类型和编号图

2. 气体储罐产品的工艺方案制定说明

1）纵缝坡口采用埋弧焊，先焊外坡口，焊到一半厚度后，背面清根，直到露出焊缝金属，再用埋弧焊焊接清根形成的坡口，内侧坡口焊完后，焊接未完成的外侧坡口。筒体纵缝接头焊完后，要对筒体进行高温矫圆，为保证高温处理后纵缝接头的强度性能，焊接材料应该选用 H10MnMoA 焊丝。

2）筒体环缝、筒体与封头环缝采用埋弧焊窄间隙 U 形坡口 + 焊条电弧焊 V 形坡口，采用焊条电弧焊先焊内坡口，再用窄间隙埋弧焊焊接外坡口。窄间隙埋弧焊焊前可以不清根。

3）法兰管子与封头、筒体的 D 类接头焊接采用药皮焊条电弧焊，先焊坡口内焊缝。焊到一半厚度后，背面清根，直到露出焊缝金属，清根坡口焊完后，再焊坡口外焊缝。坡口外的角焊缝焊脚尺寸应满足有关标准和图样的要求。

4）筒体、封头环缝接头、纵缝接头、法兰管子与封头、筒体的 D 形接头全部完工后，才能进行壳体的整体热处理。为了防止焊接接头焊后产生冷裂纹，筒体环缝接头、纵缝接头、法兰管子与封头、筒体的 D 形接头分别焊完后，应立即按要求进行后热处理。

思考与练习

一、名词解释

1. 生产纲领　2. 工艺方案

二、填空题

1. 按照生产纲领的大小，焊接生产可分为三种类型：______、______、大量生产。

2. 不同的生产类型，其特点是不一样的，因此所选择的______、______、人员素质、______等也是不同的。

3. 焊接结构的技术条件，一般可归纳为获得______和获得______两个方面。

4. 在产品进行______生产时，应优先考虑机械化与自动化。对于______生产的产品，一般不必采用。

5. 实践证明，先进工艺过程的创造，往往是从改进______或______开始的。

三、简答题

1. 单件生产、大量生产和成批生产各自有什么特点？

2. 影响焊接接头质量的主要因素有哪些？

3. 为保证获得准确的外形尺寸，通常考虑哪些问题？

4. 工艺方案的主要内容包括哪些？

任务二　重型汽车桥壳的结构工艺性审查

学习目标

1. 了解焊接结构工艺性审查的目的和主要依据。
2. 了解工艺性审查的主要内容，掌握焊接结构工艺性审查的步骤。
3. 学会结合生产条件对典型焊接结构进行工艺性审查的方法。

任务描述

桥壳是汽车上的重要部件。它的制造方法很多，以前主要是采用整体铸造法制造，但因铸造生产工艺复杂，生产周期长，废品率高，且工人劳动强度高和环境恶劣，所以随着汽车工业和焊接技术的发展，此种方法已遭淘汰，取而代之的是铸焊结构桥壳和冲焊结构桥壳。尤其是冲焊结构桥壳在重型车辆桥壳生产中应用广泛，其原因就在于冲压工艺简单，废品率低，工人操作条件好，便于实现机械化、自动化，并能减轻部件重量和降低成本，提高结构强度和延长使用寿命。

图 3-6 所示为汽车桥壳冲焊结构设计示意图，请结合焊接结构生产工艺性审查方面内容对此设计进行结构工艺性审查。

必备知识

施工图样的焊接工艺性审查是保证产品可加工性和焊接质量不可缺少的重要环节。工艺性审查的依据，是相关的国家标准、制造法规、安全技术监察规程、焊接专业企业标准和产品焊接技

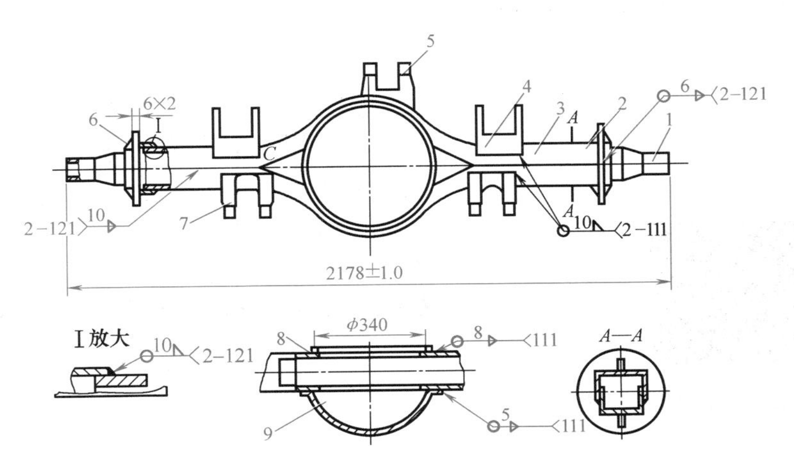

图 3-6　汽车桥壳冲焊结构设计示意图

1—轮毂轴管　2—凸缘　3—半桥壳体　4—钢板弹簧座Ⅰ　5—钢板弹簧座Ⅱ　6—加强肋　7—钢板弹簧座Ⅲ　8—加强圈　9—后盖

术条件。产品施工图样的焊接工艺性审查应由企业焊接工艺部门的责任工程师承担。审查后填写意见书，经主任焊接工程师审核后，转送设计部门作为修改施工图样的依据。

一、焊接结构工艺性审查的目的

焊接结构的工艺性，是指设计的焊接结构在具体的生产条件下能否经济地制造出来，并采用最有效的工艺方法的可行性。焊接结构的工艺性是关系着一个产品制造快慢、质量好坏和成本高低的大问题，因此，一个结构的工艺性好坏，也是这个结构设计好坏的重要标志之一。为了提高设计产品结构的工艺性，工厂应对所有新设计的产品和改进设计的产品以及外来产品图样，在首次生产前进行结构工艺性审查。

想一想

都有哪些产品需要进行工艺性审查？

进行焊接结构工艺性审查的目的是保证结构设计的合理性、工艺的可行性、结构使用的可靠性和经济性。此外，通过工艺性审查可以及时调整和解决工艺性方面的问题，加快工艺规程编制的速度，缩短新产品生产准备周期，减少或避免在生产过程中发生重大技术问题。通过工艺性审查，还可以提前发现新产品中关键零件或关键加工工序所需的设备和工装，以便提前安排订货和设计。

焊接结构的工艺性审查是个复杂的问题，在审查中应实事求是，多分析比较，以便确定最佳方案。分析焊接结构是否经济合理，不能脱离产品的数量和生产条件。如图 3-7 所示的弯头有三种形式，每种形式的工艺性都适应一定的生产条件。图 3-7a 是由两个半压制件和法兰组成的，如果是大量生产又有大型压力机，工艺性是好的；图 3-7b 是由两段钢管和法兰组成的，在流速低、单件生产或缺设备的条件下，工艺性是好的；图 3-7c 是由许多环形件和法兰组成的，在流速高又是单件生产的条件下，工艺性是好的。以上例子说明，结构工艺性的好坏，是相对某一具体条件而言的，只有用辩证的观点才能更有效地评价。

视频：焊接结构工艺性审查的目的

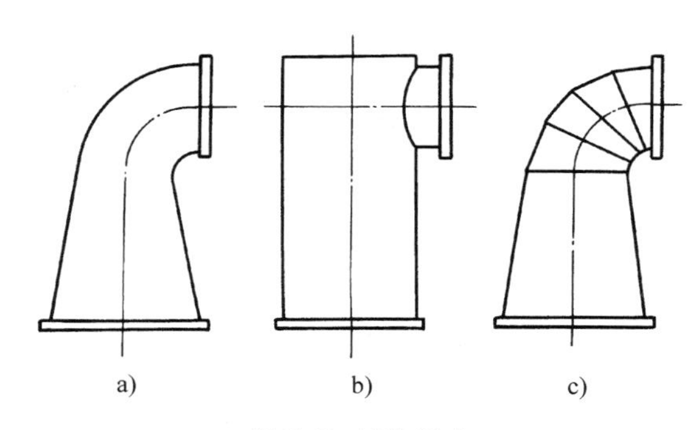

图 3-7　弯头形式

二、焊接结构工艺性审查的步骤

1. 产品结构图样审查

制造焊接结构的图样是工程的语言，它主要包括新产品设计图样、继承性设计图样和按照实物测绘的图样等。由于它们工艺性的完善程度不同，因此工艺性审查的侧重点也有所区别。但是，在生产前无论哪种图样，都必须按以下内容进行图样审查，合格后才能交付生产准备和生产使用。

对图样的基本要求：绘制的焊接结构图样，应符合机械制图国家标准中的有关规定。图样应当齐全，除焊接结构的装配图外，还应有必要的部件图和零件图。由于焊接结构一般都比较大，结构复杂，所以图样应选用适当的比例，也可在同一图中采用不同的比例绘出。当产品结构较简单时，可在装配图上直接把零件的尺寸标注出来。根据产品的使用性能和制作工艺需要，在图样上应有齐全、合理的技术要求，若在图样上不能用图形、符号表示时，应有文字说明。

2. 产品结构技术要求审查

焊接结构技术要求，主要包括使用要求和工艺要求。使用要求一般是指结构的强度、刚度、耐久性（抗疲劳性、耐蚀性、耐磨性和抗蠕变性等），以及在工作环境条件下焊接结构的几何尺寸、力学性能和物理性能等。工艺要求则是指组成产品结构材料的焊接性及结构的合理性、生产的经济性和方便性。

为了满足焊接结构的技术要求，首先要分析产品的结构，了解焊接结构的工作性质及工作环境，然后必须对焊接结构的技术要求以及所执行的技术标准进行熟悉、消化理解，并结合具体的生产条件来考虑整个生产工艺能否适应焊接结构的技术要求，这样可以做到及时发现问题，提出合理的修改方案，改进生产工艺，使产品全面达到规定的技术要求。

小知识

作为生产单位，对设计图样的任何修正和更改，均需取得原设计单位的认可和审批。

三、焊接结构工艺性审查的内容

在进行焊接结构工艺性审查前，除了要熟悉该结构的工艺特点和技术要求以外，还必须了解被审查产品的用途、工作条件、受力情况及产量等有关方面的问题。在进行焊接结构的工艺性审查时，主要审查以下几方面内容。

1. 从降低应力集中的角度分析结构的合理性

应力集中不仅是降低疲劳强度的主要原因，也是降低材料塑性，引起结构脆断的主要原因，对结构强度有很坏的影响。为了减少应力集中，应尽量使结构表面平滑，截面改变的地方应平缓并有合理的接头形式。一般常从以下几个方面考虑：

（1）尽量避免焊缝过于集中　图 3-8a 用八块小肋板加强轴承套，许多焊缝集中在一起，存

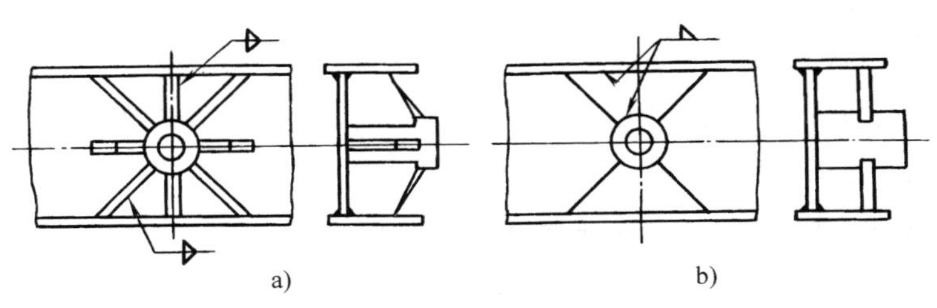

图 3-8　肋板的形状与位置比较

在着严重的应力集中，不适合承受动载荷。如果采用图 3-8b 的形式，则不仅改善了应力集中的情况，也使工艺性得到改善。

图 3-9 中上面一组焊缝布置，都有不同程度的应力集中，而且可焊到性差，若改成下面对应的所示结构，则其应力集中和可焊到性都可得到改善。

（2）尽量采用合理的接头形式　对于重要的焊接接头，应采用开坡口的焊缝，以防止因未焊透而产生应力集中。应设法将角接接头和 T 形接头，转化为应力集中系数较小的对接接头。图 3-10 是这种转化的应用实例，将图 3-10a 的接头转化为图 3-10b 的形式，实质上是把焊缝从应力集中的位置转移到没有应力集中的地方，同时也改善了接头的工艺性。应当指出，在对接接头中只有当力能够从一个零件平缓地过渡到另一个零件上时，应力集中才是最小的。

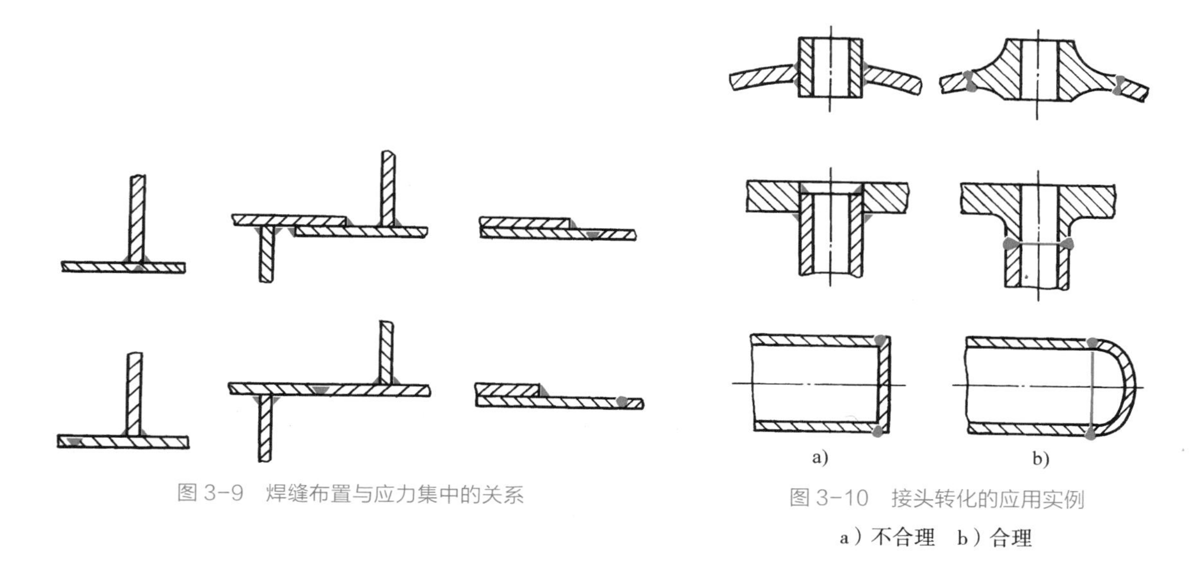

图 3-9　焊缝布置与应力集中的关系

图 3-10　接头转化的应用实例
a）不合理　b）合理

想一想

为什么对接接头是最合理的接头形式？

（3）尽量避免构件截面的突变　在截面变化的地方必须采用圆滑过渡或平缓过渡，不要形成尖角。例如，搭接板存在锐角时（图 3-11a），应把它改成圆角或钝角（图 3-11b）。又如，肋板存在尖角时（图 3-12a），应将它改成图 3-12b 的形式。在厚板与薄板或宽板与窄板对接时，均应在接合处有一定的斜度，使之平滑过渡。

（4）应用复合结构　复合结构具有发挥各种工艺长处的特点，它可以采用铸造、锻造和压制工艺，将复杂的接头简化，把角焊缝改成对接焊缝。复合结构不仅降低了应力集中，而且改善了工艺性。图 3-13 就是应用复合结构把角焊缝改为对接焊缝的实例。

2. 从减小焊接应力与变形的角度分析结构的合理性

（1）尽可能地减少结构上的焊缝数量和焊缝的填充金属量　这是设计焊接结构时一条最重要

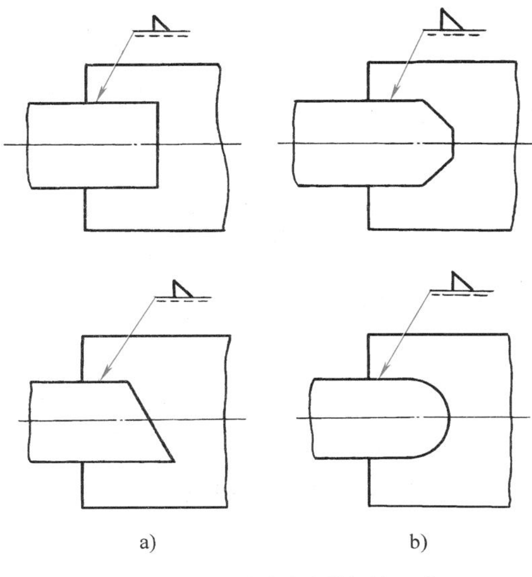

图 3-11　搭接接头中搭板的形式
a）不合理　b）合理

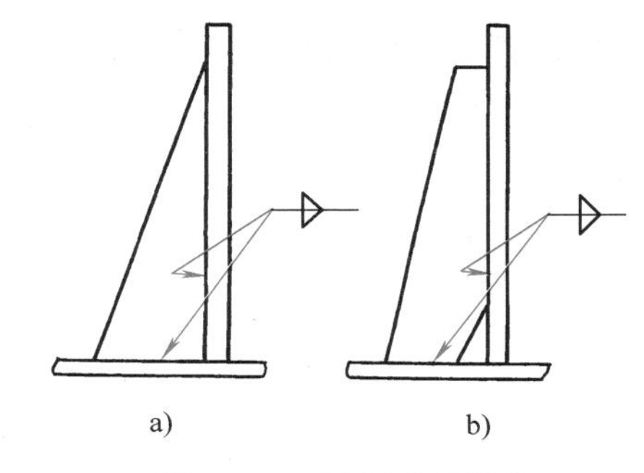

图 3-12　肋板的合理形式
a）不合理　b）合理

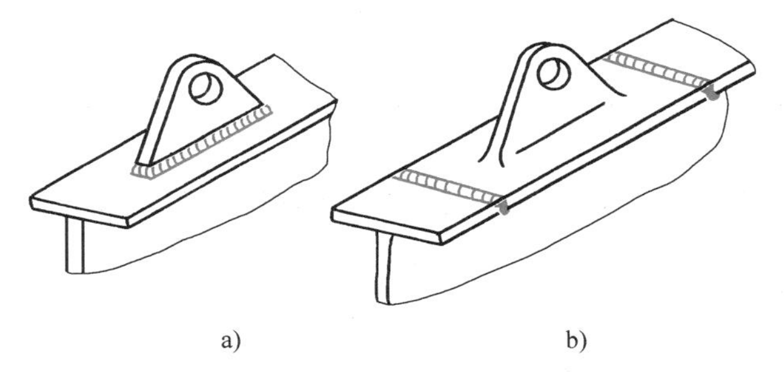

图 3-13　采用复合结构的应用实例
a）原设计的板焊结构　b）改进后的复合结构

视频：从降低应力集中的角度分析结构的合理性

的原则。因为它不仅仅对减少焊接应力与变形有利，而且对许多方面都有利。图 3-14 所示的框架转角，就有两个设计方案。图 3-14a 是用许多小肋板，构成放射形状来加固转角；图 3-14b 所示的设计是用少数肋板构成屋顶的形状来加固转角。图 3-14b 所示的方案不仅提高了框架转角处的刚度与强度，而且焊缝数量又少，减少了焊后的变形和复杂的应力状态。

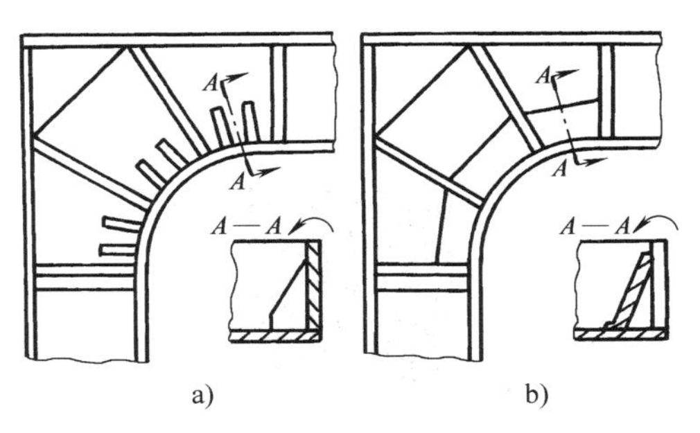

图 3-14　框架转角处加强肋布置的比较
a）不合理　b）合理

（2）尽可能地选用对称的构件截面和焊缝位置

这种焊缝位置对称于构件截面的中性轴或使焊缝接近中性轴时，在焊后能得到较小的弯曲变形。图 3-15 所示为各种截面的构件，图 3-15a 所示构件的焊缝都在 $x-x$ 轴一侧，焊后由于焊缝纵向收缩，很容易产生弯曲变形；图 3-15b 所示构件的焊缝位置对称于 $x-x$ 轴和 $y-y$ 轴，焊后弯曲变形较小，且容易防止；图 3-15c 所示构件由两根角钢组成，焊缝位置与截面重心并不对称，若把距重心近的焊缝设计成连续的，把距重心远的焊缝设计成断续的，就能减少构件的弯曲变形。

（3）尽可能地减小焊缝截面尺寸　在不影响结构强度与刚度的前提下，尽可能地减小焊缝截面尺寸，或把连续角焊缝设计成断续角焊缝，以减少塑性变形区的范围，使焊接应力与变形减少。

（4）采用合理的装配焊接顺序　对复杂的结构应采用分部件装配法，尽量减少总装焊缝数量并使之分布合理，这样能大大减少结构的变形。为此，在设计结构时就要合理地划分部件，使部件的装配焊接易于进行和焊后经矫正能达到要求，这样也便于总装。由于总装时焊缝少，结构刚性大，焊后的变形就很小。

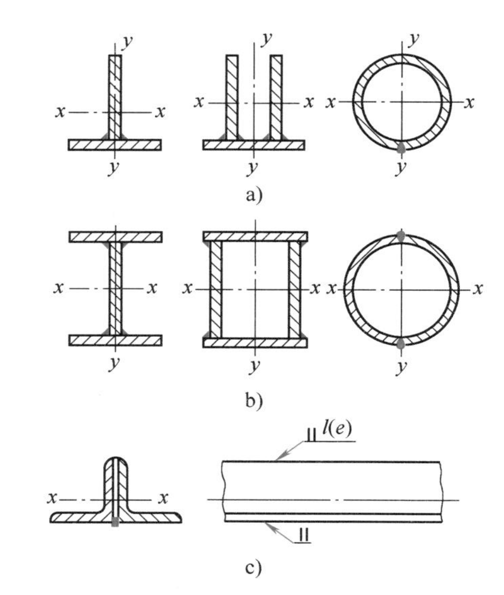

图 3-15　构件截面和焊缝位置与焊接变形的关系

a）不合理　b）、c）合理

小知识

合理确定焊缝尺寸不仅可以提高应力与变形，减少焊接工时，而且可以节约材料，降低产品成本。

（5）尽量避免各条焊缝相交　如图 3-16 所示三条角焊缝在空间相交。图 3-16a 所示的形式在交点处会产生三向应力，使材料塑性降低，同时可焊到性也差，并造成严重的应力集中。若把它设计成图 3-16b 所示的形式，能克服以上缺点。

视频：从减小应力与变形的角度分析结构的合理性

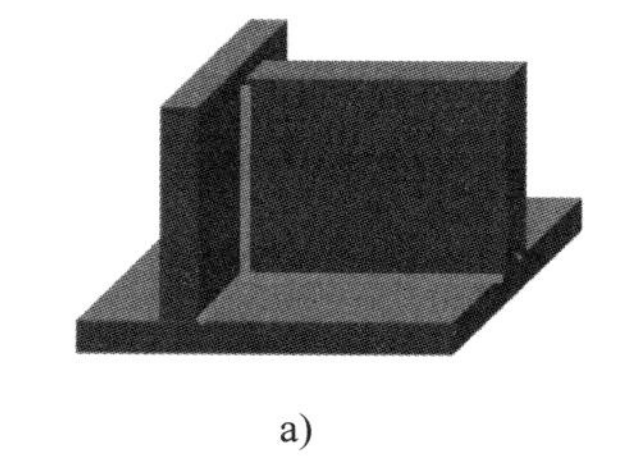

a)

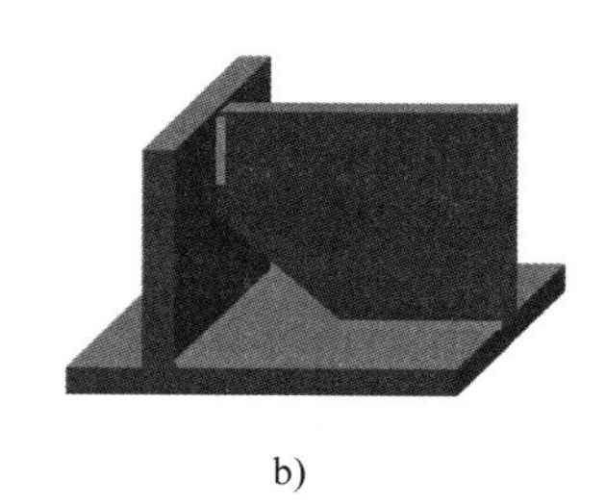

b)

图 3-16　空间相交焊缝方案的比较

a）不合理　b）合理

3. 从焊接生产工艺性分析结构的合理性

（1）尽量使结构具有良好的可焊到性　可焊到性是指结构上每一条焊缝都能很方便地施焊，在工艺性审查时要注意结构的可焊到性，避免因不易施焊而造成焊接质量不好。图 3-17a 所示的三个结构都没有必要的操作空间，很难施焊，如果改成图 3−17b 所示的形式，就会具有良好的可焊到性。又如厚板对接时，一般应开成 X 形或双 U 形坡口，若在构件不能翻转的情况下，就会造成大量的仰焊焊缝，这不但劳动条件差，质量也很难保证，这时就必须采用 V 形或 U 形坡口来改善其工艺性。

小知识

在焊接大型封闭容器时，应在容器上设置人孔。这是为了操作人员出入方便和满足通风需要，保护工人健康。

（2）保证接头具有良好的可探到性　严格检验焊接接头质量是保证结构质量的重要措施，对于结构上需要检验的焊接接头，必须考虑其是否检验方便。对于高压容器，其焊缝往往要求做 100% 射线探伤。图 3−18a 所示接头无法进行射线探伤或探伤结果无效，应改为图 3−18b 所示的接头形式。

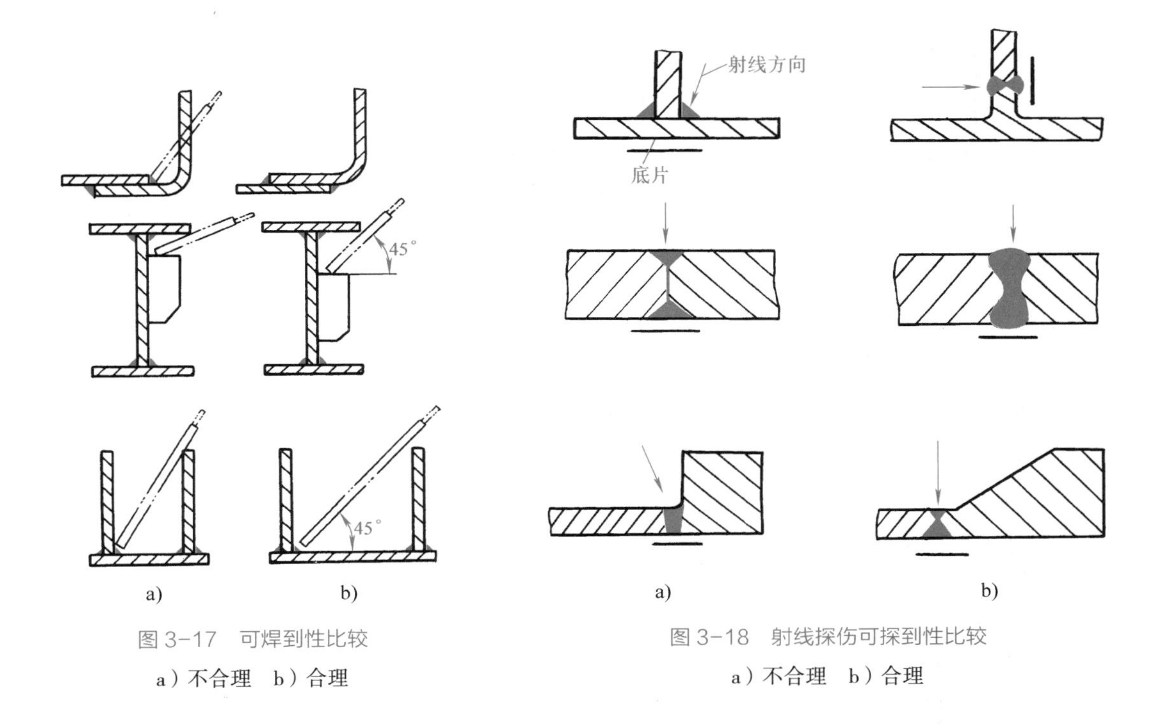

图 3−17　可焊到性比较
a）不合理　b）合理

图 3−18　射线探伤可探到性比较
a）不合理　b）合理

（3）尽量选用焊接性好的材料来制造焊接结构　在结构选材时，首先应满足结构工作条件和使用性能的需要，其次是满足焊接特点的需要。另外，在结构设计的具体选材时，为了使生产管理方便，材料的种类、规格及型号也不宜过多。

4. 从焊接生产的经济性方面分析结构的合理性

合理地节约材料和缩短焊接产品加工时间，不仅可以降低成本，而且可以减轻产品重量，便于加工和运输等，所以在工艺性审查时应给予重视。

（1）提高材料的利用率　一般来说，零件的形状越简单，材料的利用率就越高。图 3−19

所示为法兰盘备料的三种方案，图 3-19a 是用压力机落料制作，图 3-19b 是用扇形片拼接，图 3-19c 是用气割板条热弯而成，材料的利用率依次提高，但生产的工时也依次增加，哪种方案好需要综合比较才能确定。通常在法兰直径小、生产批量大时，可选用图 3-19a 方案；当尺寸大、批量大时，采用图 3-19b 方案能节约材料，经济效果好；当法兰直径大且窄、批量小时，宜选用图 3-19c 方案。图 3-20b 是锯齿合成梁，如果用工字钢通过气割（图 3-20a）再焊接成锯齿合成梁，就能节约大量的钢材和焊接工时。

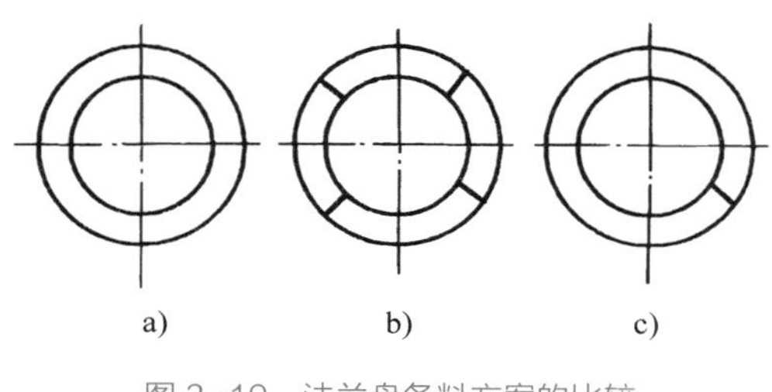

图 3-19　法兰盘备料方案的比较

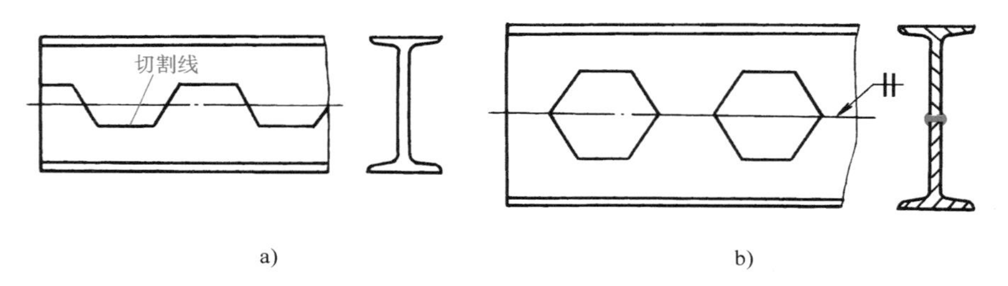

图 3-20　锯齿合成梁

（2）尽量减少生产劳动量　焊接结构生产中，如果不努力节约人力和物力，不断提高生产率和降低成本，就会失去竞争能力。除了在工艺上采取一定的措施外，还必须从设计上使结构具有良好的工艺性。减少生产劳动量的办法有很多，归纳起来有以下几个方面：

1）合理地确定焊缝尺寸。确定工作焊缝的尺寸，通常用等强度原则来计算求得。但只靠强度计算有时还是不够的，还必须考虑结构的特点及焊缝布局等问题。例如，焊脚小而长度大的角焊缝，在强度相同情况下具有比大焊脚、短焊缝省料省工的优点。图 3-21 中焊脚为 K、长度为 $2L$ 的角焊缝和焊脚为 $2K$、长度为 L 的角焊缝强度相等，但焊条消耗量前者仅为后者的一半。

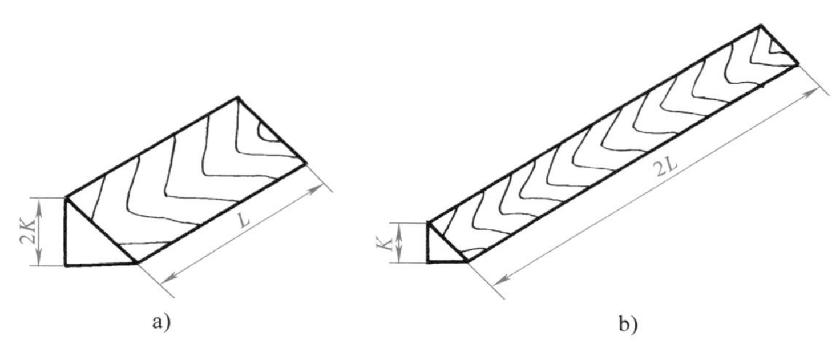

图 3-21　等强度的长短角焊缝

a）不合理　b）合理

2）尽量取消多余的加工。对单面坡口、背面不进行清根焊接的对接焊缝，若通过修整表面来提高接头的疲劳强度是多余的，因为焊缝反面依然存在应力集中。对结构中的联系焊缝，若要求开坡口或焊透也是多余的，因为焊缝受力不大。如在图 3−22 中工字梁的上、下翼板拼接处焊上加强盖板，就是多余的，而且由于焊缝集中，反而降低了工字梁承受动载荷的能力。

3）尽量减少辅助工时。焊接结构生产中辅助工时一般占有较大的比例，因此减少辅助工时对提高生产率有重要意义。结构中焊缝所在位置应使焊接设备调整次数最少，焊件翻转的次数最少。图 3−23 所示为箱形截面构件，图 3−23a 所示设计为对接焊缝，焊接过程翻转一次，就能焊完四条焊缝；图 3−23b 所示设计为角焊缝，如果采用“船形”位置焊接，需要翻转焊件三次，若用平焊位置焊接，则需多次调整机头。从焊前装配来看，图 3−23a 所示方案也比图 3−23b 所示方案要容易些。

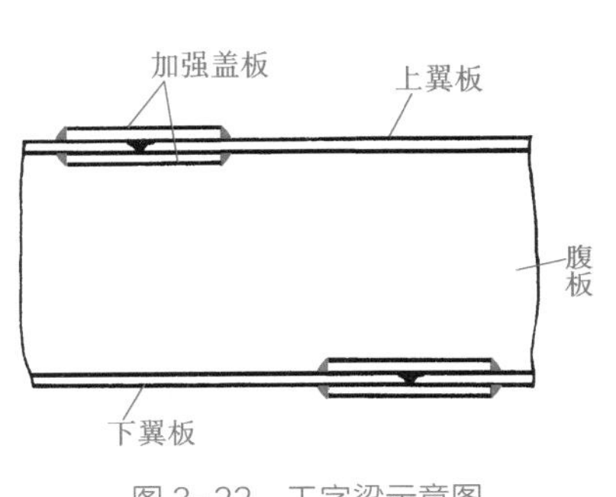

图 3−22　工字梁示意图

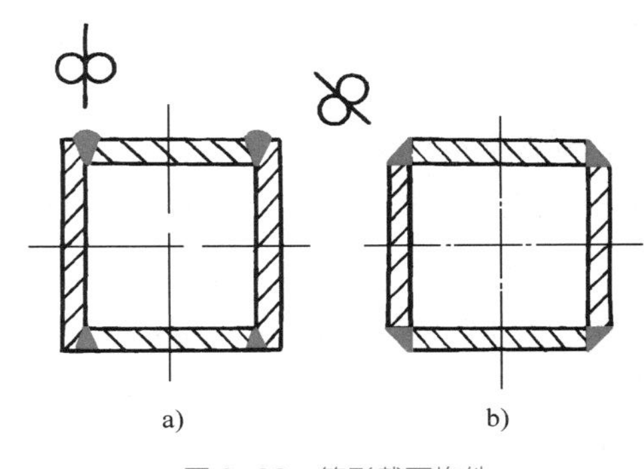

图 3−23　箱形截面构件
a）对接焊缝　b）角焊缝

4）尽量利用型钢和标准件。型钢具有各种形状，经过相互组合可以构成刚性更大的各种焊接结构，对同一种结构如果用型钢来制造，则其焊接工作量会比用钢板制造要少得多。图 3−23 所示箱形截面构件，若用两个槽钢组成时，则其焊接工作量可减少一半。图 3−24 为一根变截面工字梁结构，图 3−24a 是用三块钢板组成的，如果用工字钢组成，可将工字钢用气割分开（图 3−24b），再组装焊接起来（图 3−24c），就能大大减少焊接工作量。

5）采用先进的焊接方法。埋弧焊的熔深比焊条电弧焊大，有时不需开坡口，从而节省工时；采用 CO_2 气体保护焊时，不仅成本低、变形小且不需清渣。在设计结构时，应使接头易于使用上述较先进的焊接方法。如图 3−25 所示箱形结构，图 3−25a 形式可用焊条电弧焊焊接，若做成图 3−25b 的形式，就可使用埋弧焊和 CO_2 气体保护焊焊接。

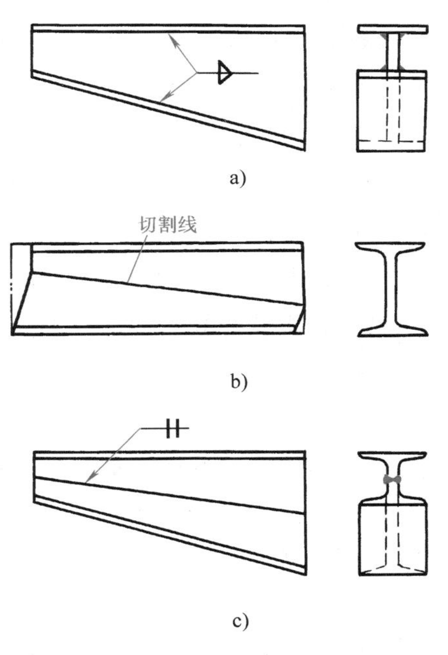

图 3−24　型钢组合工字梁

视频：从焊接生产的经济性分析结构的合理性

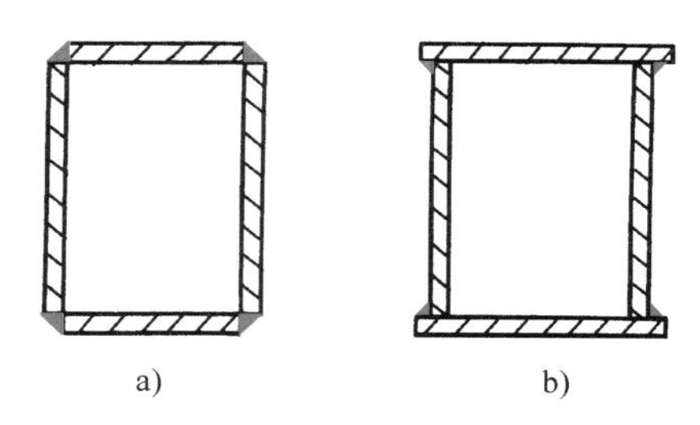

图 3-25　箱形结构

a）焊条电弧焊焊接　b）埋弧焊或 CO_2 气体保护焊焊接

任务实施

图 3-6 所示为汽车桥壳冲焊结构设计示意图。从图中可以看到桥壳由桥壳体、轮毂轴管、端部凸缘、加强圈、后盖和弹簧座等组成。下面从强度结构、焊接应力与变形、焊接生产工艺等方面审查桥壳结构的工艺性。

1. 从强度方面分析

（1）材料的选择　汽车桥壳主要承受汽车载重的静压力、行驶中的动载荷及车轮旋转产生的转矩，对其焊缝的要求较高。为减轻重量，应选用低合金钢。考虑各部分受力不同，应合理选配。如桥壳体由两个半桥壳体冲压而成，厚度为 12~15mm，材料为 Q345；两半轮毂轴管和凸缘，因其工作时承受较大的动载荷，应选用 40MnB，厚度为 12mm；而钢板弹簧座、加强圈，因承载小，可选用 30 钢或 35 钢，厚度为 8~12mm；后盖受力小，加上需冲压成半球形，可选用 08 钢，厚度为 5mm。

（2）焊接接头形式　图 3-6 所示桥壳结构中，半桥壳的拼焊半轮毂轴管与桥壳体的连接均采用搭接接头，虽然焊件装配简单，但因桥壳体承受较大的弯矩作用，轴管与桥壳体还承受较大的振动载荷，故应改为对接接头形式，以保证焊缝强度，满足桥壳的使用要求。

（3）加强肋的设置　图 3-6 所示桥壳端部凸缘厚度为 6mm，为提高其刚度，设计中采用了对称分布的加强肋结构。由于加强肋的设置，将增加焊缝数量，使凸缘焊缝过于密集，反而降低了焊缝强度，再者，加强肋将增加装焊工作量，因此可采用增加凸缘厚度法，如增加到 12~15mm，则可保证其刚度，同时使凸缘焊缝成了连续焊缝，便于实现自动化，保证焊缝质量。

2. 从焊接应力与变形方面分析

在图 3-6 所示的设计中，为简化冲压模设计，在两半桥壳体中间用四块三角板连接。这种结构使半桥壳体纵缝与三角钢板和半桥壳体的短焊缝交于一点，且尖角过渡，焊后在该处必然存在较大的应力集中，甚至出现裂纹。同时三角钢板也给装配和自动焊带来不便，故把半桥壳体连接改为只有一条纵焊缝是比较合理的，如图 3-26 所示。

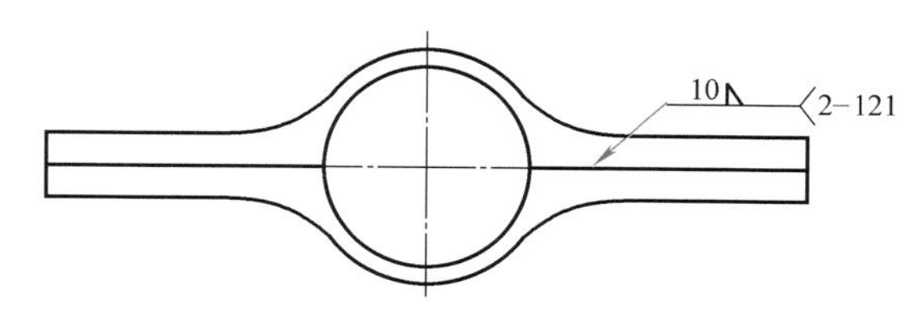

图 3-26　桥壳体结构

在图 3-6 所示的设计中，桥壳有六条环焊缝，两条为半轮毂轴管与桥壳体的对接焊缝，另外四条是端面凸缘与半轮毂轴管的双面角焊缝。因焊缝数量多，间距小，焊后不仅会造成很大的残余应力，而且会使桥壳焊后产生扭曲变形，给矫正工作和后续加工带来困难。若能采用凸缘与轮毂轴管锻压加工成一体，并将其与桥壳焊成一体，则可减少四条焊缝，从而减小应力集中和变形。若采用热影响区小的摩擦焊焊接，则可能完全消除焊接变形。

图 3-6 中钢板弹簧座与桥壳体的角焊缝均为连续封闭焊缝，且不均匀分布在桥壳侧面，焊后容易产生侧弯。因弹簧座承受载荷小，故可改为断续焊，减小焊缝长度和热输入，使焊接变形减小。

3. 从生产工艺方面分析

（1）焊接方法的选择　图 3-6 中桥壳体及轴管的环焊缝如采用埋弧焊，因半轮毂轴管直径小，焊剂无法存放而不能焊接；若采用焊条电弧焊，则工人劳动强度大，且焊缝质量难以保证。为提高生产率，保证焊接质量，应选用 CO_2 气体保护焊。对重要焊缝，如桥壳体纵缝、桥壳体与轴管环缝，最好先用氩弧焊打底。又如钢板弹簧座，焊缝短，焊脚较大，若采用焊条电弧焊，必须采用多层焊，且要不停地清渣，效率较低，所以也应采用 CO_2 气体保护焊来完成。

（2）减少劳动量，提高生产率　在图 3-6 中，加强圈及后盖与桥壳体的连接均采用双面角焊缝，不仅增加了焊接工作量，而且焊后应力较大。由于其承受载荷很小，故与桥壳体的连接为联系焊缝，只需单面角焊缝，保证焊缝焊透即可。汽车桥壳生产零件分散，要求精度高，故其装配工作量大，若采用手工作业，不但生产效率低，而且产品质量也难以保证。因此，在批量生产中，应设计桥壳体等的装焊工装，以减轻工人的劳动强度，降低生产成本，提高经济效益。

通过以上分析，如图 3-27 所示的桥壳结构既能满足设计要求，又能保证桥壳的使用性能，并且能较经济地生产出来。

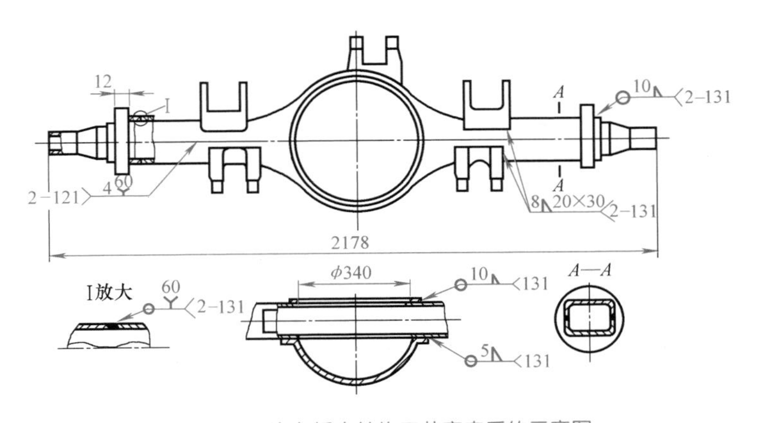

图 3-27　汽车桥壳结构工艺审查后的示意图

思考与练习

一、填空题

1. 为了提高设计产品结构的工艺性，工厂应对所有________产品和________产品以及外来产品图样，在首次生产前进行结构工艺性审查。

2. 制造焊接结构的图样是工程的语言，它主要包括________图样、________图样和按照实物测绘的图样等。

3. 焊接结构使用要求一般是指结构的________，以及在工作环境条件下焊接结构的________、力学性能、________等。

4. 焊接结构工艺要求则是指组成产品结构材料的________及结构的________、生产的经济性和________。

5. 在进行焊接结构工艺性审查前，除了要熟悉该结构的________和________以外，还必须了解被审查产品的________、________、________及产量等有关方面的问题。

6. 焊缝位置________构件截面的中性轴或使焊缝________中性轴时，在焊后能得到较小的弯曲变形。

二、简答题

1. 焊接结构工艺性审查的目的是什么？

2. 焊接结构图样的基本要求有哪些？

3. 从降低应力集中的角度分析结构设计合理性通常考虑哪些方面？

4. 从减小焊接应力与变形的角度分析结构设计合理性通常考虑哪些方面？

5. 从焊接生产工艺性的角度分析结构设计合理性通常考虑哪些方面？

6. 从焊接生产经济性的角度分析结构设计合理性通常考虑哪些方面？

任务三　压力容器的焊接工艺评定

学习目标

1. 了解焊接工艺评定的目的和作用，理解焊接工艺评定的条件、规则及主要依据。
2. 掌握焊接工艺评定的程序和焊接工艺评定报告的编制方法。
3. 学会结合生产条件对典型结构进行焊接工艺评定的方法。

任务描述

焊接工艺评定是验证焊接工艺规程适用性的一种程序和方法，是重要焊接结构生产中质量控制不可缺少的主要环节之一，并已列入相应的国家标准和制造法规中。我国已颁发多项焊接工艺评定标准，适用于不同类型的焊接结构。实施焊接工艺评定工作的正确性和合法性，已成为考核每家焊接结构生产企业质量控制有效性的主要指标之一。

图 3-28 所示为某企业生产容器的接头简图，母材为材质为 S30408，厚度为 6mm，坡口形式为 V 形，采用氩弧焊焊接。

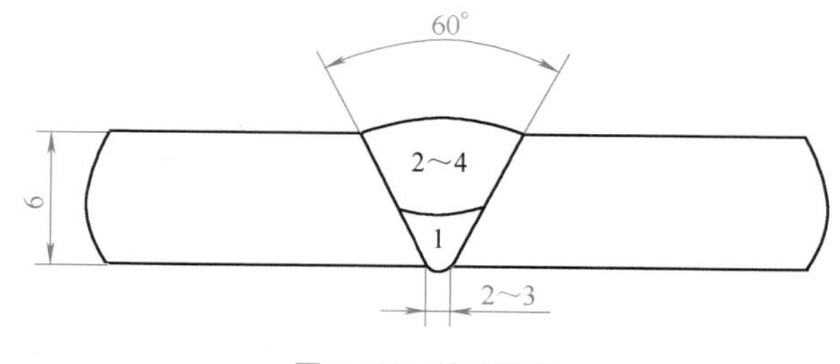

图 3-28　接头简图

请根据拟定的预焊接工艺规程及焊接工艺评定具体内容进行焊接工艺评定，编制焊接工艺评定报告。

必备知识

一、焊接工艺评定的目的

视频：焊接工艺评定的基本知识

焊接工艺评定是指通过焊接试板接头试样的力学性能或其他性能的检验，证实焊接工艺规程正确性和合理性的一种程序。

焊接工艺评定的目的在于验证焊接工艺指导书的正确性，焊接工艺正确与否的标志在于焊接接头的使用性能是否符合要求。焊接工艺评定有两个功能：一是验证施焊单位拟定的焊接工艺的正确性；二是评定施焊单位焊制焊接接头的使用性能符合设计要求的能力。经过焊接工艺评定合格后，提出焊接工艺评定报告，作为编制焊接工艺规程的主要依据之一。焊接工艺评定可以作为施焊单位技术储备的标志之一。

二、焊接工艺评定的条件与规则

1. 焊接工艺评定的条件

被焊材料已经经过（或有可靠的依据）严格的焊接性试验合格；焊接工艺评定所用设备、仪表与辅助机械均应处于正常工作状态，所选被焊材料与焊接材料必须符合相应的标准，并需由本单位技能熟练的焊接人员焊接试件和进行热处理。

2. 焊接工艺评定的规则

进行焊接工艺评定，评定对接焊缝与角接焊缝的焊接工艺时，均可采用对接焊缝接头形式；板材对接焊缝试件评定合格的焊接工艺，适用于管和板材的角焊缝。凡有下列情况之一者，需要重新进行焊接工艺评定：

1）改变焊接方法。

2）新材料或施焊单位首次焊接的钢材。

3）改变焊接材料，如焊丝、焊条、焊剂的牌号和保护气体的种类或成分。

4）改变焊接参数，如焊接电流、电弧电压、焊接速度、电源极性、焊道层数等。

5）改变热规范参数，如预热温度、层间温度、后热温度和焊后热处理等工艺参数。

三、焊接工艺评定的依据

焊接结构生产企业可按所生产的产品类型，分别遵照下列国家标准、行业标准、制造规程或国际通用制造法规完成焊接工艺评定工作。

1）GB/T 19866—2005《焊接工艺规程及评定的一般原则》。

2）GB/T 19868.1—2005《基于试验焊接材料的工艺评定》。

3）GB/T 19868.2—2005《基于焊接经验的工艺评定》。

4）GB/T 19868.3—2005《基于标准焊接规程的工艺评定》。

5）GB/T 19868.4—2005《基于预生产焊接试验的工艺评定》。

6）GB/T 19869.1—2005《钢、镍及镍合金的焊接工艺评定试验》。

7）《压力容器安全技术监察规程》1996。

8）NB/T 47014—2011《承压设备焊接工艺评定》。

9）《蒸汽锅炉安全技术监察规程》。

10）《钢制海船入级与建筑规范》第 6 分册，第 8 篇：焊接，1999。

11）ASME《锅炉与压力容器法规》，2007，第Ⅳ卷，《焊接与钎焊技术评定》。

12）AWS B2.1：2005《焊接工艺评定和焊工技能考核》。

四、焊接工艺评定的程序

焊接工艺评定的程序主要按焊接结构的类型和质量等级而定。以大型焊接结构生产企业为例，焊接工艺评定的基本程序如下：

1. 焊接工艺评定的立项

焊接工艺评定的立项可分为以下三种情况：按产品或部件焊接工艺方案立项、按新产品或老产品改型施工图样立项，以及按产品焊接工艺的重大更改立项。

2. 编制焊接工艺评定任务书

焊接工艺评定立项后，通过审批程序，即可按施工图样和产品制造技术条件的要求，编制焊接工艺评定任务书。其内容应包括产品订货号、部件名称、接头形式、母材金属牌号及规格、焊接材料牌号及规格、拟采用的焊接工艺方法、对接头力学性能或其他性能的要求、检验项目和合格标准等。表 3-4 列出了一种焊接工艺评定任务书的推荐格式。

3. 工艺评定试件焊接前的准备

（1）焊接试件的准备　试件的材质必须与实际结构相同。试件的类型根据所统计的焊接接头的类型需要来确定选取哪些试件及其数量，试件类型如图 3-29 所示。

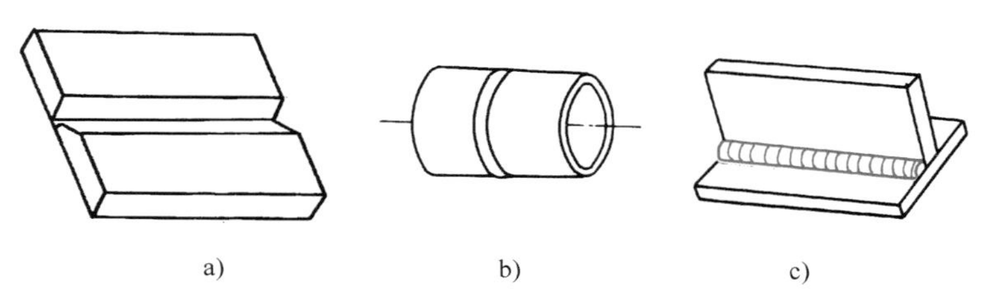

图 3-29　焊接工艺评定试件形式

a）板状试件　b）管状试件　c）T 形接头试件

（2）焊接设备及工艺装备的准备　焊接工艺评定所用的焊接设备应与结构施焊时所用设备相同。要求焊机的性能稳定，调节灵活。焊机上应装有准确的电流表、电压表、焊接速度表、气体压力表和流量计等。焊接工艺装备就是为了焊接各种位置的各种试件方便而制作的支架，将试件按要求的焊接位置固定在支架上进行焊接，有利于保证试件的焊接质量。

（3）焊工准备　焊接工艺评定试件应由本单位技术熟练的焊工施焊，且应按所编制的焊接工艺指导书进行施焊。

4. 工艺评定试件的焊接

焊接工艺评定试件的焊接是关键环节。除要求焊工认真操作外，尚应有专人做好记录。记录

表 3–4　焊接工艺评定任务书

任务书编号__________

任务来源			
产品名称		产品编号	
部(组)件名称		部(组)件图号	
零件名称		焊接方法	

被评接头	母材钢号	母材类组别	规　格	接头形式	

母材力学性能

	钢号	试件规格	R_m/MPa	R_{eL}/MPa	KV_2/J	A(%)	Z(%)	冷弯角/(°)（D=3S）	标　准
产品									
试件									

评定标准

试件探伤项目　外观　□MT　□PT　□RT　□UT

试件理化性能试验项目

项　目	拉　伸		弯　曲			冲击	金　相		硬度	化学分析		
	接头	全焊缝	面弯	背弯	侧弯		宏观	微观				
试样数量												

补充试验项目(不做考核)

性能试验合格标准(按试件母材)

要求完成日期:

制订 __________ 日期 __________ 校对 __________ 日期 __________

内容主要有：试件名称编号、接头形式、焊接位置、焊接电流、电弧电压、焊接速度或一根焊条焊接焊缝的长度与焊接时间等。实焊记录应事先准备好记录卡。记录卡是现场焊接的原始资料，它也是编制焊接工艺评定报告的重要依据，故应妥善保存。

5. 工艺评定试件的性能试验

试件焊完即可交给力学性能与焊缝质量检测部门进行各有关项目的检测。送交试件时应随带检测任务书，指明每个试件所要进行的检测项目及要求等。

常规性能检测项目包括：焊缝外观检验；力学性能检验（拉伸试验、面弯、背弯或侧弯等弯曲试验及冲击韧性试验等）；金相检验；断口检验等。

6. 编制焊接工艺评定报告

按试板接头的类型完成所要求的试验项目，且试验结果全部合格后，即可编写焊接工艺评定报告。表 3-5 为报告的推荐格式。焊接工艺评定报告的内容大体上分为两大部分：第一部分记录焊接工艺评定试件试验的条件，包括试板材料牌号、类别号、接头形式、焊接位置、焊接材料、保护气体、预热温度、焊接参数和焊后热处理工艺参数等；第二部分记录各项检验的结果，包括拉伸、弯曲、冲击、硬度、宏观金相、着色检测及化学成分分析结果等。

编写焊接工艺评定报告最重要的原则是如实记录，无论是试验条件还是检验结果，都必须是实测记录数据，并应有相对应的记录卡和试验报告等原始凭据。焊接工艺评定报告是一种必须由企业管理者代表签署的重要质保文件，也是政府质量监督部门和用户代表审核企业质保能力的重要依据之一。因此，编写人员应认真负责，如实填写，不得错填和涂改。报告应经有关人员校对和审核，并对其真实性负责。

焊接工艺评定试验可能由于试板接头某项性能不合格而告失败。在这种情况下，首先应分析试验项目不合格的原因，然后重新编制焊接工艺规程设计书，重复上述程序，直至评定试验结果全部合格。

表 3-5　焊接工艺评定报告

编号				日期		年 月 日	
相应的焊接工艺指导书编号							
焊接方法				接头形式			
工艺评定试件母材	钢板	材质		管子	材质		
		分类号			分类号		
		规格			规格		
质量证明书				复验报告编号			
焊条型号				焊条规格			
焊接位置				焊条烘干温度			
焊接规范	电弧电压/V		焊接电流/A	焊接速度/(cm·min^{-1})		焊工姓名	
						焊工钢印号	
试验结果	外观检验	射线探伤	拉伸试验		弯曲试验d=		宏观金相试验	冲击韧性试验
			R_{eL}/MPa	R_m/MPa	面弯	背弯		
报告号								
焊接工艺评定结论								
审批				报告编制				

任务实施

1. 工艺评定焊前准备

准备焊接试件，其材质、板厚与实际结构相同。准备焊接设备及工艺装备，使其与实际结构施焊时所用的设备完全相同，性能稳定、调节灵活。指定技术熟练的焊工进行试件的焊接。

2. 工艺评定试件的焊接

根据拟定的预焊接工艺规程，由指定的焊工进行评定试件的焊接。

3. 工艺评定试件的性能试验

将焊完的焊件交给力学性能与焊接质量检测部门进行检测。根据结构使用要求及相关标准，对试件进行外观检查、力学性能检验、金相检验、无损检验及晶间腐蚀等项目的检测。

4. 焊接工艺评定报告的编制

根据对焊接工艺评定试件的性能检验结果，编制工艺评定报告，评定报告见表 3-6。

表 3-6　焊接工艺评定报告

<table>
<tr><td colspan="2">单位名称 ××××××××××××××
焊接工艺评定报告编号 ××× 　　预焊接工艺规程编号 ×××
焊接方法 GTAW 　　机动化程度 （手工、机动、自动） 手工</td></tr>
<tr><td colspan="2">接头简图:（坡口形式、尺寸、衬垫、每种焊接方法或焊接工艺的焊缝金属厚度）</td></tr>
<tr><td rowspan="2">母材:
材料标准 GB24511
材料代号 S30408
类、组别号 Fe-8-1 与类、组别号 Fe-8-1 相焊
厚度 6mm
直径 —
其他 S30408:—</td><td>焊后热处理:
保温温度及时间 —</td></tr>
<tr><td>保护气体:
气体 混合比(%) 流量/(L·min⁻¹)
保护气体 Ar≫99.99% — 10
尾部保护气 — —
背面保护气 Ar≫99.99% — 10</td></tr>
<tr><td>填充金属:
焊材类别 FeS-8
焊材标准 YB/T 5092-2016
焊材型号 —
焊材牌号 H08Cr21Ni10
焊材规格 ϕ2.5mm
焊缝金属厚度 6mm
其他 H08Cr21Ni10:1112507169</td><td>电特性:
电流种类 DC
极性 EN
钨极尺寸 铈钨极 ϕ2.5
焊接电流/A 见施焊记录
电弧电压/V 见施焊记录
焊接电弧种类 —
其他 —</td></tr>
</table>

（续）

焊接位置： 对接焊缝位置 平焊 方向：（向上、向下） 角焊缝位置 — 方向：（向上、向下）	技术措施： 焊接速度/(cm·min⁻¹) 见施焊记录 摆动或不摆动 不摆动 摆动参数 — 多道焊或单道焊（每面） 单面多道焊 多丝焊或单丝焊 单丝焊 其他 热输入≤9.5kJ/cm
预热： 预热温度/℃ 室温 道间温度/℃ ≤150 其他 —	

单位名称 ×××

焊接工艺评定报告编号 ×××

施焊记录　　日期：2008.2.26

层/道数	焊材牌号	焊材直径/mm	电流/A	电压/V	焊速/(cm·min^{-1})	预热和道间温度/℃
1	H08Cr21Ni10	ϕ2.5	85~90	10~11	7.2	室温
2	H08Cr21Ni10	ϕ2.5	83~88	10.5~11.3	7	150
3	H08Cr21Ni10	ϕ2.5	87~92	10.4~11.2	6.7	150
4	H08Cr21Ni10	ϕ2.5	85~90	10.6~11.4	6.5	150

外观检查：

焊缝外观无咬边、气孔、未焊透、裂纹等缺陷。合格。

施焊焊工	×××	焊工钢印号	×××
记录者	×××	监检	

拉伸试验（GB/T 228）　　试验报告编号： 81047

试样编号	取样位置	试验温度/℃	试样/mm		横截面面积/mm^2	最大载荷/kN	抗拉强度/MPa	屈服强度/MPa	断裂部位和特征
			宽度	厚度					
81047-1	焊接接头	室温	25	6	150	96	640	—	塑断于焊缝
81047-2	焊接接头	室温	25	6	150	95.7	638	—	塑断于热影响区

弯曲试验（GB/T 2653）　　试验报告编号： 81047

试样编号	试样类型	试样厚度/mm	弯曲直径/mm	弯曲角度/(°)	试验结果
81047-1	面弯	6	24	180	无裂纹，合格
81047-2	面弯	6	24	180	无裂纹，合格
81047-3	背弯	6	24	180	无裂纹，合格
81047-4	背弯	6	24	180	无裂纹，合格

冲击试验（GB/T 229）　　试验报告编号： 81047

试样编号	试样尺寸/(mm×mm×mm)	取样位置	夏比V型缺口位置	试验温度/℃	冲击吸收能量/J	侧向膨胀量/mm	备注
81047-1	5×10×55	距后焊面1mm	焊缝	-110	60	—	—

（续）

试样编号	试样尺寸/(mm×mm×mm)	取样位置	夏比V型缺口位置	试验温度/℃	冲击吸收能量/J	侧向膨胀量/mm	备注
81047-2	5×10×55	距后焊面1mm	焊缝	-110	62	—	—
81047-3	5×10×55	距后焊面1mm	焊缝	-110	60	—	—
81047-4	5×10×55	距后焊面1mm	热影响区	-110	60	—	—
81047-5	5×10×55	距后焊面1mm	热影响区	-110	94	—	—
81047-6	5×10×55	距后焊面1mm	热影响区	-110	107	—	—

金相检验(角焊缝):
根部(焊透、未焊透) —，焊缝(熔合、未熔合) —
焊缝热影响区(有裂纹、无裂纹) —。

检验截面	Ⅰ	Ⅱ	Ⅲ	Ⅳ	Ⅴ
焊脚差/mm	—	—	—	—	—

无损检验:
RT 按NB/T 47013.2-2015,Ⅰ级合格。 UT —
MT — PT —
其他 —

耐蚀堆焊金属化学成分(质量分数,%)

C	Si	Mn	P	S	Cr	Ni	Mo	V	Ti	Nb	Cu
—	—	—	—	—	—	—	—	—	—	—	—

化学成分测定表面至熔合线的距离/mm —

附加说明:
晶间腐蚀按GB/T 4334—2008 A法,合格。

结论: 本评定按NB/T 47014—2011规定焊接试件、检验试样、测定性能,确认试验记录正确
评定结果 合格

编制	×××	日期	2012.6.15	校核	×××	日期	2012.6.16
审核	×××	日期	2012.6.16	批准	×××	日期	2012.7.4
第三方检验							

思考与练习

一、填空题

1. 焊接工艺评定的目的在于验证__________的正确性，焊接工艺正确与否的标志在于焊接接头的________是否符合要求。

2. 进行焊接工艺评定时，评定对接焊缝与角接焊缝的焊接工艺，均可采用________接头形式；板材对接焊缝试件评定合格的焊接工艺，适用于________的角焊缝。

3. 焊接工艺评定常规性能检测项目包括：________；________（拉伸试验、面弯、背弯或侧弯等弯曲试验及冲击韧性试验等）；________；________等。

4. 焊接工艺评定是指通过____________________的检验，证实___________正确性和合理性的一种程序。

5. 编写焊接工艺评定报告最重要的原则是___________，无论是试验条件还是检验结果，都必须是_______，并应有相对应的记录卡和试验报告等_______。

二、简答题

1. 焊接工艺评定的功能有哪些?

2. 什么情况下必须重新进行焊接工艺评定?

3. 焊接工艺评定的程序是什么?

任务四　典型接头焊接工艺规程的编制

学习目标

1. 了解焊接工艺规程的基本知识，理解焊接工艺规程在焊接结构生产过程中的作用。
2. 掌握焊接工艺规程的编制程序、编写原则及编写依据。
3. 学会结合生产条件合理制定典型结构焊接工艺规程的方法。

任务描述

焊接工艺规程是指导焊工正确施焊产品焊缝的重要工艺文件，对于保证产品的焊接质量起着十分重要的作用。各类焊接结构制造规程、法规和相关标准都明确规定必须严格按焊接工艺规程焊制产品焊缝。焊接工艺规程应由生产企业自行编制，并通过焊接工艺评定试验证实其正确性和合理性。

焊接工艺规程的作用，除了指导焊工正确选用焊接材料、焊接参数和操作技术外，也是制定焊接材料消耗定额，编制部件综合工艺规程，以及制定焊接接头质量检查规程的依据。图 3-30 所示为带有人孔的椭圆封头结构。年产量为 2 万件。技术要求见表 3-7。请结合焊接工艺规程的相关知识制定该拼接封头的加工工艺过程。

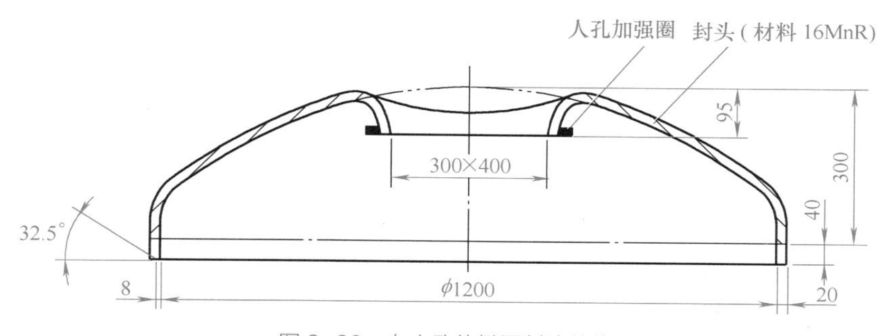

图 3-30　有人孔的椭圆封头结构

表 3–7　工作压力≤ 6MPa 椭圆封头技术条件

偏差名称	允许偏差量/mm	偏差名称	允许偏差量/mm
内径偏差	当ϕ≤1000δ时,$^{+3}_{-2}$	筒体弯曲度	<2/1000
圆度(D_{max}–D_{min})	当ϕ≤1000δ时,6	长度偏差:筒体1	1±5
棱角程度	当ϕ≤1000δ时,3	全长L	L^{+30}_{0}
端面垂直度	当ϕ≤1000δ时,1.2		

必备知识

一、生产过程与工艺过程

将原材料或半成品转变为产品的全部过程称为生产过程。它包括直接改变零件形状、尺寸和材料性能或将零、部件进行装配焊接等所进行的加工过程，如划线下料、成形加工、装配焊接及热处理等；同时也包括各种辅助生产过程，如材料供应、零部件的运输保管、质量检验、技术准备等。前者称为工艺过程，后者称为辅助生产过程。

焊接结构产品的工艺过程是由一系列的工序依次排列组合而成的。通过各种工序，可以将原材料或毛坯逐渐制成成品。

1. 工序

由一个或一组工人，在一台设备或一个工作地点对一个或同时对几个焊件所连续完成的那部分工艺过程，称为工序。工序是工艺过程的最基本组成部分，是生产计划的基本单元，工序划分的主要依据是加工工艺过程中工作地是否改变和加工是否连续完成。焊接结构生产工艺过程的主要工序有放样、划线、下料、成形加工、边缘加工、装配、焊接、矫正、检验、涂装等。

在生产过程中，由原材料或半成品转变为成品所经过的毛坯制造、机械加工、装配焊接、涂装等加工所通过的路线称为工艺路线或工艺流程，它实际上是产品制造过程中各种加工工序的顺序和总和。

2. 工位

工位是工序的一部分。在某一工序中，工件在加工设备上所占的每个工作位置称为工位。例如在转台上焊接工字梁上的四条焊缝，如用一台焊机，工件需转动四个角度，即有四个工位，如用两台焊机，工件只需装配两次，即有两个工位。

3. 工步

在一个工序内，在工件、设备、工具和工艺规范均保持不变的条件下所完成的那部分动作称为工步。工步是工艺过程的最小组成部分，它还保持着工艺过程的一切特性。构成工步的某一因素发生变化时，一般认为是一个新的工步。例如厚板开坡口对接多层焊时，打底层用 CO_2 气体保护焊，中间层和盖面层均用焊条电弧焊（一般情况下，盖面层选择的焊条直径较粗，电流也大一些），则这一焊接工序由三个不同的工步组成。

二、工艺规程的基本形式

企业所用的工艺规程的具体格式虽不统一，但内容大同小异。一般来说工艺规程的形式按其内容详细程度，可分为以下几种：

1. 工艺过程卡

工艺过程卡是描述零件整个加工工艺过程全貌的一种工艺文件。它是制定其他工艺文件的基础，也是进行技术准备、编制生产计划和组织生产的依据。通过工艺过程卡可以了解零件所需的加工车间、加工设备和工艺流程。下面以图 3-31 所示的冷却器筒体的加工工艺过程的制定为例介绍工艺过程卡的形式。

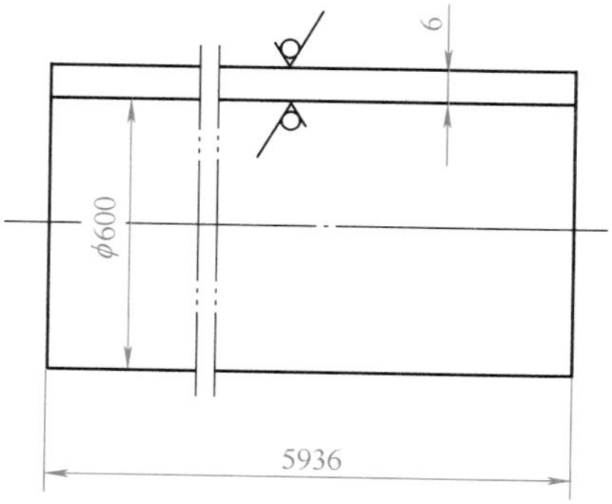

图 3-31　冷却器的筒体

（1）主要技术参数

筒节数量：4（整个筒体由 4 个筒节组成）。材料：Ni-Cr 不锈钢。

椭圆度 e（$D_{max}-D_{min}$）：≤ 6mm。内径尺寸：$\phi 600^{+3}_{-2}$mm。

组对筒体：长度公差为 5.9mm，两端平行度公差为 2mm。

检验：试板做晶间腐蚀试验；焊缝外观合格后，进行 100% 射线探伤。

表 3-8　筒体加工工艺过程卡

筒体加工工艺过程卡		产品型号		部件图号		共　页
		产品名称	筒体	部件名称		第　页
工序	工序名称	工序内容	车间	工艺装备及设备	辅助材料	工时定额
0	检验	材料应符合国家标准要求的质证书	检验			
10	划线	号料、划线,筒体由4节组成,同时划出400(500)×135试块一副				
20	切割下料	按划线尺寸切割下料	下料	等离子切割机		
30	刨边	按图样要求刨各筒节坡口	机加	刨边机		
40	成形	卷制成形	成形	卷板机		
50	焊接	组对焊缝和试板,除去坡口及两侧的油漆;按焊接工艺组焊纵缝试板			焊丝、焊剂	
60	检验	1.纵焊缝外观合格,按GB/T 3323-2005标准进行100%射线探伤 2.试板按“规程”要求合格 3.按GB/T 4334-2008做晶间腐蚀试验	检验	射线探伤设备		
70	校形	校圆:e≤6mm	成形			
80	组焊	按焊接工艺组对环焊缝	铆焊	自动焊	焊丝、焊剂	
90	检验	环焊缝外观合格后,按GB/T 3323-2005标准进行100%射线探伤				
100	焊接	在筒体的右端组焊衬环,要求衬环与筒体紧贴	铆焊			

（2）筒体制造的工艺过程　该筒体为圆筒形，结构比较简单。筒体总长为 5936mm，直径为 ϕ600mm，分为 4 段筒节制造。由于筒节直径小于 800mm，因此可用单张钢板制作，筒节只有一条纵焊缝。各筒节开坡口、卷制成形，纵缝焊完成后按焊接工艺组对环焊，并进行射线探伤。具体内容填入筒体加工工艺过程卡，见表 3-8。

2. 工艺卡

工艺卡一般是按零件的工艺阶段分车间、分零件编写，包括工艺过程卡的全部内容，只是更详细地说明了零件的加工步骤。卡片上对毛坯性质、加工顺序、各工序所需设备、工艺装备的要求、切削用量、检验工具及方法、工时定额都做出具体规定，有时还需附有零件草图。表 3-9 所示为焊接工艺卡。

3. 工序卡

工序卡是在工艺卡片的基础上为某一道工序编制的更为详细的工艺文件。工序卡片上须有工序简图，表示本工序完成后的零件形状、尺寸公差、零件的定位和装配装夹方式等。表 3-10 所示为装配工序卡。

三、焊接工艺规程的基本知识

1. 焊接工艺规程的定义

焊接工艺规程是一种规定焊接参数，并经试验评定合格的书面文件，以指导相关人员按照相应的制造法规要求焊制产品焊缝。换言之，焊接工艺规程是一种指导焊接操作工施焊产品焊缝的正式工艺文件，也是检查产品焊缝质量的主要依据之一。在企业内部，它是一种必须强制执行的工艺文件，也是质量体系中最重要的质量文件之一。

2. 焊接工艺规程的格式

焊接工艺规程的格式应简洁、明了、层次分明，便于焊工使用。表 3-11 列出了一种典型焊接工艺规程格式，以供参考。焊接结构生产企业可根据自己的传统，设计符合本企业文件体系的格式。同时，应注意焊接工艺规程应包含的所有项目的通用性和统一性。切忌采用多种格式而造成混乱，不便管理。

3. 焊接工艺规程的种类

在现代焊接结构生产中使用的焊接工艺规程，基本上有以下三种形式：

（1）专用焊接工艺规程　专用焊接工艺规程只适用于某类焊接结构特定接头的焊接，且必须经相应的焊接工艺评定加以验证。这些焊接结构的生产，大多必须接受国家质量监督部门的检查，并要求严格执行相关的国家标准或制造规程，如锅炉、压力容器、管道、船舶和重载钢结构等。这种焊接工艺规程必须由生产企业自行编制，不得借用其他生产企业类似的焊接工艺规程，也不得委托其他单位编制。企业必须重视并组织好专用焊接工艺规程的编制工作。

视频：典型接头焊接工艺规程的编制

表 3-9　焊接工艺卡

<table>
<tr><td>工程名称</td><td colspan="4"></td><td>工艺卡编号</td><td colspan="3"></td></tr>
<tr><td>材质</td><td colspan="2">20</td><td>规 格</td><td>φ57mm×3.5mm</td><td>焊接方法</td><td>GTAW+SMAW</td><td>焊工资格</td><td></td></tr>
<tr><td>焊评编号</td><td colspan="4"></td><td>探伤</td><td>RT</td><td>合格等级</td><td>Ⅲ</td></tr>
<tr><td>适用范围</td><td colspan="8">适用于水平转动和固定的同外径且管子壁厚小于4mm的管子与管子相连的对接焊缝(不考虑管子外径)</td></tr>
<tr><td rowspan="3">焊接参数</td><td>层数</td><td>焊接方法</td><td>焊材及规格</td><td>电源极性</td><td>焊接电流/A</td><td>焊接电压/V</td><td>焊接速度/(cm/min)</td><td>气体流量/(L·min⁻¹)</td></tr>
<tr><td>1</td><td>GTAW</td><td>ER49-1　φ2.0mm</td><td>直流正接</td><td>65~90</td><td>9~12</td><td>6~9</td><td>10~13</td></tr>
<tr><td>2</td><td>SMAW</td><td>E4303　φ3.2mm</td><td>交流</td><td>100~120</td><td>20~22</td><td>12~14</td><td></td></tr>
<tr><td>坡口尺寸及熔敷图</td><td colspan="4"></td><td>焊接技术要求</td><td colspan="3">1.焊前准备:①在坡口及坡口边缘各20mm范围内,将油、污、锈、垢、氧化皮清除,直至呈现金属光泽,焊丝也要进行同样的清理。②定位焊缝为两条,两条定位焊缝间距为120°,且与起始焊位置各距120°,定位焊缝长度为5~8mm,厚度为3~4mm。
2.焊接操作:①氩弧焊按上面的焊接参数进行焊接,焊接时,焊丝终端应始终处在氩气保护范围内;钨极端部严禁与焊丝、焊件相接触,防止造成钨夹杂;停焊后重新引弧时,焊缝应与原焊缝重叠5~10mm。②电弧焊按上面的焊接参数进行焊接,焊接时,焊条在坡口两侧稍作停留,并熔化两边缘各1~2mm,换焊条或断弧后再引弧。</td></tr>
<tr><td>编制</td><td colspan="3"></td><td>审核</td><td></td><td>日期</td><td colspan="2">年　月　日</td></tr>
</table>

表 3-10　装配工序卡

	装配工序卡					产品型号		零件图号			
						产品名称		零件名称		共　页	第　页
	工序号	(1)	工序名称(2)	车间	(3)	工段(4)	设备	(5)	工序工时	(6)	
	简图(7)										
	工步号	工步内容				工艺装备		辅助材料		工时定额	
	(8)	(9)				(10)		(11)		(12)	
描图											
描校											
底图号											
装订号											

											设计(日期)	审核(日期)	标准化(日期)	会签(日期)	
	标记	处数	更改文件号	签字	日期	标记	处数	更改文件号	签字	日期					

注：表中( )填写内容：(1)工序号；(2)装配本工序的名称；(3)执行本工序的车间名称或代号；(4)执行本工序的工段名称或代号；(5)本工序所使用的设备型号名称；(6)本工序工时定额；(7)绘制装配简图或装配系统图；(8)工步号；(9)各工步名称、操作内容和主要技术要求；(10)各工步所需使用的工艺装备型号、名称或其编号；(11)各工步所需使用的辅助材料；(12)各工步的工时定额。

表 3-11　典型焊接工艺规程样表

编号No: ______________　　焊接工艺评定报告编号 __________

<table>
<tr><td colspan="7">焊接方法 ____________
产品零部件名称 __________</td></tr>
<tr><td colspan="7">接头坡口形状及尺寸</td></tr>
<tr><td>适用范围</td><td colspan="6">1.母材
类别号______组号______与类别号______组号_____相焊
牌号______________与牌号______________相焊
2.厚度范围
对接__________角接__________堆焊__________
3.管子直径范围
对接__________角接__________</td></tr>
<tr><td>焊接材料</td><td colspan="6">1.钨极牌号及规格____________________
2.焊条牌号及规格____________________
3.焊丝牌号及规格____________________焊剂牌号________
4.保护气体________　流量______L/min,背面成形气体______流量_____L/min
5.焊带牌号及规格
6.其他焊接材料(衬垫材料)</td></tr>
<tr><td>焊前准备</td><td colspan="6">1.焊前清理要求
2.焊接材料预处理要求
3.焊接设备调整要求</td></tr>
<tr><td>焊接温度参数</td><td colspan="2">最低预热温度________℃
最高层间温度________℃
后热温度及时间________℃/h
消氢处理温度及时间________℃/h</td><td>焊后热处理</td><td colspan="3">1.不热处理　2.消除应力处理
3.正火+回火处理　4.调质处理
温度__________
保温时间__________
加热速度__________
冷却速度__________</td></tr>
<tr><td>焊接参数与焊接顺序</td><td colspan="6">1.焊接参数:
1)电流种类及极性______________ 2)焊接电流__________(峰值电流,基值电流)
3)电弧电压__________________ 4)焊接速度__________
5)送丝速度______________(自动氩弧焊、热丝焊)
2.焊接顺序</td></tr>
<tr><td>操作技术</td><td colspan="6">1.焊接位置　平焊______立焊______横焊______仰焊______全位置______
2.锤击要求__________________
3.摆动焊　摆动宽度______两侧停止时间______中间停留时间______摆速______
4.清根方法____________________
5.其他</td></tr>
<tr><td>焊后检查</td><td colspan="6">1.目视检查
2.密封性检查
3.探伤方法及检测范围
4.焊接试板检查</td></tr>
<tr><td>备注</td><td colspan="6"></td></tr>
<tr><td>编制</td><td></td><td>审核</td><td></td><td>审定</td><td></td><td>日期</td></tr>
<tr><td>会签</td><td></td><td></td><td colspan="4"></td></tr>
</table>

（2）标准焊接工艺规程　标准焊接工艺规程是企业在积累多年的焊接生产经验的基础上，为采用标准的结构材料和焊接材料，并以最通用的焊接工艺方法焊接的标准形式的接头和坡口编制的焊接工艺规程。它不再需要通过相应的焊接工艺评定加以验证，经过规定的审批程序后，可直接用于指导焊接生产。

（3）通用焊接工艺规程　通用焊接工艺规程主要用于非承载焊缝和对接头力学性能无特定要求的焊件。其编制依据是企业多年积累的焊接生产经验。对焊缝质量的要求主要是外形尺寸和外表形状应符合标准规定。因此，无需经过焊接工艺评定验证，编制人员应对所适用的焊接工艺具有丰富的实践经验和专业知识。同时在通用焊接工艺规程上，应明确规定其适用范围。通用焊接工艺规程的格式、项目和内容，基本上与标准焊接工艺规程相同，只是所规定的各种焊接参数范围相对较宽。

四、焊接工艺规程的编制

1. 焊接工艺规程的编制程序

焊接工艺规程的编制程序大体上可以分为以下四种情况：

1）对于企业首次投产的新产品，应先编制焊接工艺方案，提出必要的焊接工艺评定项目；评定合格后，根据焊接工艺评定报告，编制正式的焊接工艺规程。

2）对于结构形状同类型，而结构材料和相配的焊接材料类别不同的焊接结构，则应在产品施工图样批准生效后，提出必须进行的焊接工艺评定项目，并根据该评定报告编制相应的焊接工艺规程。

3）企业为提高生产效率，改进质量和降低制造成本，计划采用新工艺、新材料和新设备时，应先提出相关的焊接试验研究项目和焊接工艺评定项目，并根据该试验研究报告和工艺评定报告编制相对应的焊接工艺规程。

4）对于不要求做焊接工艺评定的焊件或接头，则可按产品制造技术条件或图样规定的技术要求，直接编制焊接工艺规程。

2. 焊接工艺规程的编写原则

编写焊接工艺规程时，通常应遵循以下原则：

（1）名词术语的标准化　焊接工艺规程中所用的术语，应统一采用 GB/T 3375—1994《焊接术语》和其他相关标准中规定的名词术语。英文技术名词和缩写，应符合美国AWS有关标准的规定。不应沿用本企业生产活动中常用的习惯语和口头语。

（2）规范用词　焊接工艺规程中的用词应简洁、明了、易懂、切忌用词模糊不清，含义不确切。

（3）插图标准化　焊接工艺规程中插图的描绘应符合国家制图标准的规定。尺寸和公差应标注清晰、正确。焊接顺序和焊缝层次可用数字标注，焊接方向用箭头表示。

（4）物理量名称及符号的标准化　焊接工艺规程中所用的物理量名称及符号，应符合 GB 3102.1~8—1993 中的规定。计量单位应采用法定计量单位制。

3. 焊接工艺规程的编写依据

焊接工艺规程的编写，应以下列国家标准、行业标准，以及有关的技术文件为依据：

1）GB/T 19866—2005《焊接工艺规程及评定的一般原则》。

2）NB/T 47015—2011《压力容器焊接规程》。

3）AWS B2.1：2005《焊接工艺评定和焊接技能考核标准》。

4）ASME《锅炉与压力容器法规》，2007，第Ⅳ卷，《焊接与钎焊技术评定》。

5）本企业的基础工艺标准。

6）本企业产品焊接技术条件。

7）相关焊接新材料、新工艺试验研究报告。

8）相对应的焊接工艺评定报告。

9）相对应的焊件施工图样。

4. 焊接工艺规程的编制内容

一份完整的焊接工艺规程，应列出为焊制质量符合标准要求的焊缝所必需的全部焊接参数。除了规定直接影响接头力学性能的重要焊接参数外，还应明确规定可能影响焊缝外观质量和外形尺寸的次要焊接参数。具体项目包括：焊接工艺方法；母材金属的类别及牌号；适用接头厚度范围；焊接材料的种类、牌号和规格；接头形式、坡口形状和尺寸；焊前准备要求；预热温度、层间温度和后热温度；焊接参数；保护气体的种类和流量；热处理方法和工艺参数；操作技术；焊后检查方法；检验程序及要求。对于厚壁焊件或形状复杂、易变形的焊件，还应规定合理的焊接顺序。对于容许加衬垫焊接的焊件，还应规定衬垫的种类、材料牌号、规格和敷设方法。

任务实施

1. 封头制造的工艺分析

该封头为开设人孔的椭圆形封头，封头长轴为 ϕ1200mm，短轴为 300mm，直边高度为 40mm，人孔椭圆尺寸为 300mm×400mm（图 3-30）。为了保证人孔处的强度，在人孔处设有人孔加强圈。

为了防止拉延过程中金属产生塑性变形在压弯方向造成平行开裂，在划线、下料时，椭圆孔的十字中心线应与钢板轧制的纤维方向成 45° 夹角，如图 3-32 所示。

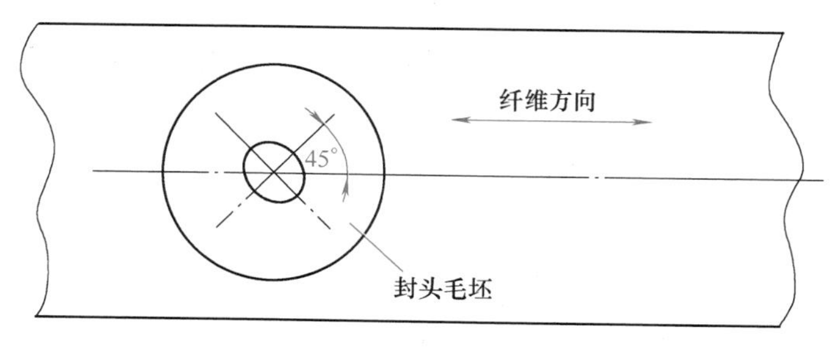

图 3-32 人孔封头毛坯的下料

根据坯料计算公式，计算出该封头坯料直径约为 ϕ1557.6mm，需两块板拼接而成。拼接要求是：

1）拼缝至封头中心距离小于 $D_n/4$，且不能通过人孔部位。

2）封头直边部分的拼缝余高需磨平，以便于压制成形。

2. 封头成形方法的选择

封头的成形方法有落锤冲击法、旋压成形法、爆炸成形法及压制成形法等。目前，对于较大直径封头的成形主要采用压制成形法。所谓压制成形法，是利用凸凹模安装在水压机或油压机上进行压制成形的一种方法。这种加工方法操作简单，生产率高，压制的封头质量好，尺寸精度高，适合于大批量生产。该封头采用 10 000~30 000kN 水压机或油压机热压成形。压制前，毛坯在煤气加热炉中加热到 850~1 100℃。

3. 填写加工工艺过程卡片（表 3–12）

表 3–12　封头加工工艺过程卡片

		封头加工工艺过程卡片	产品型号	部件图号		共　页
			产品名称 / 封头	部件名称		第　页
工序号	工序名称	工序内容	车间	工艺装备及设备	辅助材料	工时定额/h
0	划线	划线，毛坯直径为ϕ1557.6mm（包括人孔椭圆）（打材料移植标志）	划线			
10	切割	切割（包括中间人孔椭圆）	下料	半自动切割机	氧气、乙炔	
20	去渣	清除熔渣，并磨光中间人孔椭圆四周	清理			
30	机械加工	开对接接头坡口	机加	刨边机		
40	焊接	钢板拼接（两面焊）	焊接	自动焊	焊丝、焊剂	
50	去渣	清除焊渣及去除边缘增高	清理	手动砂轮机		
60	热压成形	热压封头（加热温度为850~1 100℃）	冲压	4m×4m封闭式煤气加热炉，10 000kN水压机，上、下模压边圈		
70	检验					
80	划线	划人孔、封头余量线（留车加工余量）				
90	切割	气割人孔余量、坡口及封头余量	下料	封头切割机 手割机		
100	热套加热圈	加热人孔加强圈并套入封头				
110	焊接	用焊条电弧焊焊接人孔加强圈	焊接	焊机	焊条	
120	机械加工	车削封头端面、坡口	机加	立车		
130	清理	清理铁屑、油污后送装配				

思考与练习

一、名词解释

1. 工艺过程卡　2. 工艺卡　3. 工序卡　4. 焊接工艺规程

二、填空题

1. 通过工艺过程卡可以了解零件所需的_______、_______和_______。

2. 工艺卡一般是按零件的工艺阶段分_______、分_______编写，包括工艺过程卡的全部内容，只是更详细地说明了零件的_______。

3. 工序卡片上须有_______，表示本工序完成后的_______、_______、零件的定位和_______等。

4. 编制焊接工艺规程时，对于企业首次投产的新产品，应先编制_______，提出必要的_______；评定合格后，根据_______，编制正式的焊接工艺规程。

5. 对于不要求做焊接工艺评定的焊件或接头，在编制焊接工艺规程时则可按产品制造_______或图样规定的_______，直接编制焊接工艺规程。

6. 一份完整的焊接工艺规程，应列出为焊制质量符合标准要求的焊缝所必需的全部焊接参数。除了规定_________的重要焊接参数外，也应明确规定可能影响_______和_______的次要焊接参数。

三、简答题

1. 焊接工艺规程有哪些形式？分别适用于什么情况？

2. 编写焊接工艺规程时应遵循哪些原则？

3. 焊接工艺规程编制的内容包括哪些？

编者语录

在任何一个焊接工艺编制的过程中，我们都需要反复查找标准，不断改进方案，只有这样才能制订出符合标准要求的工艺方案，以确保焊制出质量优良的焊接产品，这就需要同学们自身具有精益求精的工匠精神。

大国工匠——李万君

项目四
焊接结构件的备料与加工

项目概述

焊接结构生产中的备料加工包括钢材的预处理、放样、划线、下料和边缘加工等。备料加工的质量对于保证焊件的质量和生产过程的顺利进行起着十分重要的作用。例如，装配前零件加工质量或板料边缘坡口若不符合图样要求，则将增加装配的困难，降低生产效率，恶化焊接质量，严重限制先进焊接工艺的应用，增大焊接应力与变形，甚至产生焊接缺陷。因此，为获得优良的焊接产品和稳定的焊接生产过程，应十分重视备料加工工艺，并通过采用先进的加工方法和设备来努力提高备料加工的机械化和自动化程度，确保备料加工的质量。本项目以典型结构件的备料与加工为例，使学生在了解焊接结构备料与加工的基本知识，掌握备料与加工工艺，熟悉各种备料加工设备使用的基础上，能够对给定的典型构件进行备料加工设备的正确选择，并能正确使用设备进行加工操作。用企业产品在真实的企业情境中组织教学，让学生感受到企业氛围和文化，培养学生的职业道德和职业素养，培养学生自主学习、与人合作、与人交流的能力。

任务一　变形钢材的预处理

学习目标

1. 了解钢材变形的种类及产生原因。
2. 理解钢材变形的矫正原理，掌握钢材变形的矫正方法和表面清理工艺。
3. 学会结合生产条件合理制定钢材变形的矫正工艺。

任务描述

钢板和型钢在轧制过程中，可能会产生残余应力而变形，或者在下料过程中，钢板经过剪切、切割等工序加工后因钢材受外力、加热等因素的影响，会使表面产生不平、弯曲扭曲、波浪变形等缺陷。另外，钢材因存放不妥和其他因素的影响，也会使钢材表面产生铁锈、氧化皮等，这些都将影响零件和产品的质量，因此，钢材在使用前必须进行预处理。

图 4−1 所示的钢板，在储存的过程中由于长期不正确放置，导致钢板发生了较为严重的翘曲变形，变形程度超过了其允许变形程度范围，若不经过变形矫正，将无法进行后续加工。对此，请结合钢材矫正相关知识，结合板材实际变形情况，选择合适的钢材变形矫正设备对变形钢材进行矫正，以达到使用要求。

图 4−1　变形钢板

必备知识

一、钢材的矫正与矫平工艺

1. 钢材变形的原因

引起钢材变形的原因很多，从钢材的生产、运输、存放到零件加工的各个环节，都可能因各种原因而导致钢材的变形。钢材的变形原因主要有以下几个方面：

（1）钢材在轧制过程中引起的变形　钢材在轧制过程中可能产生残余应力而导致变形。例如，在轧制钢板时，由于轧辊的间隙不一致，导致板料在宽度方向的压缩不均匀，延伸较多的部分受到拘束产生压应力，而延伸较少部分产生拉应力。因此，延伸较多的部分在压应力作用下可能产生失稳而导致变形。

（2）钢材因运输和不正确堆放产生的变形　焊接结构使用的钢材，均是较长、较大的钢板和型材，如果吊装、运输和存放不当，钢材就会因自重而产生弯曲、扭曲和局部变形。

（3）钢材在下料过程中引起的变形　钢材在划线以后，一般要经过气割、剪切、冲裁、等离子弧切割等工序。而气割、等离子弧切割过程，是对钢材的局部进行加热使其分离的过程。对钢材的不均匀加热必然会产生残余应力，进而导致钢材产生变形。

视频：钢材矫正的原理与方法

2. 钢材的矫正原理及允许变形量

钢材在吊装、运输和堆放中都会产生不同程度的变形，如局部弯曲、扭曲、波浪变形和表面凹凸不平等。这些变形，必须采取各种工艺措施加以矫正。对于板材应进行矫平，管材和型材则应矫直，这些措施统称为矫正。

钢材在厚度方向上可以假设是由多层纤维组成的。钢材平直时，各层纤维长度都相等，即 $ab=cd$，如图 4−2a 所示。钢材弯曲后，各层纤维长度不一致，即 $a'b' \neq c'd'$，如图 4−2b 所示。可见，钢材的变形就是其中一部分纤维与另一部分纤维长短不一致造成的。矫正通过采用加压或加热的方式进行，其过程是把已伸长的纤维缩短，把缩短的纤维伸长，最终使钢板厚度方向的纤维趋于一致，从而达到矫正的目的。

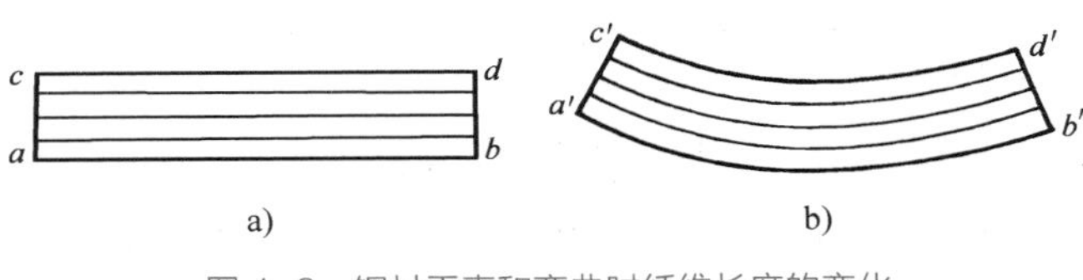

图 4−2　钢材平直和弯曲时纤维长度的变化

a）平直　b）弯曲

由于矫正是利用钢材局部发生塑性变形来达到矫平和矫直的目的，为了避免钢材冷矫正量过大而过度消耗钢材塑性和设备负荷过大，通常对冷矫正的变形量有限制，如对 Q235 钢冷矫正的伸长率不得超过 1%。为了防止低温下冷矫正和冷弯曲时发生脆裂，碳素结构钢和低合金结构钢在环境温度分别低于 −16℃和 −12℃时，不得进行冷矫正和冷弯曲。

钢材经矫正后表面不应有明显的凹坑及损伤，且矫正后允许的变形量应符合表 4−1 的规定。

表 4−1　钢材在划线前允许的偏差

名　称	简　图	允许偏差/mm
钢板、扁钢的局部挠度		$\delta \geqslant 14$时，$f \leqslant 1$ $\delta < 14$时，$f \leqslant 1.5$
角钢、槽钢、工字钢、管子的垂直度		$f=\frac{L}{1000} \leqslant 5$
角钢两边的垂直度		$\Delta \leqslant \frac{b}{100}$
工字钢、槽钢翼缘的倾斜度		$\Delta \leqslant \frac{b}{80}$

3. 钢材的矫正方法及选择

（1）钢材矫正方法的种类　矫正钢材变形的方法较多，根据矫正的温度，钢材的矫正可分为冷矫正和热矫正；根据外力的性质，通常分为手工锤击矫正、机械反变形、火焰局部加热及高频热点矫正等方法。

1）手工锤击矫正。手工锤击矫正是将钢材局部变形区的短纤维通过锤击而延伸，以达到矫正变形的目的。手工矫正简便灵活，但由于矫正力小、劳动强度大、效率低，所以在实际生产中的应用受到很大的限制，常用于矫正尺寸较小的薄板钢材。

2）机械矫正。机械矫正是利用各种矫正机械对变形的钢材施加一定的压力，使之产生反变形而实现矫正。机械矫正使用的设备有专用设备和通用设备。专用设备有钢板矫正机、圆钢与钢管矫正机、型钢矫正机、型钢撑直机等；通用设备是指一般的压力机、卷板机等。

小知识

手工矫正和机械矫正有时会使金属产生冷作硬化，并且会引起附加应力，一般尺寸较小、变形小的零件可以采用。对于变形大、结构较大的，应采用火焰矫正法。

3）火焰加热矫正。火焰加热矫正是利用火焰对钢材的伸长部位进行局部加热，待加热到红热状态后喷水快速冷却，使伸长的纤维缩短，从而使钢材的变形得到矫正。加热方式有点状、线状和三角形三种，根据钢材变形的形式和大小来选择。加热温度通常控制在钢材回火温度以下。火焰加热矫正操作方便灵活，所以应用比较广泛。

4）高频热点矫正。高频热点矫正是在火焰矫正的基础上发展起来的一种新工艺。其原理是：通入高频交流电的感应圈产生交变磁场，当感应圈靠近钢材时，钢材内部产生感应电流（即涡流），使钢材局部的温度立即升高，从而进行加热矫正。加热的位置与火焰矫正时相同，加热区域的大小取决于感应圈的形状和尺寸。一般加热时间为4~5s，温度约800℃左右。

（2）钢材矫正方法的选择　矫正方法的选用，除与工件的形状、材料的性能和工件的变形程度有关外，还与生产设备有关。选择钢材矫正方法时应注意以下问题：

1）对刚性较大的钢结构产生的弯曲变形不宜采用冷矫正，应在与焊接部位对称的位置，采用火焰矫正法矫正。

2）火焰矫正时，要严格控制加热温度，避免因钢材组织变化而产生较大的热应力。

3）尽量避免在结构危险截面的受拉区进行火焰矫正。

4. 钢材矫正的设备

钢材机械矫正机按其加力方式的不同，可分为拉伸矫正机、压力矫正机和辊式矫正机三种，其适用范围见表4-2。现分别以钢板和型钢的矫正为例简单介绍通用矫正设备的原理及其应用。

（1）钢板的矫正　钢板的矫正主要是在钢板矫正机上进行的。当钢板通过多对呈交错布置的轴辊时，钢板发生多次反复弯曲，使各层纤维长度趋于一致，从而达到矫正的目的。

表 4-2　机械矫正机的分类及适用范围

名称		简图	适用范围
拉伸矫正机			1.钢板瓢曲的矫正 2.型材扭曲的矫正 3.管材、带材、线材的矫直
压力矫正机			板材、管材、型材的局部矫正
辊式矫正机	正辊		板材、管材、型材的矫正
	斜辊		圆截面管材、棒材的矫正
	斜辊	回转式	圆截面薄壁小直径管的精矫
		双辊式	圆截面厚壁管和棒材的矫直

想一想

为什么矫正薄板时要采用滚轴数目较多的矫正机？

图 4-3 所示为钢板矫正机的工作原理。下排轴辊是主动轴辊，由电动机带动旋转；上排轴辊是被动的，能做上下调节以适应矫正不同厚度的钢板。一般两端的轴辊是导向辊，能单独上下调节，以引导板料出入矫正机。钢板矫正机有多种形式，轴辊的数量越多，矫正的质量越好。通常 5~11 辊用于矫正中厚板；11~29 辊多用于矫正薄板。

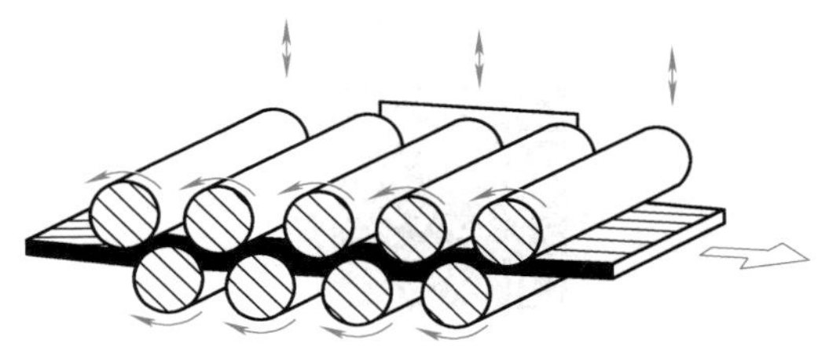

图 4-3　钢板矫正机的工作原理

当钢板中间平、两边纵向呈波浪形时，应在

中间加铁皮或橡胶以碾压中间。当钢板中间呈波浪形时，应在两边加垫板后碾压两边，以提高矫平的效果。矫平薄板时，一般可加一块较厚的平钢板作为衬垫一起矫正，也可将数块薄板叠在一起进行矫正。矫平扁钢或小块板材时，应将相同厚度的扁钢或小块板材放在一个用作衬垫的钢板上通过矫正机后，将原来朝上的面翻动朝下，再通过矫正机便可矫平。

（2）型钢的矫正　型钢的矫正一般是在多辊型钢矫正机、型钢撑直机和压力机上进行。

1）多辊型钢矫正机矫正。多辊型钢矫正机与钢板矫正机的工作原理相同，矫正时，型钢通过上下两列辊轮之间反复地弯曲，使型钢中原来各层纤维不相等的变为相等，以达到矫正的目的。

视频：钢板矫正机矫正钢板

图4-4所示为型钢矫正机的工作原理。矫正辊轮分上下两排交错排列，使型钢得以弯曲。下辊轮为主动轮，由电动机变速后带动；上辊轮为被动轮，可通过调节机构做上下调节，产生不同的压力。辊轮的形状可根据被矫正型钢的断面形状做相应的调换。

图4-4　型钢矫正机的工作原理

想一想

矫正型钢时最容易出现的问题是什么？

2）型钢撑直机矫正。型钢撑直机是利用反变形的原理来矫正型钢的。图4-5所示为单头型钢撑直机的工作原理，两个支承之间的距离可调整，间距的大小随型钢弯曲程度而定。推撑由电动机的变速机构、偏心轮带动，做周期性的往复运动，推撑力的大小可通过调节推撑与支承间的距离来实现。型钢撑直机主要用于矫正角钢、槽钢和工字钢等，也可以用来进行弯曲成形。

3）压力机矫正。钢板和型钢变形后，可以通过油压机、水压机、摩擦压力机等进行矫正。矫正钢板的尺寸大小，主要由压力机的工作台尺寸而定。型材在矫正时会产生一定的回弹，因此，

视频：型钢撑直机矫正型钢

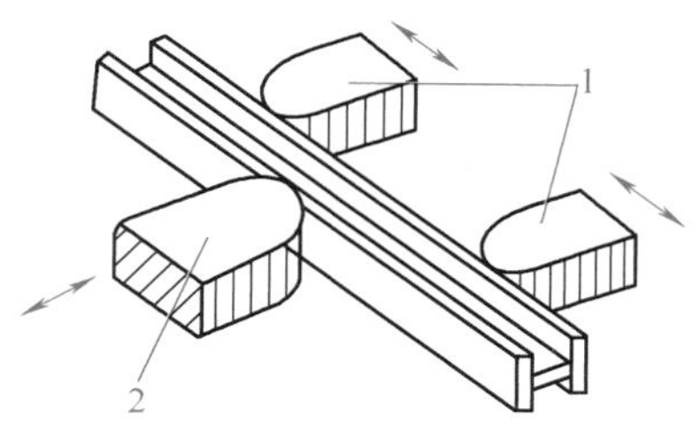

图4-5　单头型钢撑直机的工作原理

1—支承　2—推撑

矫正时应使型材产生适量的反变形。压力机矫正钢板和型钢的方法见表 4-3。

表 4-3　压力机矫正

简图	适用范围	简图	适用范围
	中厚板弯曲矫正		工字钢、箱形梁等的上拱矫正
			工字钢、箱形梁等的旁弯矫正
	型钢的扭曲矫正		较大直径圆钢、钢管的弯曲矫正

二、原材料的表面清理工艺

对钢材表面进行去除铁锈、油污、氧化皮等为后续加工做准备的工艺为原材料的表面清理工艺。原材料表面的氧化皮、锈蚀和油污将对产品的焊接质量产生不可忽视的影响，甚至严重的氧化皮会破坏自动切割过程的连续性。对此，在采用各种高效焊接法的自动生产线中，为确保焊接质量，对材料表面的清洁度也提出了严格的要求。所以原材料的表面清理已成为焊接生产中不可缺少的重要工序。原材料表面清理的方法主要有机械清理法和化学情理法两大类。

1. 机械清理法

机械清理法常用的主要有喷砂、抛丸、手动砂轮或钢丝刷、砂带打磨、刮光或抛光等。喷砂（或抛丸）工艺是将干砂（或铁丸）从专门压缩空气装置中急速喷出，轰击到金属表面，将其表面的氧化物、污物打落，这种方法清理较彻底，效率也较高。但喷砂（或喷丸）工艺粉尘大，需要在专用车间或封闭条件下进行，同时经喷砂（或抛丸）处理的材料会产生一定的表面硬化，对零件的弯曲加工有不良影响。另外，喷砂（或抛丸）也常用在结构焊后涂装前的清理上。在一些需要表面局部清理的场合，电动机或风动砂轮、砂带打磨也得到了较为广泛的应用。

在我国抛丸除锈设备已定型生产，并以预处理生产线的方式投入生产使用。图 4-6 为这种钢材预处理生产线的布置及主要组成设备。其工艺路线为：电磁起重机上料→升降输送→辊道输送→预热（40℃）→抛丸除锈→清理丸料→自动喷漆→烘干（60℃）→快速输送→出料。

这种钢材预处理生产线既可用于钢板、型钢的表面处理，也可用于金属结构部件的表面清理。钢材经抛丸清理、喷保护底漆、烘干处理后，既可保护钢材在生产和使用过程中不再生锈，又不影响后续工序的加工。

砂轮砂带磨光机在锅炉、压力容器和管道制造行业的应用较为普遍。大型、大长度焊件的抛

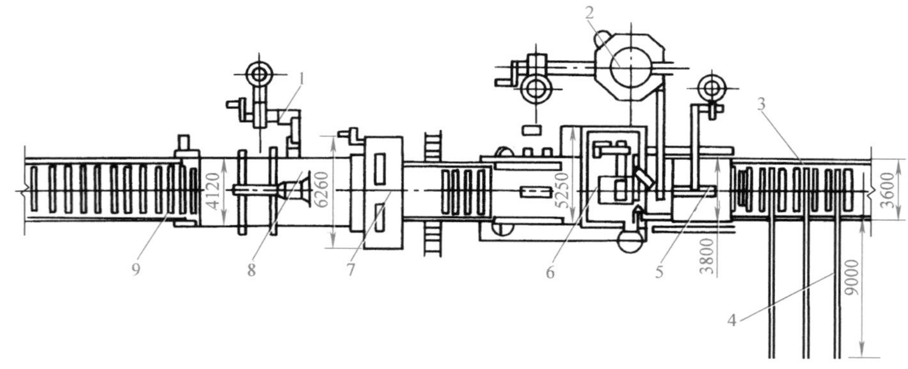

图 4-6 钢材预处理生产线

1—滤气器 2—除尘器 3—进料辊道 4—横向上料机构 5—预热室
6—抛丸机 7—喷漆机 8—烘干室 9—出料辊道

丸除锈往往受到抛丸设备规格的限制。对于这些焊件，砂轮砂带表面清理是一种更为经济实用的方法。砂轮砂带磨光机作为一种标准的工艺装备已投放世界市场，其外形结构如图 4-7 所示。

视频：喷砂处理

图 4-7 砂带磨头的外形结构

2. 化学清理法

化学清理法即用腐蚀性的化学溶液对钢材表面进行清理。此法效率高，质量均匀而稳定，但成本高，并会对环境造成一定的污染。化学清理法通常用于大批量生产的薄板冲压件。

视频：铝合金的化学除锈

化学清理法一般分为酸洗法和碱洗法。酸洗法可除去金属表面的氧化皮、锈蚀物等污物；碱洗法主要用于去除金属表面的油污。常用的化学清理法是将钢材浸入质量分数为 2%~4% 的硫酸储槽内，浸泡一定时间后取出，再立即放入质量分数为 1%~2% 的温石灰液槽内。石灰液可中和钢板表面残留的硫酸溶液。将钢材从石灰槽内取出后进行烘干。钢材表面会被一层石灰粉覆盖，可防止钢材再度被氧化。

任务实施

1. 工件及设备的准备

准备好变形钢板及矫平设备。钢板的矫正通常是在矫平机上进行的，因此本任务选择

W43CNC−20×630 十一辊数控高强钢板矫平机进行矫正。由于钢板刚度小，塑性较好，因此采用常温下冷矫正的方法。

2. 钢板矫平操作

1）机器使用前的准备与检查。机器在使用前要求进行检查工作如下：

①工作辊表面是否有伤痕、污物。

②数显显示是否正确。

③各润滑点的油量。

④各紧固件有无松动。

2）起动干油站电动机，供给各运动部位油脂。

3）起动油泵电动机，升降下排各工作辊，检查其升降运动是否正常。

4）起动主电动机，空转 5~10min，冬季空转 10~20min。

5）倾斜角设置。根据板料的原始变形程度及板料的材质、形状等各方面因素设置倾斜角，倾斜角度最大不超过 1°。具体数值需在做多次工艺试验后得出。

6）板厚设置。板厚的数值约等于矫平板料的厚度，依据钢板情况进行微量调整，调整量一般在 ±（校板厚度 ×5%）范围内。具体数值需在做多次工艺试验后得出。

7）板材矫平。吊装变形板材，将其放在送料台上，从进料端送入矫平机，板料通过上下交错排列的辊子之间时被弯曲，而且从进料端到出料端其弯曲的曲率逐渐减小，在弯曲过程中，材料受到交替的拉伸和挤压。进口端材料发生塑性变形，出口端材料为完全弹性变形，最终板料得以矫平。

思考与练习

一、填空题

1. 钢材的变形就是其中一部分纤维与另一部分纤维________造成的。矫正是通过采用________或________的方式进行的，其过程是把已伸长的纤维缩短，把缩短的纤维伸长。

2. 为了防止低温下冷矫正和冷弯曲时发生脆裂，碳素结构钢和低合金结构钢在环境温度分别低于________和________时，不得进行冷矫正和冷弯曲。

3. 根据矫正的温度，矫正钢材变形的方法可分为________和________。

4. 根据外力的性质，钢材的矫正通常分为________、________、________及高频热点矫正等方法。

5. 火焰矫正加热方式有________、________和________三种，根据钢材变形的形式和大小来选择。加热温度通常控制在________以下。

6. 钢材高频感应加热矫正加热的位置与火焰矫正时相同，加热区域的大小取决于________。一般加热时间为________，温度约________左右。

7. 钢材机械矫正机按其加力方式的不同，可分为________、________和辊式矫正机三种。

8. 型钢的矫正一般是在________、________和________上进行。

9. 机械清理法常用的主要有________、________、________、砂带打磨、刮光或抛光等。

10. 化学清理法一般分为________和________。________可除去金属表面的氧化皮、锈蚀物等污物；________主要用于去除金属表面的油污。

二、简答题

1. 引起钢材变形的原因主要有哪些?

2. 钢材常用的矫正方法有哪些？其原理分别是什么?

3. 选择矫正钢材的方法时应注意哪些问题?

4. 简述钢板矫正机的工作原理。

5. 什么是原材料的表面清理工艺？清理方法有哪些?

任务二　法兰的划线

学习目标

1. 了解划线的基本知识及在焊接结构生产中的作用。
2. 掌握划线的基本规则和基本方法。
3. 学会典型零件的划线方法。

任务描述

利用样板、样杆、号料草图及放样得出的数据，在板料或型钢上划出零件真实（按比例1 ∶ 1）的轮廓和孔口真实形状，以及与零件相连接构件的位置线、加工线等，并标注出加工符号，这一工作过程称为划线。划线是一项细致而重要的工作，必须按有关技术要求进行，同时还要着眼于产品的整个制造过程，充分考虑合理用料问题，灵活而又准确地在各种板料、型钢及成形零件上进行划线。

法兰的划线过程一般包括读图、对毛坯钢板材料检验、清理、矫形、划线和检验等工序。生产实践中，法兰既可以是整体落料，也可以是分块落料再拼焊。究竟采取何种制造工艺，应在保证符合设计要求的前提下，结合各方面具体情况而定。图 4-8 所示为法兰结构图，采用整体下料的方式制作法兰，请结合划线相关知识，对图示法兰进行划线。

必备知识

一、划线的基本知识

1. 划线的一般技术要求

1）熟悉产品图样和制造工艺。应根据制造工艺的要求，合理安排各零件划线的先后顺序及零件在材料上位置的排布等。

2）根据产品图样，验证样板、样杆、草图及划线数据，核对钢材牌号、规格，保证图样、样板、材料三者的一致。对重要产品所用的材料，还要核对其检验合格证书。

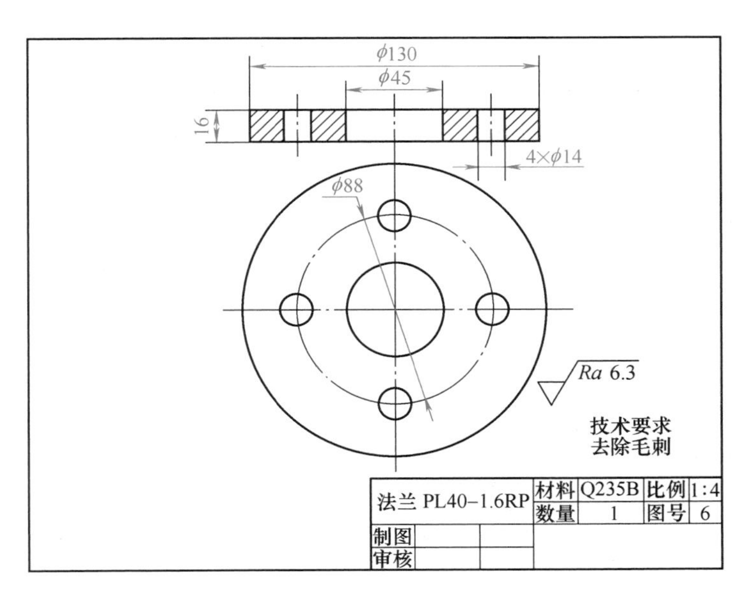

图 4-8　法兰结构图

3）检查材料有无麻点、裂纹、夹层、表面疤痕或厚度不均匀等缺陷，并根据产品的技术要求酌情处理。当材料有较大变形，影响划线精度时，应先进行矫正。

4）划线前应将材料垫放平整、稳妥，既要有利于划线的方便和保证划线精度，又要保证安全且不影响他人工作。

5）正确使用划线工具、量具、样板和样杆，尽量减小由于操作不当而引起的划线偏差。

6）划线时应标注各种下道工序用线，并加以适当标记以免混淆。

7）弯曲零件划线时，应考虑材料轧制的纤维方向。

8）钢板两边不垂直时一定要去边。划尺寸较大的矩形时，一定要检查对角线。

9）划线的毛坯上应注明产品的图号、件号和钢号，以免混淆。

10）划线后，在零件的加工线、接缝线及孔的中心位置等处，应根据加工需要打上錾印或样冲眼。同时，按样板上的技术说明，应用涂料标注清楚，为下道工序提供方便。要求文字、符号、线条端正、清晰。

11）合理用料。利用各种方法、技巧，合理铺排零件在材料上的位置，最大限度地提高材料的利用率，是划线的一项重要内容。

2. 划线的基本规则和方法

划线的时候，必须遵循以下的基本规则：

1）垂线必须用作图法。

2）用划针或石笔划线时，应紧抵直尺或样板的边沿。

3）用圆规在钢板上划圆、圆弧或分量尺寸时，应先打上样冲眼，以防圆规尖滑动。

4）平面划线应遵循先划基准线，后按由外向内、从上到下、从左到右的顺序划线的原则。先划基准线，是为了保证加工余量的合理分布。划线之前应在工件上选择一个或几个面或线作为划线的基准，以此来确定工件其他表面的相对位置。一般情况下，以底平面、侧面、轴线为基准。

划线可分为平面划线和立体划线两种。平面划线与几何作图相似，在工件的一个平面上划出图样的形状和尺寸。有时也可以采用样板一次划成。立体划线是在工件的几个表面上划线，亦即在长、宽、高三个方向上划线。

3. 划线允许误差

划线是为加工提供直接依据。为保证产品质量，对划线偏差要加以限制。常用的划线允许误差值见表 4–4。

表 4–4　常用划线允许误差值

名称	允许误差/mm	名称	允许误差/mm
直线	±0.5	料宽和料长	±0.1
曲线	±(0.5~1)	两孔(钻孔)距离	±(0.5~1)
结构线	±1	焊接孔距	±0.5
钻孔	±0.5	样冲眼和线间距	±0.5
减轻孔	±(2~5)	扁铲(主印)	±0.5

二、钢板与型钢的划线

1. 钢板的划线

（1）直线的划法

1）直线长不超过 1m 可用直尺划线。划针尖或石笔尖紧抵钢直尺，向钢直尺的外侧倾斜 15° ~20° 划线，同时向划线方向倾斜。

2）直线长不超过 5m 用弹粉法划线。弹粉时把线两端对准所划直线两端点，拉紧使粉线处于平直状态，然后垂直拿起粉线，再轻放。若是较长线时，应弹两次，以两线重合为准；或是在粉线中间位置垂直按下，左右弹两次完成。

3）直线超过 5m 用拉钢丝的方法划线，钢丝取 ϕ0.5~ϕ1.5mm。操作时，两端拉紧并用两垫块垫托，其高度尽可能低些，然后可用 90° 角尺靠紧钢丝的一侧，在 90° 角尺下端定出数点，再用粉线以三点弹成直线。

（2）大圆弧的划法　放样或装配有时会碰上划一段直径为十几米甚至几十米的大圆弧，因此，用一般的地规和盘尺不能适用，只能采用近似几何作图或计算法作图。

1）大圆弧的准确划法。已知弦长 *ab* 和弦弧距 *cd*，先作一矩形 *abef*（图 4–9a），连接 *ac*，并作 *ag* 垂直于 *ac*（图 4–9b），以相同数（图上为 4 等分）等分线段 *ac*、*af*、*cg*，对应各点连线的交点用光滑曲线连接，即为所划的圆弧（图 4–9c）。

2）大圆弧的计算法。计算法比作图法要准确得多，一般采用计算法求出准确尺寸后再划大圆弧。如图 4–10 所示，已知大圆弧半径为 *R*，弦弧距为 *ab*，弦长为 *cg*，求弧高（*d* 为 *ac* 线上任意一点）。

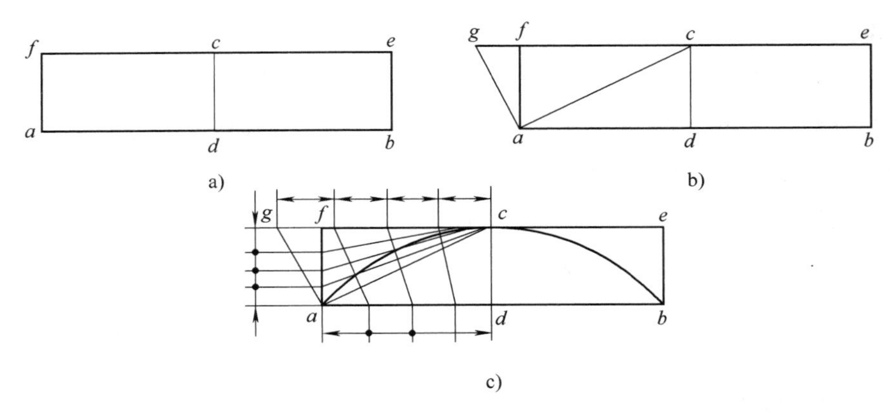

图 4-9　大圆弧的准确划法

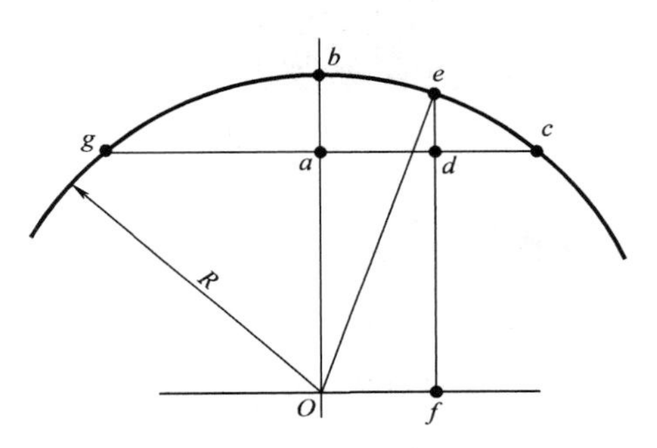

图 4-10　计算法作大圆弧

解法如下：作 ed 的延长线与过点 O 的 cg 的平行线相交于点 f。

在△ Oef 中，$Oe=R$，$Of=ad$，所以

$$ef=\sqrt{R^2-ad^2}$$

因为 $df=aO=R-ab$ ，$de=ef-df$

所以 $de=\sqrt{R^2-ad^2}-R+ab$

上式中 R、ab 为已知，d 为 ac 线上的任意一点，所以只要设一个 ad 长，即可代入式中求出弧高 de，e 点求出后，则大圆弧 $\overset{\frown}{gec}$ 即可划出。

2. 型钢的划线

型钢的种类很多，根据截面形状分为简单截面型钢和复杂截面型钢两种。简单截面型钢有钢管圆方钢、六角钢、扁钢和角钢等；复杂截面型钢有槽钢、工字钢、钢轨及其他异型钢等。现以生产中最为常用的角钢和圆钢为例介绍型钢的划线方法。

（1）角钢的划线　以划 300mm 长的角钢为例，具体划线步骤如下：

1）用钢直尺和石笔在角钢上确定两点 A 和 B，使 A、B 两点间距为 300mm，如图 4-11a 所示。

2）用三角尺分别过 A、B 两点划出角钢的截面线，如图 4-11b 所示。

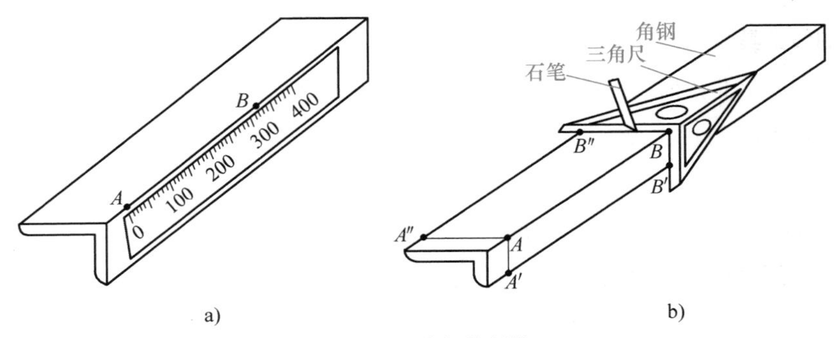

图 4-11　角钢的划线

a）用钢直尺划 A、B 两点　b）用三角尺划出角钢的截面线

3）用钢直尺检验 A'' 、B'' 两点的长度。

（2）圆管的划线　圆管的截面形状如图 4-12 所示，划线时常用工具有直边软纸皮或薄铁皮、石笔或划针、钢直尺或钢卷尺等。以划 300mm 长的圆管为例，具体划线方法如下：

1）用钢直尺和石笔在圆管上确定 A 和 B，使 A、B 两点间距为 300mm。

2）用直边软纸皮分别在 A、B 两点处绕着圆管包一圈，并用石笔沿着软纸皮的直边划线。为了确保划线的精度，软纸皮的厚度一般控制在 1mm 以下。

视频：椭圆形封头的划线

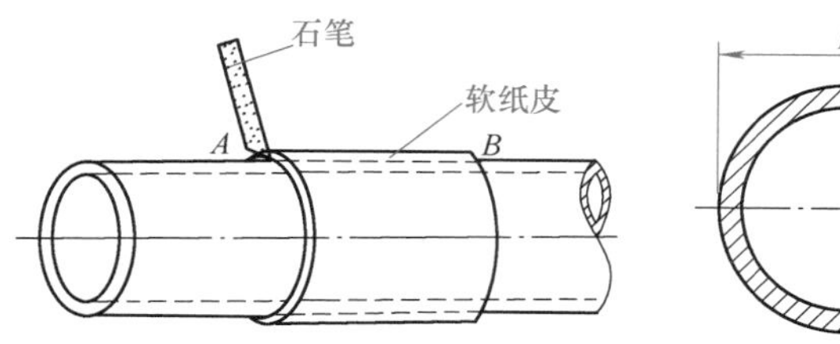

图 4-12　圆管的划线方法

任务实施

1. 识图

法兰的材料及其具体外形尺寸如图 4-8 所示。该法兰为平板钢制法兰 PL40。法兰为标准件，从图样可知该法兰的材质为 Q235B 钢，法兰外径 D=130mm，内径 D_i=46mm，厚度 δ=16mm。

2. 备料并检验

1）备料。根据法兰的实际尺寸要求及考虑工件的后续加工余量，计算法兰制作所需材料。建议厚度方向预留加工余量单边 2mm，即取 20mm 厚的钢板；外径方向预留加工余量单边 3mm，即取 D+6mm=130mm+6mm=136mm；内径方向预留加工余量单边 3mm，即取 D_i−6mm=46mm−6mm=40mm，准备一块长宽大于 136mm、厚度为 20mm 的 Q235B 钢板。

2）检验。备料时应对材料的质量、牌号、规格及表面质量做相应的检验，经检验合格后方可投入使用。

3）清理。划线前要认真清理钢板表面，并将材料垫平、放稳；清理钢板表面可用扫把、擦布、钢丝刷或吸尘器等清洁工具。

3. 准备划线工具

按实际使用要求准备划线工具。法兰整体下料制作划线，主要是内、外两圆的划线。所以要求准备的划线工具有钢直尺、90° 角尺、划规、石笔、样冲、锤子等。

4. 划线

法兰的划线就是在钢板上划一个环形，具体操作过程如下：

1）在钢板上用钢直尺、划规和石笔画出 x 轴与 y 轴，使两轴垂直交于原点 O，则 O 点即为圆心。用 90° 角尺检验 x 轴与 y 轴的垂直度。

2）用样冲在圆心处打上样冲孔，以便用划规划圆时作为圆心。检验样冲孔的深度及准确度，一般要求样冲孔直径在 0.5~1mm，深度在 0.3~0.5mm 为宜。

3）调整划规的跨度为 68mm，以 O 点为圆心划圆，即确定出环形的外圆，如图 4−13a 所示。用同样的方法划出 R=20mm 的内圆，如图 4−13b 所示。

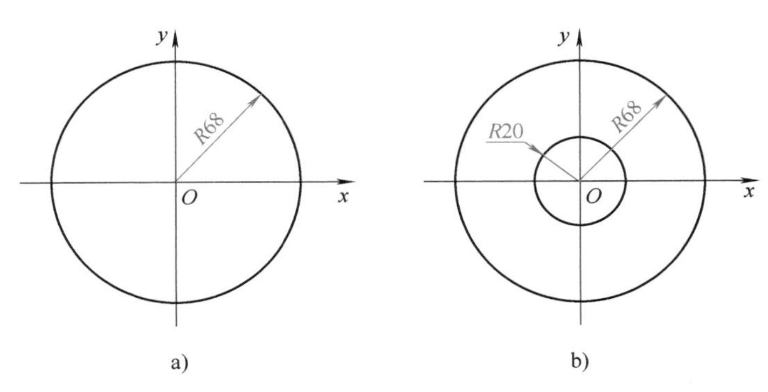

图 4−13　划外圆与内圆

a）划外圆　b）划内圆

5. 检验

检验法兰划线的各个尺寸是否符合要求。检验的主要内容是法兰外径、内径的尺寸及同心度等，可用钢直尺和划规进行检验。

6. 打标记

用样冲在所划图形的圆周上均匀打上 8 个样冲眼作为标记，目的是为下料工序寻线、补线提供方便。

7. 标注

1）在划好线的钢板上用油漆或记号笔注明产品的图号、件号和钢号，以免混淆。

2）标注各道工序用线，并加以适当标记，以指导切割、组焊等后续工序。

8. 清理场地

1）工作结束后，整理划线与检验工具、量具，清理干净后放回原处，清理工作场地。

2）划好线的钢板放到指定地点，不准踩踏、堆放杂物等。

思考与练习

一、填空题

1. 划线时，钢板两边不垂直时一定要________。划尺寸较大的矩形时，一定要检查________。

2. 划线可分为________和________两种。

3. 型钢的种类很多，根据截面形状分________型钢和________型钢两种。

4. 立体划线是在工件的________上划线，亦即在________三个方向上划线。

5. 划大圆弧时只能采用________或________。

6. 平面划线应遵循先划________，后按________、________、________的顺序划线的原则。

二、简答题

1. 划线时必须遵循的基本规则有哪些?

2. 简述直线的划法。

任务三 冶金炉炉壳主体部件的放样

学习目标

1. 了解放样的基本含义及其在焊接结构生产中的作用。
2. 掌握放样的基本方式和计算方法。
3. 学会典型零件的放样方法。

任务描述

所谓放样就是根据产品图样，依照产品的结构特点、制造工艺要求等，按一定比例（通常取1∶1），在放样平台上准确绘制结构的全部或部分投影图，并进行结构的工艺性处理和必要的计算及展开，最后获得产品制造所需要的数据、样杆、样板和草图等的工艺过程。

图 4-14 所示为一冶金炉炉壳主体部件图样，请结合放样相关知识，选择正确的放样方法对该结构进行放样。

必备知识

一、放样的方法

放样方法是指将零件的形状最终划到平面钢板上的方法，主要有实尺放样、展开放样和光学放样与计算机放样等。

1. 实尺放样

根据图样的形状和尺寸，用基本的作图方法，以产品的实际大小划到放样台的工作称为实尺放样。实尺放样的程序如下：

（1）线型放样　线型放样就是根据构件制造的需要，绘制构件整体或局部轮廓（或若干组剖面）的投影基本线型。

（2）结构放样　它是根据图样进行工艺处理的过程。一般包括确定各连接部位的接头形式、图样计算或量取坯料实际尺寸、制作样板与样杆等。

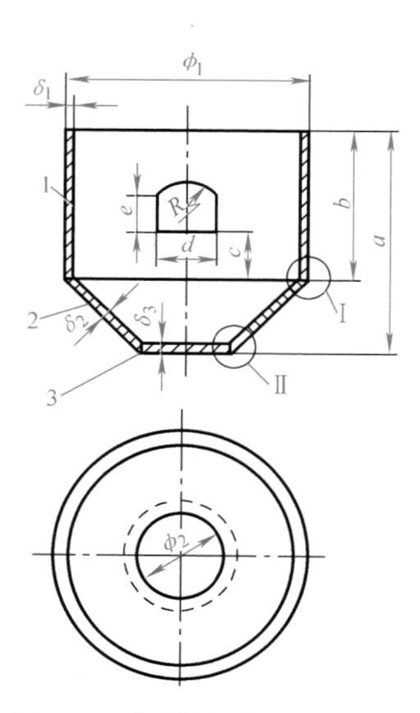

图 4-14　冶金炉炉壳主体部件图样

2. 展开放样

把各种立体的零件表面摊平的几何作图过程称为展开放样。

立体的表面如能全部平整地摊平在一个平面上，而不发生撕裂或皱褶，则这种表面称为可展开表面。相邻素线位于同一平面上的立体表面都是可展表面，如柱面、锥面等。如果立体的表面不能自然平整地展开摊平在一个平面上，即称为不可展表面，如圆球和螺旋面等。可展曲面的展开方法有平行线展开法、放射线展开法和三角形展开法三种。

（1）平行线展开法　展开原理是将立体的表面看作由无数条相互平行的素线组成，取两相邻素线及两端点所围成的微小面积作为平面，只要将每一小平面的真实大小，依次顺序地划在平面上，就得到了立体表面的展开图，所以只要立体表面素线或棱线是互相平行的几何形体，如各种棱柱体、圆柱体等，都可用平行线法展开。

例 4-1　已知斜口圆管的两面视图，求作其展开图。

分析：斜口圆管表面素线相互平行且垂直于水平面，其水平投影为一圆；表面素线的长短虽然不同，但其正面投影均反映素线的实长。

作图：

①首先将底圆进行 12 等分，即在圆管表面确定 12 条素线，如图 4-15b 所示。

②其次用等分的弦长将底圆展成直线 πD，确定各等分点所在的位置 Ⅰ ~ Ⅶ ~ Ⅰ；过这些点作该直线的垂线，在垂线上截取各素线的实长，将各素线的端点连成圆滑的曲线即得，如图 4-15c 所示。

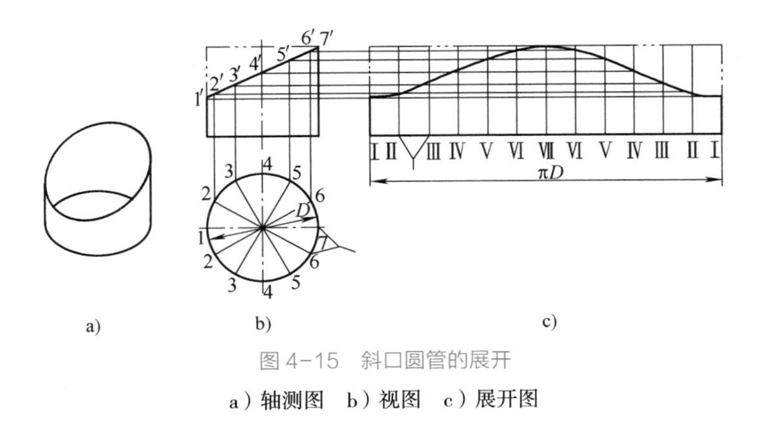

图 4-15　斜口圆管的展开

a）轴测图　b）视图　c）展开图

视频：接管的放样

（2）放射线展开法　放射线展开法适用于立体表面的素线相交于一点的锥体。由于锥体表面由无数条交汇于锥顶的直素线构成，即锥体表面可看作由无限多个三角形平面组成。因此，把所有三角形平面不重叠、不褶皱地依次铺平，则锥体表面也就被展开了。

例 4-2　求作正锥体的展开图（图 4-16）。

分析：由于圆锥轴线垂直于底面且平行于正面，因此圆锥表面所有素线的实长相等，其中最左和最右两条素线平行于正面，其正面投影反映素线实长。

作图：

①划展开图时，首先将底圆进行等分（本例分为 12 等分），即在圆锥表面上确定出 12 条素线。

②其次以素线的实长（$s'\ 7'$）为半径划圆弧，以弦长代替弧长在圆弧上量取全部等分点，依次连接各等分点，即得到圆锥的扇形展开图。

（3）三角形展开法　三角形展开法是将立体表面分割成一定数量的三角形平面，然后求出各三角形每边的实长，并把它的实形依次划在平面上，从而得到整个立体表面的展开图。当立体的表面（包括平面或曲面）在三视图中均表现为多边形时，应用三角形展开法比较合适。

例 4-3　已知方圆变形接头（亦称天圆地方）的轴测图两面视图，求其展开图。

分析：方圆变形接头的表面由四个全等的等腰三角形和四个相同的局部锥面所组成。接头的上口在水平投影中反映实形，接头的下口在水平投影中反映四条边的实长；三角形的另外两边（Ⅰ*A*、Ⅰ*B*）和锥面上的所有素线（Ⅱ*A*）均为一般位置直线，只有求出其实长，才能划出展开图。

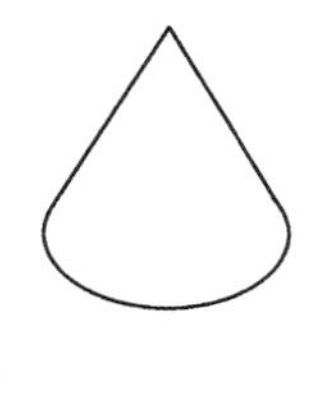

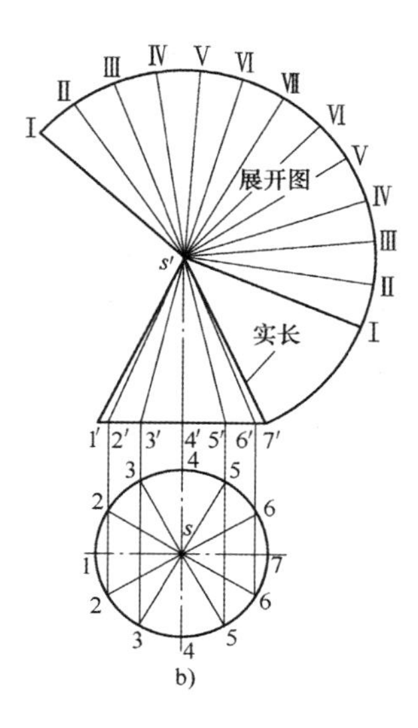

图 4-16　正圆锥的展开

a）轴测图　b）视图

作图：

①将水平投影中的圆周进行等分，将等分点和相近的角点相连接（其意义在于将部分锥表面分割成若干个小三角形）；采用直角三角形法求出素线（Ⅰ*A*、Ⅱ*A*）的实长，如图 4-17b 所示。

②划出 *AB* 直线（*AB*=*ab*），分别以 *A*、*B* 为圆心，Ⅰ*A* 为半径划弧，交于点Ⅰ，得 *AB*Ⅰ三角形；再以 *A* 和Ⅰ为圆心，分别以Ⅱ*A* 和 12 为半径划弧，交于点Ⅱ，得 *A*Ⅲ三角形（采用同样的方法可依次作出其他各三角形）；光滑地连接Ⅰ、Ⅱ、Ⅱ、Ⅰ各点，即得到方圆变形接头的展开图，如图 4-17c 所示。

3. 光学放样与计算机放样

（1）光学放样　光学放样是在实尺放样的基础上发展起来的一种新工艺，它是比例放样和光学划线的总称。所谓比例放样是将构件按 1∶5 或 1∶10 的比例，采用与实尺放样相同的方法，

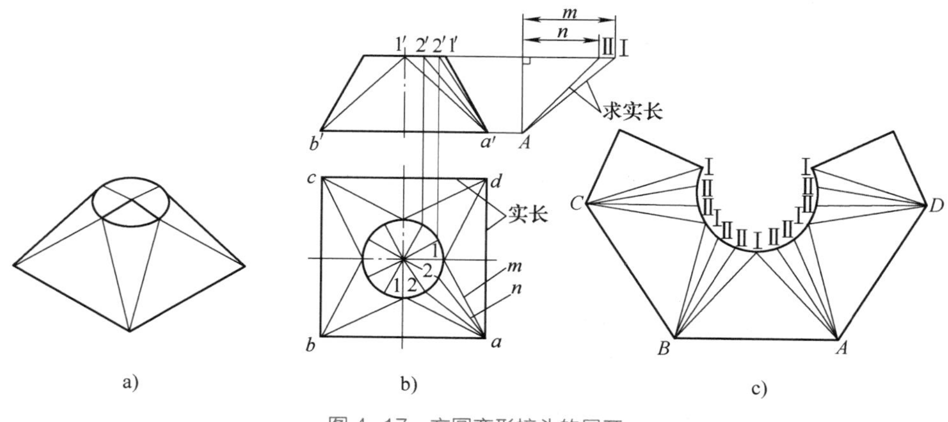

图 4-17　方圆变形接头的展开

a）轴测图　b）视图　c）展开图

在一种特制的变形较小的放样台上进行放样，然后再以相同比例将构件展开并绘制成样板图。光学划线就是将比例放样所绘制的样板图再缩小 1/10~1/5 进行摄影，然后通过投影机的光学系统，将摄制好的底片放大 25~100 倍成为构件的实际形状和尺寸，在钢板上进行划线。另外，由比例放样绘制成的仿形图，可供光电跟踪切割机使用。

（2）计算机放样　计算机辅助设计技术是利用计算机的图形系统和软件绘制工程图样，将此应用到冷作结构件的放样中，可实现冷作结构件的计算机放样，如计算机放样技术与计算机排样技术相结合，就可以组成一个完整的计算机放样系统。

二、板材、型材的展开长度计算

在对需要进行弯曲成形的材料进行下料之前，需要进行材料的展开长度计算。当弯曲件的板厚较小时，可直接按标注的直径或半径计算展开长度，但当板厚大于 1.5mm 时，弯曲内、外径相差较大，就必须考虑板厚对展开长度、高度以及相关构件的接口尺寸的影响。板厚越大，对这些尺寸的影响也越大。考虑钢板厚度而改变展开作图的图形处理称为板厚处理。

现将一厚板卷弯成圆筒，如图 4−18a 所示。从图中可以看出，纤维沿厚度方向的变形是不同的，弯曲后内缘的纤维受压而缩短，而外缘的纤维受拉而伸长。在内缘与外缘之间必然存在弯曲时既不伸长也不缩短的一层纤维，该层称为中性层，中性层的长度在弯曲过程中保持不变，因此可作为展开尺寸的依据，如图 4−18b 所示。

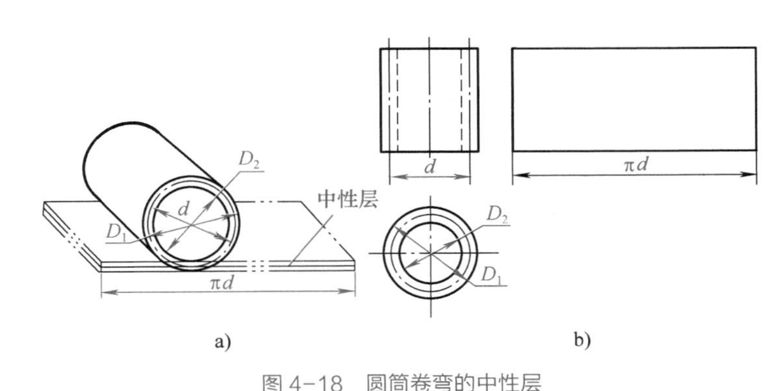

图 4−18　圆筒卷弯的中性层

a）圆筒中性层　b）圆筒采用中性层展开

一般情况下，可以将板厚中间的中心层作为中性层来计算展开长度，但如果弯曲的相对厚度较大，即厚板弯曲半径小，中心层会被拉长，计算出来的尺寸就会偏大。原因是中性层已偏离了中心层所致，这时就必须按中性层半径来计算展开长度。中性层半径可由经验公式求得

$$R=r+K\delta$$

式中　R——中性层的曲率半径；

r——弯板内弧的曲率半径；

δ——钢板的厚度；

K——中性层位置系数，其值查表 4−5。

表 4-5　中性层位置系数 K

$\frac{r}{\delta}$	≤0.1	0.2	0.25	0.3	0.4	0.5	0.8	1.0	1.5	2.0	3.0	4.0	5.0	≥5
K	0.3	0.33	0.35			0.36	0.38	0.40	0.42	0.44	0.47	0.475	0.48	0.5

1. 板材展开长度的计算

例 4-4　计算图 4-19 所示圆角 U 形板料长 L。已知 r=60mm，δ=20mm，l_1=200mm，l_2=300mm，α=120°。

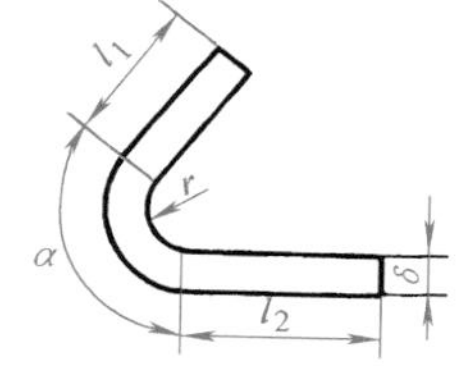

图 4-19　U 形板展开计算

解　因为$\frac{r}{\delta}=\frac{60}{20}$=3，查表 4-5 得 K=0.47。

$$L=l_1+l_2+\frac{\pi\alpha(r+K\delta)}{180°}$$
$$=\left[200+300+\frac{120°\pi(60+0.47\times20)}{180°}\right]\text{mm}$$
$$\approx645\text{mm}$$

实际上板料可以弯曲成各种复杂的形状，求展开料长时都是先确定中性层，再通过作图和计算，将断面图中的直线和曲线逐段相加得到展开长度。

2. 圆钢料长的计算

圆钢弯曲的中性层一般总是与中心线重合，所以圆钢的料长可按中心线计算。

（1）直角形圆钢的展开计算　如图 4-20a 所示，已知尺寸 A、B、d、R，则展开长度应是直线段长度和圆弧段长度之和。展开长度为

$$L=A+B-2R+\frac{\pi R+d/2}{2}$$

式中　L——展开长度（mm）；

A、B——直线段长度（mm）；

R——内圆角半径（mm）；

d——圆钢直径（mm）。

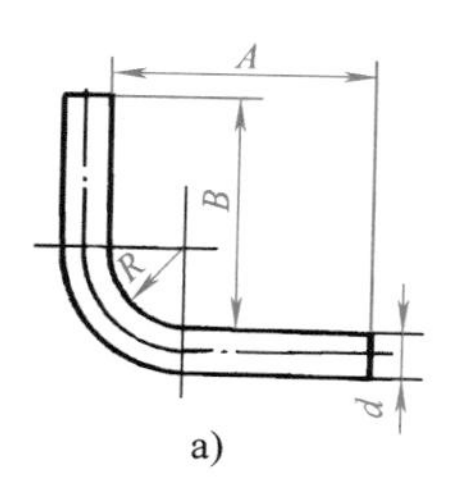

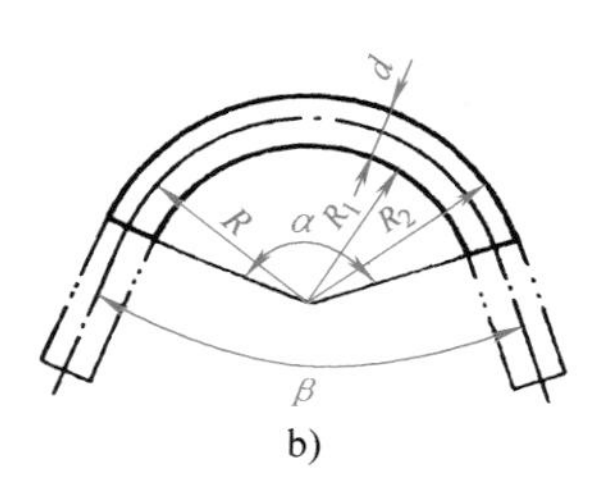

图 4-20　常用圆钢展开长度计算

a）直角形圆钢　b）圆弧形圆钢

例 4-5　图 4-20a 中，已知 A=400mm，B=300mm，d=20mm，R=100mm，求圆钢的展开长度。

解　展开长度为

$$\begin{aligned}L &= A + B - 2R + \frac{\pi(R + d/2)}{2}\\ &= \left[400 + 300 - 2\times 100 + \frac{\pi(100 + 10)}{2}\right]\text{mm} \approx (400 + 300 - 200 + 172.79)\text{mm}\\ &\approx 672.79\text{mm}\end{aligned}$$

（2）圆弧形圆钢的展开计算　如图 4−20b 所示，已知尺寸 R（或 R_1、R_2）、d、β，展开长度为

$$L = \pi R \times \frac{\alpha}{180^\circ}$$

或

$$L = \pi R \times \frac{(180^\circ - \beta)}{180^\circ}$$

$$L = \pi\left(R_1 + \frac{d}{2}\right) \times \frac{\alpha}{180^\circ}$$

$$L = \pi\left(R_2 - \frac{d}{2}\right) \times (180^\circ - \beta) \times \frac{1}{180^\circ}$$

例 4−6　图 4−20b 中，已知 R_2=400mm，d=40mm，β=60°，求圆钢的展开长度。

解　展开长度为

$$L = \pi(400 - 20) \times (180^\circ - 60^\circ) \times \frac{1}{180^\circ}\text{mm} \approx 795.87\text{mm}$$

3. 角钢展开长度的计算

角钢的断面是不对称的，所以中性层的位置不在断面的中心，而是位于角钢根部的重心处，即中性层与重心重合。设中性层离角钢根部的距离为 z_0，z_0 值与角钢断面尺寸有关，可从有关表格中查得。

等边角钢弯曲料长的计算见表 4−6。

表 4−6　等边角钢弯曲料长计算

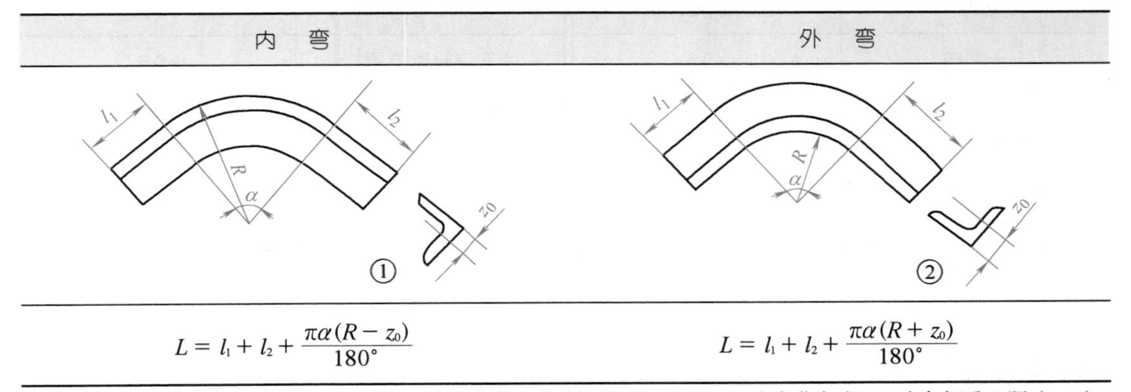

内　弯	外　弯
①	②
$L = l_1 + l_2 + \dfrac{\pi\alpha(R - z_0)}{180^\circ}$	$L = l_1 + l_2 + \dfrac{\pi\alpha(R + z_0)}{180^\circ}$

注：l_1、l_2 为角钢直边长度（mm）；R 为角钢外（内）弧半径（mm）；α 为弯曲角度；z_0 为角钢重心距（mm）。

例 4−7　已知等边角钢内弯，两直边 l_1=450mm，l_2=350mm，角钢外弧半径 R=120mm，弯曲角度 α=120°，等边角钢截面尺寸为 70mm×70mm×7mm，求展开长度 L。

解　由有关表格查得 z_0=19.9mm。

$$L = l_1 + l_2 + \frac{\alpha\pi(R - z_0)}{180^\circ} = \left[450 + 350 + \frac{\pi \times 120^\circ \times (120 - 19.9)}{180^\circ}\right]\text{mm} = 1009.5\text{mm}$$

例 4-8　已知等边角钢外弯，两直边 l_1=550mm，l_2=450mm，角钢内弧半径 R=80mm，弯曲角 α=150°，等边角钢截面尺寸为 63mm×63mm×6mm，求展开长度 L。

解　由有关表格查得 z_0=17.8mm。

$$L = l_1 + l_2 + \frac{\alpha\pi(R+z_0)}{180^\circ} = \left[550 + 450 + \frac{\pi\times150^\circ\times(80+17.8)}{180^\circ}\right]\text{mm} = 1255.9\text{mm}$$

三、工艺余量与放样允许误差

1. 工艺余量

在放样或加工过程中加放余量的措施称为工艺余量。加放余量是为了消除加工工序中的误差及变形的影响，保证产品制成后的形状和尺寸达到要求的精度。工艺余量的确定与加工工序有关。确定工艺余量时，主要考虑下列因素：

1）放样误差的影响。

2）零件加工误差的影响。

3）装配误差的影响。

4）焊接变形的影响。

2. 放样允许误差

在放样过程中，由于受到放样工具精度和操作者水平等因素的影响，实样图会出现一定的尺寸偏差。把这种偏差限定在一定的范围内，就称为放样允许误差。

在实际生产中，放样允许误差值往往随产品类型、尺寸大小和精度要求的不同而不同。表 4-7 为常用放样允许误差值。

表 4-7　常用放样允许误差值

名称	允许误差/mm	名称	允许误差/mm
十字线	±0.5	两孔之间或位置线	±0.5
平行线和基准线	±(0.5~1)	样杆、样条和地样	±1
轮廓线	±(0.5~1)	加工样板	±1
结构线	±1	装配用样杆、样条	±1
样板和地样	±1	角度	±1°

任务实施

1. 识图、分析构件图样

该构件为冶金炉炉壳主体，主要应保证有足够的强度，尺寸精度要求不高，因炉壳内还要砌筑耐火砖，所以连接部位允许按工艺要求做必要的变动。

2. 线型放样

（1）确定放样划线基准　从图 4-14 中可以看出：主视图应以中心线和炉上口轮廓线为放样划线基准，俯视图应以两中心线为放样划线基准。主、俯视图的放样划线基准确定后，再准确划出各个视图中的基准线。

（2）划出构件基本线型　先划出部件 1 的尺寸，再划出部件 3 的尺寸。部件 2 的尺寸待处理好连接部位后再确定。

3. 结构放样

（1）连接部位Ⅰ、Ⅱ的处理　部位Ⅰ可以有三种连接形式，如图 4–21 所示。从定位方面考虑，图 a、b 所示的连接形式不利，图 c 所示的连接形式最好。从焊接工艺性方面考虑，图 b 所示的连接方式不佳，因为内外两环缝的焊接均处于不利位置，装配后焊接外环缝时处于横焊和仰焊之间；而翻转后再焊内环缝时，不但需要仰焊，而且受构件尺寸限制，操作不方便。图 c 所示的连接方式更为有利，其外环缝焊接时接近平角焊，翻转后内环缝也处于平角焊位置，均有利于焊接操作。综合以上两方面因素，部位Ⅰ采取图 c 所示的连接方式。部位Ⅱ由于体积小，重量轻，易于装配焊接，故采用图 4–14 中的连接形式。

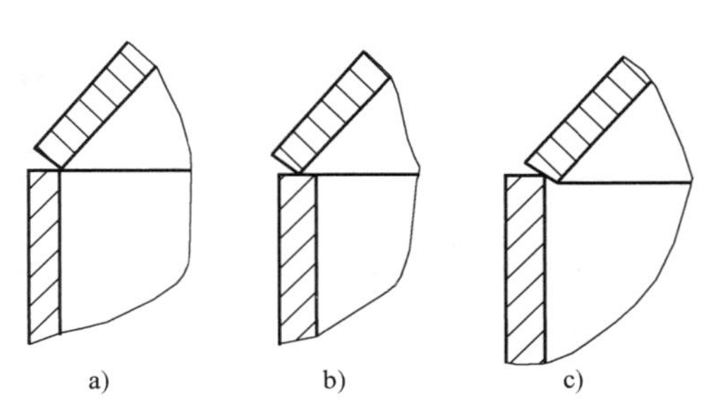

图 4–21　部位Ⅰ连接形式的比较

a）外环焊接　b）、c）内外环焊接

部位Ⅰ、Ⅱ连接方式确定后，划图 4–14 中的件 2，如图 4–22 所示。以圆筒内表面 1 点为圆心，圆锥台侧板 1/2 板厚为半径划圆。过炉底板下沿 2 点引已划出圆的切线，则此切线即为圆锥台侧板内表面线。分别过 1、2 两点引内表面线垂线，使之长度等于板厚，得 3、4、5 点。连接 4、5 点，得圆锥台侧板外表面线。同时划出板厚中心线 16，供展开放样用。

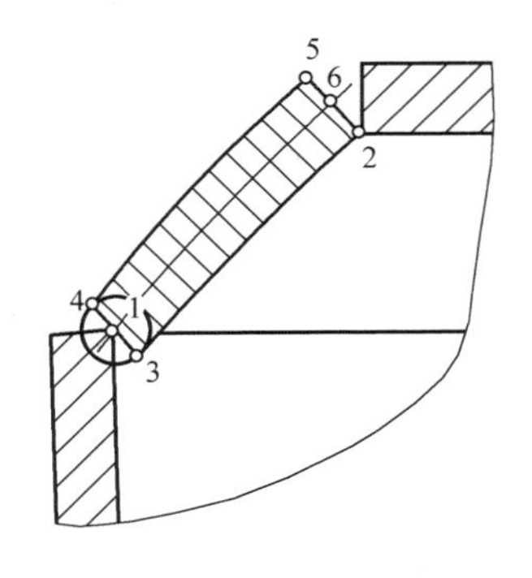

图 4–22　圆锥台侧板划法

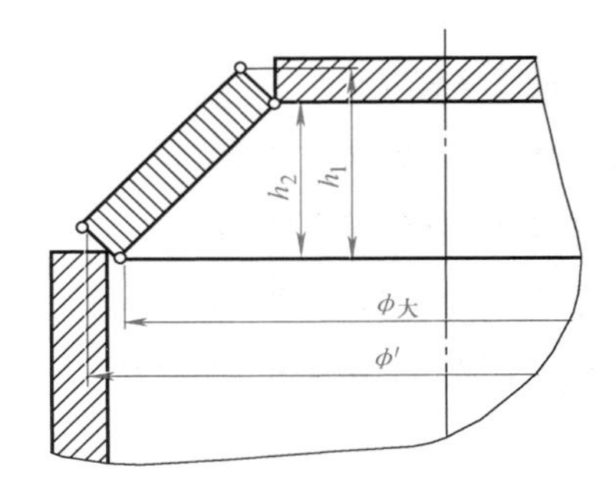

图 4–23　圆锥台的结构草图

（2）计算料长、绘制草图和量取必要数据　因为圆筒展开后为一个矩形，所以计算圆筒的料长时可不必制作划线样板，只需记录长、宽即可；做出炉底板的划线样板，为一个直径为 ϕ2mm 的整圆。由于圆锥台的结构尺寸发生变动，需要根据放样图上改动后的圆锥台尺寸，绘制出圆锥台的结构草图，以备展开放样和装配时使用，如图 4–23 所示，在结构草图上标注必要尺寸。

（3）制作样板　依据加工需要制作各类样板，圆筒卷制需要一个卡形样板，其直径 $\phi=\phi_1-2t_1$；圆锥台弯曲加工需要两个卡形样板。制作圆筒上开孔的定位样板或样杆，也可以采用实测定位或以划线样板代替。

4. 展开放样

1）做出圆锥台表面的展开图，并做出划线样板。

2）做出筒体开孔孔形的展开图，并做出划线样板。

思考与练习

一、名词解释

1. 放样 2. 实尺放样 3. 线型放样 4. 展开放样 5. 可展表面 6. 不可展表面 7. 比例放样 8. 板厚处理

二、填空题

1. 放样方法是指将零件的形状最终划到平面钢板上的方法，主要有_______、展开放样和_______与_______等。

2. 结构放样是根据图样进行工艺处理的过程。一般包括确定各连接部位的_________、图样计算或_______、_______等。

3. 可展曲面的展开方法有_______、_______和_______三种。

4. 光学放样是在实尺放样的基础上发展起来的一种新工艺，它是_______和_______的总称。

5. 在对需要进行弯曲成形的材料进行下料之前，需要进行材料的_______计算。

6. 在放样或加工过程中加放余量的措施称为_______。加放余量是为了消除加工工序中的_______的影响，保证产品制成后的_______和_______达到要求的精度。

三、简答题

1. 实尺放样的程序有哪些?

2. 简述平行线展开法的展开原理。

3. 简述放射线展开法的展开原理。

4. 简述三角形展开法的展开原理。

5. 确定工艺余量时，主要考虑哪些因素?

任务四　法兰的下料

学习目标

1. 了解下料的基本含义及在焊接结构生产中的作用。

2. 掌握钢材下料的基本方法和操作步骤。

3. 学会结合生产条件，根据具体零件正确选用下料方法。

任务描述

准备制作零部件的原材料，经划线和放样后即转入下料工序。下料是指用各种方法将毛坯或工件从原料上分离下来的工序。金属材料的下料可以采用冷切割或热切割完成。冷切割是在常温下利用机械方法使材料分离，如剪切、冲裁等，也包括近年来发展的水射流切割；热切割是利用热能使材料分离，最常见的有气体火焰切割、等离子弧切割和激光切割等。对于冷作硬化倾向或淬硬倾向较大的钢材，在机械剪切或热切割后，待焊边缘应做进一步的机械加工。对于厚板则需做边缘的坡口加工。

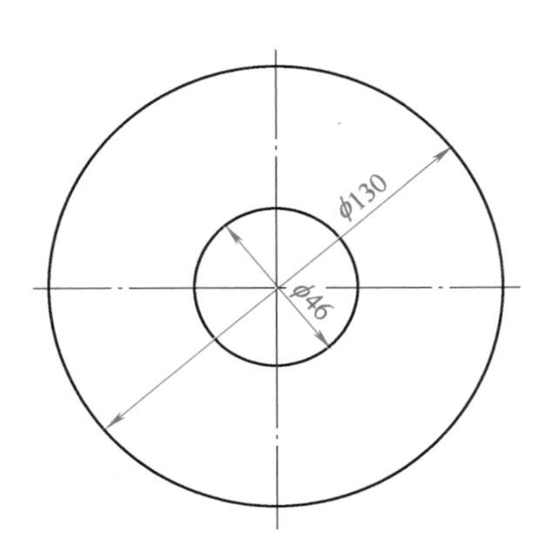

图 4-24　法兰下料的尺寸图

图 4-24 所示为法兰下料的尺寸图，外径为 ϕ130mm，内径为 ϕ46mm，钢板厚度为 16mm。请结合下料的相关知识，选择合适的下料方法对该法兰进行下料操作。

必备知识

一、手工下料

1. 克切

克切所需克子（有柄）如图 4-25 所示。它的最大特点是不受工作位置和零件形状的限制，并且操作简单，灵活。

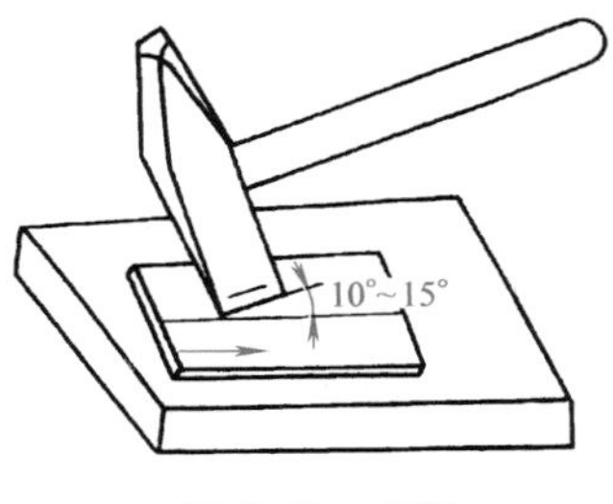

图 4-25　克切

2. 锯削

锯削所用的工具是锯弓和台虎钳。锯削可以分为手工锯削和机械锯削。手工锯削常用来切断规格较小的型钢或锯成切口。经手工锯削的零件用锉刀简单修整后可以获得表面整齐、精度较高的切断面。

3. 砂轮切割

砂轮切割是利用高速旋转的薄片砂轮与钢材摩擦产生的热量，将切割处的钢材变成“钢花”喷出形成割缝的工艺。砂轮切割可以切割尺寸较小的型钢、不锈钢、轴承钢型材。砂轮切割的速度比锯削快，但切口经加热后性能稍有变化。

型钢经剪切后的切口处断面可能发生变形，用锯削速度又较慢，所以常用砂轮切割断面尺寸较小的圆钢、钢管、角钢等。但砂轮切割一般是手工操作，灰尘很大，劳动条件很差。

二、金属材料的机械切割

1. 机械剪切工艺及设备

（1）机械剪切工艺　剪切就是用上、下剪切切削刃的相对运动切断材料的加工方法。它是冷作产品制作过程中下料的主要方法之一。剪切时，被剪切的板料放置在工作台上，置于上、下剪切切削刃之间，由于滑块在曲柄连杆机构的带动下，上剪切切削刃做上下运动，这样就形成了剪切过程而将板料切断分离。

板材剪切的切口应与板材表面垂直，斜度不应大于1∶10，毛刺不大于0.5mm。当按挡铁剪切时，剪切的尺寸误差为 ±（1.5~2.5）mm。当按剪切线剪切时，剪切尺寸误差与板材的宽度和厚度有关，应符合表 4–8 的规定。

表 4–8　板材剪切尺寸误差　（单位：mm）

板材宽度	不同厚度板材剪切尺寸误差		
	板厚6~8	板厚9~12	板厚13~16
<100	1.0	1.5	1.5
>100~250	1.5	1.5	2.0
>250~650	1.5	2.0	2.5
>650~1000	2.0	2.0	2.5
>1000~1600	2.0	2.5	3.0
>1600~2500	2.5	2.5	3.5
>2500~4000	2.5	3.0	3.5
>4000~6500	3.0	3.0	3.5

（2）机械剪切设备　剪切设备主要有剪板机、冲压剪切机和联合冲裁机等。其中，剪板机是常用的剪切设备。剪板机按刀片的形状分为直刀剪板机和圆盘刀剪板机。

1）直刀剪板机简称剪板机。龙门剪板机（龙门剪床）是应用最广泛的一种剪板机，其外形结构如图 4–26 所示。技术参数见表 4–9。这种形式的剪板机只能横向剪切长度（或宽度）小于刀片长度的板材。龙门剪板机的刀片倾斜角小，床身刚性大，压板力大，每分钟剪切次数多，并可进行精密剪切。

图 4–26　龙门剪板机

表 4-9　龙门剪板机的技术参数

型号	剪板尺寸/(mm×mm)	剪刀往复次数/(次/min)	外形尺寸(长×宽×高)/(mm×mm×mm)
Q11-13×2500	13×2500	28	2595×2190×2446

剪切板料厚度小于 14mm 的剪板机多为机械传动。剪板机的机械传动系统分上传动和下传动两种。下传动系统的工作原理如图 4-27 所示。在大批量生产中，剪板机的前后可以配备机械化的上下料装置，也可采用程序控制系统实现剪切自动化。

2）圆盘刀剪板机是用两个圆盘状刀具旋转剪切圆形件的专用剪板机，这种剪板机通常配备可转动板材的机构，主要用于制备小批量的圆形坯料。可剪板厚一般为 1~6mm。

3）冲压剪切机也称剪切冲型机。剪切头上下装有两把短刀，一把固定，另一把做高速短行程运动，连续地对板料做直线或曲线的剪切。

4）联合冲裁机的应用范围较广，可以剪切圆钢、方钢、角钢，并可对板材和型材进行冲孔。

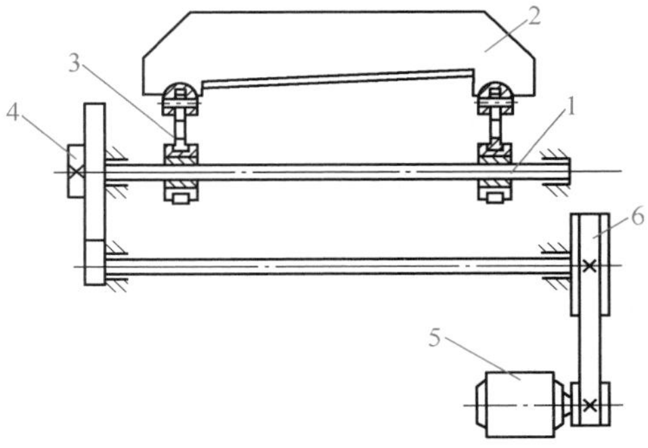

图 4-27　剪板机下传动系统的工作原理
1—偏心轴　2—上刀架　3—连杆　4—离合器
5—电动机　6—带轮

2. 冲裁工艺及设备

（1）冲裁工艺　冲裁是利用模具使板料分离的冲压工艺方法。根据零件在模具中的位置不同，冲裁分为落料和冲孔。当零件从模具的凹模中得到时称为落料，而在凹模外面得到零件时称为冲孔。冲压中材料的分离过程大致可分为弹性变形、塑性变形和剪裂分离三个阶段，如图 4-28 所示。

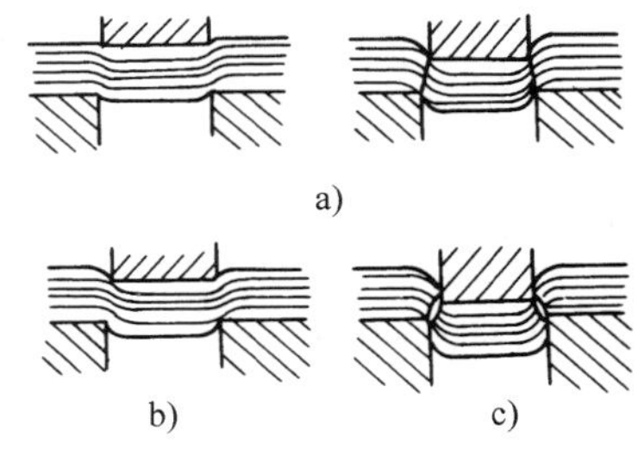

图 4-28　冲裁时板料的分离过程
a）弹性变形阶段　b）塑性变形阶段
c）剪裂分离阶段

1）冲压件的工艺性。冲压件的工艺性是指冲压件对冲压工艺的适应性，包括冲压件在结构形状、尺寸大小、尺寸公差与尺寸基准等方面的适应性。在考虑、设计冲压工艺时，应遵循下列原则：①有利于简化工序和提高生产率。即用最少和尽量简单的冲压工序来完成全部零件的加工，尽量减少用其他方法加工。②有利于减少废品，保证产品质量的稳定性。③有利于提高金属材料的利用率，减少材料的品种和规格，尽可能降低材料的消耗。④有利于简化模具结构和延长冲模的使用寿命。⑤有利于冲压操作，便于组织实现自动化生产。⑥有利于产品的通用性和互换性。

2）合理排样。在实际生产中，排样方法可分为有废料排样、少废料排样和无废料排样三种，如图 4-29 所示。

排样时，工件与工件之间或孔与孔间的距离称为搭边。工件或孔与坯料侧边之间的余量称为边距。在图 4-30 中，b 为搭边，a 为边距。搭边和边距的作用，是用来补偿工件在冲压过程中的

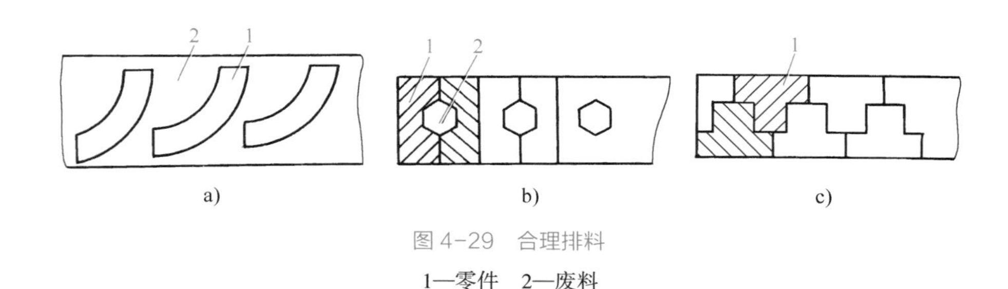

图 4-29 合理排料

1—零件 2—废料

定位误差的。同时，搭边还可以保持坯料的刚度，便于向前送料。

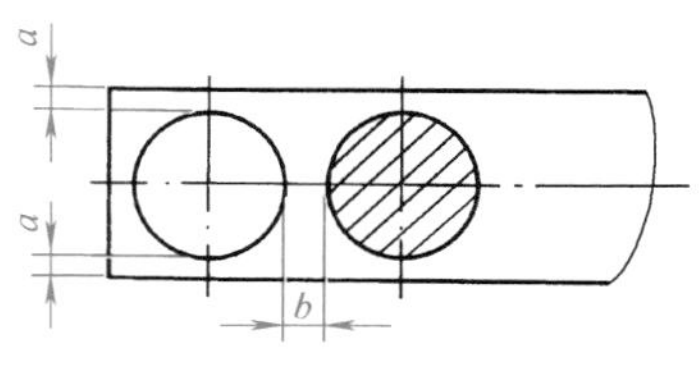

图 4-30 搭边及边距

3）影响冲压件质量的因素。①冲压件的形状尺寸：如果冲压件的尺寸较小，形状也简单，则零件质量容易保证。反之，就易出现质量问题。②材料的力学性能：如果材料的塑性较好，其弹性变形量较小，则冲压后的回弹量也较小，因而容易保证零件的尺寸精度。③冲压模的刃口尺寸：冲压件的尺寸精度取决于上、下模具的刃口部分的尺寸公差，因此冲压模的制造精度越高，冲压件的质量就越好。④冲模的间隙：上、下模具间合理的间隙，能保证良好的断面质量和较高的尺寸精度。间隙过大或过小，使冲压件断面出现毛刺或撕裂现象。

（2）冲裁设备　在汽车、电器等制造行业中，数控冲模回转头压力机是在大批量生产形状复杂的薄板件时常用的冲裁设备，其外形如图 4-31 所示。其特点是在压力机滑块与工作台之间装有一副可存放若干套模具的回转头。

三、金属材料的热切割

金属材料的热切割主要有气割、等离子弧切割和激光切割等。

1. 气割

（1）气割的原理　钢材气割的原理如图 4-32 所示，气割是利用气体火焰的热能将工件切割

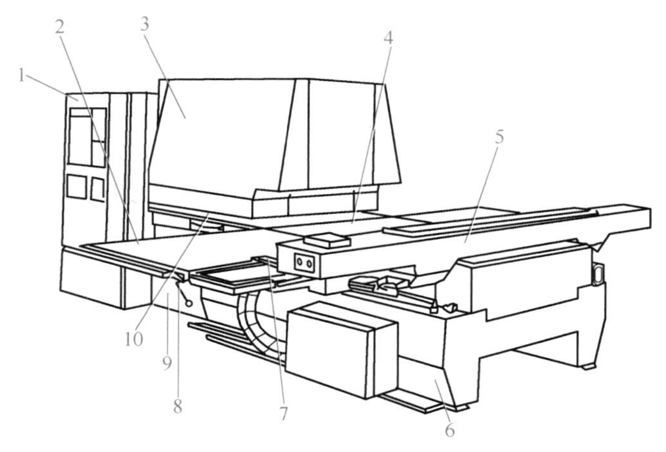

图 4-31 数控冲模回转头压力机外形

1—数控柜 2—前工作台 3—外罩 4—中心工作台板件和板坯滑道 5—滑动托架 X 轴传动 6—基座 Y 轴传动 7—板材夹具及其接近开关 8—定位器 9—机身 10—补充工作台

处加热到能在氧气中燃烧的温度后，通过切割氧气使金属剧烈氧化成氧化物，并从切口处吹掉，从而达到分离金属材料的方法。气割的实质是金属在纯氧中燃烧的过程，而不是熔化的过程。气割过程如图 4-33 所示。

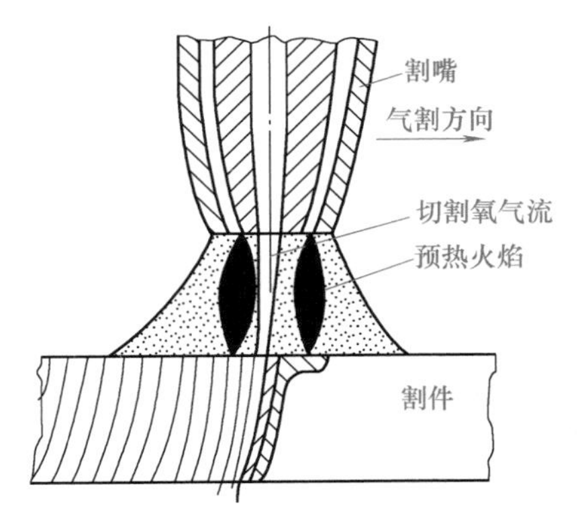

图 4-32　气割原理示意图

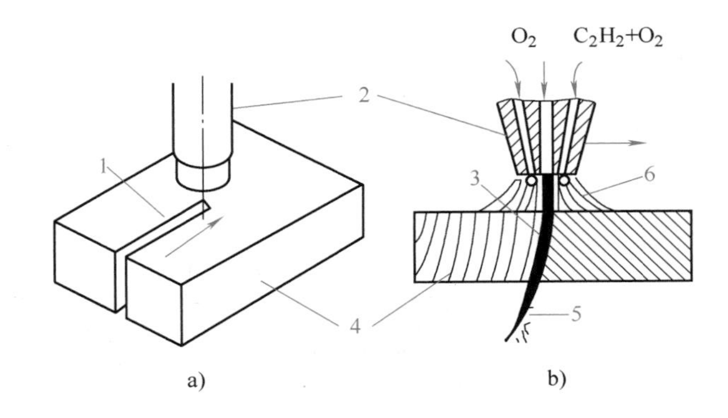

图 4-33　气割过程

1—割缝　2—割嘴　3—氧气流　4—工件　5—氧化物　6—预热火焰

（2）金属气割应具备的条件

1）金属的燃点必须低于其熔点，这是保证气割是在燃烧过程中进行的基本条件。否则，气割时便成了金属先熔化后燃烧的熔割过程，使割缝过宽，而且极不整齐。

2）金属氧化物的熔点低于金属本身的熔点，同时流动性应好。否则，将在割缝表面形成固态熔渣而阻碍氧气流与下层金属接触，使气割不能进行。

3）金属燃烧时应放出较多的热。满足这一条件，才能使上层金属燃烧产生的热量对下层金属起预热作用，使切割过程能连续进行。

4）金属的导热性不应过高，否则，散热太快会使割缝金属温度急剧下降，达不到燃点，而使气割中断。如果加大火焰能率，又会使割缝过宽。

综合上述可知：纯铁、低碳钢、中碳钢和普通低合金钢能满足上述条件，所以能顺利地进行氧气切割。

（3）气割设备　在钢铁材料的下料工序中，气割设备的应用最普遍，现以手工气割为例简单介绍其设备组成。气割设备主要由割炬、乙炔钢瓶、氧气瓶、减压阀和回火保险器等组成。

1）手工割炬。手工割炬按其结构不同，可分为射吸式割炬和等压式割炬两种。

射吸式割炬的外形及结构如图 4-34 所示。其特点是氧气通过喷嘴 6 以很高的速度进入射吸管 7，造成负压，将低压燃气吸入射吸管，在混合气管 8 内混合后流到割嘴 10，点燃后形成预热火焰，借助燃气调节阀 3 和预热氧调节阀 4 可以调节氧气和燃气的流量和火焰的特性。

等压式割炬的外形和结构如图 4-35 所示，其特点是燃气和预热氧分别由单独的管路进入割嘴内混合。由于燃气是靠自身的压力进入割嘴，故低压燃气不适合于这种割炬，而必须采用中压燃气。等压式割炬具有气体调节方便、火焰燃烧稳定和不易回火等优点，其应用面较广。

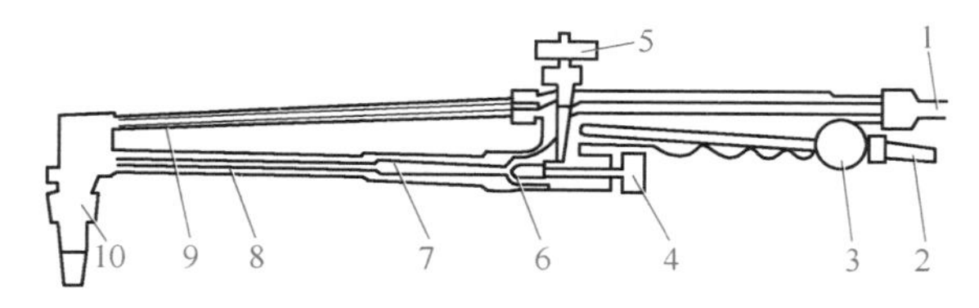

图 4-34　手工射吸式割炬的外形及结构

1—氧气进口接头　2—燃气进口接头　3—燃气调节阀　4—预热氧调节阀　5—切割氧调节阀　6—喷嘴　7—射吸管　8—混合气管　9—切割氧气管　10—割嘴

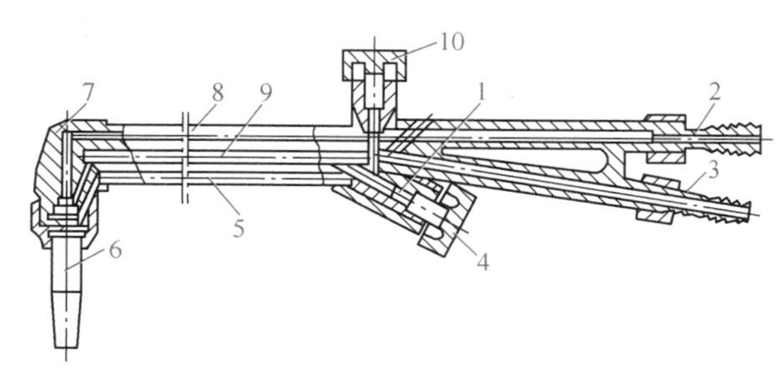

图 4-35　等压式割炬的外形和结构

1—割炬体　2—氧气进口接头　3—燃气进口接头　4—预热氧调节阀　5—预热氧气管　6—割嘴　7—割嘴接头　8—切割氧气管　9—燃气管　10—切割氧调节阀

2）乙炔钢瓶与氧气瓶。乙炔钢瓶内充满浸渍丙酮的硅酸钙颗粒。乙炔能在一定的压力下溶解于丙酮内，当压力降低时，再释放出乙炔。氧气瓶是存储高压气态氧的一种高压容器。当氧气瓶的使用超过规定期限时，应送交检测单位进行安全鉴定。只有检验合格的氧气瓶，才能允许继续使用。

3）减压阀与回火保险器。减压阀是气割不可缺少的器具之一。其作用是将各种气瓶或管路的气压降低到工作压力，并保持压力稳定。回火保险器也是气割系统中必备的一种安全装置，即使是采用稳定性较好的丙烷等工业燃气，回火保险器也是必需的，以确保整个气割系统及周围设施的安全。

视频：氧乙炔切割

2. 等离子弧切割

等离子弧切割是目前在工业生产中应用最广的一种气体放电切割方法。它是利用高温高速等离子弧，将切口金属及氧化物熔化，并将其吹走而完成切割过程的。由于等离子弧的温度和速度极高，任何高熔点的氧化物都能被熔化并吹走，因此可切割各种金属。目前，等离子弧切割主要用于切割不锈钢，铝、镍、铜及其合金等金属和非金属材料。等离子弧切割属于熔化切割，这与气割在本质上是不同的。另外，等离子弧切割与传统的气割相比，还具有能量集中、切割变形小、切割起始端不需预热等优点。图 4-36 所示为等离子弧数控切割机。

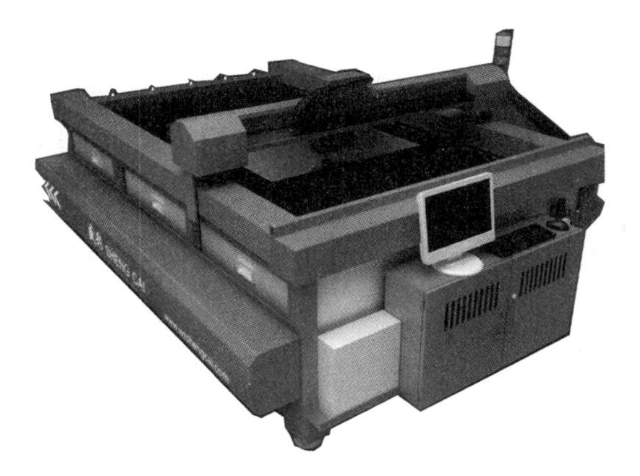

图 4-36　等离子弧数控切割机

3. 激光切割

激光切割是利用能量高度集中的激光束熔化或汽化被切割材料，并借助辅助气体将熔化金属吹除形成切口的切割方法。与其他热切割方法相比，激光切割具有如下优点：①切割质量优异。激光切割切口特别细，且平直，热影响区小，底边不粘附熔渣。大多数切割件无须再做进一步的机械加工。②切割效率高。激光束的功率密度大，切割速度高，特别是薄板的切割，最高可达 5m/min。③切割材料种类不受限制。激光切割可以用于几乎所有的金属材料和非金属材料。④切割变形小。因激光束能量高度集中，因此切割变形小，精度高，可以省略切割后的矫正等后续工作。但是激光切割设备的一次性投资大，当采用惰性气体作为辅助气体时，生产成本较高。图 4-37 所示为数控激光切割机系统结构示意图。

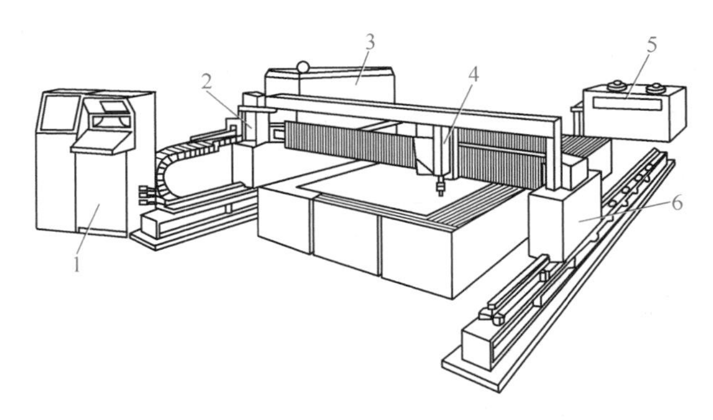

图 4-37　数控激光切割机系统结构示意图

1—CNC 控制系统　2—驱动系统　3—激光器　4—激光切割头　5—排烟系统　6—门式机架

四、金属材料的边缘加工

1. 边缘加工工艺

金属材料的边缘加工可以采用刨削、铣削、车削等切削加工工艺。板材的边缘加工一般采用刨削和铣削。采用这种机械加工方法可加工各种形式的坡口，如 I、V、U、X 及双 U 形坡口等；也可以采用热切割方法切割坡口，如用自动或半自动切割设备，同时使 1~3 把割炬，一次可切割出 I、

V 和 X 形坡口。管材等的边缘加工则主要采用车削加工。对于大型或重型结构部件，因工件尺寸太大，超过常规机床的加工范围，采用电动砂轮磨头进行磨削加工是一种经济而实用的方法。对于大直径薄壁容器的环缝，可采用碳弧气刨进行背面的清根和坡口的制备。

2. 边缘加工设备

金属材料的边缘加工设备按工件的形状可分为板材坡口加工设备、管材坡口加工设备和筒体及封头坡口加工设备三类。这里只介绍板材的边缘加工设备，其余设备会在本书后面的章节中介绍。

在工业生产中，常用的板材坡口加工设备有刨边机、铣边机和滚剪机等。刨边机和铣边机的基本结构相同，只是铣边机装有铣削动力头，而刨边机则将刀架装在行走拖板上。图 4-38 所示为单头铣边机结构的外形。对于厚板的边缘加工，也可以采用双头铣边机。如采用成形刀具，铣边机也可以加工出 U 形坡口。

图 4-38　单头铣边机结构的外形

图 4-39 所示为另一种结构形式的铣边机，与前述铣边机相比，它具有体积小、结构简单、操作方便和功效高的特点。加工板材边缘坡口时，将工件放在滚珠托架上，待加工边缘插入工作

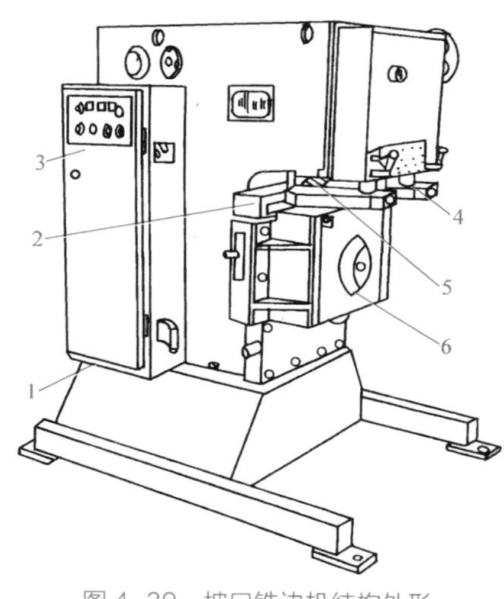

图 4-39　坡口铣边机结构外形

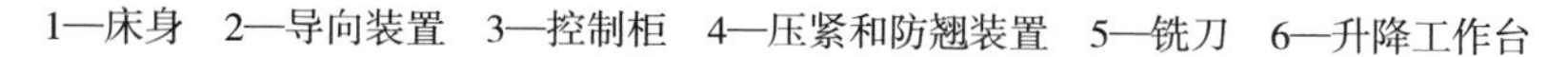

1—床身　2—导向装置　3—控制柜　4—压紧和防翘装置　5—铣刀　6—升降工作台

视频：封头的坡口加工

平台和压板之间后，导向装置顶紧板材边缘，将工件以加工速度向前平移，直至整个长度加工结束。这种铣边机不仅可以加工长方形的平板边缘坡口，也可以加工圆形板坯边缘的坡口。

任务实施

在金属材料下料的众多方法中，气割是应用最为广泛的一种下料方式。本任务选择气割的方法对法兰件进行下料。

1. 气割前的准备

1）检查工作场地是否符合安全要求。

2）检查切割氧气流线。将预热火焰调整为中性焰，然后打开切割氧调节阀，切割氧气流线应为笔直而清晰的圆柱体，并有适当的长度，这样才能使工件切口表面光滑干净，宽窄一致。

3）将割件表面用钢丝刷仔细清除氧化皮等杂质。将割件放置在切割平台上。

2. 气割操作

气割法兰时，一般先割外圆，后割内圆。为了提高切口质量，均采用简易划规式割圆器进行切割，如图 4-40 所示。

（1）切割外圆

1）气割前，先用样冲在圆的中心打个定位眼。

2）将简易划规式割圆器的割炬箍套在割嘴上，然后调节定心锥尖与割炬切割氧喷射孔中心的距离，使其等于待割圆半径，并拧紧顶丝。

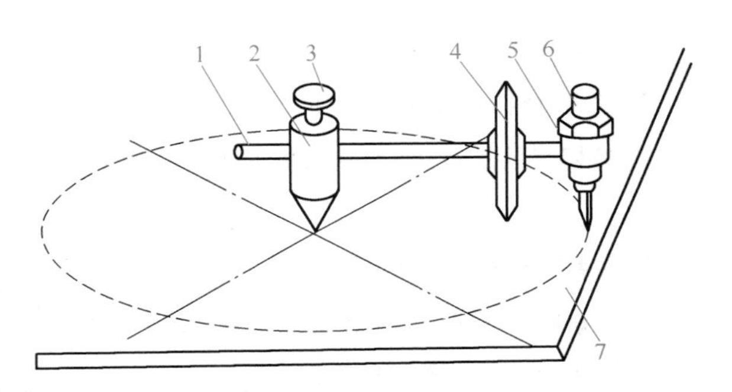

图 4-40　使用割圆器切割法兰

1—圆规杆　2—定心锥　3—顶丝　4—滚轮　5—割炬箍　6—割炬　7—被割件

3）切割。先开乙炔阀，再开低压氧阀。将火焰调整为中性焰或轻微的氧化焰。预热，待边缘预热到呈亮红色时，慢慢打开切割氧开关，当看到割件的背面飞出氧化铁渣时，证明割件已经被割透，然后慢慢将割炬移向法兰的中心，当定心锥尖落入定位眼后，便可进入正常切割。切割过程中，割嘴到割件表面的距离应始终保持在 3~5mm，割炬移动的速度要均匀。将割炬沿圆周旋转一圈，法兰即从钢板上落下。

（2）切割内孔

1）选用 G01-30 型割炬，1 号割嘴，切割氧压力为 0.5MPa。

2）调节定心锥尖与割炬切割氧喷射孔中心的距离，使其等于内圆半径，并拧紧顶丝。

3）起割时应先在内圆上开起割孔（在内圆切割线上钻 ϕ10mm 的通孔）。开起割孔时应注意以下几点：

①起割孔一般距切割线 5~15mm。

②为加快预热温度，预热火焰的能率应选择得大一些，或调成弱氧化焰。

③为防止熔渣堵塞割嘴，起割时割炬应后倾 20° 左右。

④当起割点被加热到亮红色时，便可慢慢开启切割氧调节阀，将割件割穿。

⑤若一次未能割穿，应另换一处重新起割，或从对面继续起割。

4）割穿起割孔后，即可将割炬慢慢移向切割线，同时将定心锥尖放入定位眼内，然后移动割炬，将内圆割下。

3. 割件的质量检查

（1）外观检查　主要检查项目包括检查气割切口表面是否平整干净、割纹是否均匀一致，检查切口边缘是否有熔化现象，检查切割直线段的平直程度等。

（2）尺寸检测　测量割件的各部分尺寸是否符合图样的要求。

思考与练习

一、名词解释

1. 下料　2. 剪切　3. 搭边　4. 边距

二、填空题

1. 金属材料的下料可以采用________和________完成。

2. 冷切割是在常温下利用机械方法使材料分离，如__________、__________等，也包括近年来发展的__________。

3. 金属材料的热切割主要有________、________和激光切割等。

4. 板材剪切的切口应与板材表面垂直，斜度不应大于________，毛刺不大于0.5mm。

5. 金属材料的边缘加工可以采用________、________、________等切削加工工艺。

6. 剪切设备主要有________、________和________等。其中，剪板机是常用的剪切设备。

7. 金属气割过程包括________、________和________。

8. 冲裁是________________________的工艺方法。根据零件在模具中的位置不同，冲裁分为______和__________。

9. 当零件从模具的凹模中得到时称为________，而在凹模外面得到零件时称为________。

10. 在实际生产中，排样方法可分为________、________和________三种。

三、判断题

1. 气割时预热火焰性质对气割过程没有太大影响。（　）

2. 气割过程的实质是金属在纯氧中燃烧的过程，而不是被熔化的过程。（　）

3. 气割速度越快、生产率越高。（　）

4. 气割可以切割低碳钢、低合金钢和铸铁。（　）

5. 割炬是气割工作的主要工具。（　）

四、简答题

1. 设计冲裁工艺时应遵循哪些原则?

2. 影响冲压件质量的因素有哪些?

3. 简述气割的原理。

4. 金属气割应具备哪些条件?

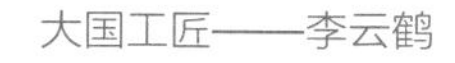

大国工匠——李云鹤

项目五

焊接结构件的成形加工

项目概述

成形加工是在不破坏坯料的完整性，并保持材料应有性能的条件下产生一定量的塑性变形，形成所要求形状成品的过程。在各类焊接结构制造中，成形加工已成为不可缺少的重要制造工艺之一，其工作量在整个制造过程中占有相当大的比重。尤其在锅炉、压力容器和管道的生产中，80%~90%的零部件都需经成形加工。成形工艺不仅会影响到产品的质量，而且对生产周期和制造成本也会产生很大的影响。本项目以典型结构件的成形加工为例，使学生在了解焊接结构成形加工的基本知识，掌握成形加工工艺，熟悉使用各种成形加工设备的基础上，能够对给定的典型构件正确选择成形加工设备，并能正确使用设备进行加工操作。用企业产品在真实的企业情境中组织教学，让学生感受到企业氛围和文化，培养学生的职业道德和职业素养，培养学生自主学习、与人合作、与人交流的能力。

任务一　板材的机械压弯成形

学习目标

1. 了解板材压弯成形加工工艺的特点。
2. 掌握钢板压弯成形的基本方法及工艺过程。
3. 学会结合生产条件合理制定典型零件的压弯成形工艺。

任务描述

在组成焊接结构的各种零部件中，各种几何断面形状的金属板箱、柜、翼板、肋板、矩形管、U形梁和屏板等薄板制件的制作都是使用弯曲设备进行的。折弯机是机械加工行业中应用比较多的一种弯曲设备，它的作用是可以把各种厚度的钢板材料折弯成相应的角度。

现有一批厚度为4mm的Q235板材需要进行弯曲操作，请结合压弯成形的相关知识，正确选择加工设备，并对板材进行弯曲加工。

必备知识

一、压弯成形工艺

1. 材料的弯曲变形过程

弯曲加工所用坯料通常为钢材等塑性材料，这些材料的变形过程如下：

（1）初始阶段　当坯料上作用有外弯曲力矩时，将发生弯曲变形。坯料变形区内，靠近曲率中心一侧（简称内层）的金属在外弯矩引起的压应力作用下被压缩缩短，远离曲率中心一侧（简称外层）的金属在外弯矩引起的拉应力作用下被拉伸伸长。在坯料弯曲过程的初始阶段，外弯矩的数值不大，坯料内应力的数值小于材料的屈服强度，仅使坯料发生弹性变形。

（2）塑性变形阶段　当外弯矩的数值继续增大时，坯料的曲率半径随之缩小，材料内应力的数值开始超过其屈服强度，坯料变形区的内表面和外表面首先由弹性变形状态过渡到塑性变形状态，以后塑性变形由内、外表面逐步向中心扩展。

（3）断裂阶段　坯料发生塑性变形后，若继续增大外弯矩，待坯料的弯曲半径小到一定程度时，将因变形超过材料自身变形能力的限度，而在坯料受拉伸的外层表面，首先出现裂纹，并向内伸展，致使坯料发生断裂破坏。

弯曲过程中，材料的横截面形状也要发生变化，无论宽板、窄板，在变形区内材料的厚度均有变薄现象。

2. 材料的压弯变形方式

压弯成形时，材料的弯曲变形可以有自由弯曲、接触弯曲和校正弯曲三种方式，如图5-1所示。材料弯曲时，板料仅与凸、凹模三条线接触，弯曲圆角半径r_1是自然形成的，这种弯曲方式称作自由弯曲，如图5-1a所示；若板料弯曲到直边与凹模表面平行，而且在长度ab上互相靠紧时停止弯曲，弯曲件的角度等于模具的角度，而弯曲圆角半径r_2仍是自然形成的，则这种弯曲方式称作接触弯曲，如图 5-1b 所示；若将板料弯曲到与凸凹模完全紧靠，弯曲圆角半径 r_3 等于模具圆角半径 $r_凸$ 时才结束弯曲，则这种弯曲方式称作校正弯曲，如图 5-1c 所示。

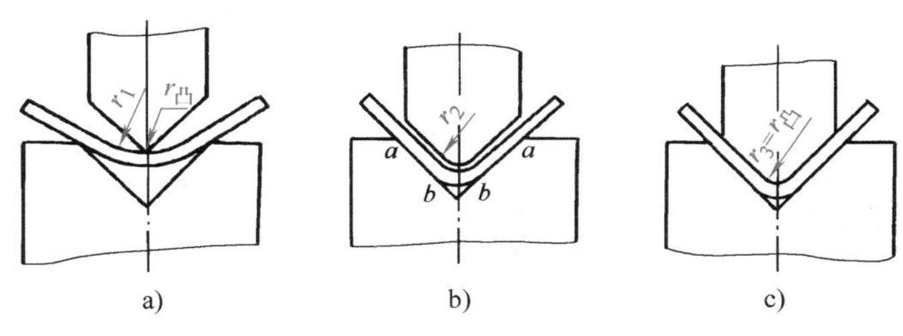

图 5-1　板料弯曲时的三种变形方式

a）自由弯曲　b）接触弯曲　c）校正弯曲

采用自由弯曲时，所需弯力小，但工作时靠调整凹模槽口的宽度和凸模的下死点位置来保证零件的形状，批量生产时弯曲件质量不稳定，所以它多用于小批生产中的大型零件的压弯。

视频：机械压弯变形

采用接触弯曲或校正弯曲时，由模具保证弯曲件精度，弯曲件质量较高而且稳定，但所需弯曲力较大，并且模具制造周期长、费用高。所以它多用于大批量生产中的中、小型零件的压弯。

3. 最小弯曲半径

材料在不发生破坏的情况下所能弯曲的最小曲率半径，称为最小弯曲半径。材料的最小弯曲半径，是材料性能对弯曲加工的限制条件。采用适当的工艺措施，可以在一定程度上改变材料的最小弯曲半径。

影响材料最小弯曲半径的因素有：

（1）材料的力学性能　材料的塑性越好，其允许变形程度越大，则最小弯曲半径可以越小。

（2）弯曲角 α　在相对弯曲半径 r/δ 相同的条件下，弯曲角 α 越小，材料外层受拉伸的程度越小而越不易弯裂，最小弯曲半径可以取较小值。反之，弯曲角 α 越大，最小弯曲半径也应增大。

（3）材料的纤维方向　经轧制的钢材会形成各向异性的纤维组织，钢材平行于纤维方向的塑性指标大于垂直于纤维方向的塑性指标。所以，当弯曲方向与材料纤维方向垂直时，可用较小的弯曲半径。如果弯曲线与纤维方向平行时，弯曲半径应增大，否则容易破裂。当沿几个方向弯曲时，应使弯曲线与纤维方向成一定角度，一般为 30°，如图 5-2 所示。

（4）板料边缘的飞边　飞边会引起应力集中。如果飞边在弯角的外侧，往往引起过大的拉应力，而将工件拉裂，因此必须增大弯曲半径。反之，若飞边处于内侧，由于内层是压应力，不致引起开裂，因此相应的最小弯曲半径就可以小一些。为了防止开裂，弯曲前应清除边缘飞边，在弯边的交接处钻止裂孔（图 5-3）。

（5）其他因素　材料的厚度和宽度等因素也对最小弯曲半径有影响。如薄板可以取较小的弯曲半径，窄板料也可取较小的弯曲半径。当材料剪断面质量和表面质量较差时，弯曲时易造成

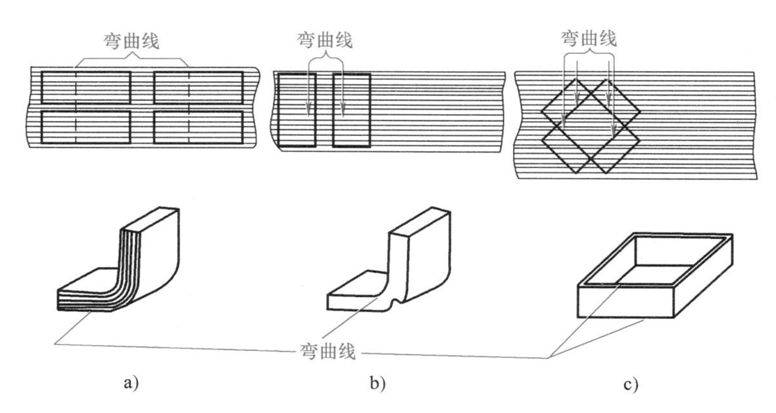

图 5-2　纤维方向对弯曲半径的影响

a）弯曲线与纤维方向重直　b）弯曲线与纤维方向平行　c）弯曲线与纤维方向成一定角度

应力集中，从而使材料过早破坏，这种情况下应采用较大的弯曲半径。

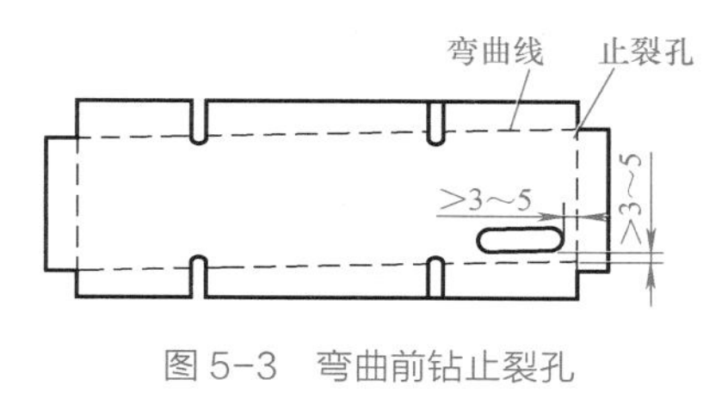

图 5-3　弯曲前钻止裂孔

在一般情况下，弯曲半径应大于最小弯曲半径。若由于结构要求等原因，弯曲半径必须小于或等于最小弯曲半径时，则应该分两次或多次弯曲，也可以采用热弯或预先退火的方法，以提高材料的塑性。

4. 弯曲回弹

通常在材料发生塑性变形时，仍有部分弹性变形存在。而弹性变形部分在卸载后（除去外弯矩）要恢复原态，使弯曲件的曲率和角度发生变化，这种现象称为回弹，如图 5-4 所示。回弹现象的存在，直接影响弯曲件的几何精度，必须加以控制。

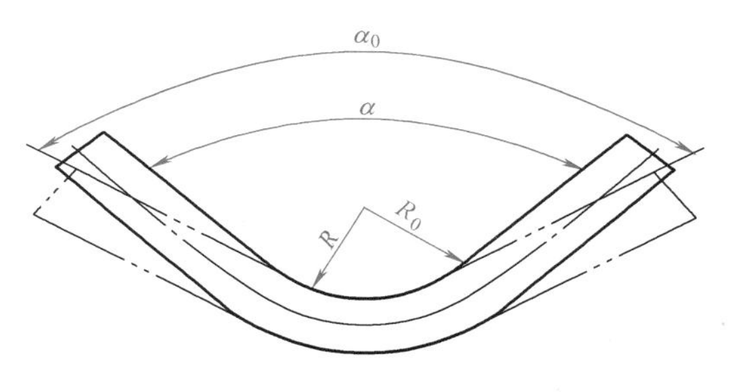

图 5-4　弯曲件的回弹

（1）影响回弹的因素

1）材料的屈服强度越高，弹性模量越小，加工硬化越剧烈，弯曲变形的回弹越大。

2）材料的相对弯曲半径 r/δ 越大，材料变形程度就越小，则回弹越大。

3）在弯曲半径一定时，弯曲角 α 越大，表示变形区长度越大，回弹也越大。

4）其他因素例如零件的形状、模具的构造、弯曲方式及弯曲力的大小等，对弯曲件的回弹也有一定的影响。

（2）减小回弹的主要措施

1）将凸模角度减去一个回弹角，使板料弯曲程度加大，板料回弹后恰好等于所需的角度。

想一想

拉弯与压弯最本质的区别是什么？

2）采取校正弯曲，在弯曲终了时进行校正，即减小凸模接触面积或加大弯曲部件的压力。

3）减小凸模与凹模的间隙。

4）采用拉弯工艺。

5）在必要时，如果条件允许，可采用加热弯曲。

二、压弯成形设备

1. 弯曲设备

弯曲设备主要是各种类型的折弯机，利用折弯机弯曲各种几何断面形状的金属板箱、柜、盒壳、翼板、肋板、矩形管、U形梁等薄板制件。本部分主要针对机械板式折弯机介绍其结构特点和工作原理。

机械板式折弯机是采用曲柄连杆滑块机构，将电动机的旋转运动变为滑块的往复运动进行折弯的。其传动系统如图5-5所示，由拖板1、连杆3、曲轴4和工作台26等组成。

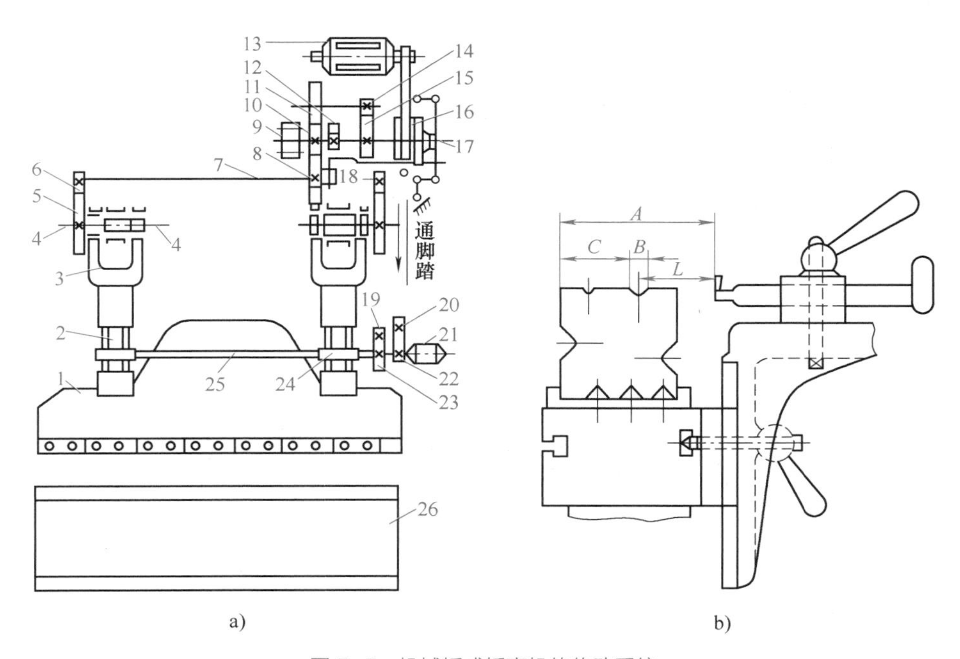

图5-5　机械板式折弯机的传动系统

a）传动系统　b）挡板定位

1—拖板　2—连杆螺钉　3—连杆　4—曲轴　5、6、8、10—齿轮　7—传动轴　9—止动器　11、12、14、15—变速器齿轮　13、21—电动机　16—带轮　17—主轴　18—齿轮变速齿条　19、20、22、23—齿轮　24—蜗杆　25—轴　26—工作台

A—下模侧面至挡板端面的距离　*B*—下模槽口宽度

C—下模侧面至下模槽口边缘的距离　*L*—弯曲线至坯料边缘的距离

这种折弯机拖板的起落和上下位置的调节由两个独立的传动系统带动，拖板位置的调整是由电动机21通过齿轮22、20、19、23驱动轴25，使蜗杆24转动，带动连杆螺钉2旋转，推动连杆3，这样可通过电动机的换向调节拖板的上、下位置，而拖板的起落是由电动机13通过带轮16、

齿轮 10、8 带动传动轴 7 转动，并带动齿轮 6、5 和曲轴 4 转动，使连杆 3 带动拖板 1 起落，以进行折弯加工。

2. 弯曲模具

折弯机上用的弯曲模具可分为通用模具和专用模具两类。图 5-6 所示为通用弯曲模的断面形状。上模一般是 V 形的，有直臂式和曲臂式两种，下端的圆角半径由几种固定尺寸组成一套。圆角较小的上模夹角制成 15° 。下模一般是在四个面上分别加工出适应机床弯制零件的几种固定槽口，槽口的形状一般是 V 形或矩形，这些槽口都能弯制钝角和锐角零件。下模的长度一般与工作台面相等或稍长一些，也有较短的。弯曲模上下模的高度根据机床闭合高度确定，在使用弯曲模时其弯曲角度大于 18° 。

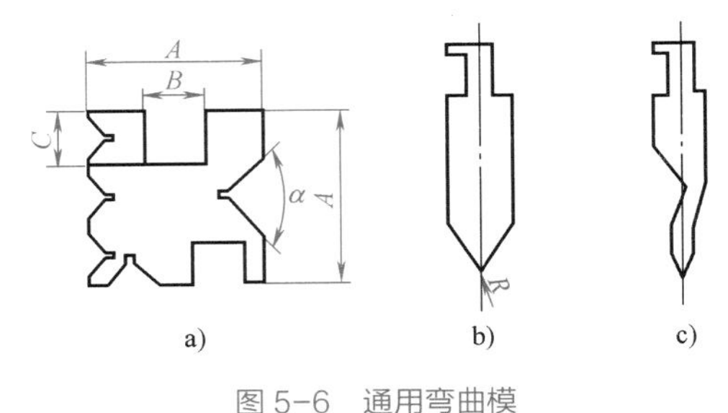

图 5-6　通用弯曲模

a）通用凹模　b）直臂凸模　c）曲臂凸模

采用通用弯曲模具弯制多角的复杂零件时，根据弯角的数目、弯曲半径和零件的形状，必须经多次调整挡板，更换上模及下模。弯制时的先后次序很重要，其原则是由外向内依次弯曲成形。若弯曲的零件弯曲半径相同而各部分尺寸不相等，如图 5-7a 所示，必须多次调整挡板位置，下模可用同一槽口，在前三次弯曲时，可采用直臂式上模，如图 5-7b 所示，最后一次采用曲臂式上模，如图 5-7c 所示。

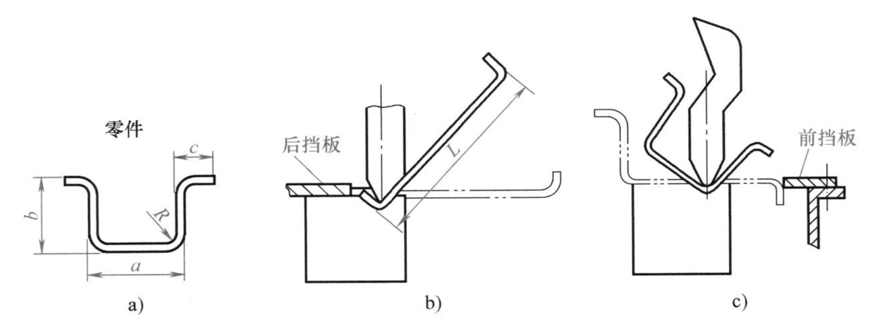

图 5-7　槽形零件弯曲工序

a）零件　b）第一、第二道工序　c）最后一道工序

任务实施

由于待加工的板材属于薄板，因此本任务选择折弯机进行板材的弯曲加工。

1. 折弯机的工作原理

折弯机包括支架、工作台和夹紧板，工作台置于支架上，工作台由底座和压板构成，底座通过铰链与夹紧板相连，底座由座壳、线圈和盖板组成，线圈置于座壳的凹陷内，凹陷顶部覆有盖板。使用时由导线对线圈通电，通电后对压板产生引力，从而实现对压板和底座之间薄板的夹持。

2. 弯曲操作过程

严格遵守机床工安全操作规程，按规定穿戴好劳动防护用品。

1）首先接通电源，在控制面板上打开钥匙开关，再按液压泵起动开关。

起动前需认真检查电动机、开关、线路和接地线是否正常和牢固，检查设备各操纵部位、按钮是否在正确位置；检查上下模的重合度和坚固性；检查各定位装置是否符合被加工的要求；在上滑板和各定位轴均未在原点的状态时，运行回原点程序。

2）设备起动后空运转 1~2min，上滑板满行程运动 2~3 次，如发现有不正常声音或有故障时应立即停车，将故障排除，一切正常后方可工作。

3）行程调节。使用折弯机必须注意调节行程，在折弯前一定要试车。折弯机上模下行至最底部时必须保证有一个板厚的间隙，否则会对模具和机器造成损坏。行程的调节也有电动快速调整和手动微调。

4）折弯槽口的选择。一般要选择板厚 8 倍宽度的槽口，如折弯 4mm 的板料，需选择 32mm 左右的槽口。

5）后挡料板调整一般都有电动快速调整和手动微调，方法同剪板机。

6）踩下脚踏开关开始折弯。折弯机与剪板机不同，可以随时松开，松开脚踏开关折弯机便停下，再踩继续下行。工作时应由一人统一指挥，使操作人员与送料压制人员密切配合，确保配合人员均在安全位置方准发出折弯信号。

7）弯曲结束后，将板料卸下。关机前，要在两侧液压缸下方的下模上放置木块，将上滑板下降到木块上，先退出控制系统程序，后切断电源。

思考与练习

一、名词解释

1. 自由弯曲　2. 接触弯曲　3. 校正弯曲　4. 最小弯曲半径　5. 回弹

二、填空题

1. 材料的弯曲变形过程分为_______、_______和_______三个阶段。

2. 弯曲过程中，材料的横截面形状也要发生变化，无论宽板、窄板，在变形区内材料的厚度均有_______现象。

3. 压弯成形时，材料的弯曲变形可以有_______、_______和_______三种方式。

4. 当弯曲方向与材料纤维方向_______时，可用较小的弯曲半径。如果弯曲线与纤维方向_______时，弯曲半径应增大，否则容易破裂。

5. 如果飞边在弯角的_______，往往引起过大的_______，而将工件拉裂，因此必须_______弯曲半径。

6. 由于结构要求等原因，弯曲半径必须小于或等于最小弯曲半径时，则应该分_______或_______弯曲，也可采用_______或_______的方法，以提高材料的塑性。

7. 采用通用弯曲模具弯制多角的复杂零件时，根据_______、_______和零件的形状，必须经多次调整挡板，更换上模及下模。

三、简答题

1. 影响最小弯曲半径的因素有哪些?

2. 影响回弹的因素有哪些?

3. 减小回弹的主要措施有哪些?

任务二 容器筒体的卷弯成形

学习目标

1. 了解钢板卷弯成形加工工艺的特点及在容器筒体、锥形封头制造过程中的应用。

2. 掌握钢板卷弯成形的基本方法及工艺过程。

3. 学会结合生产条件合理制定典型零件卷弯成形的工艺。

任务描述

在焊接结构制造中，有相当一部分构件，如压力容器，石油化工中的塔、罐，锅炉的锅筒，球形、椭圆形或锥形封头，大直径管道，车辆船舶中的弧形构件等，都需在焊接之前进行弯曲成形加工。卷弯成形作为弯曲成形加工中的一种常用加工工艺，在容器筒体、锥形封头的制造过程中应用十分广泛。

卷弯（滚弯）成形是将板材或型材通过成形机械的辊轴转动，并施加一定的压力使其弯曲成形的工艺方法。对于板材的卷弯，在工程上习惯称为卷板，它是焊接结构制造中的最主要的成形工艺之一。图 5-8 所示矩形板料为容器筒体展开结构，尺寸为 3 165mm × 1 500mm × 8mm。请结合卷弯成形相关知识，选择正确的成形设备，对所给结构进行卷弯加工。

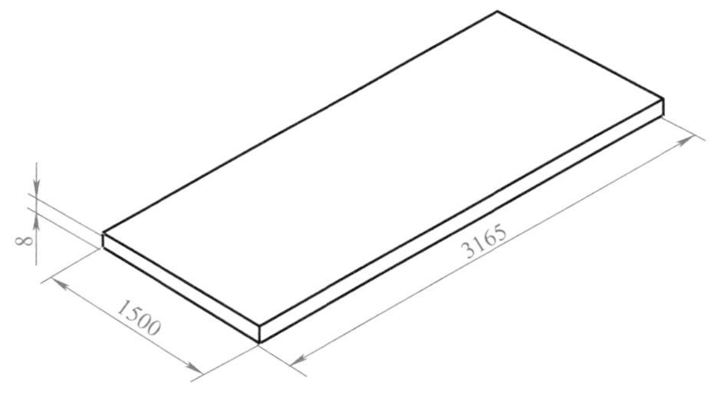

图 5-8 板料尺寸

必备知识

一、钢板卷制的形式

按卷制温度的不同，卷弯可以分为冷卷、热卷和温卷三种形式。

1. 冷卷

冷卷是在常温下卷制，适用于薄板和中厚板。冷卷在操作上比较方便，曲率容易控制，而且经济。但较厚的板材要求设备功率较大，并易产生冷作硬化现象，卷制时板材有回弹现象。

2. 热卷

热卷是指在温度不低于 700℃时进行的卷制，常用于厚板。热卷的卷板机功率消耗要比冷卷少，并能防止材料的冷作硬化现象，也没有回弹现象。所以热卷筒节只要控制好坯料的下料尺寸，卷制到闭合即可。热卷的缺点是板材被加热到高温，表面会产生较严重的氧化皮；高温状态下劳动条件差，操作有一定的困难；板材壁厚有轧薄现象；工件表面氧化皮会脱落到工件和辊筒之间，易使内、外表面出现严重的麻点和凹坑等表面缺陷。

小知识

筒节在弯曲成形时，通常当 $D/\delta>40$ 时，采用冷卷；当 $D/\delta<40$ 时，必须采用热卷（D—筒体直径，δ—钢板厚度）。

3. 温卷

温卷是指将板材加热到500~600℃进行的卷制。与冷卷相比，板材塑性稍高，可以减少冷卷脆断的可能性和降低卷板机的负荷。与热卷相比，可减轻因氧化皮而引起的筒节表面缺陷和改善劳动条件。不足之处是成形后的筒节内存在因卷制而引起的内应力，根据要求有时需要进行去应力退火。

二、卷弯成形工艺

板材的卷弯工艺由预弯、对中、卷弯和矫正四个步骤组成。

1. 预弯

卷弯时只有钢板与上辊轴接触的部分才能得到弯曲，所以钢板的两端各有一段长度不能发生弯曲，这段长度称为剩余直边。剩余直边的大小与设备的弯曲形式有关，钢板弯曲时的理论剩余直边值见表5–1。为了消除剩余直边，必须先对板材进行预弯，使剩余直边弯曲到所需要的曲率半径后再卷弯。预弯有以下几种方法：

表5–1　钢板弯曲时的理论剩余直边值

设备类型		卷板机			压力机
弯曲形式		对称弯曲	不对称弯曲		模具压弯
			三辊	四辊	
剩余直边	冷弯	$L/2$	$(1.5\sim2)\delta$	$(1\sim2)\delta$	1.0δ
	热弯	$L/2$	$(1.3\sim1.5)\delta$	$(0.75\sim1)\delta$	0.5δ

（1）通用模压弯　通用模压弯是指在压力机上用通用模具进行多次压弯成形，如图5–9a所示。这种方法适用于各种厚度的板预弯。

（2）模板卷弯　模板卷弯是指在三辊卷板机上用模板预弯，如图5–9b所示。这种方法适用于 $\delta\leqslant\delta_0/2$，$\delta\leqslant24\text{mm}$，并且不超过设备能力的60%。

（3）垫板、垫块卷弯　这是指在三辊卷板机上用垫板、垫块预弯，如图5–9c所示。这种方法适用于 $\delta\leqslant\delta_0/2$，$\delta\leqslant24\text{mm}$，并且不超过设备能力的60%。

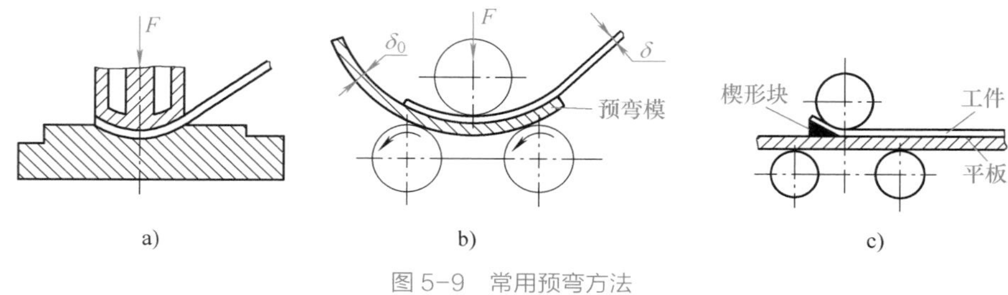

图 5-9 常用预弯方法

a）通用模压弯 b）模板卷弯 c）垫板、垫块卷弯

解决板材卷弯剩余直边的另一种方法是卷弯前两端预留余量。切割下料时，在板材两端预留稍大于剩余直边长度的余量，待卷弯后再气割去除，但气割下的余量若不能使用，则会造成材料的浪费。因此也可采用少留余量而用废料拼接成具有足够支撑能力的直边长度，待辅助卷弯后再切除的工艺方法，如图 5-10 所示。

视频：预弯的常用方式

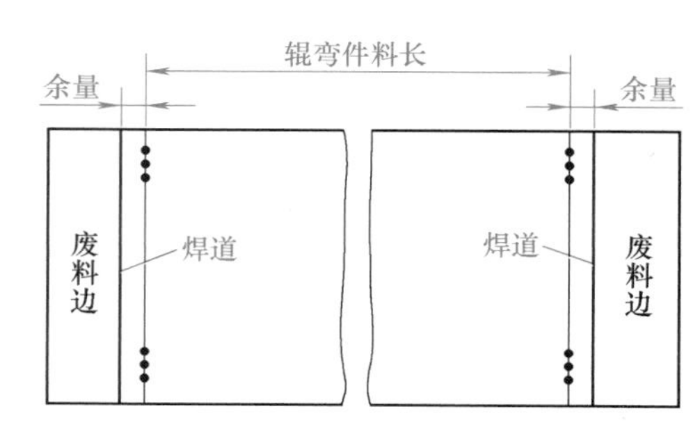

图 5-10 利用废料边进行卷弯的方法

2. 对中

对中的目的是使工件的素线与辊轴轴线平行，防止产生扭斜，保证卷弯后工件几何形状准确。对中的方法有侧辊对中、专用挡板对中、倾斜进料对中和侧辊开槽对中等，如图 5-11 所示。

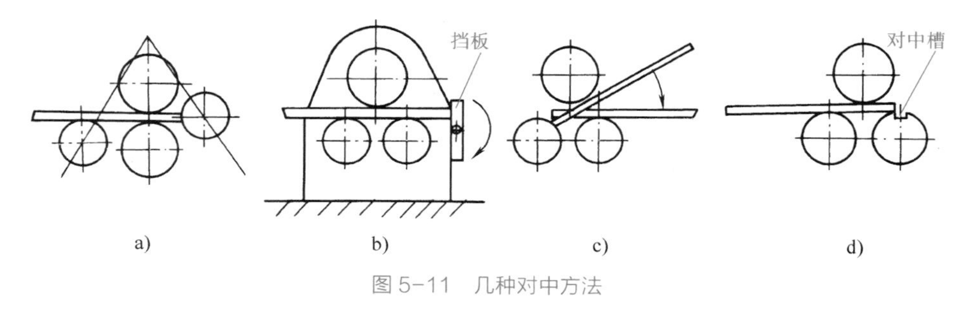

图 5-11 几种对中方法

a）用侧辊对中 b）专用挡板对中 c）倾斜进料对中 d）侧辊开槽对中

3. 卷弯

在卷弯过程中，只要保持上辊轴上下不动，三根辊轴相互平行，工件的曲率经过几次由小到大的试卷，最后即可达到要求。但是在卷弯过程中常出现过弯现象，特别是较厚的钢板，一旦曲率半径过小就很难矫正。因此，卷弯前应制出符合工件曲率半径的卡样板，在卷弯过程中经常使

用卡样板检查是否符合曲率半径，以此控制上轴辊的压下量（每次压下量一般为 5~10mm）。在钢板厚度较大、卷弯直径较小时，冷卷易产生较严重的加工硬化和较大的内应力，甚至产生裂纹。因此，当碳素钢板厚度大于或等于圆筒内径的 1/40 时应进行热卷。各种卷板机的卷弯过程如图 5–12 所示。

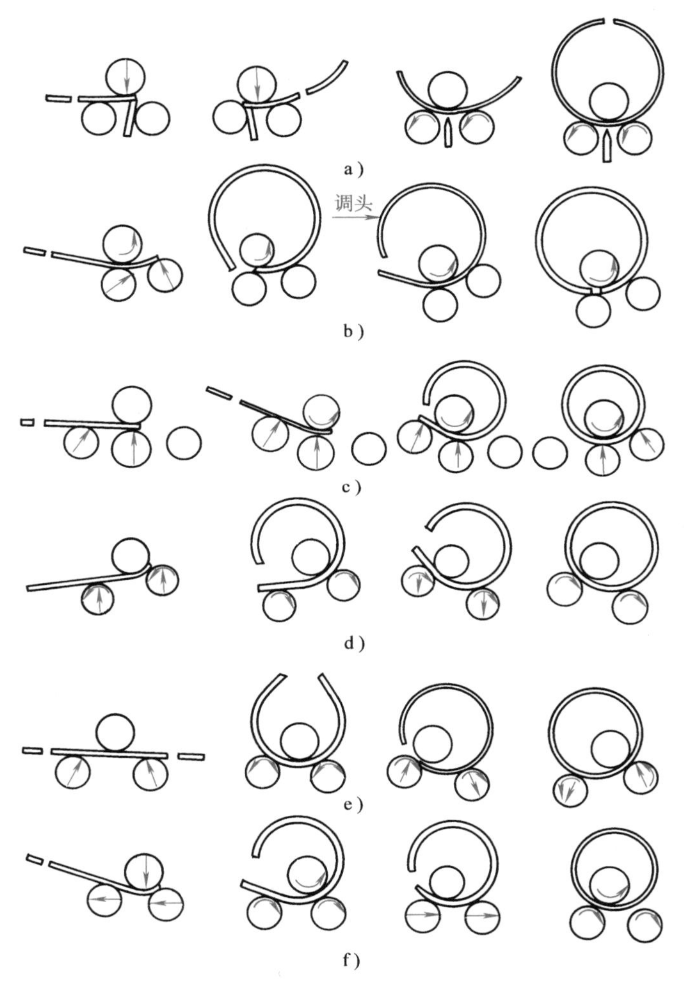

图 5–12　各种卷板机的卷弯过程

a）带弯边垫板的对称三辊卷板机　b）不对称三辊卷板机　c）四辊卷板机　d）偏心三辊卷板机　e）对称下调式三辊卷板机　f）水平下调式三辊卷板机

4. 矫正

若板材两端在预弯时的曲率半径不符合要求，或卷弯时曲率不均匀，则卷弯后会在接口处出现外凸或内凹的缺陷。要消除这些缺陷，可以在定位焊或焊接后进行局部压制卷弯，称为矫正。图 5–13 所示为矫正棱角的几种方法。对于较厚圆筒，焊后经适当加热再放入卷板机内需长时间加压滚动，也可达到矫圆的目的。

视频：卷弯

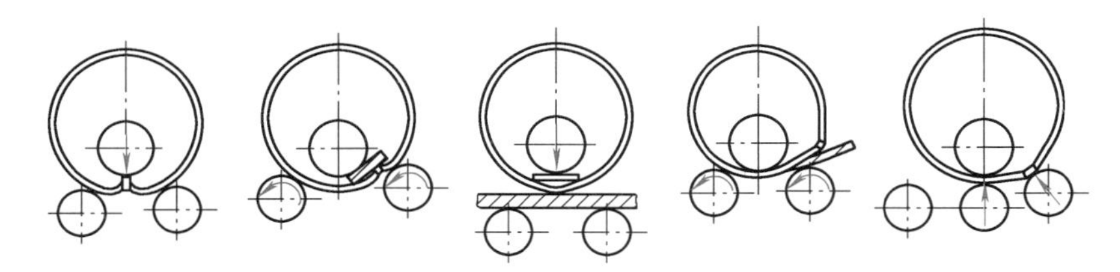

图 5-13　矫正棱角的几种方法

三、卷弯成形设备

卷弯成形设备包括板料卷弯机和型材卷弯机。在工程上常把板料卷弯机称为卷板机，将型材卷弯机称为型材弯曲机。卷板机按照控制方式分为普通式、水平下调式和微机控制式三种；按照上下轴辊的分布位置分为对称式和不对称式两种；按照轴辊数量又分为三辊卷板机和四辊卷板机。这里只介绍普通对称式三辊卷板机的结构特点。

1. 三辊卷板机的工作原理

图 5-14a 所示为卷板机的工作原理，将板料放在下轴辊上，下表面与下轴辊的最高点 B、C 相接触，上表面恰好与上轴辊的最低点 A 相接触，使上、下轴辊之间的垂直距离等于板厚。

板料卷弯时，由于轴辊的旋转、轴辊与板材间产生的压力和摩擦力，带动板材移动、自动送进连续滚压，使板材在全部滚到的范围内形成圆滑的弯曲面。

在三个轴辊中，两个下轴辊是主动辊，可进行同方向同速旋转，并可根据卷弯工件的曲率大小调节其轴向间距。而上轴辊是从动辊，改变其位置，可改变板材的弯曲半径，如图 5-14b 所示。同时，板材的弯曲半径还取决于上辊的下压量，下压量越大，弯曲半径越小。

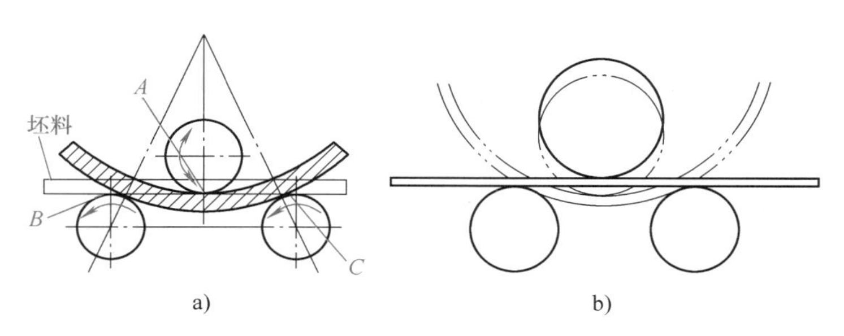

图 5-14　三辊卷板机弯曲原理

a）工作原理　b）轴辊位置变动

2. 三辊卷板机的结构

图5-15所示为对称式三辊卷板机的结构，它主要由机架、上下轴辊、传动系统和操作系统组成。其两下辊呈水平分布，安装在固定轴承内，由电动机经减速器中的齿轮带动，通过控制系统能控制两轴辊做相同转速的正、反向旋转。

工作时通过控制开关操纵，能使安装在固定轴承中的上轴辊，在铅垂方向上做上下调节运动，对板施加压力，其左端伸出的圆锥杆与压紧丝杠组成卸料装置，能在卸料时施加反力矩，使上轴辊不能下落压住工件。

图 5-15　对称式三辊卷板机的结构

1—减速器　2—电动机　3—控制开关　4—电源箱　5—卸料装置　6—固定轴承　7—上轴辊　8—侧辊　9—插销　10—活动轴承

卷板机的右端装有活动轴承，当工件卷弯成形后，只要旋下左端的压紧丝杠压紧上轴辊左侧伸出端，使上轴辊保持平衡，即可将活动轴承卸下，使工件沿轴辊轴线方向右移取出。这种卷板机结构简单、紧凑，易于维修，成形较准确，因而应用较广泛。

3. 常用三辊卷板机的型号及技术规格

（1）卷板机型号的含义

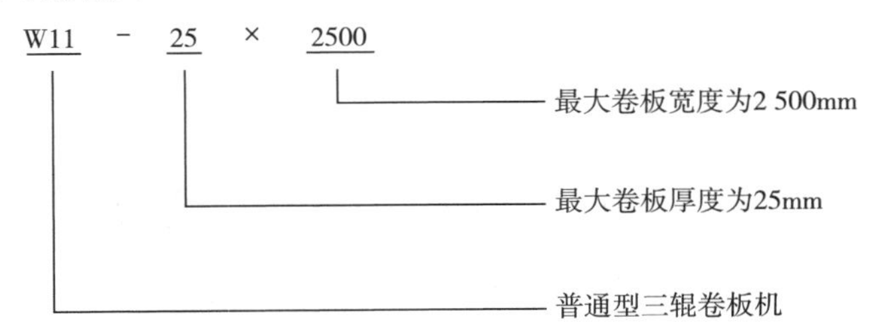

（2）技术规格　常用三辊卷板机的型号及技术规格见表 5-2。

表 5-2　常用三辊卷板机的型号及技术规格

型号	最大卷板厚度/mm	最大卷板宽度/mm	卷板速度/(m/min)	最小弯曲直径/mm	材料屈服强度/MPa	主电动机功率/kW
W11-2×1600	2	1 600	11	240	250	4
W11-5×2000	5	2 000	7	380	250	11/4
W11-8×2500	8	2 500	5.5	600	250	11
W11-25×2500	25	2 500	5	950	250	30

任务实施

1. 材料准备

准备如图 5-8 所示的板料，尺寸规格为 3 165mm × 1 500mm × 8mm。卷板机操作人员应了解机器的结构，并具备电气基本常识，接通主电源，空载运转（冬季液压泵电动机空转 10~20min 后方可正常工作）。如果所卷板材为气割下料，则应先去掉气割金属渣、焊点及附属物，以保证卷板机的使用寿命。

2. 起动前任务

1）清理干净板料板面，不得有油污，防止出现打滑现象。

2）检查各润滑口是否通畅，检查齿轮齿槽内有无异物。

3）检查各部位有无异常，电动机、减速器螺栓联接是否牢固，制动器应正常可靠。

4）严格按板材厚度调整轴辊间距离，不得超负荷作业。不能卷压超出力学性能规定范围的工件。

5）必须在工件放平稳，位置正确后才能开始运转操作，由专人指挥并应明确信号。

3. 操作中任务

1）选择适当的加工方法进行板料的预弯。

2）将板料送入上、下轴辊之间。

3）对中板材，使板边与下轴辊平行，误差以 1~2mm 为宜，防止出现筒节歪扭和错边的现象。

4）板料应放在轴辊中间卷弯。

5）工件进入轴辊后，手不得放在被卷压的板材上，不准用样板进行检查，停机后方可用样板检查圆度。

6）起动主电动机。操作控制器上有六个控制键，绿色表示起动，红色表示停止，“上”字表示上轴辊向上移动，“下”字表示上轴辊向下移动，“左转”表示平行的两个轴辊向左转动，“右转”表示平行的两个轴辊向右转动。按操作按钮开始卷制，工作时卷板机两侧不得有人，以防卷制工件窜出发生意外。经过多次加压反、正转，完成卷制工作。

4. 完成卷制任务

1）如发现机床运转有异常声响，应立即停机检查，调整、修理。

2）停止主电动机，使上轴辊升至取出位置，取出销子，将活支架拉倒，将卷制工件取出，然后将各部件恢复到原位置。

3）停机后将工件放置到指定地点。

图 5-16 所示为用卷板机进行筒体的卷制。

图 5-16　筒体的卷制

思考与练习

一、名词解释

1. 卷弯　2. 剩余直边

二、填空题

1. 按卷制温度的不同，卷弯可以分为_______、_______和_______三种形式。

2. 板材的卷弯，工程上习惯称为卷板，其工艺由_______、_______、卷弯和_______四个步骤组成。

3. 常用的预弯方法有_______、_______和_______。

4. 解决板材卷弯剩余直边的两种方法是______________和______________。

5. 对中的目的是使工件的_______与_______平行，防止产生_______，保证卷弯后工件几何形状准确。

6. 对中的方法有_______、_______、_______和_______等。

三、简答题

1. 按卷制工艺的不同，卷弯可以分为哪几种？各有什么特点？

2. 简述三辊卷板机的工作原理。

任务三　封头的压制成形

学习目标

1. 了解压力容器中封头的基本形式及特点。

2. 掌握常用封头加工设备的使用方法及加工工艺。

3. 学会结合生产条件制定具体结构封头的压制成形方案。

任务描述

封头是石油化工、原子能到食品制药诸多行业压力容器设备中不可缺少的重要部件，是压力容器的一个主要承压部件。根据几何形状的不同，可分为球形、椭圆形、碟形、球冠形、锥壳和平盖等几种，其中球形、椭圆形、碟形、球冠形封头又统称为凸形封头。按照成形方式不同，封头可分为冲压成形封头和旋压成形封头。封头加工质量直接关系到压力容器的长期安全可靠运行。现需加工一低碳钢封头，封头的主要参数及技术要求如下：

主要参数：内径 D_i=4 200mm；板厚 δ=55mm；直边高 h=50mm。

技术要求：最大最小直径差 $e < 0.5\%D_i$；形状偏差最大间隙 =1.25%D_i；直径公差 3mm；最小厚度 δ_{min}=48mm；总高度公差 0~0.5%D_i。

请选用适当的成形加工方式确定该封头的加工工艺并加工封头。

必备知识

一、拉深成形工艺

拉深也称压延或拉延，它是利用模具使平板坯料成形为开口空心零件的一种冲压工艺方法，应用相当广泛。利用拉深工艺，可以制成各种直壁类或曲面类的零件，其工序如图 5-17 所示。在焊接结构中，利用拉深成形工艺制造的结构元件主要有各种封头、瓦片、管坯和瓜瓣等。

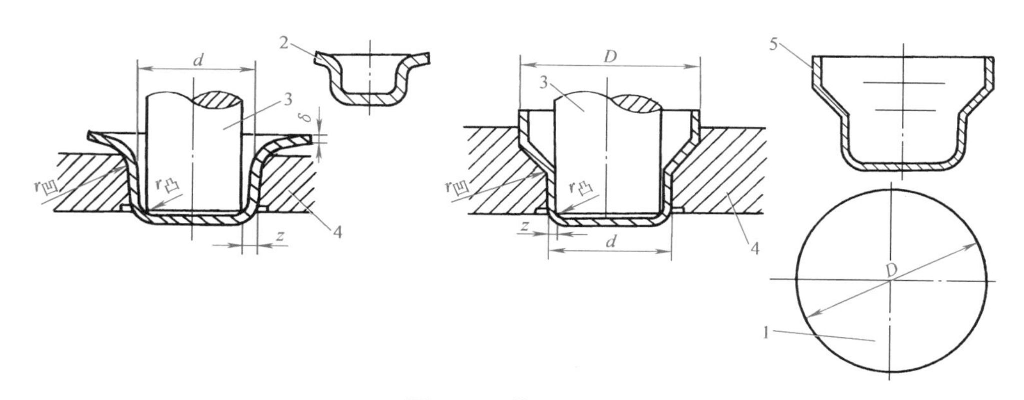

图 5-17　拉深工序图

1—坯料　2—第一次拉深的产品　3—凸模　4—凹模　5—成品

1. 拉深工艺要点

拉深是利用凸模把板料压入凹模，为了防止坯料被拉裂，凸模和凹模边缘均做成圆角，其半径 $r_{凸} \leqslant r_{凹}=(5\sim15)\delta$；凸模和凹模之间的间隙 $z=(1.1\sim1.2)\delta$；拉深件直径 d 与坯料直径 D 的比值 $d/D=m$（拉深系数），一般 $m=0.5\sim0.8$。拉深系数 m 越小，则坯料被拉入凹模越困难，从底部到边缘过渡部分的应力也越大。如果拉应力超过材料的抗拉强度，拉深件底部就会被拉裂（图 5-18a）。对于塑性好的金属材料，m 可取较小值。如果拉深系数过小，不能一次拉制成高度和直径合乎成品要求时，则可进行多次拉深。这种多次拉深操作往往需要进行中间退火处理，以消除前几次拉深变形中所产生的加工硬化现象，使以后的拉深能顺利进行。在进行多次拉深时，其拉深系数 m 应一次比一次略大。

在拉深过程中，由于坯料边缘在切线方向受到压缩，因而可能产生波浪形，最后形成折皱（图 5-18b）。拉深所用坯料的厚度越小，拉深的深度越大，越容易产生褶皱。为了预防褶皱的产生，

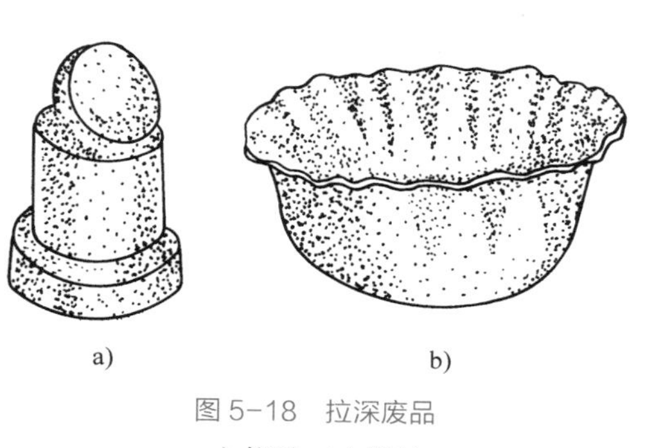

图 5-18　拉深废品

a）拉裂　b）褶皱

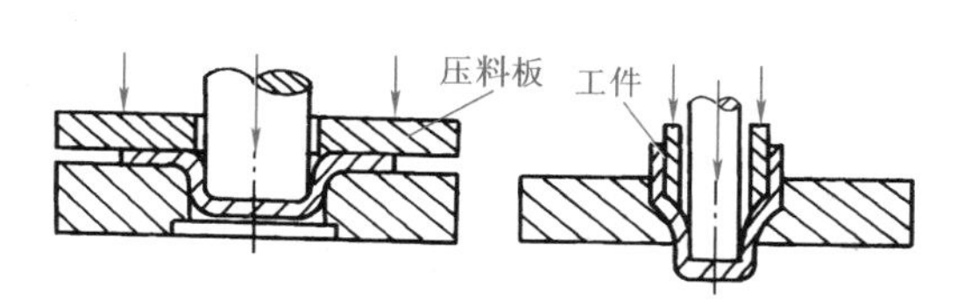

图 5-19　有压料板拉深

可用压料板把坯料压紧，如图 5-19 所示。为了减小由于摩擦使拉深件壁部产生的拉应力并减少模具的磨损，拉深时通常加润滑剂。

2. 对拉深件的基本要求

1）拉深件外形应简单、对称，且不要太高，以使拉深次数尽量少。

2）拉深件的圆角半径在不增加工艺程序的情况下，最小许可半径如图 5-20 所示，否则将增加拉深次数及整形工作。

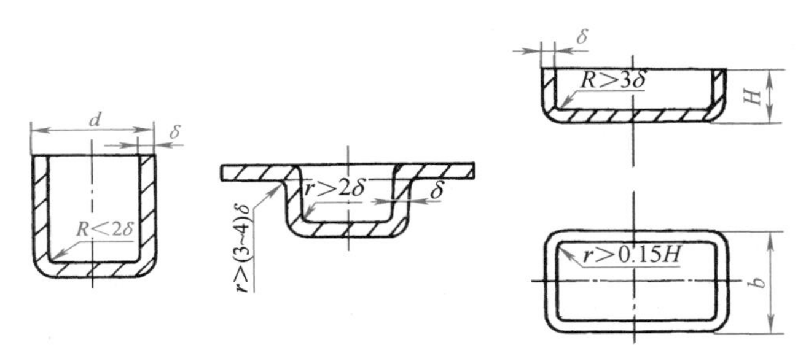

图 5-20　拉深件的最小许可半径

二、拉深成形设备

拉深成形设备主要采用冲压压力机。某些冲压压力机也适用于落料、冲裁和冲孔加工。

1. 冲压压力机的种类及选用

（1）冲压压力机的种类　冲压压力机按其滑块的驱动方式可分为液压驱动和机械驱动两大类。其性能对比如下：

1）液压压力机的行程大小易于调整和控制，机械压力机滑块行程是固定不变的。

2）液压压力机的冲压速度可在较大的范围内调节，而机械压力机的冲压速度取决于传动的方式。

3）液压压力机不可能超载，只能产生预先设定的压力。当达到此压力时，滑块运动自动停止。机械压力机可能超载，必须加设过载保护装置。

4）机械压力机的运行速度比液压压力机高，生产效率较高。

5）机械压力机可通过飞轮储存能量，电动机的功率可比同等压力的液压压力机小。

（2）冲压压力机的选用　冲压压力机的选用主要取决于冲压加工的要求、拉深成形件的形状、加工精度和生产效率等。例如，对于精度要求不高的拉深成形，一般选用液压机，因为液压机的冲压速度易于调节，且价格较低。

2. 开式压力机

开式压力机是一种通用的冲压设备，除了可用于冲孔、切边外，也可用于浅拉深和成形。开式压力机一般为曲柄传动，可进行单次或者连续冲压。开式压力机的床身结构为 C 形，工作台三面敞开，便于操作。压力机按连杆数目不同可分为单点式和双点式；按曲轴的位置不同可分为纵放式和横放式；按工作台的结构不同可分为固定式、可倾式和升降式等，如图 5-21 所示。

开式固定式压力机的刚度和抗振稳定性较好，适用于较大吨位的压力机。可倾式压力机的工作台可倾斜 20° ~30° ，便于工件和边料的自由下落。升降式压力机适用于模具高度变化较大的弯曲成形。

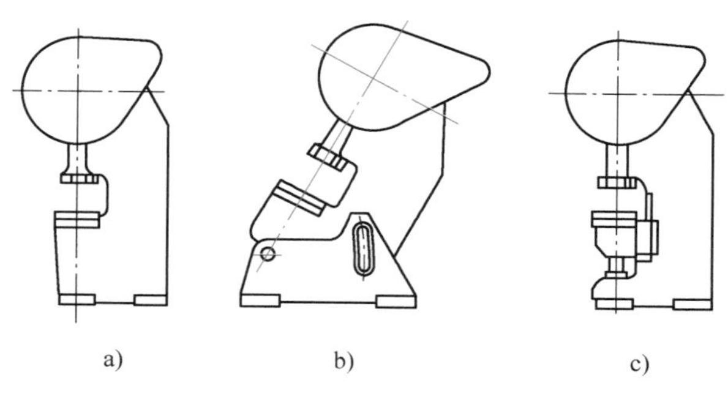

图 5-21 开式压力机工作台的结构形式
a）固定式 b）可倾式 c）升降式

3. 闭式压力机

闭式压力机也可以用来完成弯曲成形和拉深成形。这种压力机按传动系统连杆的数目可分为单点单动压力机、双点单动压力机和四点单动压力机。闭式单动压力机的床身为封闭框架结构，它由横梁、左右立柱和底座组成，通过拉紧螺栓联接成一体，刚性好。滑块一般由偏心齿轮传动，其结构紧凑，噪声小，效率高，工作台有固定式和移动式两种。大型压力机的工作台通常由电动机驱动，小型压力机的工作台多置于气垫或滚子上靠人力移动。图 5-22 所示为闭式单动压力机。

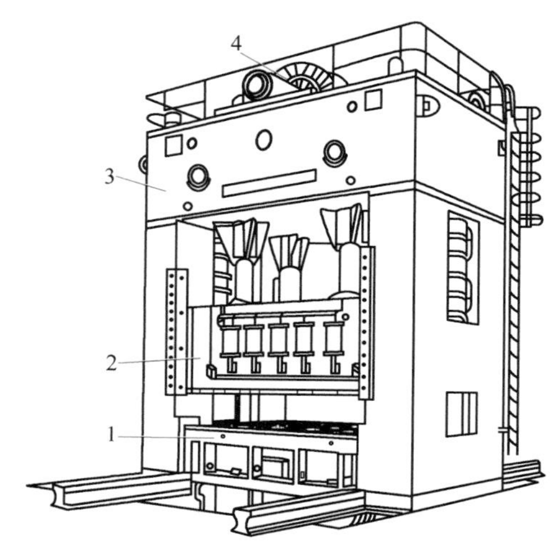

图 5-22 闭式单动压力机
1—工作台 2—滑块 3—机身 4—传动系统

三、旋压成形工艺

旋压成形是一种回转加工工艺。它是利用坯料随芯模旋转（或旋压工具绕坯料与芯模旋转）和旋压工具与芯模的相对进给，使坯料受压力作用而产生连续逐点的变形，完成工件的成形加工。金属材料的旋压成形不仅仅是塑性变形，而是集塑性变形和流动变形的复杂过程。因此，用于旋压的金属材料必须具有良好的塑性变形及流动性能。

1. 旋压成形的特点

旋压成形具有以下主要特点：

1）旋压是一种连续局部塑性加工过程。瞬间的变形区很小，所需的总变形力相应减小。

2）旋压成形可以加工形状复杂的零件或强度高、难以变形的材料。

3）旋压件的尺寸公差等级可达 IT8 左右，表面粗糙度值 $Ra < 3.2\mu m$，工件的强度和硬度均有明显提高。

4）旋压加工的材料利用率高，模具费用较低。

旋压成形的经济性与生产批量、工件结构、所需设备、模具及劳动费用等有关。在许多情况下，旋压要与其他冲压工艺方法配合应用，可以获得最佳的产品质量和经济效益。可旋压的工件形状局限于各种旋转体，主要有筒形、锥形、半球形、曲母线和组合形，如图 5-23 所示。可旋压的材料包括低碳钢、低合金钢、不锈钢、耐热合金、有色金属、难熔金属和稀有金属等。

2. 旋压成形的种类

根据坯料厚度在旋压过程中的变化，旋压成形可分为不变薄旋压和变薄旋压两种。

（1）不变薄旋压　不变薄旋压法又称普通旋压法。不变薄旋压时，坯料厚度基本保持不变，主要是通过改变坯料的直径而形成空心旋转体工件。按旋压加工的自动化程度分为手工旋压、半自动旋压和自动旋压。手工旋压适用于小批量生产及薄、软材料的加工。半自动旋压或自动旋压则应用于大、中批量生产及厚、硬材料的加工。不变薄旋压又可分为拉深旋压、缩口旋压和扩口旋压，如图 5-24 所示。

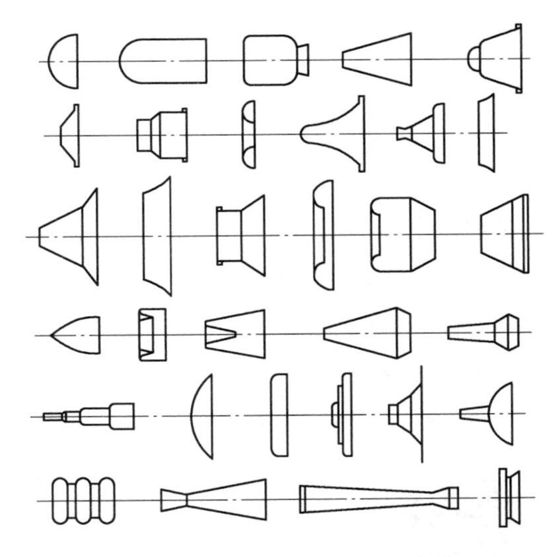

图 5-23　旋压件形状示例

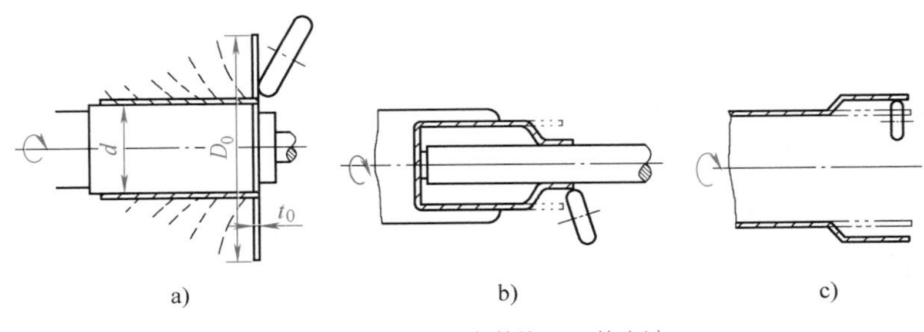

图 5-24　各种不变薄旋压工艺方法

a）拉深旋压　b）缩口旋压　c）扩口旋压

（2）变薄旋压　变薄旋压法又称为强力旋压法。与其他加工工艺相比，变薄旋压具有自身的特点：首先，因其是局部连续的塑性变形，变形区很小，所需的成形力仅为整体冲压成形力的几十分之一，甚至是百分之一；其次，旋压的工装模具与拉深工艺相比要简单很多，制造薄壁筒形件的工具、模具费用仅为拉深模的 1/10 左右；另外，与不变薄旋压相比，变薄旋压时，坯料凸缘不产生收缩变形，不起皱，不受坯料相对厚度的限制，既可以一次旋压出相对深度较大、形状

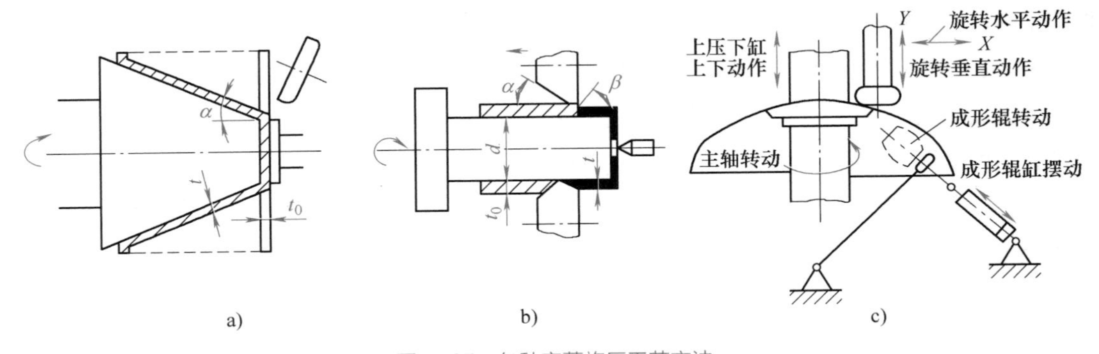

图 5-25　各种变薄旋压工艺方法

a）锥形件变薄旋压　b）筒形件变薄旋压　c）封头变薄旋压

复杂的封头类大型工件，也可旋压出用冲压法很难成形的零件。变薄旋压通常要求使用功率大的旋压机床。变薄旋压可分为锥形件变薄旋压、筒形件变薄旋压和封头变薄旋压，如图 5-25 所示。

四、旋压成形设备

普通旋压成形设备主要由机架、主轴旋转驱动系统、旋轮及加压机构和尾顶尖等组成。对于小型成形件的旋压，通常可采用万能车床改装而成，配上相应的芯模，即可完成旋压成形。对于形状复杂或精度要求较高的成形件，则需按工件的形状、规格和旋压工艺要求，设计制造专用的旋压设备。本节将以数控旋压机为例，简单介绍旋压机的工作原理及特点。

1. 旋压原理

旋压是在专用的旋压机上进行的。图 5-26 所示为旋压工作简图。毛坯 3 通过尾顶尖 4 上的压块 5 紧紧地压在模胎 2 上，当主轴 1 旋转时，毛坯和模胎一起旋转，操作旋棒 6 对毛坯施加压力，同时旋棒又做纵向运动，开始旋棒与毛坯是一点接触，由于主轴旋转和旋棒向前运动，毛坯在旋棒压力的作用下产生由点到线及由线到面的变形，逐渐地被赶向模胎，直到最后与模胎贴合为止，完成旋压成形。这种方法的优点是不需要复杂的冲模，变形力较小，但生产率较低，故一般用于中小批生产。

视频：封头的旋压成形

2. 数控旋压机的特点

1）旋压力度强劲，ϕ520mm 以内的板料可较快旋压成形，更加适用于五金机械、机电、炊具、工艺品等产品的生产。

2）功能实用，专业性强，具有较高的生产效率，可以完成桶形、锥形、抛物线形、喇叭形、弹头形等系列产品的批量生产及试制任务，还能在同一台机床中完成模具的精车，完成产品的修边、翻边、卷边、缩口、滚压、精车外形及螺纹加工等功能。

3）机床采用先进的 CNC 数字化程序控制，编程操作简单、易学、易用，一人能控制多台机床，生产效率高，生产成本低。

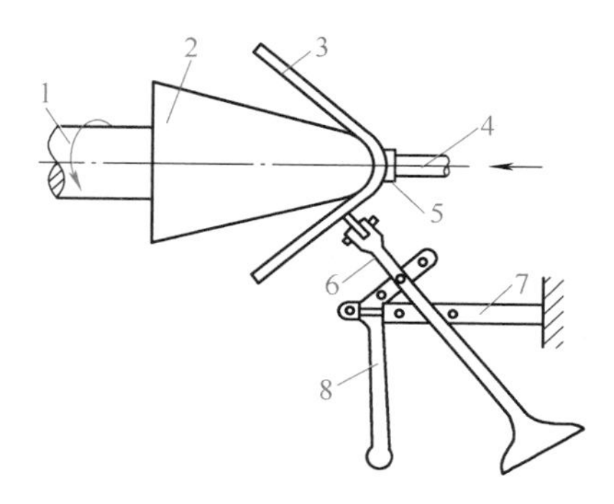

图 5-26　旋压工作简图

1—主轴　2—模胎　3—毛坯　4—尾顶尖　5—压块　6—旋棒　7—支架　8—助力臂

4）适用铝（合金）板、铜板、不锈钢板和碳素钢板等多种材料的旋压加工。

数控旋压机的外形结构及工作状态如图 5-27 和图 5-28 所示。其工作系统包括滑动导轨、滚珠丝杠、可编程气压强力尾座、程控集中润滑系统、六工位旋压刀库等。加工之前，只需将图样和产品的具体尺寸输入到控制系统中，即可通过变频调节线速功能及螺纹功能来完成加工任务。

任务实施

封头的旋压成形，可分为冷旋压（常温）、温旋压和热旋压三种。冷旋压成形大多只适用于板厚 30mm 以下的大直径封头，超过 30mm 厚的封头需采用温旋压和热旋压成形工艺。本任务中

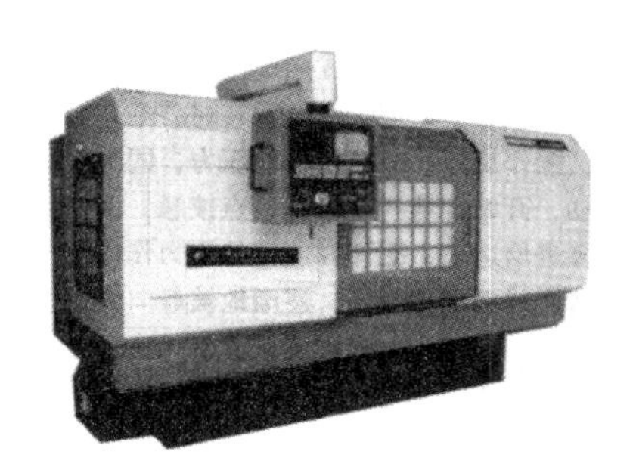

图 5-27　数控旋压机的外形结构

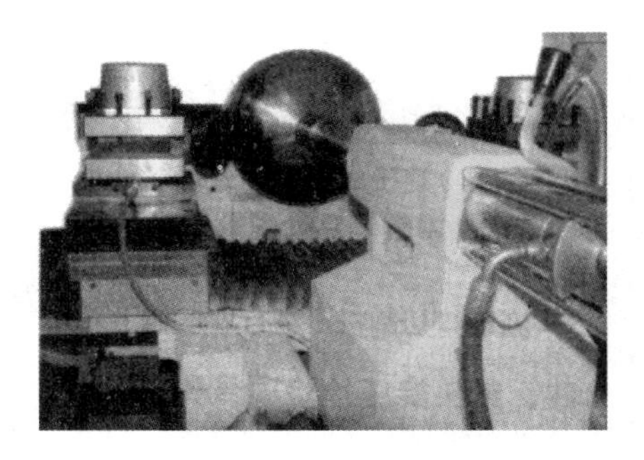

图 5-28　数控旋压机的工作状态

需加工的封头板厚为 55mm，因此选择热旋压成形工艺。

1. 旋压前准备工作

（1）选取板材并下料　选用厚度为 55mm 的板料，并确定下料尺寸。因下料直径与板厚、变形减薄、加工工艺等因素有关，因此，对厚度大于 30mm 的封头不宜按照薄壁封头常用的等面积法计算，现按照经验公式计算得到下料直径为 5 100mm。

（2）预压件制作　将备好的圆形坯料进行（625±25）℃ ×2h 的退火处理后进行圆片预压，在 20MN 压鼓机上压鼓。压鼓时选用合适的压鼓胎模，选择合适的压力点位置和顺序，并调节压力的大小。将圆片压成如图 5-29 所示的碗形压鼓件，将封头底部压成所需的形状（用样板检查）。

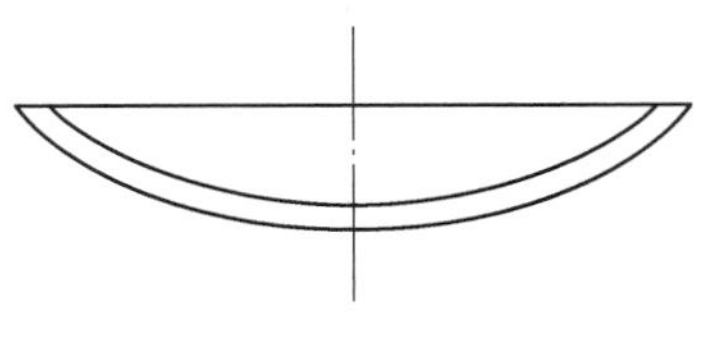

图 5-29　碗形压鼓件

2. 封头热旋压加工

（1）封头定位夹紧　将预压件按图 5-30 所示位置倒扣在下夹紧轴上，如图 5-30 所示，调整封头中心，使之与上夹紧轴上的定位针对准后，上夹紧轴下移，将封头夹紧。

（2）调整封头高度　利用上、下夹紧轴的上下移动，将封头调整到合适的高度。

（3）封头加热　点燃加热器，利用喷射的火焰将旋转中的封头加热到旋压温度。对于碳钢和低合金钢的封头，加热温度控制在 825~900℃进行旋压。

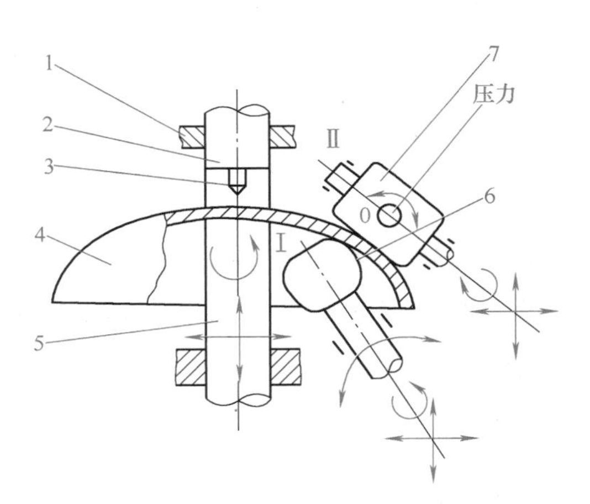

图 5-30　热旋压机结构及成形原理简图

1—机架　2—上夹紧轴　3—定位针　4—封头　5—下支承夹紧轴　6—内成形轮　7—外成形轮

（4）旋压成形　起动设备进行旋压成形。按封头的不同部位，调整内外轮的相对位置和角度。通过对外成形轮施加压力，产生使封头变形的弯矩，使封头在加热状态下旋压成形。成形过程由操作者通过操作台进行控制。在操作台上有封头直径的设定和自动检测结果的显示，以控制封头的外圆直径。封头旋压翻边部分的形状，则由操作者调节内外成形轮的角度和位置，逐步旋压成形。

思考与练习

一、填空题

1. 封头是压力容器的一个主要承压部件，按照成形方式不同，可分为________封头和________封头。
2. 拉深系数 m 越小，坯料被拉入凹模越________，从底部到边缘过渡部分的应力也________。
3. 如果拉应力超过金属的抗拉强度，拉深件底部就会被________。
4. 如果拉深系数________，不能一次拉制成高度和直径合乎成品要求，则可进行________。
5. 多次拉深操作往往需要进行________，以消除前几次拉深变形中所产生的硬化现象，使以后的拉深能顺利进行。在进行多次拉深时，其拉深系数 m 应____________。
6. 在拉深过程中，由于坯料边缘在切线方向受到______，因而可能产生______，最后形成_______。
7. 拉深所用坯料的厚度________，拉深的深度________，越容易产生褶皱。
8. 闭式压力机按传动系统连杆的数目可分为________压力机、________压力机和________压力机。
9. 根据坯料厚度在旋压过程中的变化，旋压成形可分为________和________两种。
10. 变薄旋压可分为________变薄旋压、________变薄旋压和________变薄旋压。

二、简答题

1. 对拉深件的基本要求有哪些？
2. 冲压机的选用主要取决于哪些因素？
3. 简述旋压成形工艺的原理。
4. 旋压成形的特点有哪些？
5. 与其他加工工艺相比，变薄旋压有哪些特点？

编者语录

无论是在结构件的备料过程中、成形过程中，还是接下来的装配与焊接过程中，都离不开生产工具与设备的使用，在生产过程中，同学们一定要熟知焊接结构生产的安全技术，做到安全、文明生产。

大国工匠——齐素凯

项目六
焊接结构生产的装配与焊接工艺

项目概述

在焊接结构生产完成生产准备和备料加工及成形加工之后，便进入到装配－焊接工艺。装配－焊接工艺是焊接结构生产过程的核心环节，直接关系到产品的质量和生产率。同一种焊接结构件，由于其生产条件、生产批量差别，或由于结构形式不同，可有不同的装配方式、焊接工艺、装配－焊接顺序，并有相应的热处理、检验和其他的后续工序。本项目以典型结构件为例，使学生在了解焊接结构装配与焊接的基本知识，掌握同一种焊接结构在不同生产批量、生产条件下的装配方式、焊接工艺和装配－焊接顺序，熟悉各种装配－焊接工艺装备使用的基础上，能够对给定的典型构件选择合理的装配－焊接工艺，正确进行装配与焊接操作。用企业产品在真实的企业情境中组织教学，让学生感受到企业氛围和文化，培养学生的职业道德和职业素养，培养学生自主学习、与人合作、与人交流的能力。

任务一　箱形梁的装配

学习目标

1. 了解焊件装配的基本条件及其在焊接结构生产中的作用。
2. 了解焊接装配的选用原则，掌握焊件装配的基本方法。
3. 学会结合生产条件制定典型结构的装配 - 焊接工艺。

任务描述

装配是将焊前加工好的零、部件，采用适当的工艺方法，按生产图样和技术要求连接成部件或整个产品的工艺过程。装配工序的工作量大，约占整体产品制造工作量的 30%~40%，且装配的质量和顺序直接影响焊接工艺、产品质量和生产率。所以提高装配质量和效率对缩短产品制造周期、保证产品质量等方面，都具有重要的意义。

图 6-1 所示为一箱形结构，由上下盖板、左右腹板以及若干加强肋板组成。箱形结构为焊接结构典型构件，多用于起重机桥架的制造。由于梁状结构的特点，在制造过程中特别容易发生弯曲变形，从而影响结构的使用性能。请结合焊接结构件装配的相关知识，选择适当的装配方法及装配 - 焊接顺序对此箱形结构进行装配与焊接，满足结构的使用要求。

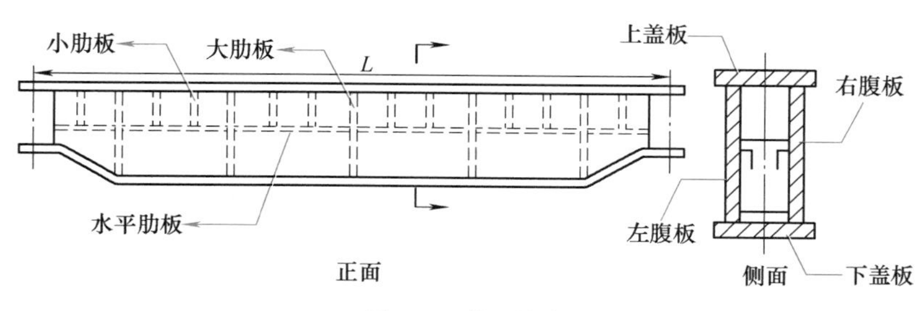

图 6-1　箱形结构

必备知识

一、焊件装配的基本条件

在金属结构装配中，将零件装配成部件的过程称为部件装配；将零件或部件总装成产品则称为总装配。通常装配后的部件或整体结构直接送入焊接工序，但有些产品先要进行部件装配焊接，经矫正变形后再进行总装配。无论何种装配方案，都需要对零件进行定位、夹紧和测量，这是装配的三个基本条件。

1）定位就是确定零件在空间的位置或零件间的相对位置。

2）夹紧就是借助通用或专用夹具的外力，将已定位的零件加以固定的过程。

3）测量是指在装配过程中，对零件间的相对位置和各部件尺寸进行一系列的技术测量，从而鉴定定位的正确性和夹紧力的效果，以便进行调整。

上述三个基本条件是相辅相成的，定位是整个装配工序的关键，定位后不进行夹紧就难以保证和保持定位的可靠与准确；夹紧是在定位基础上的夹紧，如果没有定位，夹紧就失去了意义；测量是为了保证装配的质量，但在有些情况下可以不进行测量（如一些胎夹具装配、定位元件定位装配等）。

二、装配中的定位

定位的目的是确定焊接零部件在结构中的准确位置，定位的正确与否对焊接结构产品的质量优劣至关重要。

1. 定位的基本原理

根据力学观点，任何刚性物体相对于三个相互垂直的平面有六个自由度，即沿 Ox、Oy、Oz 三个轴向的相对移动和绕三个轴的相对转动，如图 6–2 所示。只有限制这六个自由度，才能保证焊件在夹具中具有准确和确定不变的位置。每限制一个自由度，焊件就需要与夹具上的一个定位点相接触，这种以六点限制焊件六个自由度的方法称为六点定位法则。零件在空间的定位是利用六点定位法则进行的，即限制每个零件在空间的六个自由度，使零件在空间中有确定的位置，这些限制自由度的点就是定位点。在实际装配中，可由定位销、定位块、挡铁等定位元件作为定位点；也可以利用装配平台或工件表面上的平面、边棱等作为定位点；还可以采用设计胎架模板形成的平面或曲面代替定位点；有时在装配平台或工件表面划出定位线，起定位点的作用。

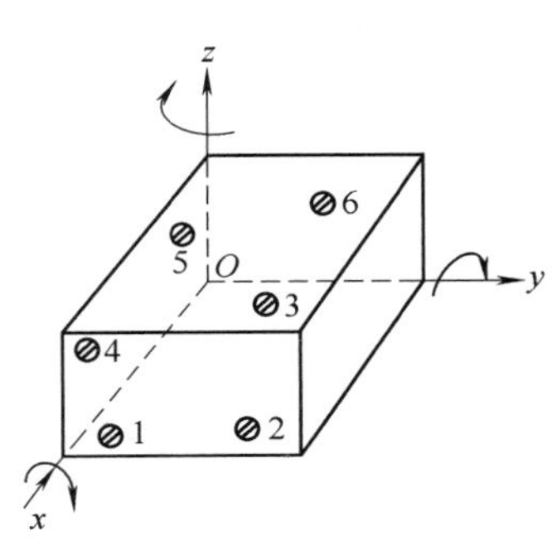

图 6–2　六方体焊件的定位

2. 定位基准及选择

（1）定位基准　在结构装配过程中，必须根据一些指定的点、线、面来确定零件或部件在结构中的位置，这些作为依据的点、线、面，称为定位基准。

图 6–3 所示容器上各接口间的相对位置，是以轴线和组装面 M 为定位基准确定的。装配接口Ⅰ、Ⅱ、Ⅲ在筒体上的相对高度是以 M 面为定位基准而确定的；各接口的横向定位则以筒体轴线为定位基准。

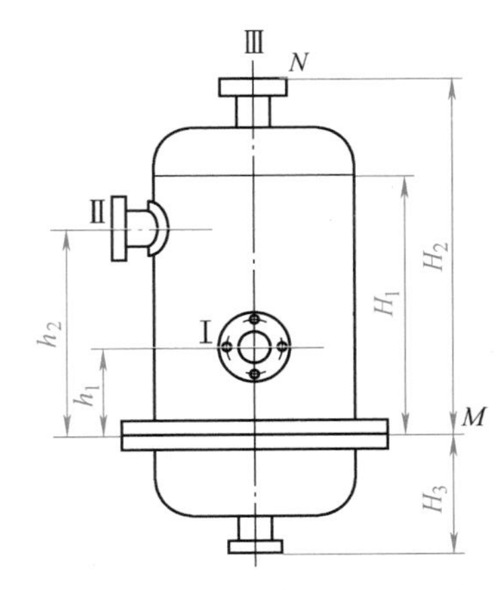

图 6–3　容器上各接口间的相对位置

（2）定位基准的选择　合理地选择定位基准，对于保证装配质量、安排零部件装配顺序和提高装配效率均有重要影响。选择定位基准时，应着重考虑以下几点：

1）装配定位基准尽量与设计基准重合，这样可以减少基准不重合所带来的误差。比如，各种支承面往往是设计基准，宜将它作为定位基准；各种有公差要求的尺寸，如孔心距等也可以作为定位基准。

2）同一构件上与其他构件有连接或配合关系的各个零件，应尽量采用同一定位基准，这样能保证构件安装时与其他构件的正确连接和配合。

3）应选择精度较高，又不易变形的零件表面或边棱作为定位基准，这样能够避免由于基准面、线的变形造成的定位误差。

4）所选择的定位基准应便于装配中的零件定位与测量。在确定定位基准时应综合生产成本、生产批量、零件精度要求和劳动强度等因素。例如以已装配零件作为基准，可以大大简化工装的设计和制造过程，但零件的位置、尺寸一定会受已装配零件的装配精度和尺寸的影响。如果前一零件尺寸精度或装配精度低，则后一零件装配精度也低。

3. 定位的基本方法

在焊接生产中，通常是根据零件的具体情况选取零件的定位方法，常用的定位方法有划线定位、样板定位、挡铁定位和胎夹具定位等，下面分别进行介绍。

小知识

在自动流水生产线上，常用可动式或可拆卸式定位器及夹紧器联动的组合夹具并辅以样板进行定位。

（1）装配中的定位焊　定位焊也称点固焊，用来固定各焊接零件之间的位置，以保证整体结构件得到正确的几何形状和尺寸。进行定位焊时应注意以下几点：

1）定位焊焊缝作为正式焊缝留在焊接结构之中，故所使用的焊条或焊丝应与正式焊缝所使用的焊条或焊丝牌号和质量相同。

2）定位焊焊缝比较短小，并且要求保证焊透，故应选用直径小于 4mm 的焊条或 CO_2 气体保护焊直径小于 1.2mm 的焊丝。又由于工件温度较低，热量不足而容易产生未焊透，故定位焊的焊接电流应较焊接正式焊缝时大 10%~15%。

3）定位焊焊缝有未焊透、夹渣、裂纹、气孔等焊接缺陷时，应该铲掉重新焊接，不允许留在焊缝内；定位焊焊缝的引弧和熄弧处应圆滑过渡，否则，在焊正式焊缝时在该处易造成未焊透、夹渣等缺陷。

4）对于强行装配的结构，因定位焊焊缝承受较大的外力，故应根据具体情况适当加大定位焊缝长度，间距则适当缩小。对于装配后需吊运的工件，定位焊焊缝应保证吊运中零件不分离，因此对起吊中受力部分的定位焊焊缝，可加大尺寸或数量；或在完成一定的正式焊缝以后再吊运，以保证安全。

小知识

装配中的定位焊，其长度为 20~30mm，间距为 300~500mm，焊脚高应设计成高度的一半，且大于 4mm。

（2）划线定位　划线定位装配法是利用在零件表面或装配台表面划出工件的中心线、接合线、轮廓线等作为定位线，来确定零件间的相互位置，以定位焊固定进行装配。

图 6-4a 所示为支承座的定位装配，支承座结构由底板、槽钢、侧板和肋板组成，首先以底板为划线定位基准面，按支承座的图样要求，在底板上划出中心线和接合线作为定位基准线，以确定槽钢、立板和三角形加强肋板的位置。图 6-4b 是利用大圆筒盖板上的中心线和小圆筒上的等分线（也常称其为中心线）来确定两者的相对位置。

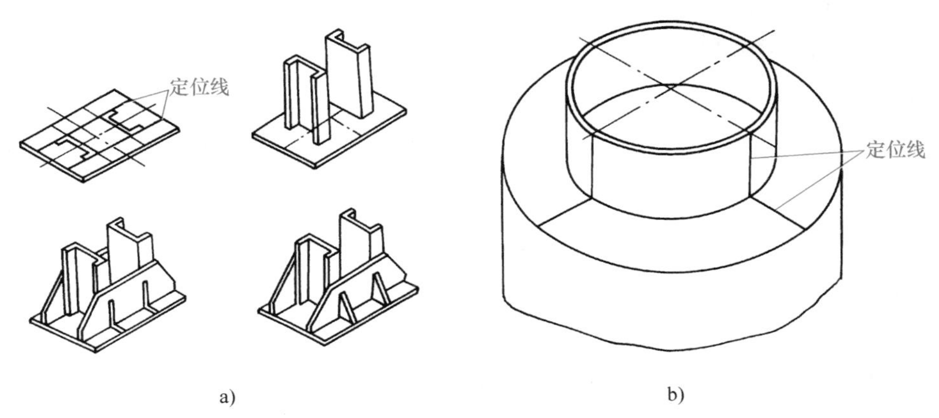

图 6-4　划线定位装配示例

（3）样板定位　样板定位装配法是利用样板来确定零件的位置、角度等的定位，然后夹紧并经定位焊完成装配的装配方法。常用于钢板与钢板之间的角度装配和容器上各种管口的安装。

视频：划线定位装配

如图 6-5 所示为斜 T 形结构的样板定位装配，根据斜 T 形结构立板的斜度，预先制作样板，装配时在立板与平板接合线位置确定后，即以样板去确定立板的倾斜度，使其得到准确定位后实施定位焊。

图 6-6 所示为管子的定位装配，在工件上利用样板定位装配管接头。

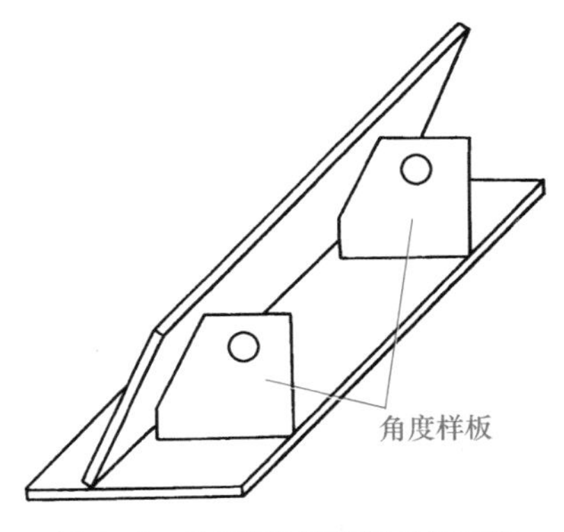

图 6-5　样板定位装配斜 T 形结构

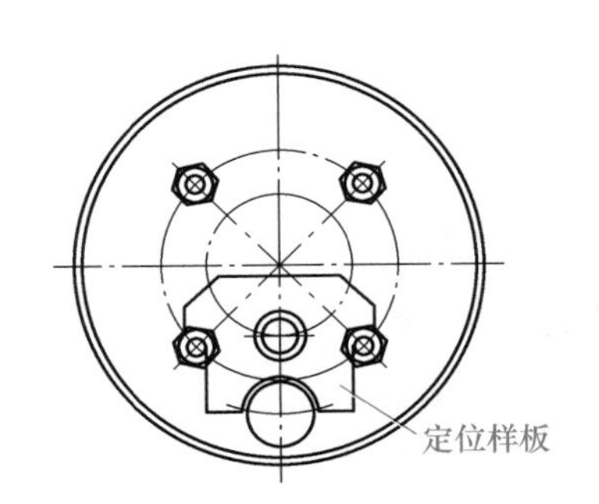

图 6-6　样板定位装配管接头

（4）定位元件定位　用一些特定的定位元件（如板块、角钢、销轴等）构成空间定位点，来确定零件位置，并用装配夹具夹紧装配。它不需要划线，装配效率高，质量好，适用于批量生产。

如图 6-7 所示为在筒体端部加装加强圈时，在圆筒外表面焊上若干定位挡铁，以这些挡铁为定位元件，确定加强圈在圆筒上的高度位置，并用弓形螺旋夹紧器把加强圈与筒体壁夹紧密贴，

视频：定位元件定位装配

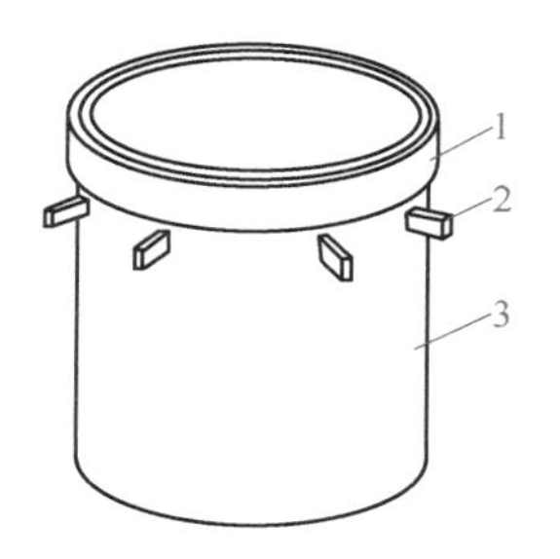

图 6-7　挡铁定位装配加强圈

1—加强圈　2—定位挡铁　3—筒体

定位焊牢，完成加强圈的装配。

工形构件是由两块翼板和一块腹板装配组合成的，当单件和小批量生产时，可采用挡铁定位装配的方法，如图 6-8 所示。

首先，将两块翼板和一块腹板矫平、矫直。然后将翼板放在平台上，划出腹板的位置线，并按位置线在两翼板上焊上挡铁块。再把腹板吊装到一块翼板上，利用 90° 角尺检测腹板与翼板的垂直度，定位焊固定。最后将 T 形构件翻转吊装到另一块翼板上，利用 90° 角尺检测腹板与翼板的垂直度，定位焊固定。

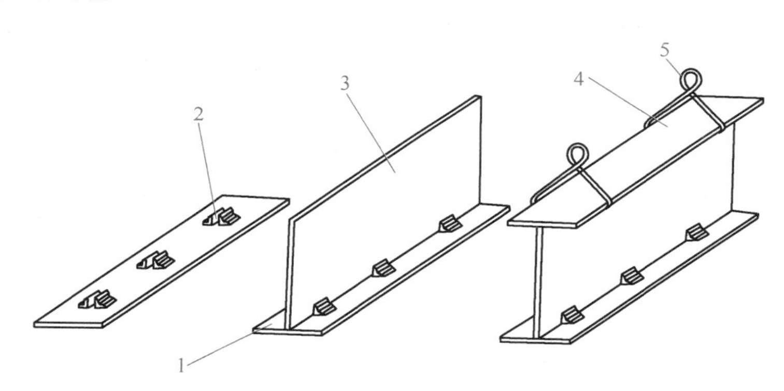

图 6-8　工形构件挡铁定位装配

1、4—翼板　2—定位挡铁　3—腹板　5—专用吊具

（5）胎夹具定位　对于批量生产的焊接结构，若需装配的零件数量较多，内部结构又不很复杂时，可将工件装配所用的各定位元件、夹紧元件和装配胎架三者组合为一个整体，构成胎夹具。

成批量装配工字梁时，可采用图 6-9 所示的简单胎夹具。装配时通过定位挡铁和垫铁确定工字梁翼板和腹板的定位位置，通过螺杆夹紧器固定其位置并经过 90° 角尺检验进行定位焊。

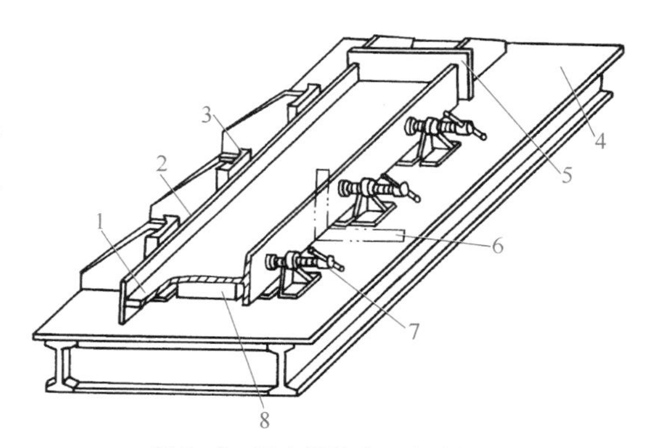

图 6-9　工字梁胎夹具定位装配

1—腹板　2—翼板　3、5—定位挡铁　4—平台

6—90° 角尺　7—螺杆夹紧器　8—垫铁

图 6-10 所示为双臂角杠杆的焊接结构，它

由三个轴套和两个臂杆组成。工件定位装配时，臂杆之间的角度和三轴孔之间的位置通过两个插销和定位销钉定位；两臂杆的水平高度位置和中心线位置通过带有挡铁的支承板确定；两端轴套高度通过调整垫片定位，然后夹紧定位焊完成装配。它的装配全部用定位器定位后完成，装配质量可靠，生产效率高。

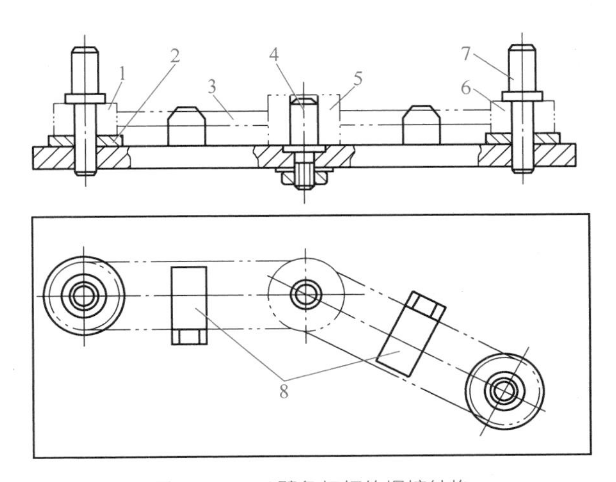

图 6-10　双臂角杠杆的焊接结构

1、5、6—轴套　2—垫片　3—臂杆　4—销钉　7—插销　8—定位支承板

小知识

使用胎夹具时应特别注意：装配后的构件要能够方便地从胎架上取下。

三、装配中的测量

测量是检验定位质量的一个工序，装配中的测量包括：正确、合理地选择测量基准；准确地完成零件定位所需要的测量项目。在焊接结构生产中常见的测量项目有：线性尺寸、平行度、垂直度、同轴度及角度等。

1. 测量基准及选择

测量中，为衡量被测点、线、面的尺寸和位置精度而选作依据的点、线、面称为测量基准。一般情况下，多以定位基准作为测量基准。如图 6-3 所示的容器接口Ⅰ、Ⅱ、Ⅲ都是以 M 面为测量基准来测量尺寸 h_1、h_2 和 H_2 的，这样接口的设计标准、定位标准、测量标准三者合一，可以有效地减小装配误差。

当以定位基准作为测量基准不利于保证测量的精度或不便于测量操作时，就应本着能使测量准确、操作方便的原则，重新选择合适的点、线、面作为测量基准。如图 6-9 所示的工字梁，其腹板平面是腹板与翼板垂直定位的基准，但以此平面作为测量基准去测量腹板与翼板的垂直度，则不是很方便，也不利于获得精确的测量值。此时，若按图 6-9 所示采用以装配平台面作为测量基准，用 90° 角尺测量翼板与平台的垂直度，则既容易测量，又能保证测量的准确性。

2. 线性尺寸的测量

线性尺寸是指工件上被测点、线、面与测量基准间的距离。线性尺寸的测量是最基础的测量项目，其他项目的测量往往是通过线性尺寸的测量来间接进行的。线性尺寸的测量主要是利用刻度尺（卷尺、盘尺、直尺等）来完成，特殊场合利用激光测距仪来进行。

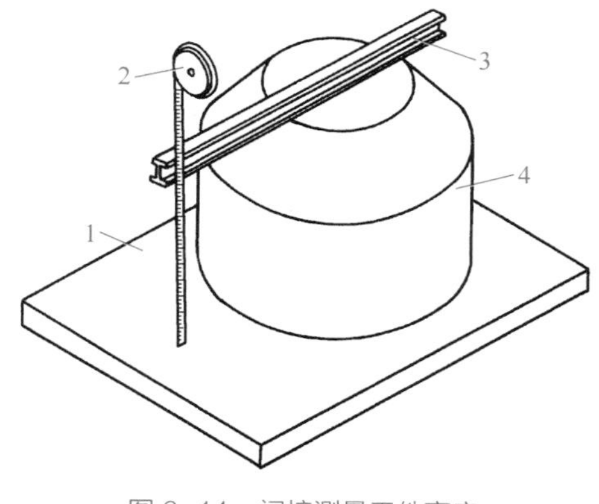

图 6-11　间接测量工件高度

1—平台　2—卷尺　3—大平尺　4—工件

构件的某些线性尺寸，有时因受构件形状等因素的影响，不能直接用尺测量，需要借助一些其他量具测量。如图 6-11 所示的圆锥台与圆筒，按图示的位置装配，在测量整体高度时，由于圆锥台小口端面（封闭的）较圆筒外壁缩进一段，无法用尺直接测量，这时可借助于用轻型工字钢制成的大平尺，来延伸圆锥台小口端平面，再用直尺或卷尺间接测量。

3. 平行度和水平度的测量

（1）平行度的测量　平行度是指工件上被测的线（或面）相对于测量基准线（或面）的平行程度。平行度的测量是通过线性尺寸的测量来进行的。其基本原理是测量工件上线的两点（或面上的三点）到基准的距离，若相等就平行，否则就不平行。但在实际测量中为减小测量中的误差，应注意：①测量的点应多一些，以避免工件不直而造成的误差；②测量工具应垂直于基准；③直接测量不方便时，采用间接测量。

图 6-12 所示分别为在一个平板上装配两根与板边平行的角钢和在一圆筒上装配两条相互平行的加强带圈的定位测量，它们都是通过直接进行多点线性尺寸测量，来达到测量平行度的目的。

（2）水平度的测量　容器里的液体（如水），在静止状态下其表面总是处于与重力作用方向相垂直的位置，这种位置称为水平。水平度就是衡量零件上被测的线（或面）是否处于水平位置。许多金属结构制品，在使用中要求有良好的水平度。例如，桥式起重机的运行轨道，就需要

视频：平行度的测量

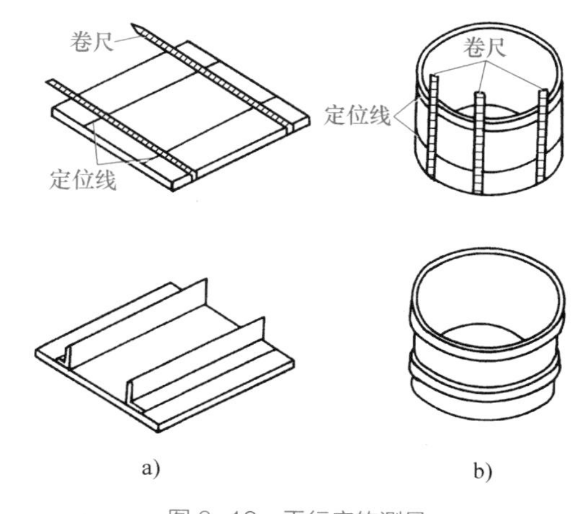

图 6-12　平行度的测量

a）角钢间平行度的测量　b）加强带圈间平行度的测量

良好的水平度，否则，将不利于起重机在运行中的控制，甚至引起事故。施工装配中常用水平尺、软管水平仪、水准仪、经纬仪等量具或仪器来测量零件的水平度。

1）用水平尺测量。水平尺是测量水平度最常用的量具。测量时，将水平尺放在工件的被测平面上，查看水平尺上玻璃管内气泡的位置，如在中间即达到水平。使用水平尺要轻拿轻放，要避免工件表面局部凹凸不平而影响测量结果。

图 6-13 所示为水平尺。当水平尺放在标准的水平位置时，水准器的气泡正好在中间位置。当被测平面稍有倾斜，水准器的气泡就会向高处移动，在水准器的刻度上可读出两端高低的相差值。水平尺的精度是以水准气泡移动 1 格时表面倾斜的角度，或表面在 1m 内倾斜的高度差来表示的。刻度值为 0.02mm/m，即气泡每移动 1 格，被测长度 1m 的两端高低相差 0.02mm。

图 6-13　水平尺

2）用软管水平仪测量。软管水平仪由一根较长的橡皮管两端各接一根玻璃管所构成，管内注入液体。加注液体时要从一端注入，防止管内留有空气。冬天要注入不易冻的酒精、乙醚等。测量时，观察两玻璃管内的水平面高度是否相同，如图 6-14 所示。软管水平仪通常用来测量较大结构的水平度。

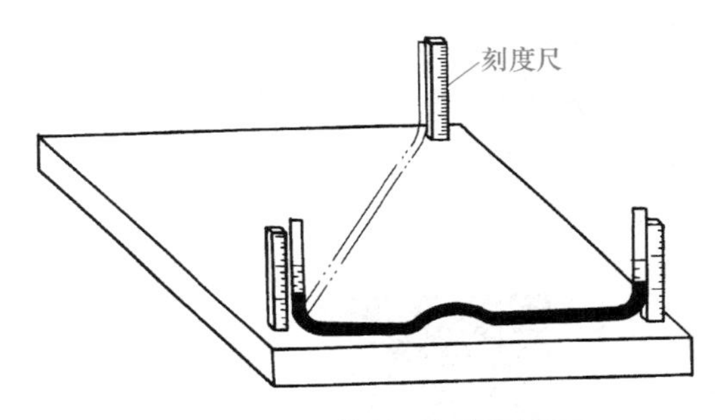

图 6-14　用软管水平仪测量水平度

3）用水准仪测量。水准仪由望远镜、水准器和基座组成，如图 6-15a 所示。利用它测量水平度不仅能衡量各种测量点是否处于同一水平，而且能给出准确的误差值，便于调整。

图 6-15b 是用水准仪来测量球罐柱脚水平的例子。球罐柱脚上预先标出基准点，把水准仪安置在球罐柱脚附近，用水准仪测试。如果水准仪测出各基准点的读数相同，则表示各柱脚处于同一水平面；若读数不同，则可根据由水准仪读出的误差值调整柱脚高低。

4. 垂直度和铅垂度的测量

（1）垂直度的测量　垂直度是指工件上被测的直线（或面）相对于测量基准线（或面）的

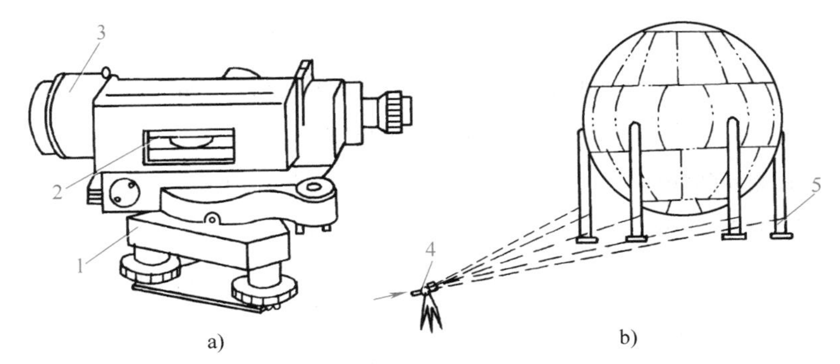

图 6-15　水准仪测量水平度

1—基座　2—水准器　3—望远镜　4—水准仪　5—基准点

垂直程度。垂直度是装配工作中极常见的测量项目，并且很多产品都对其有严格的要求。例如，高压电线塔等呈棱锥形的结构，往往由多节组成，装配时，技术要求的重点是每节两端面与中心线垂直。只有每节的垂直度符合要求之后，才有可能保证总体安装的垂直度。

尺寸较小的工件可以使用 90° 角尺直接测量，如图 6-16 所示。当基准面和被测面分别与 90° 角尺的两个工作尺面贴合时，说明两面垂直，否则不垂直。当工件尺寸很大时，可以采用辅助线测量法，即用刻度尺作为辅助线测量直角三角形的斜边长。例如，两直角边各为 1 000mm，斜边长应为 1 414.2mm。另外，也可用直角三角形两直角边与斜边的比值为 3 ∶ 4 ∶ 5 的关系来测定。

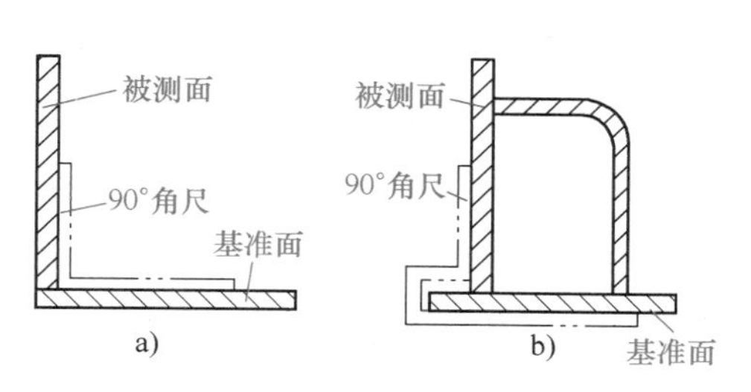

图 6-16　用 90° 角尺测量垂直度

当一些桁架类结构上某些部位的垂直度难以测量时，可采用间接测量法进行测量。图 6-17 所示是对塔类桁架端面与中心线垂直度进行间接测量的例子。首先过桁架两端面的中心拉一条钢丝，再将其平置于测量基准面上，并使钢丝与基准面平行。然后用 90° 角尺测量桁架两端面与基准面的垂直度，若桁架两端面垂直于基准面，则必定同时垂直于桁架中心线。

视频：用间接法测量垂直度

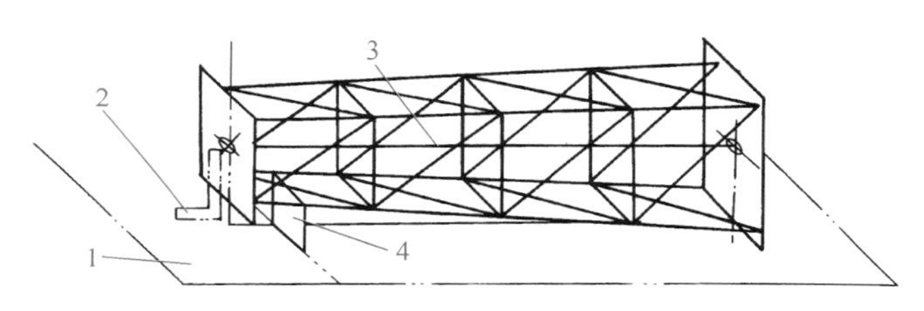

图 6-17　间接测量法测量垂直度

1—平台　2—90° 角尺　3—细钢丝　4—垫板

（2）铅垂度的测量　铅垂度的测量是测定工件上线或面是否与水平面垂直。常用吊线锤或经纬仪进行测量。采用吊线锤测量时，将线锤吊线拴在支杆上（临时点焊上的小钢板或利用其他零件），通过测量工件与吊线之间的距离来测量铅垂度，如图 6-18 所示。

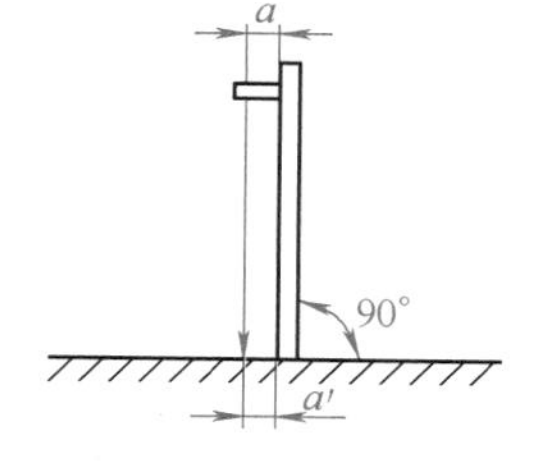

图 6-18　吊线锤测量铅垂度

当结构尺寸较大而且铅垂度要求较高时，常采用经纬仪来测量铅垂度。经纬仪主要由望远镜、垂直度盘、水平度盘和基座等组成，如图 6-19a 所示。图 6-19b 是用经纬仪测量球罐柱脚的铅垂度的实例。先把经纬仪安置在柱脚的横轴方向上，将目镜上十字线的纵线对准柱脚中心线的下部，将望远镜上下微动观测。若纵线重合于柱脚中心线，则说明柱脚在此方向上垂直，如果发生偏离，就需要调整柱脚。然后，用同样的方法把经纬仪安置在柱脚的纵轴方向进行观测，如果柱脚中心线在纵轴上也与纵轴重合，则柱脚处于铅垂位置。

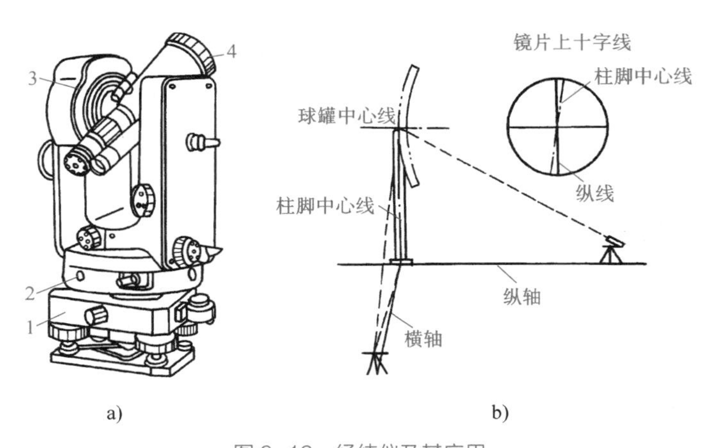

图 6-19　经纬仪及其应用

1—基座　2—水平度盘　3—竖直度盘　4—望远镜

小知识

经纬仪可用于测角、测距、测高、测水平度、测铅锤度等。

5. 同轴度和角度的测量

（1）同轴度的测量　同轴度是指工件上具有同一轴线的几个零件，装配时其轴线的重合程度。测量同轴度的方法很多，这里介绍一种常用的测量方法。

图 6-20 所示为由两节圆筒组成的筒体，测量它的同轴度时，可在各节圆筒的端面安上临时支承，在支承中间找出圆心位置并钻出直径为 20~30mm 的小孔，然后由两外端面中心拉一细钢丝，使其从各支承孔中通过，观测钢丝是否处于孔中间，以测量其同轴度。

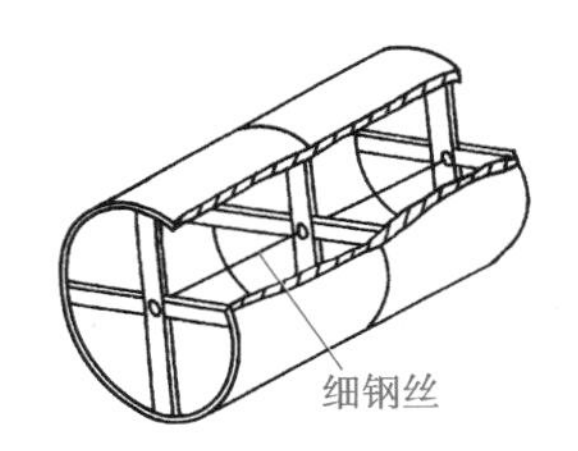

图 6-20　圆筒内拉钢丝测量同轴度

视频：同轴度的测量

（2）角度的测量　装配中，通常是利用各种角度样板测量零件间角度。测量时，将角度样板卡在或塞入形成夹角的两零件之间，并使样板与两零件表面同时垂直，再观察样板两边是否与两表面都贴合，若都已贴合，则说明零件角度正确。图 6-21 所示为两个利用角度样板测量零件角度的例子。

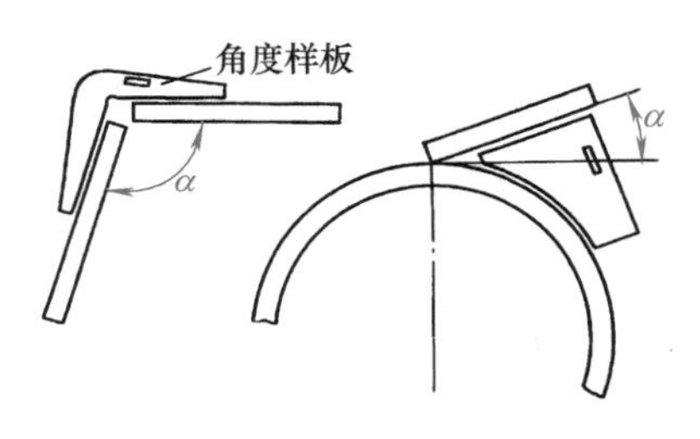

图 6-21　角度的测量

需要强调的是，除测量方法外，测量量具精确、可靠，也是保证测量结果准确的重要因素。因此，在装配测量中，还应注意保护量具不受损坏，并经常检验其精度是否符合要求。对于重要的结构，有时要求装配中始终用同一量具或仪器进行测量。对于尺寸较大的钢结构，在制造过程中进行测量时，为保证测量精度，尚需考虑测量点的选择、结构自重和日照等因素的影响。

四、装配的基本方法及选用

1. 焊件装配的工艺方法

（1）装配工艺方法的选择　零件备料及成形加工的精度对装配质量有着直接的影响，但加工精度越高，其工艺成本就越高。根据不同产品和不同生产类型的条件，常用的装配工艺方法主要有以下几种：

1）互换法。互换法的实质是用控制零件的加工误差来保证装配精度。这种装配法零件是完全可以互换的，装配过程简单，生产率高，对装配工人的技术水平要求不高，便于组织流水作业，但要求零件的加工精度较高。适用于批量及大量生产。

2）选配法。选配法是在零件加工时为降低成本而放宽零件加工的公差带，故零件精度不是很高。装配时需挑选合适的零件进行装配，以保证规定的装配精度要求。这种方法对零件的加工工艺要求放宽，便于零件加工，但装配时工人要对零件进行挑选，增加了装配工时和难度。

3）修配法。修配法是指零件预留修配余量，在装配过程中修去部分多余的材料，使装配精度满足技术要求。此法零件的制作精度可放得较宽，但增加了手工装配的工作量，而且装配质量取决于工人的技术水平。

想一想

我们身边常见的焊接结构分别采用了哪种装配工艺？

在选择装配工艺方法时，应根据生产类型和产品种类等方面来考虑。一般单件、小批量生产或重型焊接结构生产，常以修配法为主，互换件的比例少，工艺灵活性大，工序较为集中，大多使用通用工艺装备；成批生产或一般焊接结构，主要采用互换法，也可灵活采用选配法和修配法。工艺划分应以生产类型为依据，使用通用或专用工艺装备，可组织流水作业生产。

（2）装配方法的分类　焊接结构生产中应用的装配方法很多，根据结构的形状尺寸、复杂程度以及生产性质等进行选择。装配方法按定位方式不同可分为划线定位装配和工装定位装配；按组装过程的机械化程度分为手工装配、机械装配和自动装配；按装配地点不同可分为工件固定式装配和工件移动式装配。

1）手工装配法。手工装配法是采用简单的工夹具、量具、样板、定位器、划线工具、拉撑和顶升工具、吊起工具和起吊机械等，以手工方法将零件就位、对准和固定。装配圆筒形焊件时，通常采用装配滚轮架作为辅助装配机械。对于形状比较复杂且装配精度要求较高的结构，通常在专用的装配平台上先按图样划线放样，然后将形状不同的零件组对定位。在批量生产中，为了提高效率，可利用样板和定位器，将零件或组件在专用的装配夹具或装焊夹具中组装，对于焊件的就位、对准、夹紧、固定或用定位焊固定，则仍以手工操作为主。

2）机械装配法。机械装配法是将待装配的坯料或零件，由机械传送装置或起吊设备送至专用自动装配夹具或装焊机械进行组对、夹紧、定位以及用定位焊固定。然后转入下道焊接工序，组装过程按规定的程序，由机械操作完成。机械装配法具有组装精度高、生产效率高和劳动强度低等优点。目前在工业生产中已逐步推广应用。其主要缺点是设备占地面积较大，设备一次投资费用较高，适用于批量生产和自动流水线生产。

3）自动装配法。自动装配法是将待装配的零件通过传送带运至装配夹具部位，由机械手或搬运机器人按照预编程序依次将各零件在装配夹具上就位，随即气动夹钳按接触传感器发出的指令将零件夹紧定位。若零件尺寸较大或焊缝较长，则由焊接机器人以定位焊点固。所有零件组装完成后转入焊接工位。组装的全过程均由各种机械自动快速完成，无需人工干预，效率相当高。自动装配法适用于形状相对简单部件的自动焊接生产线大批量的生产。

4）工件固定式装配法。工件固定式装配是将产品或部件的全部装配工作，安排在一处固定的工作地点进行。在装配过程中产品的位置不变，装配所需要的零件和部件都汇集在工作地点的附近。这种装配方法一般用在重型焊接结构产品或单件、小批量的生产中。

5）工件移动式装配法。工件移动式装配法通常称为流水装配法，在装配过程中，产品或部件顺序地沿着一定的工作地点按一定的工序流程进行装配。移动装配时，产品或部件一般通过传送带、滚道或轨道上行走的小车来运送，使用专用设备或专用工具进行装配。装配质量好，生产率高，生产成本低，适用于大批量生产。

小知识

在胎架上进行装配，能够对焊件进行装、卸、定位、夹紧和焊接等操作，速度快，精度高。

2. 装配顺序的确定

焊接结构制造时，装配与焊接的关系十分密切。在实际生产中，往往装配与焊接是交替进行的，在制定装配工艺过程中，要全面分析，使所拟定的装配工艺过程对以后各工序都带来有利的影响。在确定部件或结构的装配顺序时，不能单纯孤立地只从装配工艺的角度去考虑，必须与焊接工艺一起全面分析，实际上就是装配－焊接顺序的确定。装配－焊接顺序基本上有三种类型：整装－整焊、随装－随焊和零部件装配焊接－总装配焊接。

（1）整装－整焊　“整装－整焊”的装焊工艺是将全部零件按图样要求装配起来，然后转入焊接工序，将全部焊缝焊完，形成完整的焊接结构。此种类型的装焊工序是装配工人与焊接工人各自在自己的工位上完成，可实行流水作业，停工损失很小。装配工作在装配夹具、定位器等专用或通用工艺装备进行，焊接可采用焊接滚轮架、变位机、回转台、翻转机等工艺装备和先进的焊接方法，有利于提高装配－焊接质量。该方式焊接变形小，但应力大，并且可达性差。这种方法适用于结构简单的产品，通常是批量生产的产品，单件小批生产产品也用该方法。

（2）随装－随焊　“随装－随焊”的装焊工艺是先将若干个零件组装起来，随之焊接相应的焊缝，然后装配若干个零件，再进行焊接，直至全部零件装完并焊完，并成为符合要求的构件。

这种方法是装配工人与焊接工人在一个工位上交替作业，影响生产效率，也不利于采用先进的工艺装备和工艺方法。因此，此种方法仅适用于单件小批量产品和复杂结构的生产。

（3）零部件装配焊接－总装配焊接　“零部件装配焊接－总装配焊接”的装焊工艺是将结构件分解成若干个部件，先由零件装配成部件，再由部件装配－焊接成结构件，最后把它们焊成整个产品结构。这种方法可实行流水作业，几个部件可同步进行，有利于应用各种先进工艺装备和采用先进的焊接工艺方法。因此，此类型装焊工序适用于可分解成若干个部件的复杂结构的生产，如铁道车辆、起重机桥架等；即使是单件小批生产的结构，也应尽可能分解成部件，以便组织部件装配焊接，如船体结构。

零部件装配焊接－总装配焊接能促使生产效率的提高，改善产品质量和工人的劳动条件，同时，对加强生产管理，协调各部件的生产进度，以保证生产的节奏起到很大的促进作用，其优越性主要体现在以下几方面：

1）零部件装配焊接－总装配焊接可以提高装配－焊接的质量，并可改善工人的劳动条件。把整体的结构划分成若干部件以后，它们就变得重量较轻、尺寸较小、形状简单，因而便于操作。同时把一些需要全位置操作的工序改变为在便于操作的位置施焊，尽量减少立焊、仰焊、横焊，并且可将角焊缝变为船形焊缝。

2）零部件装配焊接－总装配焊接容易控制和减少焊接应力及焊接变形。焊接应力和焊接变形与焊缝在结构中所处的位置有着密切的关系。在划分部件时，要充分地考虑到将部件的焊接应力与焊接变形控制到最小。一般都将总装配时的焊接量减少到最小，以减少可能引起的焊接变形。另外，在部件生产时，可以比较容易地采用胎架或其他措施来防止变形，即使已经产生了较大的变形，也比较容易修整和矫正。这对于成批和大量生产的构件，显得更为重要。

3）零部件装配焊接－总装配焊接可以缩短产品的生产周期。生产组织中各部件的生产是平行进行的，避免了工种之间的相互影响和等候。生产周期可缩短 1/3~1/2，对于提高工厂的经济效益是非常有利的。

4）零部件装配焊接－总装配焊接可以提高生产面积的利用率，减少和简化总装时所用的胎位数。

5）在成批和大量生产时可广泛采用专用的胎架，分部件以后可以大大地简化胎架的复杂程度，并且使胎架的成本降低。另外，工人有专门的分工，熟练程度可提高。

正由于零部件装配焊接－总装配焊接有许多优点，在各种生产规模条件下，都要考虑将结构划分为部件，便于增加部件装配焊接的可能和办法。合理划分部件是体现上述优越性的关键，通常应考虑以下几方面：

1）尽可能使各部件本身是一个完整的构件，便于各部件间最后的总装。另外，各部件间的结合处应尽量避开结构上应力最大的地方，避免结构强度受到影响。

2）能最大限度地发挥部件生产的优点，使装配工作和焊接工作方便，同时在工艺上易于达到技术条件的要求，如焊接变形的控制，防止因结构刚性过大而引起裂纹的产生等。

3）划分部件时，还应考虑现场生产能力和条件对部件在重量上、体积上的限制。对焊后要进行热处理的大部件，要考虑到退火炉的容积大小等问题。

4）在大量生产的情况下，考虑生产均衡性的要求。

任务实施

1. 装配前的准备

（1）熟悉产品图样和工艺规程　要清楚各部件之间的关系和连接方法，并根据工艺规程选择好装配基准和装配方法。

（2）装配现场和装配设备的选择　依据产品的大小和结构的复杂程度选择和安置装配平台和装配胎架。装配工作场地应尽量设置在起重设备工作区间内，对场地周围进行必要清理，使场地平整、清洁，人行道通畅。

（3）工量具的准备　装配中常用的工、量、夹具和各种专用吊具，都必须配齐组织到场。

（4）零部件的预检和除锈　产品装配前，对于从上道工序转来或从零件库中领取的零部件都要进行核对和检查，以便于装配工作的顺利进行。同时，对零部件连接处的表面进行去毛刺、除锈垢等清理工作。

2. 钢板的拼接

由于箱形梁的盖板和腹板尺寸较大，通常需要进行钢板的拼接。钢板拼接分为厚板拼接和薄板拼接。在钢板拼接时，焊缝应错开，防止十字交叉焊缝，焊缝与焊缝之间最小距离应大于3倍板厚，而且大于100mm。

钢板拼接时应注意以下几点：

1）按要求留出装配间隙和保证接口处平齐。

2）厚板对接定位焊，可以按间距250~300mm用30~50mm长的定位焊焊缝焊固。如果局部应力较大，可根据实际情况适当缩短定位焊焊缝的距离。

3）厚度大于34mm的碳素结构钢和大于或等于30mm的低合金结构钢板拼接时，为防止低温时焊缝产生裂纹，当环境温度较低时，可先在焊缝坡口两侧各80~100mm范围内进行预热，其预热温度及层间温度应控制在100~150℃范围内。

4）对于3mm以下的薄钢板，焊缝长度在2m以上时，焊后容易产生波浪变形。拼板时可以把薄钢板四周用短焊缝固定在平台上，然后在接缝两侧压上重物，接缝定位焊焊缝长为8mm，间距为40mm，采用分段退焊法，焊后用锤子或铆钉枪轻打焊缝，消除应力后钢板即可平直。

3. 装配

装配前，先把翼板、腹板分别矫直、矫平，板料长度不够时应先进行拼接。装配时将翼板放在平台上，划出腹板和肋板的位置线，并打上样冲眼。各肋板按位置垂直装配于翼板上，用90°角尺检验垂直度后定位焊，同时在肋板上部焊上临时支承角钢，固定肋板之间的距离，如图6−22b虚线所示。再装配两腹板，使它紧贴肋板立于翼板上，并与翼板保持垂直，用90°角尺校正后施定位焊固定。装配完两腹板后，由焊工按一定的焊接顺序先进行箱形梁内部焊缝的焊接，并经焊后矫正，内部涂上防锈漆后再装配上盖板，即完成了整个箱形梁的装配工作。

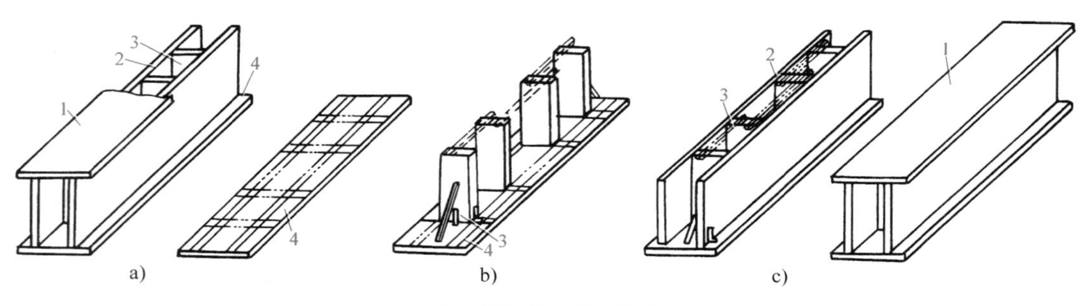

图 6-22　箱形梁的装配

1、4—翼板　2—腹板　3—肋板

思考与练习

一、名词解释

1. 装配　2. 部件装配　3. 总装配　4. 定位　5. 定位基准　6. 定位焊　7. 测量基准　8. 平行度　9. 垂直度　10. 同轴度

二、填空题

1. 无论何种装配方案都需要对零件进行________、________和________，这就是装配的三个基本条件。

2. 在焊接生产中，通常是根据零件的具体情况选取零件的定位方法，常用的定位方法有________、________、________、________等。

3. 划线定位装配法是利用在零件表面或装配台表面划出工件的________线、接合线、________等作为定位线，来确定零件间的相互位置，以定位焊固定进行装配。

4. 样板定位装配法是利用样板来确定________、________等的定位，然后夹紧并经定位焊完成装配的装配方法。

5. 用一些特定的定位元件（如板块、角钢、销轴等）构成________，来确定零件位置，并用______夹紧装配的方法称为定位元件定位法。

6. 对于批量生产的焊接结构，若需装配的零件数量较多，内部结构又不很复杂时，可将工件装配所用的各________、________和________三者组合为一个整体，构成装配胎架。

7. 在焊接结构生产中常见的测量项目有：________、________、________、同轴度及________等。

8. 施工装配中常用________、________、________、________等量具或仪器来测量零件的水平度。

9. 铅垂度的测量是测定工件上________是否与________垂直。常用________或经纬仪测量。

10. 装配－焊接顺序基本上有三种类型：________、________和________。

三、简答题

1. 装配的三个基本条件是什么？它们之间的关系如何？

2. 简述定位的基本原理。

3. 选择定位基准时应考虑哪些问题？

4. 进行定位焊时应注意哪些问题？

5. 简述平行度测量的基本原理。

6. 常用的装配工艺方法有哪些？如何进行选择？

7. 装配方法是如何进行分类的？

8. “零部件装配焊接 – 总装配焊接”装配法的优越性体现在哪些方面？

任务二　齿轮焊接工艺的制定

学习目标

1. 了解焊接工艺的特点及其在焊接结构生产中的作用。

2. 理解焊接工艺制定的原则，掌握焊接工艺制定的方法。

3. 学会结合生产条件制定典型焊件的焊接工艺。

任务描述

齿轮作为机械传动的重要零部件，在各传动机构中均有着非常广泛的应用。42CrMo 合金钢齿轮因具有较好的力学性能，在中硬齿面减速器中应用很广。42CrMo 材质的齿轮多以锻造的形式生产齿坯，但在生产大直径锻造齿轮时，由于其材料利用率低，加工工作量大，生产周期长等不足，很大程度上制约了合金钢齿轮的应用。相比较而言，焊接齿轮结构更显示出经济、高效的优势。

图 6–23 所示为双腹板型焊接齿轮，齿圈材质为 42CrMo，腹板材质为 A32，轮毂材质为 ZG310–570，工艺孔材质为 Q235A 钢管。请结合焊接工艺规程的相关知识，对齿轮结构及材料进行焊接性分析，并制定出经济适用的硬齿面齿轮焊接工艺方法。

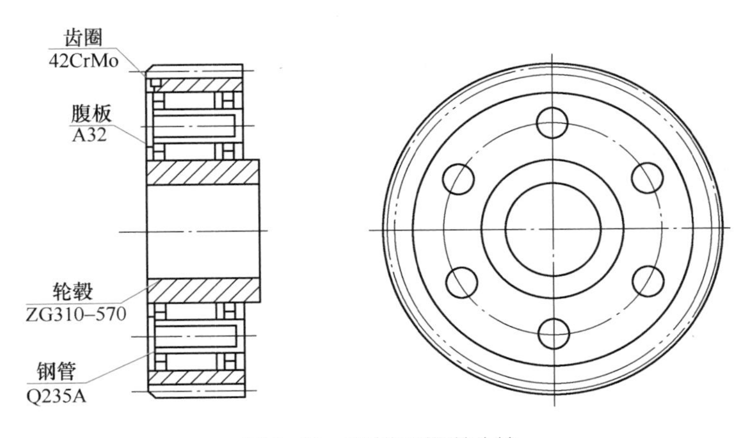

图 6–23　双腹板型焊接齿轮

必备知识

一、焊接工艺制定的原则与内容

1. 制定焊接工艺的原则

1）能获得满意的焊接接头，保证焊缝的外形尺寸和内部质量都能达到技术要求。

2）焊接应力与变形应尽可能小，焊接后构件的变形量应在技术条件许可的范围内。

3）焊缝可达到性好，有良好的施焊位置，翻转次数少。

4）当钢材淬硬倾向大时，应考虑采用预热、后热，防止焊接缺陷产生等。

5）有利于实现机械化、自动化生产，有利于采用先进的焊接工艺方法。

制定的工艺方案应便于采用各种机械的、气动的或液压的工艺装备，如装配胎夹具、翻转机、变位机、辊轮支座等；如进行大批量生产，应采用机械手或机器人来进行装配焊接；应尽量采用能保证结构设计要求和提高焊缝质量，提高劳动生产率，改善劳动条件的先进焊接方法。

6）有利于提高劳动生产率和降低成本。尽量使用高效率、低能耗的焊接方法。

2. 焊接工艺制定的内容

1）根据产品中各接头焊缝的特点，合理地选择焊接方法及相应的焊接设备与焊接材料。

2）合理地选择焊接参数，如焊条电弧焊时的焊条直径、焊接电流、电弧电压、焊接速度、施焊顺序和方向、焊接层数等。

3）合理地选择焊接材料中焊丝及焊剂牌号、气体保护焊时的气体种类、气体流量、焊丝伸出长度等。

4）合理地选择焊接热参数，如预热、中间加热、后热及焊后热处理的工艺参数（如加热温度、加热部位和范围、保温时间及冷却速度的要求等）。

5）选择或设计合理的焊接工艺装备，如焊接胎具、焊接变位机、自动焊机的引导移动装置等。

二、焊接方法、焊接材料及焊接设备的选择

在制定焊接工艺方案时，应根据产品的结构尺寸、形状、材料、接头形式及对焊接接头的质量要求，结合现场的生产条件、技术水平等，选择最经济、最方便、最先进、高效率，并能保证焊接质量的方法。

1. 选择焊接方法

为了正确地选择焊接方法，必须了解各种焊接方法的生产特点及适用范围（如焊件厚度、焊缝空间位置、焊缝长度和形状等），还需要考虑各种焊接方法对装配工作的要求（工件坡口要求、所需工艺装备等）、焊接质量及其稳定程度、经济性（劳动生产率、焊接成本、设备复杂程度等）以及工人劳动条件等。

在成批或大量生产时，为降低生产成本，提高产品质量及经济效益，对于能够用多种焊接方法来生产的产品，应进行试验和经济比较，如材料、动力和工时消耗等，最后核算成本，选择最佳的焊接方法。

想一想

我们学过哪些焊接方法？各有何特点？

2. 选择焊接材料

选择了最佳焊接方法后，就可根据所选焊接方法的工艺特点来确定焊接材料。确定焊接材料时，还必须考虑到焊缝的力学性能、化学成分以及在高温、低温或腐蚀介质工作条件下的性能要求等。总之，必须做到综合考虑才能合理选用。

3. 选择焊接设备

焊接设备的选择应根据已选定的焊接方法和焊接材料，考虑焊接电流的种类、焊接设备的功率、工作条件等方面，使选用的设备能满足焊接工艺的要求。

三、焊接参数的选定

正确合理的焊接参数应有利于保证产品质量，提高生产率。焊接参数的选定主要考虑以下几方面：

1）深入地分析产品的材料及其结构形式，着重分析材料的化学成分和结构因素共同作用下的焊接性。

2）考虑焊接热循环对母材和焊缝的热作用，这是获得合格产品及焊接接头焊接应力和变形最小的保证。

3）根据产品的材料、焊件厚度、焊接接头形式、焊缝的空间位置、焊缝装配间隙等，查找各种焊接方法的有关标准、资料。

4）通过试验确定焊缝的焊接顺序、焊接方向以及多层焊的熔敷顺序等。

5）参考现成的技术资料和成熟的焊接工艺。

6）确定焊接参数不应忽视焊接操作者的实践经验。

四、确定合理的焊接热参数

为保证焊接结构的性能与质量，防止裂纹产生，改善焊接接头的韧性，消除焊接应力，有些结构需进行加热处理。加热处理工艺可处于焊接工序之前或之后，主要包括预热、后热及焊后热处理。

1. 预热

预热是焊前对焊件进行全部或局部加热，目的是减缓焊接接头加热时温度梯度及冷却速度，适当延长在800~500℃区间的冷却时间，从而减少或避免产生淬硬组织，有利于氢的逸出，可防止冷裂纹的产生。预热温度的高低应根据钢材淬硬倾向的大小、冷却条件和结构刚性等因素通过焊接试验而定。钢材的淬硬倾向大、冷却速度快、结构刚性大，其预热温度要相应提高。

小知识

焊前预热范围为焊缝两侧各不小于焊件厚度的3倍，且不小于100mm。

常用的一些确定预热温度的计算公式都是根据不产生裂纹的最低预热温度而建立的，而且都是在一定的试验条件下得到的。因此，选用公式时要特别注意其应用范围，否则会导致错误的结果。根据构件整体预热方式提出的计算公式见表 6-1。

表 6-1　由 P_w 确定的预热温度计算公式及应用条件

防止裂纹所需预热温度/℃	裂纹敏感指数(%)	公式的应用条件
$T_0=1\,440P_w-392$	$P_w=P_{cm}+\frac{[H]}{60}+\frac{\delta}{600}$	局部缝隙,斜Y形坡口试件,P_w的成分范围见注
$T_0=2\,030P_w-550$	$P_w=P_{cm}+\frac{[H]}{60}+\frac{\delta}{600}$	局部缝隙,K形坡口试件,P_w的成分范围见注
$T_0=1\,330P_w-380$	$P_w=P_{cm}+\frac{[H]}{60}+\frac{\delta}{600}$	连通的,斜Y形坡口试件,P_w的成分范围见注
$T_0=1\,600P_w-408$	$P_w=P_{cm}+0.075\log[H]+\frac{R}{40\,000}$	连通的,斜Y形坡口试件,P_w同上,但氢量可用于高氢含量

注：1. 表中的 P_{cm} 为合金元素的裂纹敏感指数，可用下式计算：

$$P_{cm}=w(C)+\frac{w(Si)}{20}+\frac{w(Mn)+w(Cu)+w(Cr)}{20}+\frac{w(Ni)}{60}+\frac{w(Mo)}{15}+\frac{w(V)}{10}+5w(B)$$

2. 表中的【H】为甘油法测定的扩散氢含量【mL/（100g）】，与国际焊接学会（ⅡW）所用的水银法测量氢有如下关系：【H】$=0.68H_{IIW}-1.2$（H_{IIW} 为ⅡW 定氢法测量的氢含量）

3. 表中 δ 为试验钢板的厚度（mm）；R 为拘束度（N/mm^2）。

4. 表中 P_w 的适用范围如下：

w（C）=0.07%~0.22%；w（Si）=0%~0.60%；w（Mn）=0.40%~1.04%；
w（Cu）0%~0.50%；w（Ni）=0%~1.20%；w（Cr）=0%~1.20%；
w（Mo）=0%~0.70%；w（V）=0%~0.12%；w（Ti）=0%~0.05%；
w（Nb）=0%~0.04%；w（B）=0%~0.005%；【H】=1.0~5.0mL/（100g）；
δ=19~50mm；R=4 903.33~32 361.95N/mm²。

许多大型结构采用整体预热是困难的，甚至不可能，如大型球罐、管道等，因此常采用局部预热的方法，防止产生裂纹。

2. 后热

后热是在焊后立即对焊件全部（或局部）利用预热装置进行加热到 300~500℃并保温 1~2h 后空冷的工艺措施，其目的是防止焊接区扩散氢的聚集，避免延迟裂纹的产生。

试验表明，选用合适的后热温度，可以降低一定的预热温度，一般可以降低 50℃左右，在一定程度上改善了焊工劳动条件，也可代替一些重大产品所需要的焊接中间热处理，简化生产过程，提高生产率，降低成本。

对于焊后要立即进行热处理的焊件，因为在热处理过程中可以达到除氢处理的目的，故不需要另做后热。但是，焊后若不能立即热处理而焊件又必须除氢时，则需焊后立即做后热处理，否则，有可能在热处理前的放置期间内产生延迟裂纹。

3. 焊后热处理

焊接结构的焊后热处理，是为了改善焊接接头的组织和性能、消除残余应力而进行的热处理。焊后热处理的目的如下：

1）消除或降低焊接残余应力。

2）消除焊接热影响区的淬硬组织，提高焊接接头的塑性和韧性。

3）促使残余氢逸出。

4）对有些钢材（如低碳钢、500MPa 级高强度钢），可以使其断裂韧度得到提高，但对另一些钢（如 800MPa 级高强度钢），由于能产生回火脆性而使其断裂韧度降低，对这类钢不宜采用焊后热处理。

5）提高结构的几何稳定性。

6）增强构件耐应力腐蚀的能力。

实践证明，许多承受动载的结构焊后必须经热处理，消除结构内的残余应力后才能保证其正常工作，如大型球磨机、挖掘机框架、压力机等。对于焊接的机器零件，用热处理方法来消除内应力尤为重要，否则，在机械加工之后发生变形，影响加工精度和几何尺寸，严重时会造成焊件报废。对于合金钢来说，通常是经过焊后热处理来改善其焊接接头的组织和性能之后才能显现出材料性能的优越性。

一般来说，对于板厚不大，又不是用于动载荷，而且是用塑性较好的低碳钢来制造的结构，就不需要焊后热处理。对于板厚较大，又是承受动载荷的结构，其外形尺寸越大，焊缝越多、越长，残余应力也越大，也就越需要焊后热处理。焊后热处理最好是将焊件整体放入炉中加热至规定温度，如果焊件太大，可采取局部或分部件加热处理，或在工艺上采取措施解决。消除残余应力的热处理，一般都是将焊件加热到 500~650℃进行退火即可，在消除残余应力的同时，对焊接接头的性能有一定的改善，但对焊接接头的组织则无明显的影响。若要求焊接接头的组织细化，化学成分均匀，提高焊接接头的各种性能，对一些重要结构常采用先正火随后立即回火的热处理方法，它既能起到改善接头组织和消除残余应力的作用，又能提高接头的韧性和疲劳强度，是生产中常用的一种热处理方法。

预热、后热、焊后热处理方法的工艺参数主要由结构的材料、焊缝的化学成分、焊接方法、结构的刚度及应力情况、承受载荷的类型、焊接环境的温度等来确定。

任务实施

1. 轮齿结构及焊接性分析

（1）轮齿结构分析　如图 6–23 所示，齿圈材质为 42CrMo，腹板材质为 A32，轮毂材质为 ZG310–570，工艺孔材质为 Q235A 钢管。因该结构为异种钢焊接，热导率、线胀系数均不一样，故可知该结构焊接时具有拘束程度大等不足。

（2）焊接性分析　根据碳钢及低合金结构钢的碳当量经验公式，计算得 42CrMo 及 ZG310–570 的碳当量值均大于 0.4%，说明其塑性差，淬硬倾向很大，热影响区易产生低塑性淬硬组织，导致严重冷裂倾向。为防止冷裂现象的发生，除应选用高韧性低氢焊丝外，还应以较高的预热温度及焊后热处理等工艺措施保证焊接质量。A32 属于高强度船体用结构钢，Q235A 为碳素结构钢，两者含碳量均较低，具有良好的焊接性。

2. 焊接工艺规程的制定

根据上述对几种材质的焊接性分析可知，42CrMo 与 ZG310–570 均需要焊前预热及焊后退火，尤以 42CrMo 的要求更为严格。为防止冷裂现象及获得理想的层间温度，设定预热温度为 400℃，在井式炉中进行加热。

（1）焊接方法的选择　针对具体零部件，焊接方法可以选择焊条电弧焊或 CO_2 气体保护焊。考虑到焊接质量控制等情况，选用 CO_2 气体保护焊工艺。气体纯度要求 99.9%。在条件允许的情况下，也可选则 20%Ar+80%CO_2 混合气体，可以减少熔深，防止合金元素的稀释和碳的迁移，保证成形，减少飞溅及清理时间。

（2）焊接材料的选择　根据齿轮材料焊接性能，结合冷裂纹形成倾向大的特点，过渡层焊接材料选用 H08Mn2SiA，焊丝直径为 ϕ1.2mm。H08Mn2SiA 焊丝中含有一定量的合金元素，在进行 CO_2 气体保护焊时能够起到较好的脱氧作用，有利于保证焊接质量。

（3）施焊工艺的制定

1）严格清理焊件表面油污、铁屑等杂物。

2）将齿轮各部件装配好后，放入加热炉中进行预热，预热温度为 300℃，升温速度为 90~105℃ /h，保温时间 2h。

3）采用直流反接、多层多道焊的方法，进行轮毂与腹板的焊接，焊接参数见表 6–2。

4）上述工序完成后，将工件放入加热炉进行预热，预热温度为 400℃，升温速度为 90~105℃ /h，保温时间 2h。

5）取出工件后，采用直流反接、多层多道焊的方法，进行齿圈与腹板的焊接，焊接参数见表 6–2。

6）焊后进行去应力退火处理。将工件放入 300℃井式炉中，升温至 600~650℃，升温速度为 90~105℃ /h，保温 6h，然后随炉冷却至 150℃后取出空冷。

表 6–2　焊接参数

焊层	焊丝牌号	焊丝直径/mm	焊接电流/A	电弧电压/V	焊接速度/($cm\cdot min^{-1}$)	气体流量/($L\cdot min^{-1}$)
Ⅰ	H08Mn2SiA	1.2	240~260	24~28	30~35	15~20
Ⅱ	H08Mn2SiA	1.2	240~260	24~28	30~35	20~25

思考与练习

一、填空题

1. 为了正确地选择焊接方法，必须了解各种焊接方法的_______及_______，还需要考虑各种焊接方法对________的要求、________、________以及________等。

2. 确定焊接材料时，还必须考虑到焊缝的________、________以及在高温、低温或腐蚀介质工作条件下的性能要求等。

3. 焊接设备的选择应根据已选定的________和________，考虑焊接电流的种类、焊接设备的功率、工作条件等方面，使选用的设备能满足________的要求。

4. 为保证焊接结构的性能与质量，有些结构需进行加热处理。加热处理工艺可处于焊接工序之前或之后，主要包括________、________及________。

5. 预热温度的高低应根据______________、________和________等因素通过焊接试验而定。

6. 钢材的淬硬倾向________、冷却速度________、结构刚性________，其预热温度要相应提高。

7. 后热是在焊后立即对焊件全部（或局部）利用预热装置进行加热到__________并保温 1~2h 后________的工艺措施，其目的是防止___________，避免________的产生。

8. 对于板厚较大，又是承受________的结构，其外形尺寸越________，焊缝越多、越长，残余应力也越________，也就越需要焊后热处理。

9. 若要求焊接接头的组织细化，化学成分均匀，提高焊接接头的各种性能，对一些重要结构常采用先________随后________的热处理方法。

10. 预热、后热、焊后热处理方法的工艺参数主要由__________、__________、焊接方法、______及________、________的类型、焊接环境的温度等来确定。

二、简答题

1. 焊接参数的选择应考虑哪些方面?

2. 什么是预热? 其目的是什么?

3. 焊后热处理的目的有哪些?

职业之美

学习完本项目内容，意味着专业学习已接近尾声，同学们即将走向工作岗位。让我们在自己的工作岗位上，用每一个“焊点”点亮工匠精神。

大国工匠——谭文波

项目七

焊接工装的使用

项目概述

焊接工艺装备是指在焊接结构生产的装配和焊接过程中起配合或辅助作用的工夹具、变位机械、焊机送收装置等的总称。因为它们都是为装配与焊接工艺服务的，故又称装配焊接工艺装备，简称焊接工装。在现代焊接结构生产中，积极推广和使用与产品结构相适应的焊接工装，对提高产品质量，减轻焊接工人的劳动强度，提高劳动生产率和降低制造成本，扩大焊机使用范围，加速焊接生产实现机械化、自动化进程等方面起着非常重要的作用。本项目以典型工装的使用为例，使学生在了解焊接工装的种类、作用及特点等基础知识的同时，掌握常用焊接工装的结构特点和使用方法，能够对给定的构件选择合理的焊接工装，正确进行装配与焊接操作。用企业产品在真实的企业情境中组织教学，让学生感受到企业氛围和文化，培养学生的职业道德和职业素养，培养学生自主学习、与人合作、与人交流的能力。

任务一　容器结构筒体的装配

学习目标

1. 了解什么是焊接工装，焊接工装的种类、特点及其在焊接结构生产中的地位和作用。

2. 了解焊接工装的组成，掌握焊接工装的选用原则。

3. 学会结合生产条件合理选用典型结构生产使用的焊接工装。

任务描述

在焊接结构生产中，组对是一个重要的环节，组对质量将直接影响结构的尺寸精度和焊缝质量，因此，在焊接结构生产中要保证组对的质量。

某装配车间接到如下生产任务：使用焊接工装夹具进行如图 7-1 所示两节筒体的组焊，要求根据焊接结构外形、构造和尺寸，选用焊接工装夹具，在此基础上，正确使用并安全操作焊接工装夹具，保证筒体外形平直，并保证圆度及坡口尺寸，确保结构的装配焊接质量达到要求。

必备知识

一、焊接工装概述

1. 焊接工装的地位与作用

（1）焊接工装的地位　装配 - 焊接工艺装备是焊接结构装配与焊接生产过程中起配合及辅助作用的工装夹具、机械装置或设备的总称，简称焊接工装。焊接工装的应用对于提高产品质量，减轻焊接工人的劳动强度，加速焊接生产实现机械化、自动化进程等方面起着非常重要的作用。

焊接结构生产过程中，纯焊接工作所需要的作业工时仅占构件装配与焊接工时的 25%~30%，其余作业工时则用于备料、装配及其他辅助工作。随着高效率焊接方法的应用，这种工时比的差异更为突出。积极推广使用机械化和自动化程度较高的焊接工装，是解决工时比差异的最佳途径。

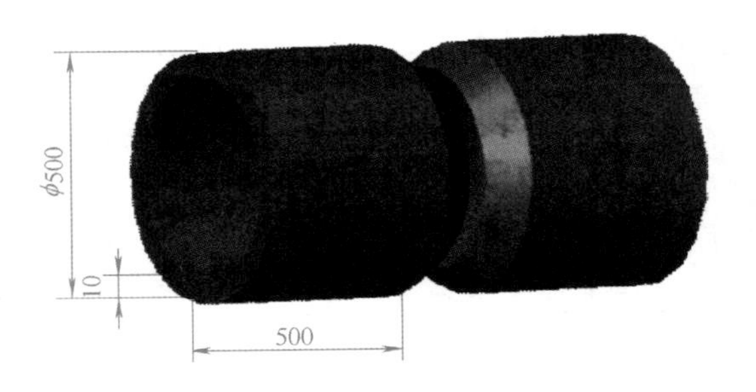

技术要求

1. 同轴度偏差不大于 3mm。
2. 直线度偏差不大于 5mm。
3. 圆度偏差不大于 3mm。
4. 装配间隙为 2mm。

图 7-1　需组对的筒体尺寸

（2）焊接工装的作用　焊接工装的作用主要表现在以下几个方面：

1）定位准确、夹紧可靠，可部分或全部取代下料和装配时的划线工作。减小制品的尺寸偏差，提高零件的精度和互换性。

2）防止和减小焊接变形，降低焊接后的矫正工作量，达到提高劳动生产率的目的。

3）能够保证最佳的施焊位置，焊缝的成形性优良，工艺缺陷明显降低，可获得满意的焊接接头。

4）采用机械装置进行零部件装配的定位、夹紧及焊件翻转等繁重的工作，可改善工人的劳动条件。

5）可以扩大先进工艺方法和设备的使用范围，促进焊接结构生产机械化和自动化的综合发展。

2. 焊接工装的分类及应用

焊接工装可按其功能、适用范围或动力源等进行分类，分类方法见表 7–1。

表 7–1 焊接工装的分类及应用

<table>
<tr><th>分类方法</th><th>工装名称</th><th colspan="2">主要形式</th><th>基本应用</th></tr>
<tr><td rowspan="15">按功能分类</td><td rowspan="4">装配焊接夹具</td><td colspan="2">定位器</td><td rowspan="4">主要是对焊件进行准确的定位和可靠的夹紧</td></tr>
<tr><td colspan="2">夹紧器</td></tr>
<tr><td colspan="2">拉紧及顶撑器</td></tr>
<tr><td colspan="2">装配胎架</td></tr>
<tr><td rowspan="9">焊接变位机械</td><td rowspan="4">焊件变位机</td><td>焊接回转台</td><td rowspan="4">将焊件回转或倾斜,使接头处于水平或船形位置</td></tr>
<tr><td>焊接翻转机</td></tr>
<tr><td>焊接滚轮架</td></tr>
<tr><td>焊接变位机</td></tr>
<tr><td rowspan="4">焊机变位机</td><td>平台式操作机</td><td rowspan="4">将焊接机头或焊枪送到并保持在待焊位置,或以选定的焊接速度沿规定的轨迹移动焊机</td></tr>
<tr><td>悬臂式操作机</td></tr>
<tr><td>伸缩臂操作机</td></tr>
<tr><td>门架式操作机</td></tr>
<tr><td colspan="2">焊工变位机</td><td>焊接高大焊件时带动焊工升降</td></tr>
<tr><td colspan="3">焊接辅助装置</td><td>为焊接工作提供辅助性服务</td></tr>
<tr><td rowspan="3">按适用范围分类</td><td colspan="3">专用工装</td><td>适用于某一种焊件的装配和焊接</td></tr>
<tr><td colspan="3">通用工装</td><td>不需调整即能适用于多种焊件的装配或焊接</td></tr>
<tr><td colspan="3">组合式工装</td><td>使用前需将各夹具元件重新组合才能适用于另一种产品的装配和焊接</td></tr>
<tr><td rowspan="5">按动力源分类</td><td colspan="3">手动工装</td><td>靠人工完成焊件的定位、夹紧或运动</td></tr>
<tr><td colspan="3">气动工装</td><td>利用压缩空气作为动力源</td></tr>
<tr><td colspan="3">液压式工装</td><td>利用液体压力作为动力源</td></tr>
<tr><td rowspan="2">电动工装</td><td colspan="2">电磁工装</td><td>利用电磁铁产生的磁力作为动力源</td></tr>
<tr><td colspan="2">电动工装</td><td>利用电动机的转矩作为动力源</td></tr>
</table>

3. 焊接工装的组成及选用原则

（1）焊接工装的组成　焊接工装的构造是由其用途及可实现的功能所决定的。

装配－焊接夹具一般由定位元件、夹紧元件和夹具体组成。夹具体起连接各定位元件和夹紧元件的作用，有时还起支承焊件的作用。

焊接变位机械基本由原动机（力源装置）、传动装置（中间传动机构）和工作机（夹紧元件）三个基本部分组成，并通过机体把它们连接成整体。

图 7-2 所示是一种典型的夹具装置。其中，力源装置是产生夹紧作用力的装置，通常是指机械夹紧时所用的气压、液压、电动等动力装置；中间传动机构起着传递夹紧力的作用，工作时可以通过它改变夹紧作用力的方向和大小，并保证夹紧机构在自锁状态下安全可靠；夹紧元件是夹紧机构的最终执行元件，通过它和焊件受压表面直接接触完成夹紧。

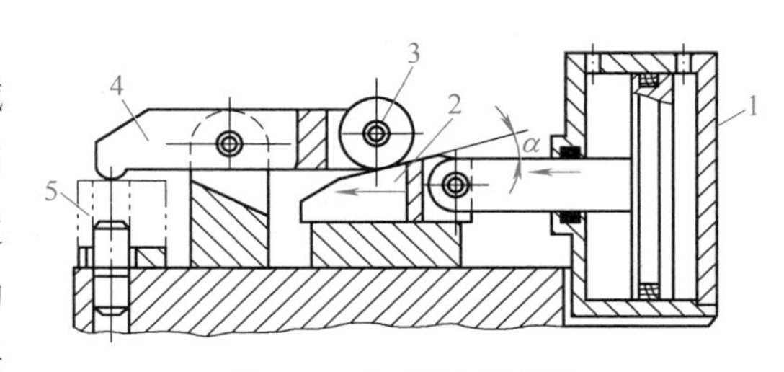

图 7-2　典型的夹具装置

1—气缸　2—斜楔　3—辊子　4—压板　5—焊件

（2）焊接工装选用的基本原则　焊接工装的选用与焊接结构产品的各项技术要求及经济指标有着密切的联系。其一，焊接结构的生产规模和生产类型，在很大程度上决定了选用工艺装备的经济性、专用化程度、完善性、生产效率及构造类型。其二，产品的质量、外观尺寸、结构特征以及产品的技术等级、重要性等也是选择工艺装备的重要依据。其三，在产品生产工艺规程中，对工艺装备的选用有着较明确的要求和说明（零部件有效定位、夹紧、反变形、定位焊、施焊等），这些内容对选择工艺装备有很强的指导性。除上述之外，还有以下几点原则：

1）工艺装备的可靠性。主要包括承载能力、结构刚性、夹紧力大小、机构的自锁性、安全防护与制动、结构自身的稳定性以及负载条件下的稳固性等。

2）对制品的适应性。主要包括焊件装卸的方便性、待焊焊缝的可达性、可观察性、对焊件表面质量的破坏性以及焊接飞溅对结构的损伤等。

3）焊接方法对夹具的某种特殊要求。闪光对焊时，夹具兼作导电体；钎焊时，夹具兼作散热体。因此，要求夹具本身具有良好的导电性和导热性。

4）安装、调试、维护的可行性。主要涉及生产车间的安装空间、起重能力、力源配备、主要易损件的备件提供方式、车间维护能力、操作者技术水平等。

5）尽量选用已通用化、标准化的工艺装备。这样，可减少投资成本并缩短开发周期。

二、焊接工装夹具

在焊接结构生产中经常采用的有装配定位焊夹具、焊接夹具、矫正夹具等。一个完整的工装夹具，一般由定位器、夹紧器和夹具体三部分组成。其中，定位是夹具结构设计的关键问题，定位方案一旦确定，则其他组成部分的总体配置也基本随之而定。

1. 定位器

定位器可作为一种独立的工艺装置，也可以是复杂夹具中的一个基本元件，它的基本任务是确定所装配零部件的正确位置。定位器具有多种结构形式，使用时，应根据被定位焊件的结构形式及定位要求进行布置和选择。

（1）平面定位器　工件以平面定位时，常采用挡铁、支承钉或支承板等进行定位。

1）挡铁定位器。挡铁定位器是一种应用较广且结构简单的定位元件，可使工件在水平面或垂直面内进行定位，如图 7−3 所示。

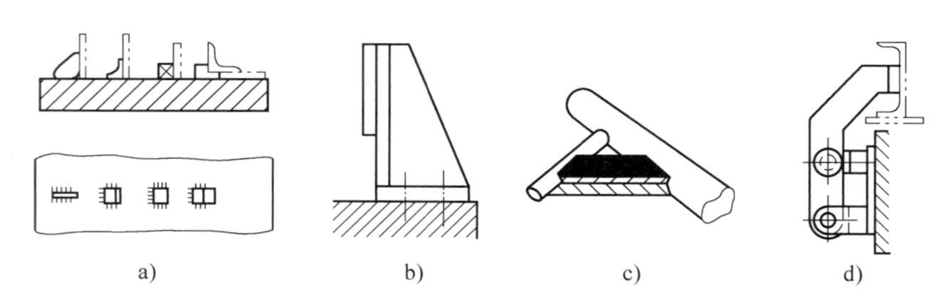

图 7−3　挡铁定位器

a）固定式　b）可拆式　c）永磁式　d）可退式

①固定式挡铁。固定式挡铁一般可采用一段型钢或一块钢板按夹具的定位尺寸直接焊接在夹具体或装配平台上使用。

②可拆式挡铁。当固定式挡铁对工件的安装和拆卸有影响时，应选择可拆式挡铁，在定位平面上加工出孔或沟槽，将挡铁直接插入夹具体或装配平台的锥孔中，不用时可以拔除；也可用螺栓固定在平台上定位工件。

③永磁式挡铁。永磁式挡铁采用永磁材料制成，使用非常方便，一般可定位 30°、45°、70°、90° 夹角的铁磁性金属材料，适用于中小型板材或管材焊件的装配。

④可退式挡铁。可退式挡铁是为保证复杂的结构件经定位焊或焊接后，能从夹具中顺利取出。通过铰链结构使挡铁用后能迅速退出，以提高工作效率。

挡铁的定位方法简便，定位精度不太高，所用挡铁的数量和位置，主要取决于结构形式、选取的基准以及夹紧装置的位置。对于受力（重力、热应力、夹紧力等）较大的挡铁，必须保证挡铁具有足够的强度。

2）支承钉（板）定位器。

①固定支承钉定位器。固定支承钉一般固定安装在夹具体上，根据功能不同又分为平头支承

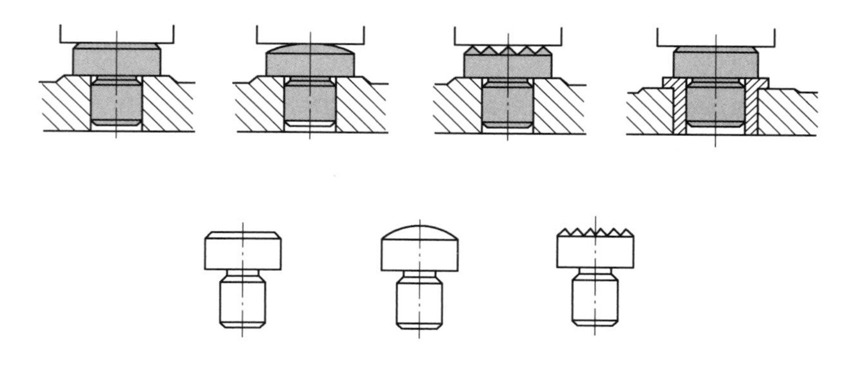

图 7−4　固定支承钉及应用

钉、球头支承钉和齿纹头支承钉三种类型，如图 7-4 所示。平头支承钉用来支承已加工过的平面；球头支承钉用来支承未经加工、粗糙不平的毛坯表面或工件的窄小表面，这种支承钉与工件形成点接触，接触应力较大，易压溃工件表面，使表面留下浅坑，故尽量不用于负荷较大的场合；齿纹头支承钉多用在工件侧面，可增大摩擦系数，防止工件在加工过程中产生滑动，使定位更加稳定，但它易损伤工件表面，故多用于还需精加工的工件表面的定位。

②可调支承钉定位器。可调支承钉是指高度可以调节的支承钉。图 7-5 所示为几种常用的可调支承钉的结构形式，这几种可调支承钉都可以通过螺钉和螺母来实现支承点位置的调节。当所调支承点的位置一经调节适当后，便需通过锁紧螺母锁紧，以防止在加工过程中因定位支承钉的松动而使其支承点位置发生变化。当不同工件的毛坯质量差异较大或同类工件要求不同的规格及改变某一尺寸的定位要求时，可通过可调支承的一次性调整来满足新工件的定位要求，并适当补偿工件的尺寸误差。

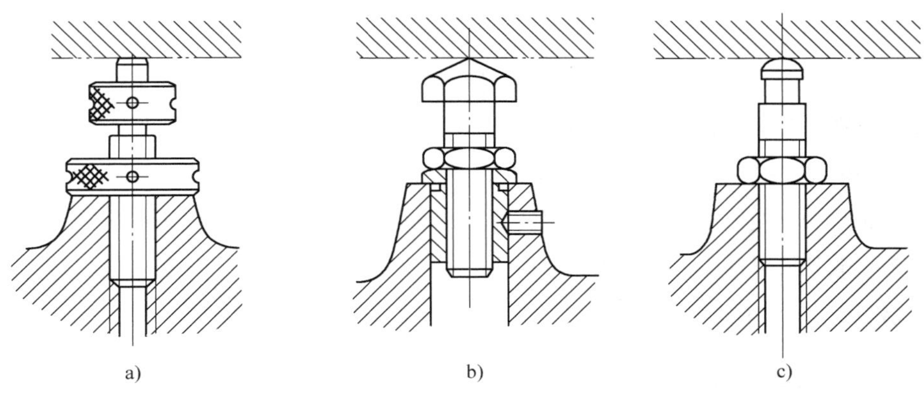

图 7-5　常用可调支承钉

a）GB/T 2229　b）GB/T 2227　c）GB/T 2230

③支承板定位器。为使幅面较大、跨度较大的加工平面安装稳固、可靠，多选用支承板定位。如图 7-6 所示为两种常用支承板的结构形式，光面支承板多用于垂直布置的场合；斜槽支承板多用于水平方向布置的定位，其凹槽可防止细小切屑停留在定位面上。

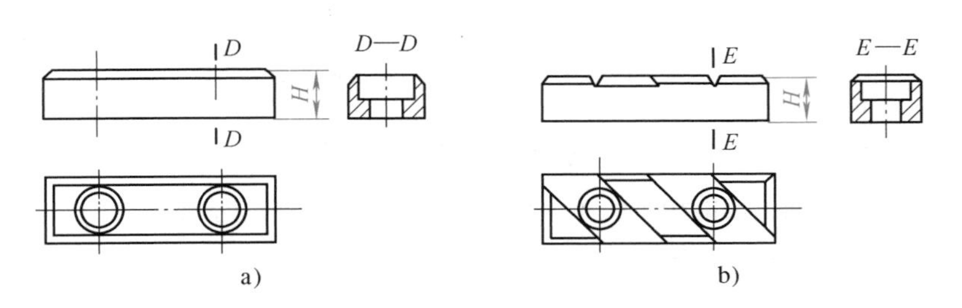

图 7-6　支承板定位器

a）光面支承板　b）斜槽支承板

（2）定位销　利用工件上的装配孔、螺钉孔或螺栓孔及专用定位孔等作为定位基准时，多采用定位销定位。

1）固定式定位销。固定式定位销常装在夹具体上，头部有 15° 倒角，以符合工艺要求且安装方便。为保证定位销在夹具上的位置精度，一般固定式定位销的连接采用过盈配合。几种固定式定位销的结构形式如图 7–7 所示。图 7–7a 所示的两种定位销结构用于被定位工件圆孔尺寸较小的情况，这种带有小凸肩的定位销与夹具体连接时稳定牢靠。图 7–7b 所示的定位销结构用于被定位工件圆孔尺寸较大的情况。图 7–7c 所示的两种定位销结构用于被定位工件同时以圆柱孔和端面组合定位的情况。

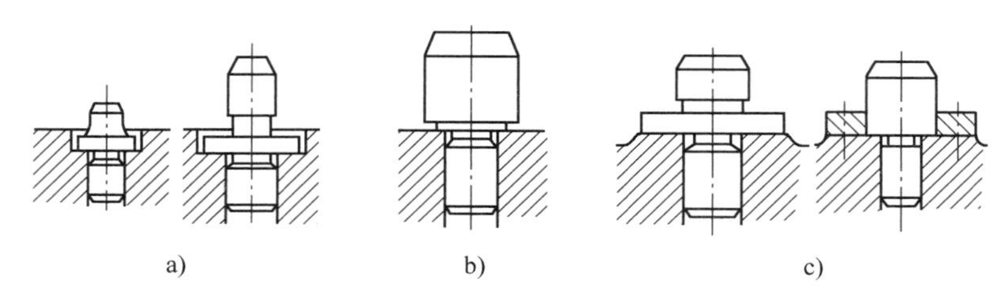

图 7–7　固定式定位销的结构形式

2）可换式定位销。在大批量生产中，由于定位销磨损较快，为了保证工件加工精度，需要定期维修和更换，常采用便于更换的可换式定位销。图 7–8 所示为几种可换式定位销的结构形式。插销式定位销依靠工件之间的工艺孔进行定位，一般情况是定位焊后拆除该定位销才能进行焊接；衬套式定位销是为了便于定期更换，在定位销与夹具体之间装有衬套，由于定位销与衬套之间存在装配间隙，故其位置精度较固定式定位销低；为适应以工件上的两孔一起定位的需要，通常在两个定位销中采用一个削边定位销，其目的是解决销定位时的重复定位问题。

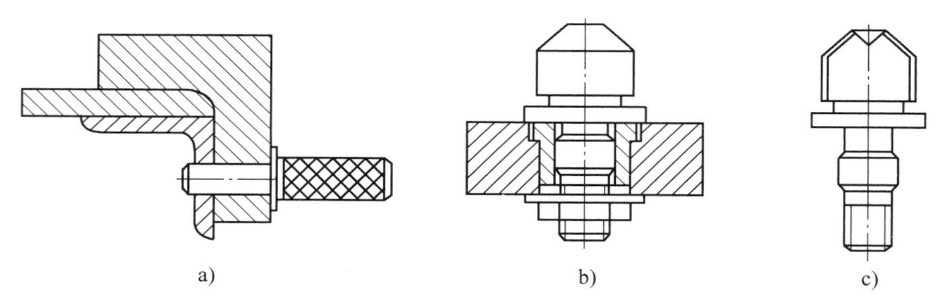

图 7–8　可换式定位销的结构形式

a）插销式　b）衬套式　c）削边式

（3）外圆定位器　生产中，管子、轴及小直径圆筒节等圆柱形工件的定位多采用 V 形块。V 形块既能用于精定位基面，又能用于粗（毛坯）定位基面；既能用于完整的圆柱面，又能用于局部的圆柱面。V 形块定位的对中性好，工件的定位基准总是处于 V 形块两限位基面的对称面内。

V 形块的结构形式取决于它所起的作用和工件的结构、尺寸、精度及生产批量等，如图 7–9 所示。固定式单 V 形块用于较短工件的定位，双 V 形块用于较长工件两端或断续圆柱轴颈的定位。可调式 V 形块一般用于同一类型但尺寸有变化的工件，或用于可调整夹具中。常用的 V 形块两工作斜面的夹角一般有 60° 、90° 和 120° 几种，其中 90° 角的 V 形块应用得最多。

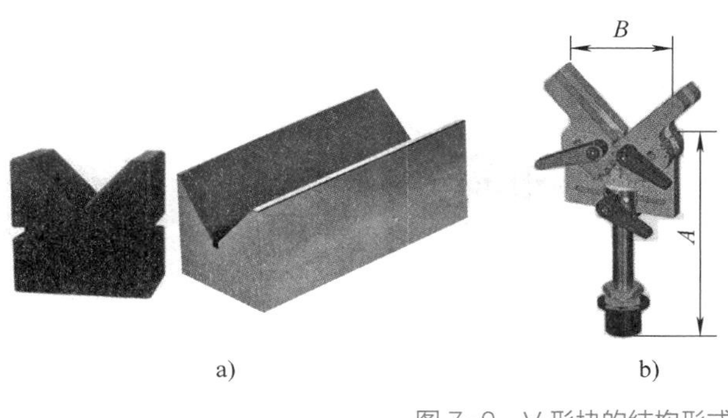

a)　　　b)　　　c)

图 7-9　V 形块的结构形式与应用
a）固定式　b）可调式　c）应用示例

（4）定位器使用注意事项　定位器一般不应作为受力元件，以免损伤它的精度，若必须同时作为受力元件，则应适当增加它的强度和刚度；定位器不应设置在有碍工人操作的位置，同时还应考虑到制品在装配或焊接后便于从工艺装备中取出；定位器的工作表面应具有良好的耐磨性，以便较长时期地保持定位精度；定位器在磨损或损坏时应是容易修复或更换的。制品中经过机械加工的面、孔等，原则上都可以作为定位基准，但它应符合定位要求。

定位器通常不单独使用，它们的作用是将工件定位，为了使工件在装配与焊接过程中不发生移动，常用夹具施力以使工件固定。因此，在胎具上定位器总与夹紧器联合作用以确定工件的位置。布置定位器时应注意以下事项：

1）焊接定位器应配置在焊件加工表面附近。

2）对型钢类焊件，如角钢、槽钢等，焊接定位器要布置在背面或棱边上，避免布置在内侧斜面上。

3）焊接定位器的布局不应妨碍切割和焊接操作。

4）布置焊接定位器时，应对所装配焊件的变形有所估计，以防止装配 - 焊接完成后焊件取不下来。

5）定位器应具有一定的耐磨性和结构刚度。

2. 夹紧器

利用某种施力元件或机构使焊件达到并保持预定位置的操作称为夹紧，用于夹紧操作的元件或机构称为夹紧器或夹紧机构。夹紧器是装配 - 焊接夹具中最重要的基本组成部分。对夹紧器的基本要求包括以下几方面：①夹紧作用准确，处于夹紧状态时应能保持自锁，以保证夹紧定位的安全可靠；②夹紧动作迅速，操作方便省力，夹紧时不应损坏焊件表面质量；③夹紧件应具备一定的刚性和强度，夹紧作用力应是可调节的；④结构力求简单，便于制造和维修。

夹紧器对零部件的紧固方式有压紧、拉紧、推拉和顶压（或撑开）四种，如图 7-10 所示。夹紧器按其夹紧力的来源，可分为手动夹紧器和非手动夹紧器两大类。手动夹紧器包括楔形夹紧器、螺旋夹紧器、偏心夹紧器和杠杆夹紧器等；非手动夹紧器包括气动夹紧器、液压夹紧器和磁力夹紧器等。

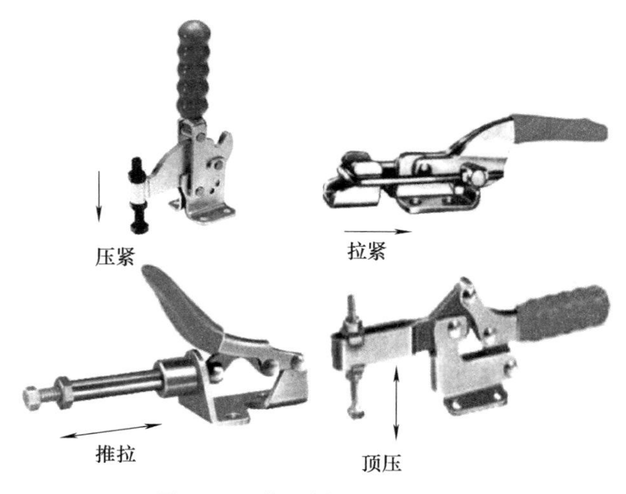

图 7–10　装配夹紧器的夹紧方式

（1）手动夹紧器

1）楔形夹紧器。楔形夹紧器主要通过斜面的移动所产生的压力夹紧焊件。图 7–11 所示为斜楔夹紧的工作原理，为了保证斜楔稳定的工作状态，手动（锤击）夹紧时一般取斜楔升角 α=6°~8° 。当斜楔动力源由气压或液压提供时，可扩大斜楔升角 α=15°~30° 。适当加大斜楔升角和制成双斜面斜楔，可减小夹紧时斜楔的行程，提高生产率。

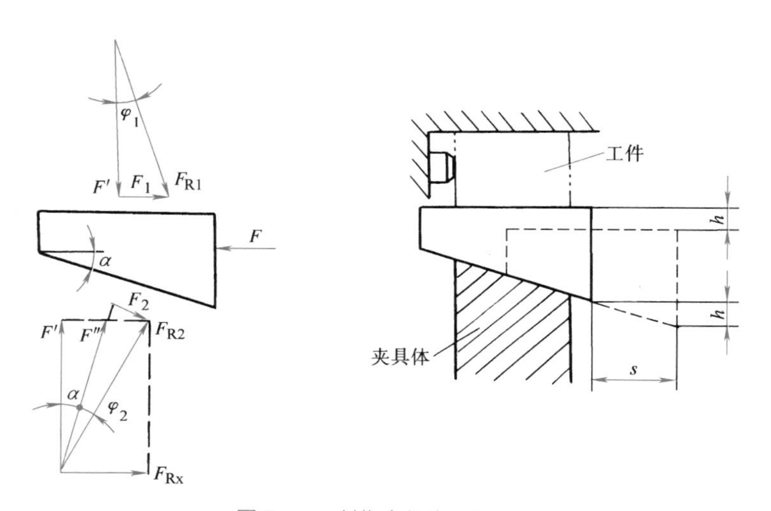

图 7–11　斜楔夹紧的工作原理

斜楔夹紧器结构简单，易于制造，既可独立使用，又能与其他机构如气压或液压等动力源联合使用。手动斜楔夹紧力不很大，效率较低，多用于单件小批生产或在现场大型金属结构的装配与焊接。

2）螺旋夹紧器。螺旋夹紧器一般由螺杆、螺母和主体三部分组成，通过螺杆与螺母的相对旋动达到夹紧工件的目的，如图 7–12 所示。为避免螺杆直接压紧焊件造成表面压伤和产生位移，通常是在螺杆的端部装有可以摆动的压块。图 7–13 所示为螺旋夹紧器在焊接生产中的实际应用实例。

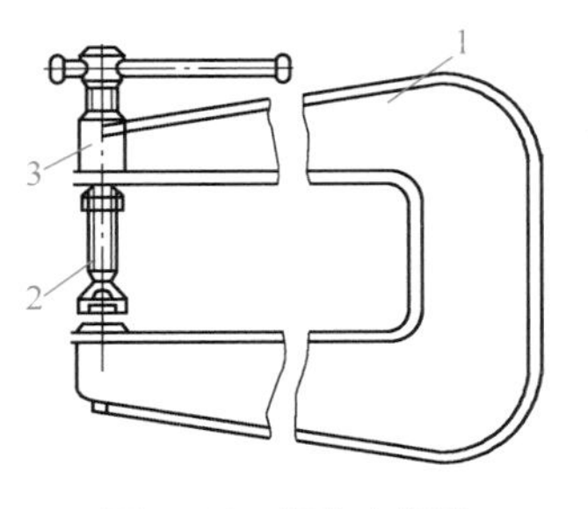

图 7−12　螺旋夹紧器

1—主体　2—螺杆　3—螺母

图 7−13　螺旋夹紧器的应用实例

螺旋夹紧器的动作较慢（每转一圈前进一个螺距），辅助时间长，工作效率不高。图 7−14 所示为几种快速夹紧的螺旋夹紧器。图 7−14a 所示为旋转式螺旋夹紧器，其特点是夹紧机构的横臂可绕转轴进行旋转，便于快速装卸焊件。图 7−14b 所示为铰接式螺旋夹紧器，其特点是夹紧主体可绕铰接点旋转到夹具体下面，焊件可以顺利装卸，螺旋的行程可根据焊件的厚度和夹紧装置确定。图 7−14c 所示为快撤式螺旋夹紧器，螺母套筒 1 不直接固定在主体 4 上，而是以它外圆的 L 形槽沿着主体上的定位销 3 来回移动，焊件装入后推动手柄 2 使螺母套筒 1 连同螺栓 5 快速接近焊件。转动手柄使定位销 3 进入螺母套筒的圆周槽内，螺母不能轴向移动，再旋转螺栓便可夹紧焊件。卸下焊件时，只要稍松螺栓，再转动手柄，使定位销进入螺母套筒外圆的直槽位置，便可快速撤回螺栓，取出焊件。螺旋夹紧器的螺母容易磨损，因此一般做得较厚，还可以设计成螺母套筒固定在主体上的形式。

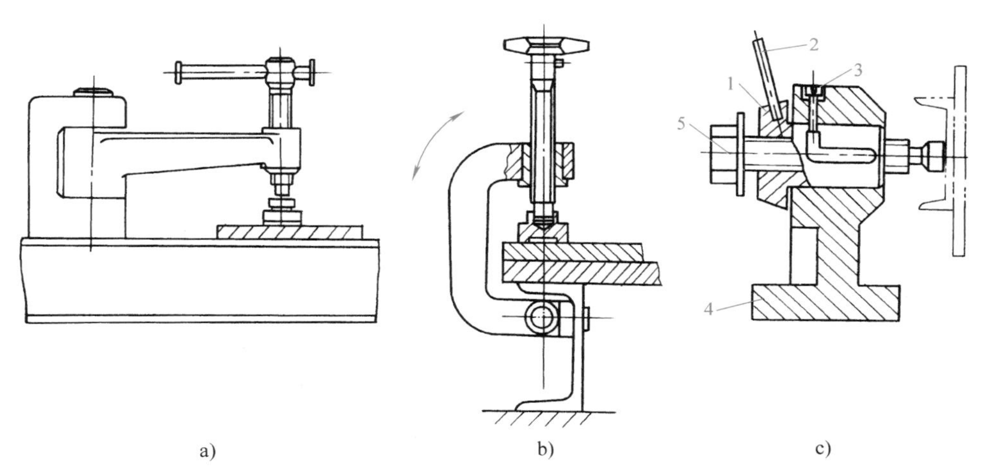

图 7−14　快速夹紧的螺旋夹紧器

1—螺母套筒　2—手柄　3—定位销　4—主体　5—螺栓

3）偏心轮夹紧器。偏心轮是指绕一个与自身几何中心相对偏移一定距离的回转中心旋转的零件。偏心轮旋转时，在某一方向上，回转中心与轮边缘的距离会发生变化，利用这一变化来夹紧和松开零件。旋转一次手柄即可压紧工件，是快速作用式夹紧器。一般情况下，应保证偏心轮具有自锁性，以便施力结束后能保持压力。图 7−15 所示为偏心轮夹紧器。

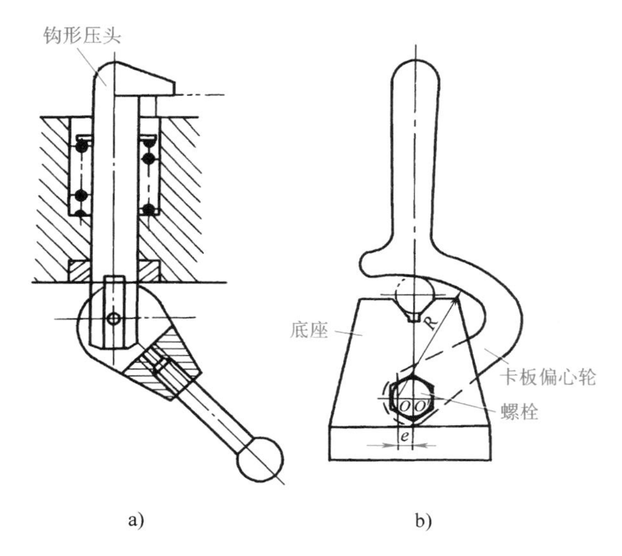

图 7-15　偏心轮夹紧器

a）夹紧平面构件　b）夹持圆柱表面和管子

偏心轮夹紧器夹紧动作迅速（手柄转动一次即可夹紧焊件），有一定的自锁性，结构简单，但行程较短。特别适用于尺寸偏差较小、夹紧力不大及很少振动情况下的成批大量生产。

想一想

我们平时见到的夹紧器有哪些？各自有哪些优点和缺点？在什么场合下使用？

4）杠杆夹紧器。杠杆夹紧器是利用杠杆的增力作用，夹持或压紧焊件的。由于它制作简单，使用方便，通用性强，故在装配中应用较多。图 7-16 所示为一个典型的杠杆夹紧器。当向左推动手柄时，间隙 s 增大，焊件被松开；当向右推动手柄时，焊件被夹紧。杠杆夹紧器多与其他夹紧器联合使用，形式很多。其特点是夹紧动作迅速，可起到增力的作用，适用于大批生产。设计时应注意其调节机构及防滑锁紧装置。

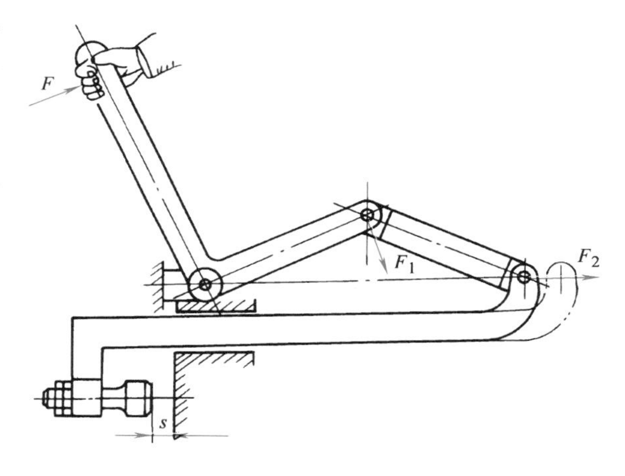

图 7-16　杠杆夹紧器

（2）气动、液动夹紧器　气动夹紧器是以压缩空气为传力介质，推动气缸活塞与连杆动作，实现对焊件的夹紧作用。液动夹紧器是以液压油为传力介质，推动液压缸活塞与连杆产生动作实现夹紧的。

1）气动夹紧器。气动夹紧器中气压传动用的气体工作压力一般为 0.4~0.6MPa。气动夹紧器具有夹紧动作迅速、夹紧力比较稳定、结构简单、操作方便、不污染环境及有利于实现程序控制等优点。

①气动斜楔夹紧器。图 7-17 所示为气缸通过斜楔进一步增力后实现夹紧作用的机构，其增力比较大，可自锁，但夹紧行程小，机械效率低，其夹紧力即为气缸推力。

②气动杠杆夹紧器。图 7-18 所示为气缸通过杠杆进一步增力或减力后实现夹紧作用的机构。其形式多样，适用范围广，在装焊生产线上应用较多。

③气动斜楔 - 杠杆夹紧器。图 7-19 所示机构的气缸通过斜楔增力后，再经杠杆进一步增力或减力，实现夹紧作用。其结构形式多样，能自锁，省能源，在装焊作业中应用较广泛。

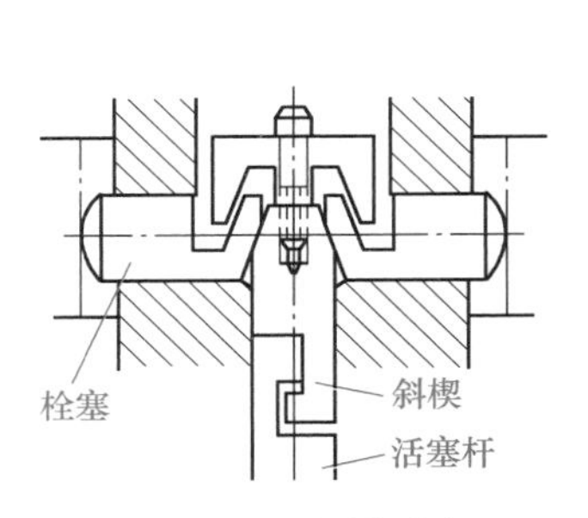

图 7-17　气动斜楔夹紧器

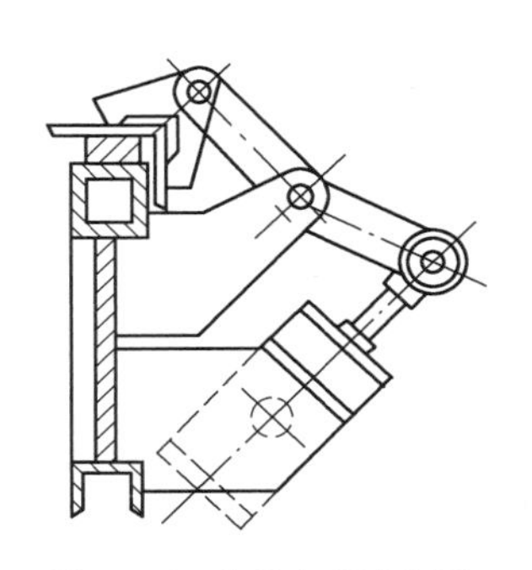
图 7-18　气动杠杆夹紧器

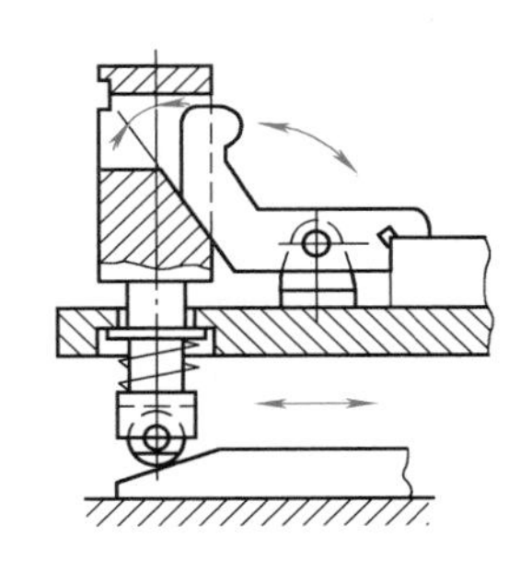
图 7-19　气动斜楔 - 杠杆夹紧器

④气动铰链 - 杠杆夹紧器。图 7-20 所示机构的气缸首先通过铰链连接板的扩力，再经杠杆进一步增力或减力后，实现夹紧作用。其增力比大，机械效率高，夹头开度大，一般不具备自锁性能，多用于动作频繁、夹紧速度快、大批量生产的场合。

⑤气动杠杆 - 铰链夹紧器。图 7-21 所示机构通过杠杆与连接板的组合将气缸力传递到厚件上实现夹紧。其增力比大，有自锁性能，机械效率较高，夹头开度大，形式多样，多用于动作频繁的大批量生产场合。

⑥气动凸轮 - 杠杆夹紧器。图 7-22 所示机构是气缸压力经凸轮或偏心轮增力后，再经杠杆增力或减力来夹紧焊件。其增力比大，有自锁性能，但夹头开度小，夹紧行程不大，在装焊作业中应用较少。

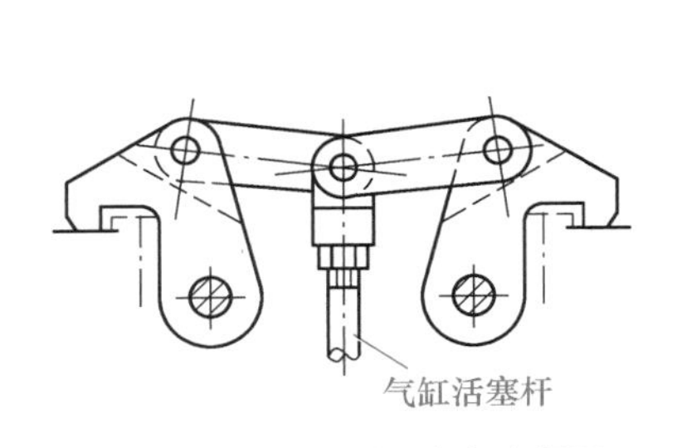

图 7-20　气动铰链 - 杠杆夹紧器

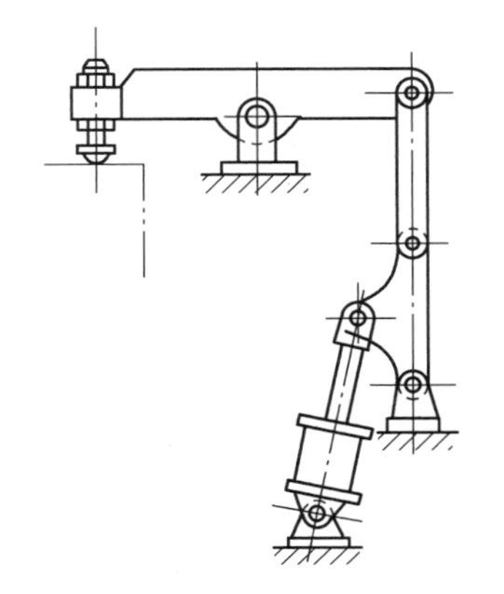
图 7-21　气动杠杆 - 铰链夹紧器

图 7-22　气动凸轮 - 杠杆夹紧器

2）液动夹紧器。液动夹紧器的工作原理和工作方式与气动夹紧器相似。只是采用高压液体代替压缩空气。液压传动用的液体工作压力一般为3~8MPa，在输出力相同的情况下液压缸尺寸较小，惯性小，结构紧凑。液体有不可压缩性，故液动夹紧器夹紧刚度较高，且工作平稳，夹紧力大，有较好的抗过载能力。液压油有吸振能力，便于频繁换向。但液压系统结构复杂，制造精度要求高，成本较高，控制部分复杂，不适合远距离操纵。

图 7-23 所示为液压撑圆器，适用于厚壁筒体的对接、矫正及撑圆装配。

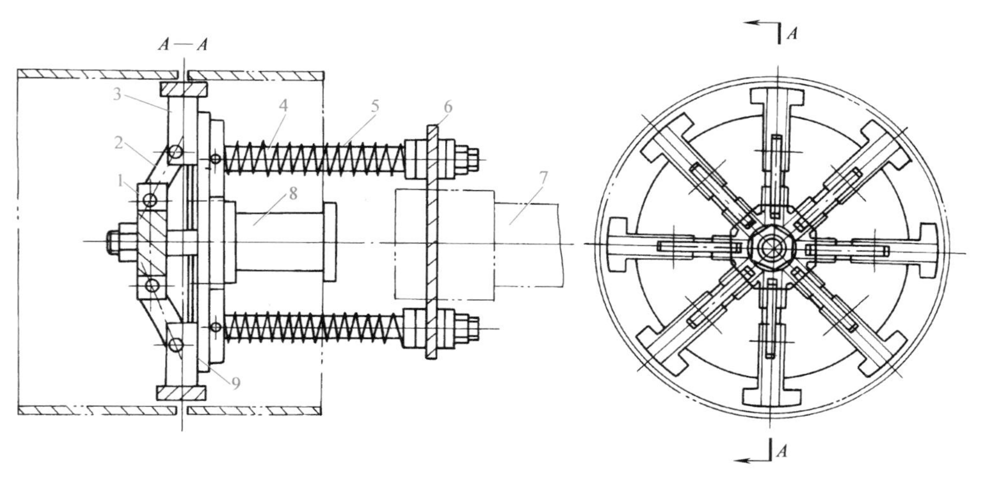

图 7-23　液压撑圆器

1—心盘　2—连接板　3—推撑头　4—支承杆　5—缓冲弹簧　6—支承板　7—操作机伸缩臂

8—液压缸　9—导轨花盘

小知识

加工小型制品时，最好用快速的气动夹紧器；重型的制品用液动夹紧器；薄板制品最好用电磁夹紧器；产量不大的中厚板零件用螺栓夹紧器；夹紧位置不固定的大型制品，如容器、船体等，常用楔形夹紧器。

（3）磁力夹紧器　磁力夹紧器是借助磁力吸引铁磁材料的焊件实现夹紧的装置。按磁力的来源分为永磁式和电磁式两种，应用较多的是电磁式磁力夹紧器；按工作性质分为固定式和移动式两种。磁力夹紧器操作简便，而且对工作表面质量没有影响，但是其夹紧力通常不是很大。

图 7-24 所示为移动电磁式磁力夹紧器的几种应用形式。图 7-24a 为用两个电磁铁与螺旋夹紧器配合使用矫正变形的板料；图 7-24b 为利用电磁铁作为杠杆的支点，压紧角铁与焊件表面的间隙；图 7-24c 是依靠电磁铁对齐拼板的错边，并可代替定位焊；图 7-24d 是采用电磁铁作为支点使板料接口对齐。

（4）布置夹紧器时的注意事项

1）选用的夹紧器要简单可靠，便于操作，劳动量小。

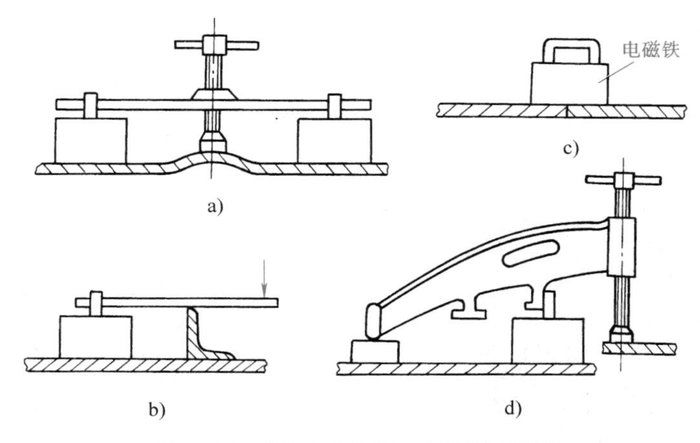

图 7-24　移动电磁式磁力夹紧器及其应用

2）夹紧动作快，生产效率高。

3）对精度要求较高的工件，作用点应在工件中心线下方，不能影响工艺顺序及操作。

4）对同一胎夹具，夹紧器元件的类型越少越好。

5）带有手柄的夹紧器，其手柄的运动方式应是：从上往下朝自己，从右往左用力。

三、装配设备

1. 装配平台

装配平台的主要类型及特点如下：

（1）铸铁平台　它是由许多块铸铁组成的，其结构坚固，工作表面经过机械加工，平面度比较高，面上具有许多孔洞，便于安装夹具。常用于装配以及钢板和型钢的热加工弯曲。

（2）钢结构平台　这种平台是由型钢和厚钢板焊制而成的。它的上表面一般不经过切削加工，所以平面度较差。常用于制作大型焊接结构或桁架结构。

（3）导轨平台　这种平台是由安装在水泥基础上的许多导轨组成的。每条导轨的上表面都经过切削加工，并有紧固工件用的螺栓沟槽。这种平台用于制作大型结构件。

（4）水泥平台　它是由水泥浇注而成的一种简易且适用于大面积工作的平台。浇注前在一定的部位预埋拉桩、拉环，以便装配时用来固定工件。在水泥中还放置交叉形扁钢，扁钢面与水泥面平齐，作为导电板或用于固定工件。这种水泥平台可以用于拼接钢板、框架和构件，又可用于安装胎架，进行较大部件的装配。

（5）电磁平台　它是由平台（型钢或钢板焊成）和电磁铁组成的。电磁铁能将型钢吸紧固定在平台上，焊接时可以减少变形。充气软管和焊剂的作用是组成焊剂垫，用于埋弧焊，可防止漏渣和钢液下淌。

2. 装配胎具

装配胎具是为了保证产品的装配质量，提高生产率，按照产品的形状和零件装配的位置要求而设计的工装。装配胎具按其功能分为通用胎具和专用胎具，按其动作的方式又分为固定式胎具和旋转式胎具。

（1）固定式胎具　固定式胎具有型钢式胎具和专用胎具，型钢式胎具常用的形式有槽钢、轨道钢和工字钢等，用于直径较小的筒体卧装对接，如图 7–25 和图 7–26 所示。筒体在型钢式胎具上卧装时，无论是轴向移动或径向转动，都需要人工操作，劳动强度较大。由于轴向移动属于滑动，因此筒体的外表面容易产生划痕。

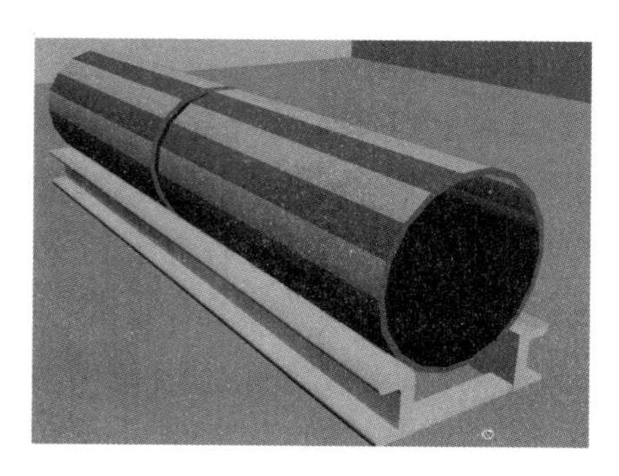

图 7–25　用槽钢卧装对接筒体

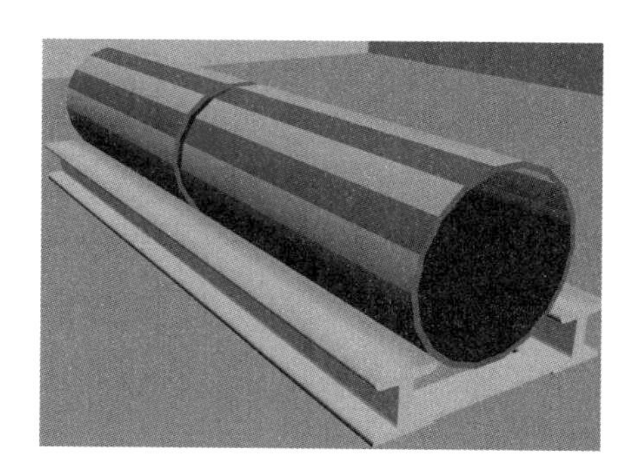

图 7–26　用工字钢卧装对接筒体

较大型压力容器的封头组装采用专用胎具，如图 7–27 所示。专用胎具的模板构成支承工作面，通过放样得出实际形状，然后加工而成。这样的专用胎具，只适用于一种形状、尺寸工件的装配。较为复杂的结构（如船舶分段），其装配胎具的结构也较复杂，胎具的制作往往要消耗较多的工时和材料。

（2）旋转式胎具　旋转式胎具有垂直旋转式胎具和水平旋转式胎具两种。对于分瓣下料的大型压力容器封头的组装，通常采用垂直旋转式胎具，胎具一般采用现场制作，由钢板和加强肋组成，如图 7–28 所示。

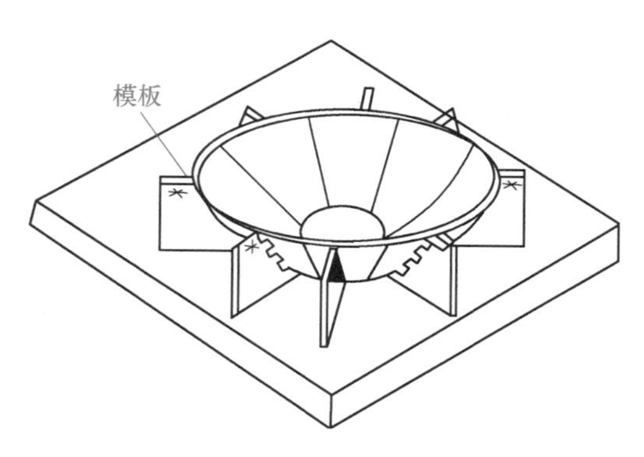

图 7–27　固定式封头专用胎具

图 7–28　多瓣椭圆形封头垂直固定装配胎具装配施焊图

水平旋转式胎具有滚轮式胎具、滚筒式胎具和筒体卧装对接机。在对筒体进行卧装时，可以采用滚轮式胎具和滚筒式胎具，如图 7–29 和图 7–30 所示。可以减轻对接时筒体在径向滚动时的劳动强度，且没有划痕，但是在轴向移动时，筒体的外表面仍易产生划痕。

筒体卧装对接机如图 7–31 所示，其结构是电动机经减速器减速后，通过刚性联轴器与二次减

图 7-29　滚轮式胎具

图 7-30　滚筒式胎具

速器的输入轴连接，再通过套筒联轴器、轴与另一减速器的输入轴连接。两台减速器的输出轴用十字轴式万向联轴器分别与辊筒连接。同一轴向的辊筒与辊筒的连接仍然采用十字轴式万向联轴器连接。采用筒体卧装对接机进行套筒卧装对接，不仅减轻了劳动强度，而且可一次性对接较长的筒体。

图 7-31　筒体卧装对接机

3. 吊装设备

在焊接结构生产中，各种板材、型材以及焊接构件在各工位之间时常要往返吊运，有时还要按照工艺要求进行焊件的翻转、就位、分散或集中等作业。生产准备中的吊装工作量很大，吊装过程中若采用与工件截面形状相对应的吊具，对提高输送效率、节省工时、减轻捆挂作业强度及安全生产都起着重要作用。

装焊吊具按其作用原理不同，可分为机械吊具、磁力吊具和真空吊具三类。

（1）机械吊具　图 7-32 是一种主要用于板材水平吊装的吊具。吊具成对使用，按照不同的规格，每对吊具的起重量为 1 000~8 000kg，吊具由吊爪、压板、销轴及吊耳等组成。使用时，若将 4 个吊具通过链条两两并排安装在纵向起吊梁上，则既可用于较长、较薄板材的吊装，还可用于筒节、箱体等结构件的吊装。

（2）磁力吊具　磁力吊具有永磁式吊具、电磁式吊具及永磁 - 电磁式吊具三类。图 7-33 所示为永磁 - 电磁吊具的结构形式，当吊具与焊件接触的初期，给电磁铁通电并使电磁铁极性与永久磁铁的极性相同，以增加吸附力，使焊件牢牢吸附在吊具上，然后关断电流，转为仅依靠永久磁铁吸附焊件；当需要卸料时，反向给电磁铁通入电流，使其极性与永久磁铁的极性相反，抵消永久磁铁的磁力，以达到迅速卸料的目的。

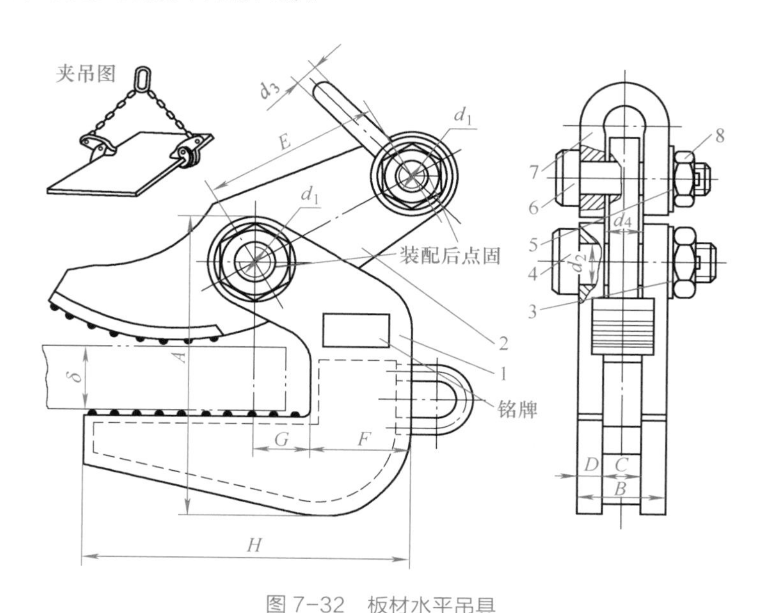

图 7-32 板材水平吊具

1—吊爪 2—压板 3、5—垫圈 4、6—销轴 7—吊耳 8—螺母

（3）真空吊具 图 7-34 所示为一种真空吊具，它由吸盘 1、照明灯 2、吊架 3、管路 4、换向阀 5 及分配器 6 组成。工作时，依靠真空泵将吸盘内抽真空吸附焊件 7。由于吸力有限，因而主要用于吊运表面平整、重量不大的薄型板材。

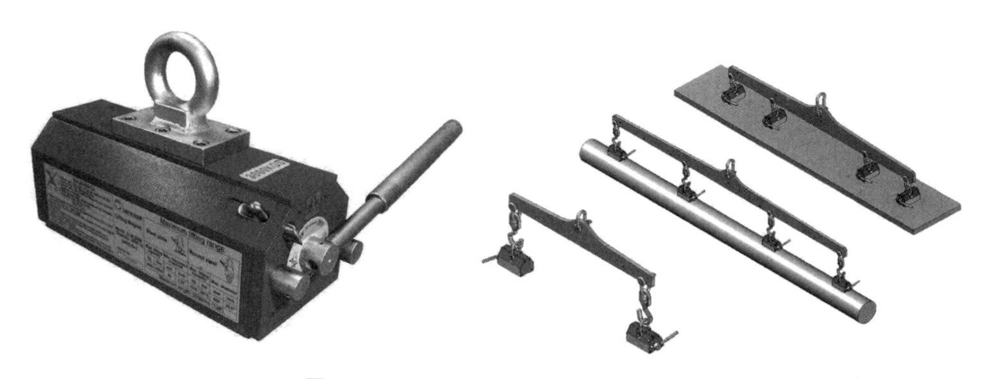

图 7-33 永磁 - 电磁吊具的结构形式

任务实施

筒体组对装配前，首先准备所需的装配设备和工装夹具。装配开始时用工装夹具调整两筒体的圆度，装配过程中控制两筒体的同轴度，调整合格后进行定位焊和正常焊接。本任务先在 V 形块上组对定位，再采用焊条电弧焊在滚轮架上完成焊接，这样可以使焊缝始终位于平焊位置，便

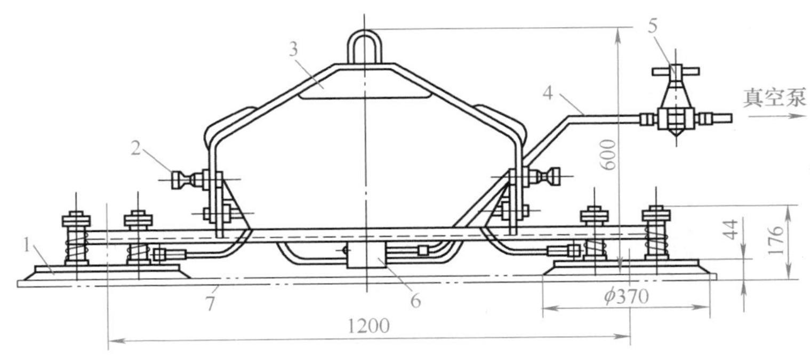

图 7-34　真空吊具

1—吸盘　2—照明灯　3—吊架　4—管路　5—换向阀　6—分配器　7—焊件

于操作，保证焊缝质量。

1. 装配前准备

装配前应熟悉图样、规程规范、作业方案及相关规定，熟悉装配场地及装配设备，并准备好测量器具及工装。熟悉装配要求，圆筒形工件对接的基本要求是环向不错边，纵向保持在同一条直线上。其中，对接后的整体同轴度是装配过程中必须注意控制的。

筒节间的环缝装配方法有筒体卧装和筒体立装两种。

（1）筒体卧装　主要用于直径较小、长度较长的筒体装配，装配时需要借助于装配胎架。图 7-35a、b 所示为筒体在滚轮架和辊筒架上装配。当筒体直径很小时，也可以在槽钢或型钢架上进行，如图 7-35c 所示。对接装配时，将两圆筒置于胎架上靠紧或按要求留出间隙，然后采用项目六所述的测量圆筒同轴度的方法，校正两节圆筒的同轴度，校正合格后施行定位焊。

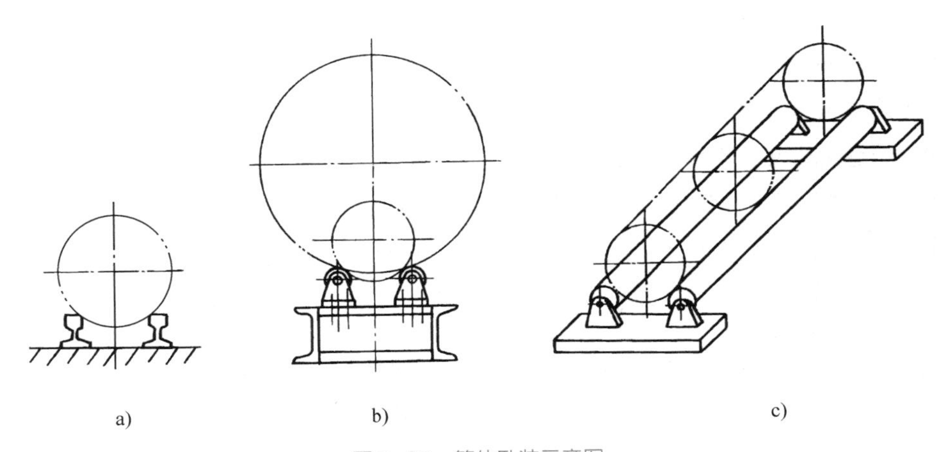

图 7-35　筒体卧装示意图

（2）筒体立装　为防止筒体因自重而产生椭圆变形，直径较大和长度较短的筒节拼装多数采用立装，即竖装，从而可以克服由于自重而引起的变形。立装时可采用图 7-36 所示的方法：先将一节圆筒放在平台（或水平基础）上，并找好水平，在靠近上口处焊上若干个螺旋压马。然后将另一节圆筒吊上，用螺

视频：筒体的装配

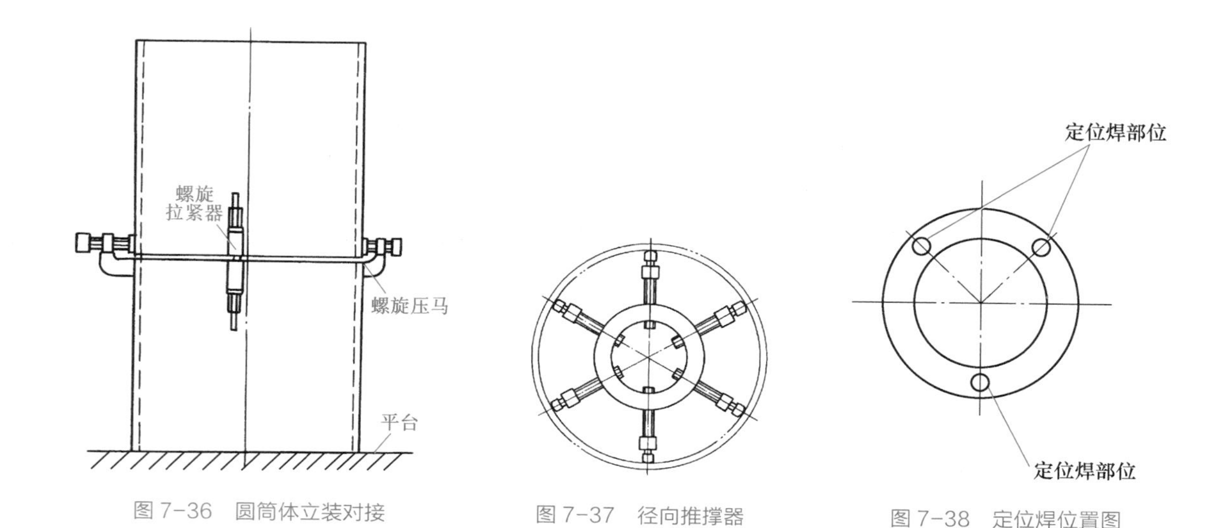

图 7-36　圆筒体立装对接　　图 7-37　径向推撑器　　图 7-38　定位焊位置图

旋压马和焊在两节圆筒上的若干个螺旋拉紧器拉紧进行初步定位。然后检验两节圆筒的同轴度并校正，检查环缝接口情况，并对齐调整合格后进行定位焊。

2. 操作要领

圆筒节对接装配的要点，在于保证对接环缝和两节圆筒的同轴度误差符合技术要求。为使两节圆筒易于获得同轴度和便于装配中翻转，装配前两圆筒节应分别进行矫正，使其圆度符合技术要求。对于大直径薄壁圆筒体的装配，为防止筒体椭圆变形，可以在筒体内使用径向推撑器撑圆，如图 7-37 所示。

（1）筒体组对　将两筒节置于 V 形块上，保证两筒节的同轴度，同时保证不得有错边现象，根部间隙为 1.5~2mm，钝边为 1mm，在筒节圆周上进行三点均布的定位焊，如图 7-38 所示，定位焊点长 15~20mm。由于定位焊缝是正式焊缝的一部分，不得有裂纹、夹渣、未焊透等缺陷，所使用的焊条应该与正式焊接的焊条一样。定位焊结束后，用角向磨光机将焊渣和飞溅清理干净。另外，定位焊缝两端应尽可能修磨成斜坡，以便形成优质接头。

（2）筒节装配　卧式装配法在生产中运用较多，如图 7-39 所示。先将要组装的筒节置于滚轮架 1 上，将另一筒节放在小车式滚轮架 4 上，移动辅助装配夹具 3，同时调节夹具中线 *M—M*

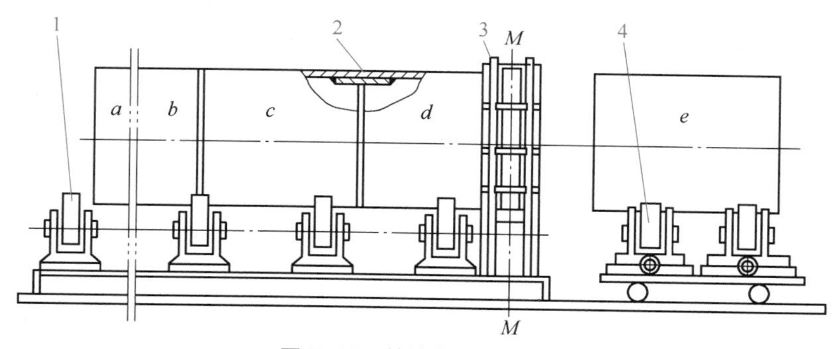

图 7-39　筒体的卧式装配法

1—滚轮架　2—顶焊搭板　3—辅助装配夹具　4—小车式滚轮架

使其与滚轮架 1 上的筒节端面对齐。再调节小车式滚轮架 4 上可升降和平移的四个滚轮，使其上的筒节与 M—M 线对齐。当两筒节连接可靠后，可按照上述方法依次完成装配。

思考与练习

一、填空题

1. 装配－焊接工艺装备是焊接结构装配与焊接生产过程中起配合及辅助作用的工装夹具、______或______的总称，简称焊接工装。
2. 装配－焊接夹具一般由______、______和______组成。
3. 夹具体起连接各______和______的作用，有时还起______的作用。
4. 焊接变位机械基本由______、______和______三个基本部分组成，并通过机体把它们连接成整体。
5. 工件以平面定位时常采用______、______或______等进行定位。
6. 利用工件上的装配孔、螺钉孔或螺栓孔及专用定位孔等作为定位基准时多采用______定位。
7. 磁力夹具是借助______吸引______的焊件实现夹紧的装置。按磁力的来源分为______和______两种，应用较多的是______磁力夹具。
8. 装配胎具按其功能分为______和______，按其动作的方式又分为固定式胎具和______胎具。
9. 装焊吊具按其作用原理不同，可分为______、______和______三类。

二、简答题

1. 焊接工装的作用有哪些?
2. 选用焊接工装应遵循的基本原则有哪些?
3. 布置定位器时有哪些注意事项?
4. 对夹紧器的基本要求包括哪几个方面?
5. 装配平台的种类有哪些?
6. 筒体装配有几种方法? 分别适用于什么情况?

任务二　轴承座焊接焊缝位置的调整

学习目标

1. 了解焊接变位机械的种类及特点，焊接变位机械在焊接结构生产中的作用。
2. 了解焊接变位机械的组成，掌握常用焊接变位机械的操作方法。
3. 学会结合生产条件，合理选用典型结构生产使用的焊接变位机械。

任务描述

焊接位置有平焊、立焊、横焊、仰焊，其中立焊、横焊、仰焊位置的操作较为困难，焊接质量也难以保证。因此，可采用焊接变位设备改变焊件、焊机或焊工的空间位置，以较好地解决立焊、横焊、仰焊等较困难的焊位的焊接问题。由于焊接产品的多样性，焊接变位设备也有很多种，大多数情况下，需要根据所焊产品特点选择合适的焊接变位设备。

图 7-40 所示为轴承座，针对轴承座焊缝较多的结构特点，请选择合适的焊接变位设备，以将待焊轴承座的各种焊接位置调整为最佳的平焊位置。

必备知识

一、焊件变位机械

焊件变位机械有焊接回转台、焊接翻转机、焊接滚轮架及焊接变位机等，其作用是支承焊件并使焊件进行回转和倾斜，使焊缝处于水平或“船形”等易于施焊的位置。

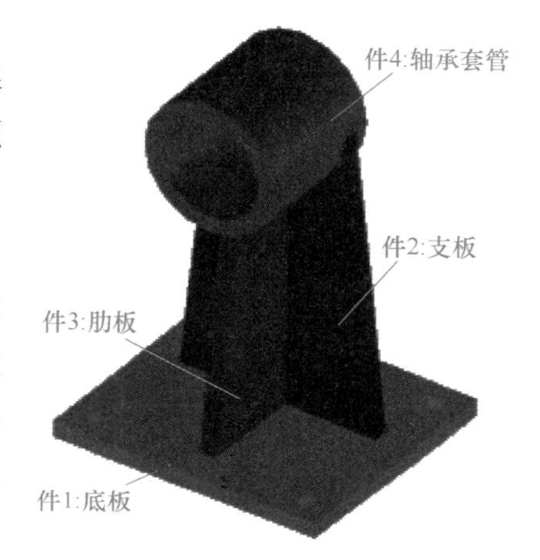

图 7-40　焊接轴承座

1. 焊接回转台

焊接回转台是将工件绕垂直轴或倾斜轴回转的焊件变位机械，如图 7-41 所示。其工作台一般处于水平或某一固定倾角。回转台多采用直流电动机驱动，工作台能保证以焊接速度回转，且均匀可调。主要用于回转体焊件的焊接、堆焊与切割。

图 7-41　焊接回转台

2. 焊接翻转机

焊接翻转机是使工件绕水平轴转动并可使之处于倾斜位置的焊件变位机械。焊接生产中将沉重的工件翻转到最佳施焊位置是比较困难的，使用车间现有的起重设备不仅费时，增加劳动强度，还有可能出现意外事故。采用翻转机可以提高生产效率，改善焊接结构的焊接质量。

（1）头尾架式翻转机　头尾架式翻转机是由主动的头架和从动的尾架组成的，主要用于轴类及筒形和椭圆形焊件的环焊缝焊接，以及表面堆焊时的旋转变位。图 7-42 所示是一种典型的头尾架式翻转机，头架为固定式安装的驱动机构，在头架的驱动轴上装有工作台、卡盘或专用夹紧器，可以翻转或按焊接速度转动，并能调整位置与自锁。尾架台车可以在轨道上移动，驱动轴可以伸缩，便于调节卡盘与焊件间的位置。头尾架式翻转机的不足之处是工件由两端支承，翻转时在头架端要施加扭转力，因而不适合加工刚性小、易弯曲的工件。

（2）框架式翻转机　图 7-43 所示为一台可升降的框架式翻转机。焊件装夹在回转框架上，框架两端有两个插入滑块中的回转轴。滑块可沿左右两支柱上下移动，由电动机、减速器带动丝

图 7-42　头尾架式翻转机

图 7-43　框架式翻转机

杠旋转，使与滑块固定在一起的丝杠螺母升降。由电动机经减速器带动光杠上的蜗杆（可上下滑动）旋转，使与它啮合的蜗轮及与蜗轮刚性固定的框架旋转，实现工件翻转。为了转动平衡，要求框架和工件合成重心线与枢轴中心线重合。

（3）转环式翻转机　将焊件夹紧固定在由两个半圆组成的支承环内，并安装在支承滚轮上，依靠摩擦力或齿轮传动方式翻转的机构称为转环式翻转机，如图 7-44 所示。它具有水平和垂直两套夹紧装置，可用于夹紧和调整工作位置。采用销钉定位使两半圆环对中，并用锁紧装置锁紧。支承滚轮安放在支承环外面的滚轮槽内，滚轮轴两侧装有两根支承杆。电动机经减速后带动支承环上的针轮传动系统，使支承环旋转。

图 7-44　转环式翻转机

视频：多向回转胎架的应用

（4）链条式翻转机　链条式翻转机如图 7-45 所示，主要用于经装配定位焊后自身刚性很强的梁柱等焊件的翻转变位。工作时，主动链轮带动链条上的工件翻转变位，从动链轮上装有制动器，用于防止焊件因自重而产生的滑动。无齿链轮拉紧链条，防止焊件下沉。链条式翻转机的结构简单，焊件装卸迅速，但使用时应注意因翻转速度不均而产生的冲击。

（5）液压双面推拉式翻转机　图 7-46 所示为液压双面推拉式翻转机结构，主要应用于小

图 7-45　链条式翻转机

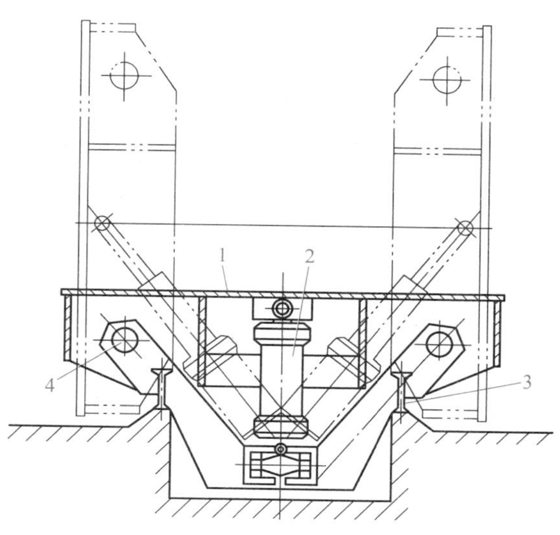

图 7-46　液压双面推拉式翻转机结构

1—工作台　2—翻转液压缸　3—台车底座　4—推拉式销轴

车架、基座等非长形板结构、桁架结构的倾斜变位。工作台 1 可向两面倾斜 90°，并可停留在倾斜角度内的任意位置。

液压双面推拉式翻转机的结构及工作特点是，在台车底座的中央设置翻转液压缸 2，上端与工作台 1 铰接。操作时，先由四个辅助液压缸（图中未画出）带动四个推拉式销轴 4 动作，两个拉出，两个送进。然后向翻转液压缸供油，推动工作台绕销轴转动倾斜。使用时为防止工件倾倒，焊件应紧固在工作台面上。

3. 焊接滚轮架

焊接滚轮架是借助主动滚轮与焊件之间的摩擦力带动筒形焊件旋转的焊件变位机械，主要应用于筒形工件的装配与焊接。根据产品需要，适当调整主、从动轮的高度，还可进行锥体、分段不等径回转体的装配与焊接。焊接滚轮架按结构形式不同有以下几种类型：

（1）长轴式滚轮架　长轴式滚轮架的结构形式如图 7-47 所示，驱动装置布置在一侧，与一排长轴滚轮相连，另一排长轴滚轮为从动滚轮。为适应不同直径筒体的焊接，从动轮与驱动轮之间的距离可以调节。由于支承的滚轮较多，适用于长度大的薄壁筒体，而且筒体在回转时不易打滑，能较方便地对准两节筒体的环形焊缝。

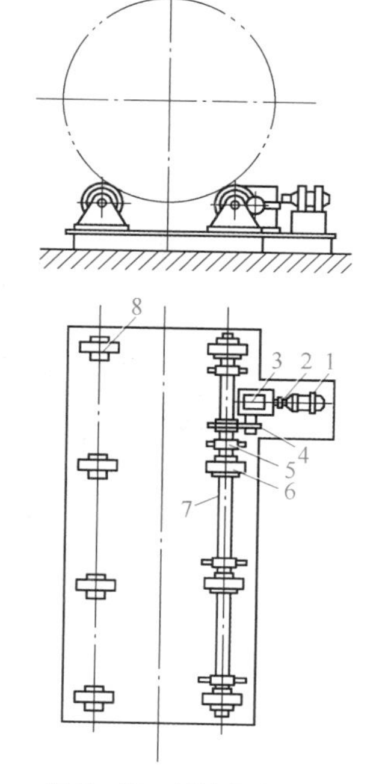

图 7-47　长轴式滚轮架

1—电动机　2—联轴器　3—减速器　4—齿轮副　5—轴承　6—主动齿轮　7—公共轴　8—从动滚轮

（2）组合式滚轮架　图 7-48 所示为一种由电动机传动的主动滚轮组架与一个从动滚轮组架配合应用的滚轮架结构。每组

图 7-48　组合式滚轮架

图 7-49　自调式滚轮架

滚轮都是相对独立地安装在各自的底座上，且每组滚轮的轮距是可调的，可适应不同直径筒体的焊接。生产中，选用滚轮组架的多少可根据焊件的质量和长度确定。焊件上的孔洞和凸起部位，可通过调整滚轮位置避开。组合滚轮架使用方便灵活，对焊件的适应性强，是目前焊接生产中应用最广泛的一种结构形式。

图 7-49 所示为自调式滚轮架，属于组合式滚轮架的一种，主要特点是可根据筒体的直径自动调节滚轮的中心距，适于在同一工作地点装配和焊接不同直径筒体的生产场合。

（3）履带式滚轮架　图 7-50 是一种履带式滚轮架的结构形式。工作时，大面积的履带与焊件相接触，接触长度可达到工件圆周长度的 1/6~1/3，有利于防止薄壁焊件的变形，且传动平稳。适用于轻型、薄壁大直径的焊件及有色金属容器。此种滚轮架的不足之处是焊件容易产生螺旋形轴向窜动。

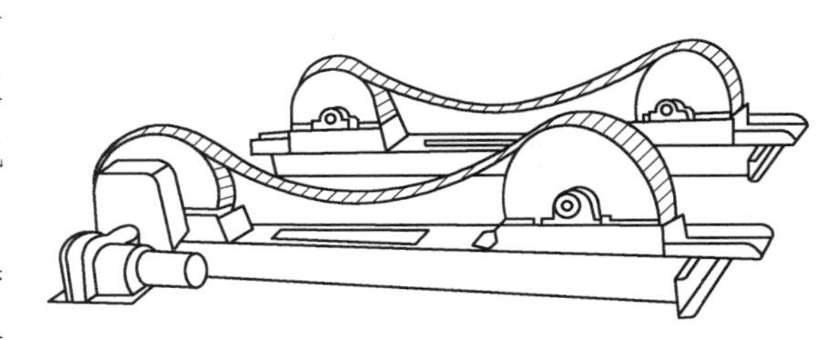

图 7-50　履带式滚轮架

焊接滚轮架的滚轮结构及特点见表 7-2。其中，金属材料的滚轮多用铸钢和合金球墨铸铁制作，表面热处理硬度约为 50HRC，滚轮直径一般在 200~700mm 范围内。使用时，可根据滚轮的特点以及适用范围进行选择。

表 7-2　滚轮结构及特点

形式	特点	适用范围
钢轮	承受能力强,制造简单	一般用于60t以上的焊件和需热处理的焊件
胶轮	钢轮外包橡胶,摩擦力大,传动平稳,橡胶易压坏	一般用于10t以下的钢制和有色金属容器
组合轮	钢轮与橡胶轮相结合,承载能力比橡胶轮高,传动平稳	一般用于10t以下的焊件

4. 焊件变位机

焊件变位机是集翻转（或倾斜）和回转功能于一身的变位机械。翻转和回转分别由两根轴驱动，

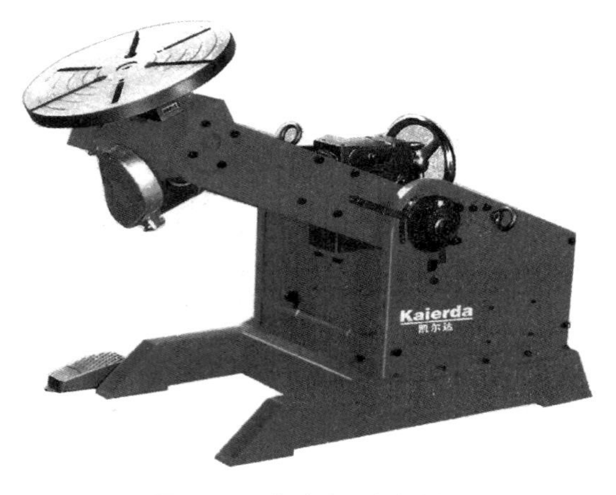

图 7-51　伸臂式焊件变位机

图 7-52　座式焊件变位机

夹持焊件的工作台除能绕自身轴线回转外，还能绕另一根轴倾斜或翻转。因此，可将焊件上各种位置的焊缝调整到水平或“船形”等易于施焊的位置。

（1）伸臂式焊件变位机　伸臂式焊件变位机的结构如图 7-51 所示。其工作方式是：带有 T 形沟槽的回转台由电动机带动回转机构回转；旋转伸臂通过电动机和带传动机构以及伸臂旋转减速器传动旋转。伸臂旋转时，其空间轨迹为圆锥面，因此，在改变焊件倾斜位置的同时可伴随着焊件的升高或下降，以满足获得最佳施焊位置的需求。此种变位机主要用于 1t 以下中小焊件的旋转变位。

（2）座式焊件变位机　图 7-52 为一种常见的座式焊件变位机，回转工作台的回转轴与翻转轴相互垂直，工作台回转的传动装置由位于两侧的翻转轴支承，扇形齿轮传动装置使翻转轴能在 0° ~140° 范围内恒速倾斜或翻转。此变位机主要用于 1~50t 的工件在焊接时的变位，对焊件生产的适应性较强，在焊接结构中应用广泛，最适于与焊接操作机或机器人配合使用。图 7-53 为座式焊件变位机的基本操作状态示意图，图中的箭头表示焊嘴的位置和方向。

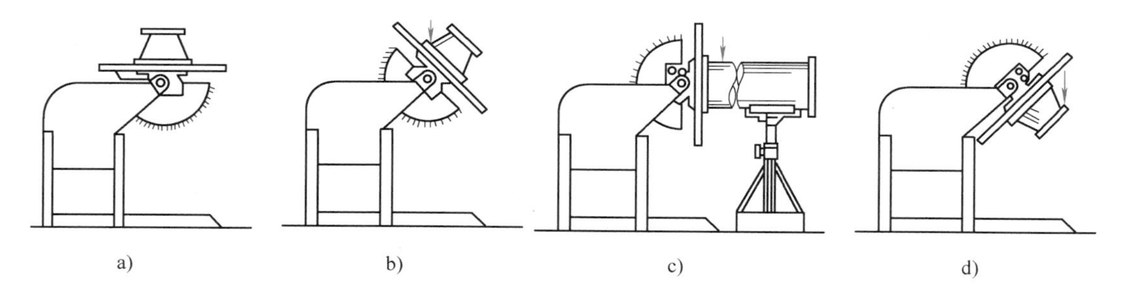

图 7-53　座式焊件变位机基本操作状态示意图

a）工作台水平　b）工作台倾斜 45°　c）工作台倾斜 90°　d）工作台倾斜 125°

（3）双座式焊件变位机　图 7-54 所示为双座式焊件变位机。其结构特点是工作台及回转装置安装在一个 U 形架上，U 形架两端装有翻转轴，由两个支座支承，用传动装置实现翻转。由于工作台位于转轴中心线的下面，为了减小倾斜翻转时传动系统所受的阻力，在变位机右侧转轴上装有可调的平衡配重，使U形梁与工件的合成重心与翻转轴线重合，这样可同时减少翻转时的偏心距，降低驱动功率，使工作平稳。焊件置于工作台可动部分上面，且用四个螺旋定位与夹紧装置固定。工作台以恒速或以焊接速度绕水平轴转动。双座式焊件变位机是为了获得较高的稳定性和较大的承载能力而设计制造的，特别适用于大型和重型焊件的变位。

图7-54　双座式焊件变位机

应用焊接变位机时的注意事项：

1）注意对变位载荷能力的校核，预防超载运行产生的各种不良后果。更换焊件时，尤其是严重偏心或重心较高的焊件，应该校核最大回转力矩和最大倾斜力矩。

2）注意调节工作台回转速度或倾斜速度，使之符合焊接速度的要求；回程（变位）时，可适当提高转速，以提高变位效率。

3）恰当配接导电装置，电刷磨损后应及时更换。不能随意将焊接电缆搭在机架上，以防焊接电流通过轴承等传动副，破坏传动性能（可能引起打弧），损伤滚动体。

4）注意因变位机倾斜运动引起的焊接位置（施焊高度）的变化。当焊件尺寸较大时，焊工可能难以适应各条焊缝的施焊高度。这时，可使用专用焊工升降平台或采用地坑来降低焊件的相对高度。

5）注意对倾斜角度的控制，必要时应在机体上增加机械限位措施。

二、焊机变位机械

焊机变位机械是将焊接机头准确送达并保持在待焊位置，或是以选定的焊接速度沿规定的轨迹移动焊接机头，配合完成焊接操作的焊接机头变位机械。与焊接变位机配合使用，可以完成多种焊缝，如纵缝、环缝、对接焊缝、角焊缝及任意曲线的自动焊接工作，也可以进行工件表面的自动堆焊和切割工艺。

1. 焊接操作机

（1）平台式焊接操作机　平台式焊接操作机的基本结构形式如图7-55所示，将焊接机头放置在平台上，可在平台的轨道上做水平移动。平台安装在立架上且可沿立架升降。立架坐落在台车上，台车沿地轨运行，调整平台与焊件之间的位置。平台式操作机有单轨式和双轨式两种类型，为防止倾覆，单轨式须在车间的墙上或柱上设置另一轨道，双轨式在台车上或支架上放置配重平衡，以增加操作机工作的稳定性。

平台操作机主要用于筒形容器的外纵缝和外环缝的焊接。焊接外纵缝时，容器放在滚轮架上，焊机在平台上沿专用轨道以焊接速度移动完成焊接。当焊接外环缝时，焊机固定，容器在滚轮架回转完成焊接。一般平台上还设置起重电葫芦，目的是吊装焊丝、焊剂等重物，从而保证生产的连续性。

（2）悬臂式焊接操作机　图 7-56 为悬臂式焊接操作机，焊接机头安装在悬臂的一端，可沿悬臂移动，并可绕立柱回转和沿立柱升降。焊机可随悬臂沿地轨做纵向移动。当它与焊件翻转装置配合使用时，可以焊接不同直径容器的纵环焊缝。

图 7-55　单轨式平台式操作机

图 7-56　悬臂式焊接操作机

（3）伸缩臂式焊接操作机　伸缩臂式焊接操作机是在悬臂式焊接操作机的基础上发展起来的，其结构也基本相仿，如图 7-57 所示。伸缩臂式焊接操作机的工作特点如下：

1）该操作机具有台车行走、立柱回转、伸缩臂的伸缩与升降 4 个运动。作业范围大，机动性强。

2）操作机的伸缩臂能以焊接速度运行，所以与焊件变位机、滚轮架配合，可以完成筒体、封头内外表面的焊接以及螺纹形焊缝的焊接。

3）在伸缩臂的一端除安装焊接机头外，还可安装割炬、磨头、探头等工作机头，可完成切割、打磨和探伤等作业，扩大该机的适用范围。

4）该机可以完成各种工位上内外环缝和内外纵缝的焊接任务。

5）操作机的各种运动平稳，无卡模现象，运动速度均匀。

视频：摇臂式焊接

图 7-57　伸缩臂式焊接操作机

2. 电渣焊立架

在焊接生产中，许多厚板材的拼接及厚板结构焊接常采用电渣焊方法。电渣焊生产时，焊缝多处于立焊位置，焊接机头沿专用轨道由下而上运动。电渣焊立架是将电渣焊机头按焊接速度进行提升的装置，主要用于直缝电渣焊，也可与滚轮架配合完成环缝电渣焊。图 7–58 是专为焊接小直径筒节纵缝的电渣焊立架。供电渣焊机头爬行的导轨安装在厚 20mm 的钢板及槽钢制成的底座 1 上，底座上有台车轨道，以便安置可移动的台车 2。台车上固定有可带动筒节回转的圆盘回转台 6，圆盘回转台上有三个调节筒节水平的螺栓，台车一端装有制动器 3。这套电渣焊立架装置可以完成壁厚 60mm、长 2 500mm 的筒节的纵缝焊接。

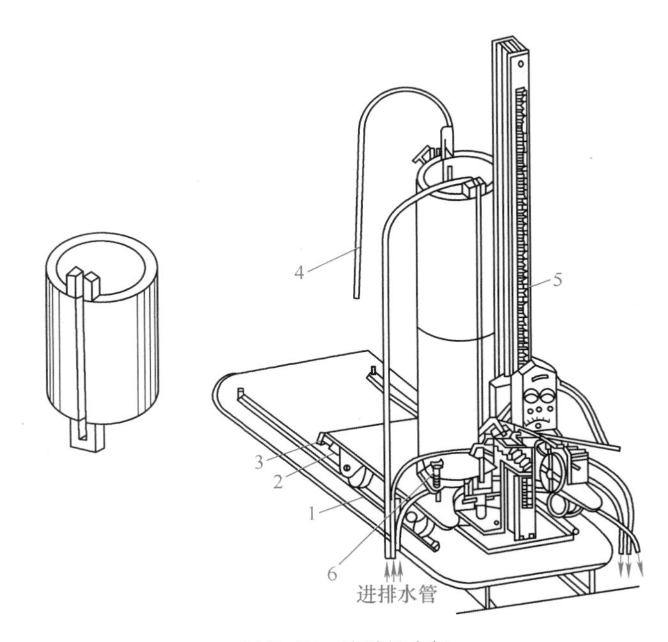

图 7–58　电渣焊立架

1—底座　2—台车　3—制动器　4—电缆线　5—齿条　6—圆盘回转台

三、焊工变位机械

焊工变位机械又称焊工升降台，这类装置的主要作用是在焊接高大结构或在工地上施工时，将焊工连同焊接或切割设备输送到作业位置。

1. 移动式液压焊工升降台

图 7–59 所示为一移动式液压焊工升降台，工作载荷为 1 961.33N，工作台离地面高度可在 1 700~4 000mm 范围内调节，同时工作台的伸出位置也可以改变。使用时将支承装置 1 放下，使升降台不再移动，用手动液压泵 2 驱动工作台升降到合适的高度即可工作。

2. 垂直升降液压焊工升降台

图 7–60 所示为一垂直升降液压焊工升降台，它由底架 6、液压缸 5、铰接杆 4、活动平台 2 及固定平台 3 等组成。依靠电动液压泵推动顶升液压缸 5，使其获得平稳的升降，液压缸全部伸出时，可把工作台举伸到 7m 的高度。到达所需高度后，工作台可水平移出，便于工人接近焊件。

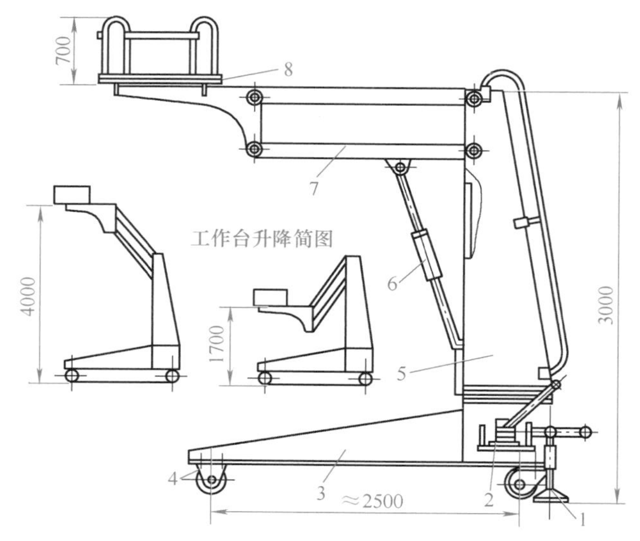

图 7-59　移动式液压焊工升降台

1—支承装置　2—手动液压泵　3—底架总成　4—走轮　5—立架　6—柱塞液压泵　7—转臂　8—工作台

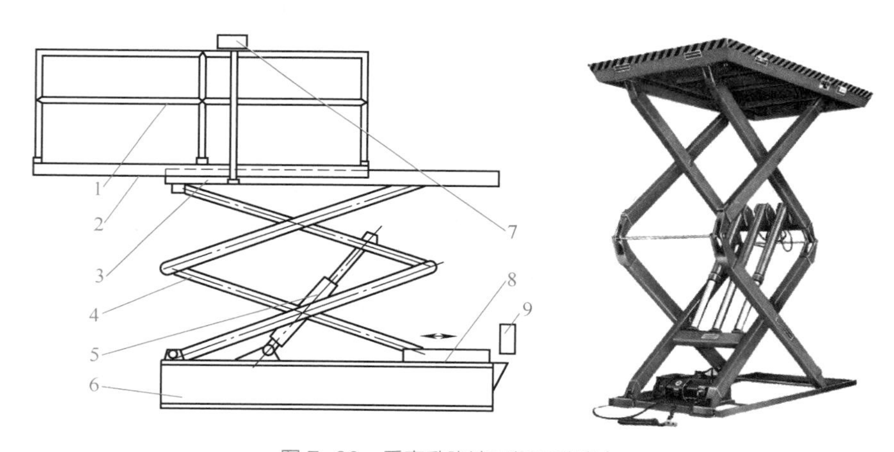

图 7-60　垂直升降液压焊工升降台

1—活动平台栏　2—活动平台　3—固定平台　4—铰接杆　5—液压缸　6—底架　7—控制板　8—导轨　9—开关箱

任务实施

焊接如图 7-40 所示轴承座时，先焊接支板、肋板、底板、轴承套，再分别与支板、肋板组焊。为使工件始终处于平焊位置，必须采用焊接变位机。选择合适的焊接变位机，需要了解所焊产品的各种焊接位置，明确需要变位的焊接位置，确定变位机的功能。用焊接变位机焊接该轴承座，要完成轴承座在变位机上的正确装夹，焊接时按操作技术和安全技术操作变位机，使工件始终处于平焊位置。

1. 变位前准备

（1）明确需要变位的焊接位置　经分析，从减小焊接变形及应力的角度考虑，应先焊件 2、件 3 焊缝（图 7-61 中箭头 1 所示焊缝），组对好的焊件应置于如图 7-61 所示位置；件 2、件 3

焊缝焊完后，在同一焊件位置将件 1 与件 2 焊缝和件 4 与件 2 焊缝（图 7–61 中箭头 2 所示焊缝）焊完。

此时，图 7–61 所示焊件处于平焊位置的焊缝已焊完，而件 1 与件 2 另一面焊缝和件 4 与件 2 另一面焊缝处于仰焊位置，因此需要将焊件翻转成如图 7–62 所示的位置，使上述焊缝处于平焊位置（见图 7–62 箭头 2′ 所指焊缝）。在此焊件位置完成图 7–62 中箭头 2′ 所指焊缝的焊接。

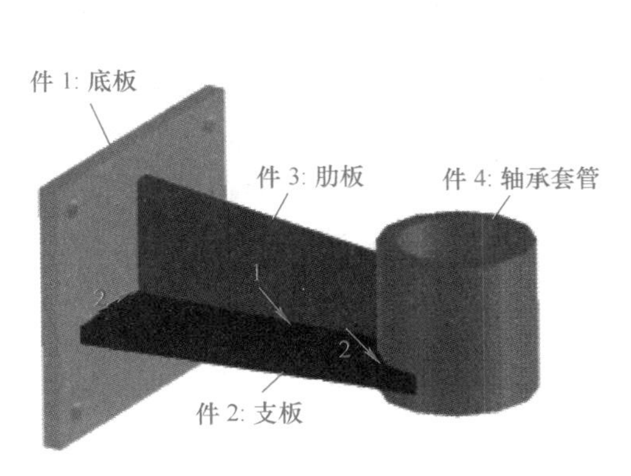

图 7–61　焊件初始位置

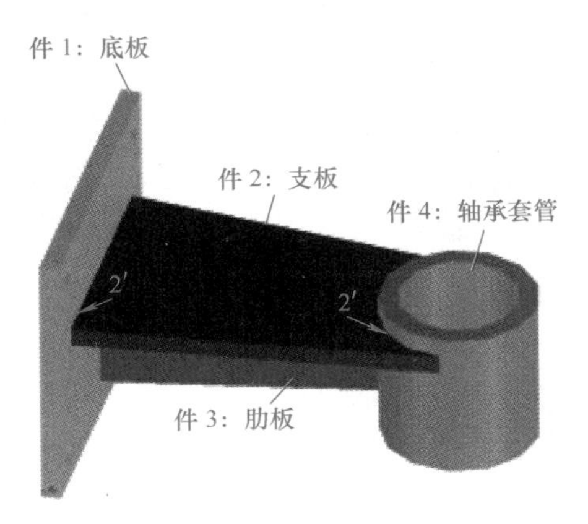

图 7–62　焊件一次变位位置

件 1 与件 3 焊缝和件 4 与件 3 焊缝（见图 7–63 中箭头 3 所指焊缝和图 7–64 中箭头 3′ 所指焊缝）均处在立焊位置。因此，焊件应进行第二次变位至如图 7–63 所示位置，在此位置完成图 7–63 中箭头 3 所指焊缝的焊接。

至此，仅剩图 7–64 中箭头 3′ 所指焊缝，其处于仰焊位置，需要焊件第三次变位至如图 7–64 所示位置，并完成焊缝的焊接。

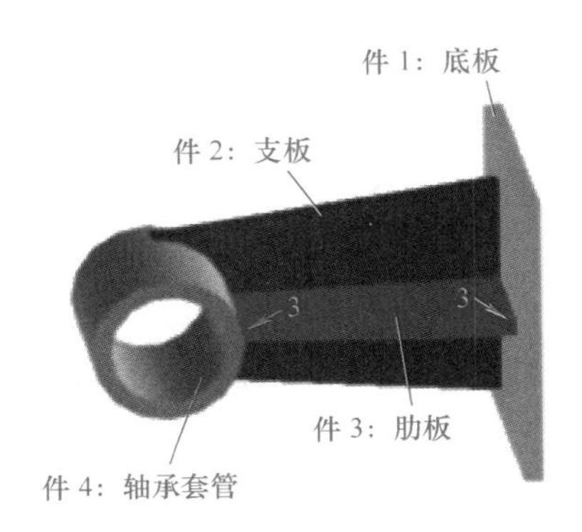

图 7–63　焊件二次变位位置

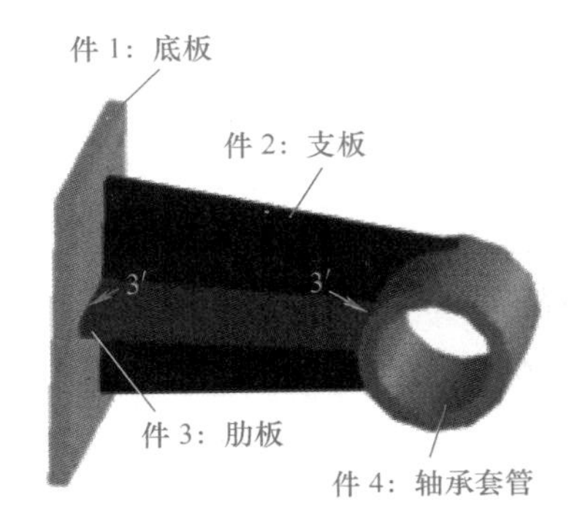

图 7–64　焊件三次变位位置

（2）选择焊接变位机及装夹焊件初始位置　根据轴承座的各种焊接位置及需要变位的焊接位置和各类焊接变位机功能，选择座式焊接变位机。

装配过程：先将定位焊后的焊件固定在变位机回转工作台上，然后转动变位机机构，使回转工作台处于近垂直状态，最后转动变位机回转工作台使焊件处于初始位置。

2. 操作要领

按照图 7-65 所示轴承座焊接时的初始位置、变位顺序及各次变位后的焊件位置及焊接工艺焊接焊件。

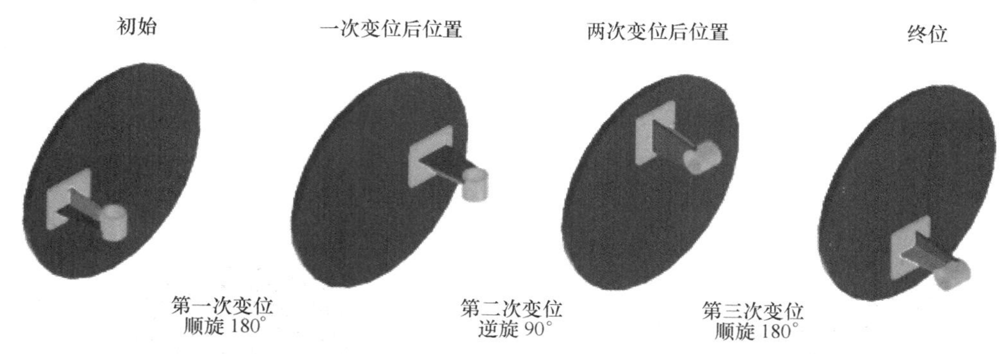

图 7-65　轴承座焊接时初始位置、变位顺序及各次变位后焊件位置

（1）初始位置　完成底板与支板、支板与肋板、轴承管套与支板间的正面角焊缝的焊接。

（2）第一次变位　完成支板与底板、轴承管套与支板的背面焊缝的焊接。

（3）第二次变位　完成支板与底板间的焊缝焊接。

（4）终位（第三次变位）　完成肋板与底板另一面焊缝的焊接。

思考与练习

一、填空题

1. 焊件变位机械有________、________、________及________等，其作用是支承焊件并使焊件进行回转和倾斜，使焊缝处于水平或“船形”等易于施焊的位置。

2. 焊接翻转机是使工件________并可________的焊件变位机械。

3. 焊接滚轮架是借助________与________之间的摩擦力带动________旋转的焊件变位机械，主要应用于________的装配与焊接。

4. 焊接滚轮架按结构形式不同有________、________和________三种类型。

5. 焊机变位机械是将________准确送达并保持在________，或是以选定的焊接速度沿规定的轨迹移动________，配合完成焊接操作的焊接机头变位机械。

6. 焊接操作机主要有________、________以及________。

二、简答题

1. 常用的焊接翻转机有哪几种?

2. 应用焊接变位机时的注意事项有哪些?

大国工匠——王进

项目八

典型焊接结构的制造工艺

项目概述

焊接结构品种繁多，应用广泛，其设计和生产与焊接结构本身的特点有关。焊接结构的制造要全面并充分考虑其制造的技术可行性、经济性、制造技术的先进性、质量的可靠性和使用的安全性等。不同的焊接结构需采用不同的制造工艺流程，本项目通过一些典型产品的结构，熟悉起重机桥架、压力容器、船舶等典型焊接产品的结构特点，分析其生产工艺，掌握其制造难点、技术关键，进一步巩固和运用焊接结构的理论知识，提高分析和解决实际问题的能力。用企业产品在真实的企业情境中组织教学，让学生感受到企业氛围和文化，培养学生的职业道德和职业素养，培养学生自主学习、与人合作、与人交流的能力。

任务一　桥式起重机桥架的制造工艺

学习目标

1. 了解起重机械的种类及其在国民经济生产中的应用。
2. 了解桥式起重机械的结构特点和技术要求，掌握其主要部件的结构特点及技术标准。
3. 学会结合生产条件，合理制定桥式起重机的制造工艺。

任务描述

起重机械是用于物料起吊、运输、装卸和安装等作业的机械设备，作为运输机械在国民经济生产各部门的应用已十分广泛。起重机主要分为桥式起重机和臂架式旋转起重机两大类。起重机一般为多用途的，如普通桥式起重机、门式起重机、汽车起重机等。也有为某种用途或某种工艺的专用起重机，如为冶金工业服务的加料起重机、铸造起重机、锻造起重机等。

在众多种类的起重机中，以桥式起重机应用最广，其结构制造工艺具有典型性，掌握了其制造技术，其他起重机结构的制造都可举一反三。本任务以桥式起重机为载体，进行桥式起重机桥架的制造工艺设计。

必备知识

一、桥式起重机的结构和技术要求

桥式起重机由桥架 1、移动机构 2 和载重机构 3 组成，如图 8-1 所示。

可移动的桥架由主梁和两个端梁组成，端梁两端装有车轮，由车间两旁立柱悬臂上铺设的轨道支承；桥架的移动机构用来驱动端梁上的车轮，使其沿着车间长度方向的轨道移动；桥架的载重小车上装有起升机构和小车的移动机构，能沿铺设在桥架主梁的轨道移动。

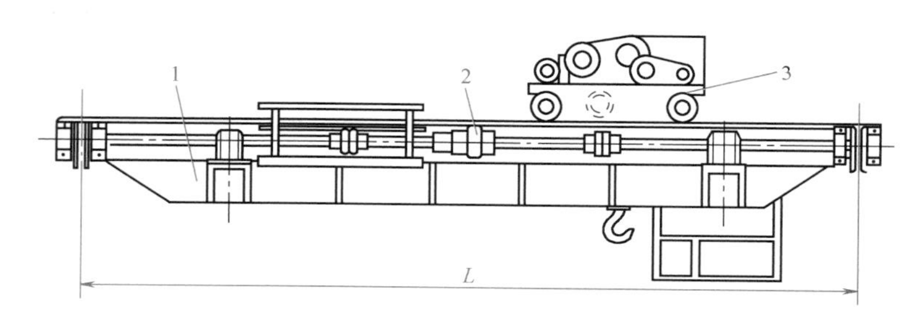

图 8-1　桥式起重机

1—桥架　2—移动机构　3—载重机构

二、桥架的结构特点及技术要点

1. 桥式起重机桥架的组成

桥式起重机的主要结构件是桥架。桥架有单梁和双梁两种，单梁桥架的承载结构（主梁）是单根轧制的工字梁，在载荷较大时可采用组合截面或增加副梁。双梁的桥架由两根主梁组成，主梁的端部用端梁连接起来。两根主梁可选用轧制的工字钢，但应用较多、较广的是箱形梁结构。

桥式起重机的桥架结构如图 8-2 所示，它由主梁（或桁架）、栏杆（或辅助桁架）、端梁、走台（或水平桁架）、轨道及操纵室组成。桥架的外形尺寸取决于起重量、跨度、起升高度及主梁结构形式。

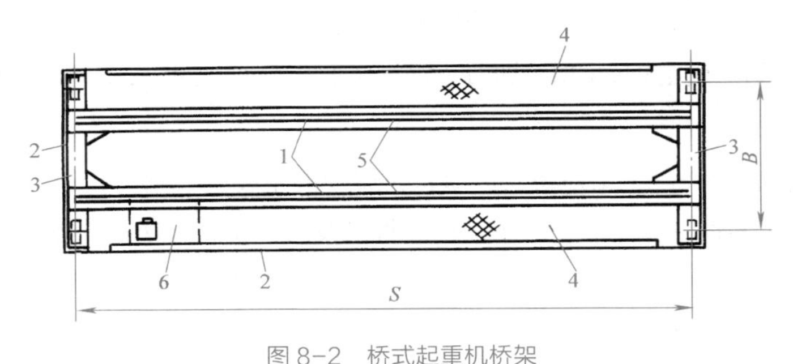

图 8-2　桥式起重机桥架

1—主梁　2—栏杆　3—端梁　4—走台　5—轨道　6—操纵室

2. 常见的桥架结构形式

桥式起重机桥架常见的结构形式如图 8-3 所示。

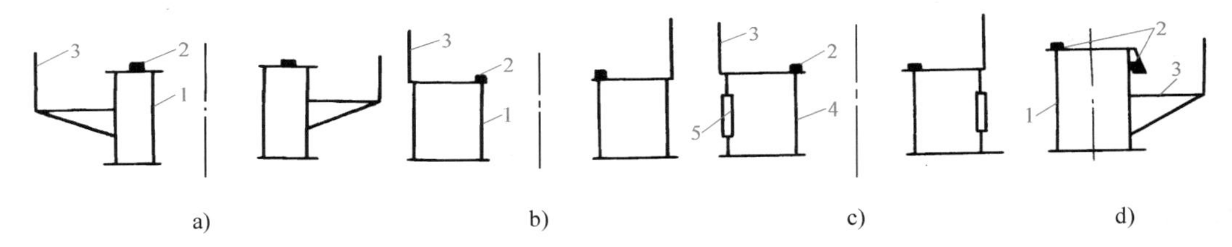

图 8-3　桥式起重机桥架的结构形式

1—箱形主梁　2—轨道　3—走台　4—工字形主梁　5—空腹梁

1）中轨箱形梁桥架。如图 8-3a 所示，该桥架由两根主梁和两根端梁组成。主梁外侧分别设有走台，轨道放在箱形梁的中心线上，小车载荷依靠主梁上的翼板和肋板来传递。该结构工艺性好，主梁、端梁等部件可采用自动焊接，生产率高，但制造过程中主梁的变形量较大。

2）偏轨箱形梁桥架。如图 8-3b 所示，它由两根偏轨箱形梁和两根端梁组成。小车轨道安装在上翼板边缘的主腹板处，载荷直接作用在主腹板上。主梁多为宽主梁形式，依靠加宽主梁来增加桥架水平刚性，同时可省掉走台，主梁制造变形较小。

3）偏轨空腹箱形梁桥架。如图 8-3c 所示，该桥架与偏轨箱形梁桥架相似，只是副腹板上开有许多矩形孔洞，自重减轻，又能使梁内通风散热，为梁内放置运行机构和电气设备提供了有利条件，同时便于内部维修，但制造比偏轨箱形梁麻烦。

4）箱形单主梁桥架。如图 8-3d 所示，它由一根宽翼缘偏轨箱形主梁与端梁在非对称中心处连接，以增大桥架的抗倾翻能力。小车偏跨在主梁一侧使主梁受偏心载荷，最大轮压作用在主腹板顶面轨道上。主梁上设置 1~2 根支承小车反滚轮的轨道。该桥架制造成本低，主要用于起重量较大、跨度较大的门式起重机。

上述几种桥架形式中，以中轨箱形梁桥架最为典型，应用最为广泛，本节所涉及的内容均为该结构。

三、主梁主要部件的结构特点及技术标准

起重机钢结构的设计依照国家标准 GB/T 3811—2008《起重机设计规范》执行；起重机的生产制造按照 GB/T 14405—2011《通用桥式起重机》、JB/T 3695—2008《电动葫芦桥式起重机》、GB/T 14406—2011《通用门式起重机》执行。这里主要介绍通用的桥式起重机的制造标准。

1. 主梁

（1）主梁的结构特点　主梁是桥式起重机桥架中的主要受力部件，箱形主梁的一般结构如图 8-4 所示，由左、右两块腹板，上、下两块翼板以及若干长、短肋板组成。当腹板较高时，需加水平肋板，以提高腹板的稳定性，减小腹板的波浪变形；长、短肋板主要是用于提高梁的稳定性及上翼板承受载荷的能力。

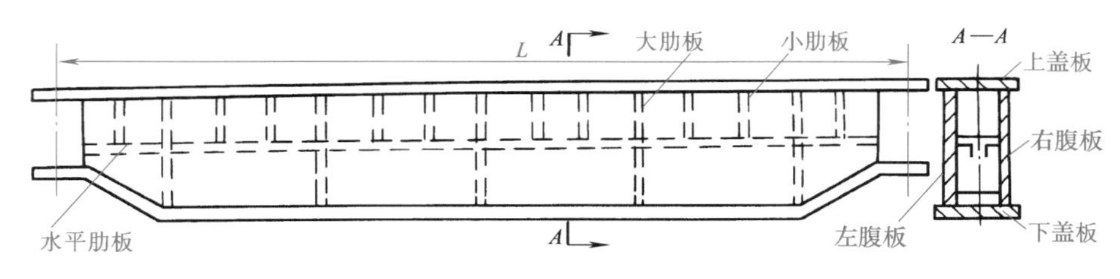

图 8-4　箱形主梁

（2）主梁的技术标准　为保证起重机的使用性能，主梁在制造中应遵循一些主要技术要求，如图 8-5 所示。由于主梁在工作中不允许有下挠，所以主梁应满足一定的上拱要求，其上拱度 f_k=（1/1000~1/700）L（L 为主梁的跨度）；为了补偿焊接走台时产生的变形，主梁向走台一侧应有一定的旁弯 f_b=（1/2000~1/1500）L；主梁腹板的波浪变形除对刚度、强度和稳定性有影响外，也影响表面质量，所以对波浪变形要加以限制，以测量长度 1m 计，腹板波浪变形 e，在受压区 $e<1.2\delta_f$；主梁翼板和腹板的倾斜会使梁产生扭曲变形，影响小车的运行和梁的承载能力，因此一般要求上翼板水平度 $C \leqslant B/250$，腹板垂直度 $a \leqslant H/200$；另外，各肋板之间距离偏差应在 ±5mm 范围之内。

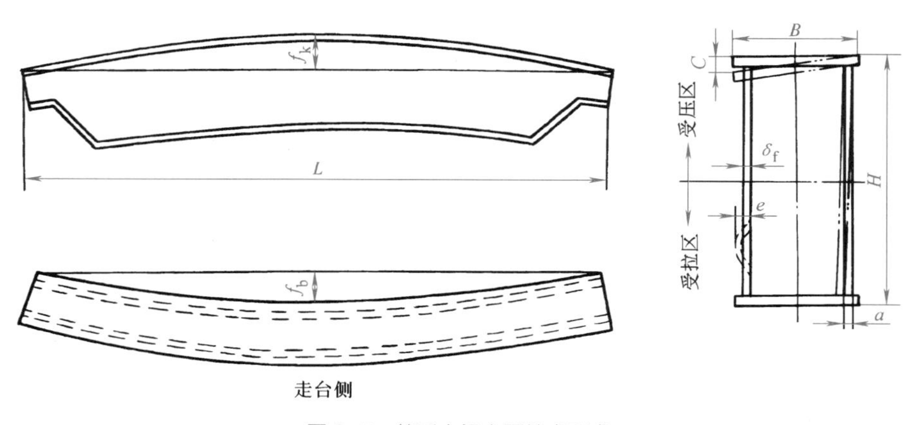

图 8-5　箱形主梁主要技术要求

想一想

主梁的各项技术要求有何意义？

2. 端梁

（1）端梁的结构特点　端梁是起重机桥架组成部分之一，端梁的截面形式较多，通常采用两种截面形式，即箱形截面形式和槽形对接截面形式，如图 8-6 所示。

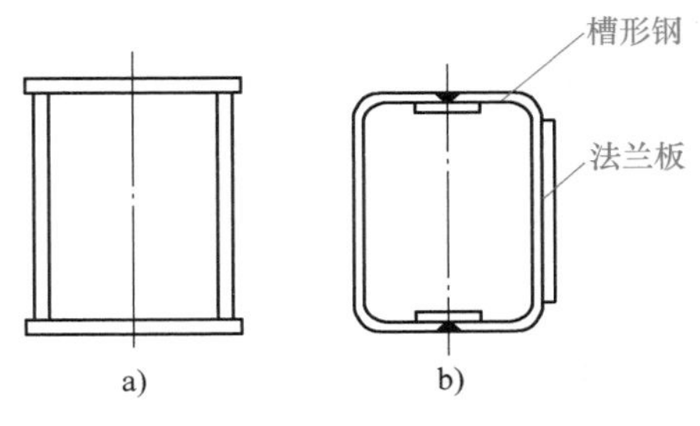

图 8-6　端梁的两种截面形式

a）端梁的箱形截面　b）端梁的槽形对接截面

端梁与主梁的连接接头可分为焊接接头和法兰板接头两种形式。焊接接头是主梁端部的上、下翼板延伸出来的部分与端梁的上、下翼板焊接固定，主梁的腹板通过连接板焊接在一起。这种端梁从中间分成两段，并用连接板或者连接角钢通过螺栓连成整体，运输时再拆开。法兰板连接接头形式是端梁的腹板上含有法兰连接板，并用高强螺栓与主梁端部法兰板连接，两法兰板的接合面要紧密接触，运输时可卸掉法兰板上的连接螺栓。主梁、端梁分为四根梁，故称为四梁结构。

桥式起重机的端梁同时又是行走梁，按车轮安装形式不同，可将端梁分为两种：一是角形轴承箱式端梁，另一种为车轮嵌入式端梁。与角形轴承箱式端梁相适应，车轮、轴和轴承等零部件装在角形轴承箱中，然后用螺栓紧固在端梁的弯板上，厚钢板压制成 90° 的弯板焊接在端梁的腹板上。对车轮嵌入式端梁，在端梁的两端镗出轴承孔，将轴承连同车轮和轴直接安装到端梁的两端，端梁腹板上的两法兰板应控制在同一平面内。这种端梁与主梁的连接均采用法兰板连接方式。

（2）端梁的技术标准　对端梁的主要技术要求是：盖板水平倾斜 $b \leqslant B/250$（B 为盖板宽度）、腹板垂直偏斜 $h \leqslant H/250$（H 为腹板高度），同时对两端的弯板有特殊要求。端梁两端弯板（图 8-7a）是安装角形轴承箱及走轮的，大车轮、轴和轴承等零部件装在角形轴承箱内，然后用螺栓紧固在端梁的弯板上，将弯板压制成 90° 并焊接在腹板上。角形轴承箱两直角面及止口板均经过机械加工，而弯板是非加工面。如弯板直角偏大，会导致安装角型轴承箱止口板与弯板的间隙大，需加垫片调整，这样既费事，又难以保证质量，因而通常要求弯板直角偏差，折合最外端间隙不大于 1.5mm。同时，为保证桥架受力均匀和行走平稳，应控制同一端梁两端弯板高低差 ≤ 5mm，并且要求同一车轮两弯板高低差 $g \leqslant 2$mm，如图 8-7b 所示。

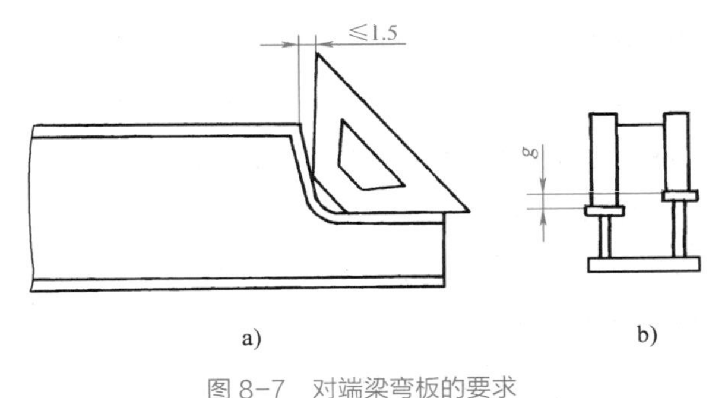

图 8-7　对端梁弯板的要求

a）弯板直角偏差　b）同一车轮两弯板高低差

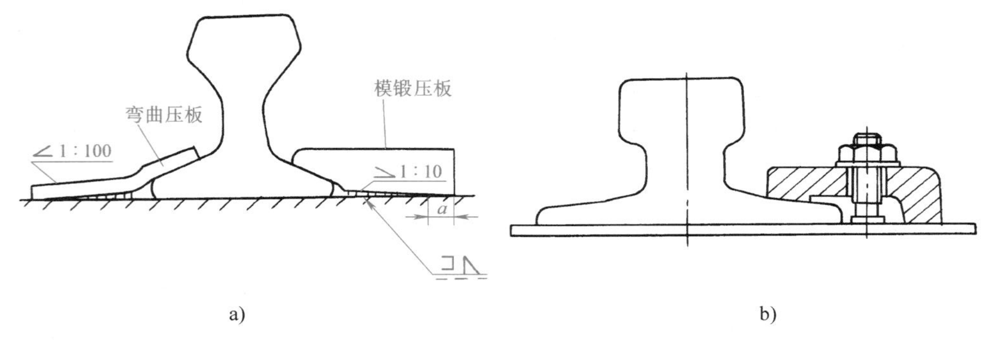

图 8-8　轨道压板形式（a=10mm，无斜度）

a）焊接压板　b）螺栓压板

3. 小车轨道

（1）小车轨道的结构特点　起重机轨道有四种：方钢、铁路钢轨、重型钢轨和特殊钢轨。中小型起重机采用方钢和铁路钢轨；重型起重机采用重型钢轨和特殊钢轨。中轨箱形梁桥架的小车轨道安放在主梁上翼板的中部。轨道多采用压板固定在桥架上，如图 8-8 所示。

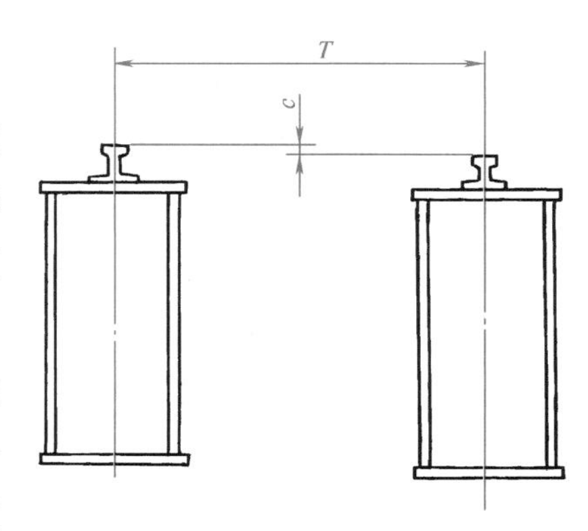

图 8-9　同一截面小车轨道高低差

（2）小车轨道的技术标准　为保证小车正常运行和桥架承载的需要，小车轨道安装时应满足以下要求：对于同截面小车，两轨道的高低差 c 有一定限制，一般当轨距 $T \leqslant 2.5$m 时，c=3mm；轨距 $T > 2.5$m 时，$c \leqslant 5$mm，如图 8-9 所示。同时，两轨道应相互平行，轨距偏差为 ±5mm。小车轨道的局部弯曲也有限制，一般在任意 2m 范围内不大于 1mm。

任务实施

1. 主梁制造工艺及要点

（1）板件的拼接　桥式起重机桥架主梁长度一般为 10~40m，腹板与上下翼板要用多块钢板拼接而成。钢板的拼接分为纵向焊缝的拼接和横向焊缝的拼接，一般是先焊纵向焊缝，然后再进行横向焊缝的拼接（对于一般小吨位的起重机，上、下翼板的宽度和腹板的高度如果不超过 1.8m，基本不存在纵向焊缝的拼接，只有横向焊缝的拼接）。主梁上、下翼板和腹板的焊缝都要求全熔透。焊接完成后根据国家标准要求对受拉区进行射线或者超声波探伤，主梁受拉区的翼板、腹板对接焊缝质量应达到 GB/T 3323—2005 中射线探伤二级焊缝或者 JB/T 4730.1—2005 中规定的超声探伤一级焊缝。

为了保证梁的承载能力，板件的拼接还要考虑上、下翼板，腹板，肋板之间焊缝的关系。上、下翼板和腹板对接焊缝的错开距离不得小于 200mm，所有大肋板的布置与腹板对接焊缝错开 200mm。

因为拼接要求熔透，如果采用焊条电弧焊或者气体保护焊，板厚 $\delta > 6$mm 时就需要开坡口；

对于埋弧焊，板厚 $\delta>10$mm 时就需要开坡口。具体参见 GB 985.1—2008《气焊、焊条电弧焊、气体保护焊和高能束焊的推荐坡口》和 GB/T 985.2—2008《埋弧焊的推荐坡口》的规定。焊接方法可以采用双面焊或者单面焊双面成形。对接焊缝的焊接应该按照工厂的工艺规程进行。目前，钢板的对接大多采用单面焊双面成形埋弧焊的方法。

（2）肋板的制造　肋板为长方形，长肋板中间一般开有减轻孔。短肋板用整料制成，长肋板也可用整料制成，但消耗材料多，为节省材料可用零料拼接。由于肋板尺寸影响装配质量，要求其宽度差不能大，应在 1mm 以内；长度尺寸允许有稍大一些的误差。肋板的四个角应保证 90°，尤其是肋板与上盖板接触处的两个角更应严格保证直角，这样才能保证箱形梁在装配后，腹板与上盖板垂直，并且使箱形梁在长度方向不会产生扭曲变形。

（3）腹板上挠度的预制　考虑支梁的自重和焊接变形的影响，为满足技术规定的主梁上挠要求，腹板应预制出数值大于技术要求的上挠度，具体可根据生产条件和所用的工艺程序等因素来确定，一般跨中上挠度的预制值 f_m 可取（1/450~1/350）L。目前，上挠曲线主要有二次抛物线、正弦曲线以及四次函数曲线等，如图 8-10 所示。

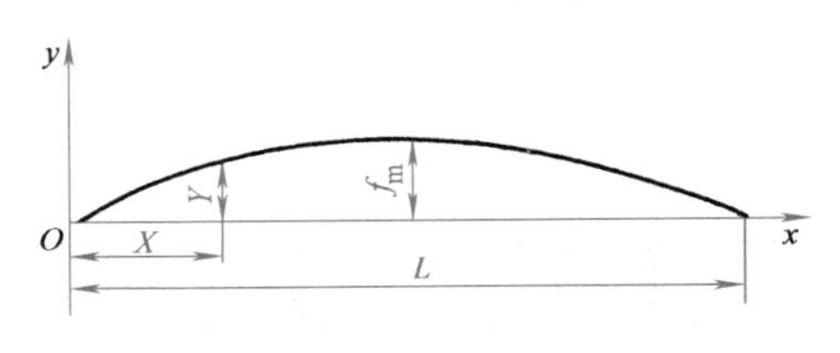

图 8-10　预制腹板上挠曲线

距主梁端部距离为任意一点的上挠度值如下：

1）二次抛物线上挠计算

$$Y=4f_mX(L-X)/L^2 \tag{8-1}$$

2）正弦曲线上挠计算

$$Y=f_m\sin(\pi X/L) \tag{8-2}$$

3）四次函数曲线上挠计算

$$Y=16f_m[X(L-X)/L^2]^2 \tag{8-3}$$

国内起重机制造一般采用二次抛物线上挠计算法，此法与正弦曲线上拱计算法的共同问题是端头起挠太快。生产中，端头起挠的上拱计算值必须加以修整，以减缓拱度。采用四次函数作上挠曲线，是取在移动载荷与自重载荷作用下梁下挠曲线的相反值，这样端头起挠较为平缓，故称四次函数曲线为理想挠度曲线。

腹板上挠度的制备方法多采用先划线后气割，切出具有相应曲线的形状。在专业生产时，也可采用靠模气割。图 8-11 为靠模气割示意图，气割小车 1 由电动机驱动，四个滚轮 4 沿小车导轨 3 做直线运动，运动速度为气割速度且可调节。小车上装有可做横向自由移动的横向导杆 7，导杆的一端装有靠模滚轮 6，可沿着靠模 5 移动。靠模制成与腹板上挠曲线相同形状的导轨。导杆

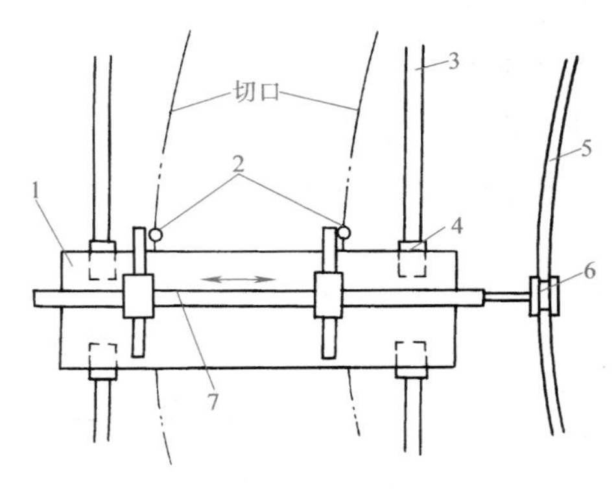

图 8-11　腹板靠模气割示意图

1—气割小车　2—割嘴　3—小车轨道　4—滚轮　5—靠模　6—靠模滚轮　7—横向导杆

上装有两个可调节的割嘴 2，割嘴间的距离应等于腹板的高度与割缝宽度之和。当小车沿导轨运动时，就能割出与靠模上挠曲线一致的腹板。

（4）箱形梁半成品的装配与焊接　箱形梁半成品是指由翼板、腹板和肋板组成的“π”形梁，其装配分为平台组装和夹具组装两种方式，国外起重机公司基本采用夹具组装工艺，在我国普遍采用的是平台组装工艺。平台组装又分为以上翼板为基准组装和以腹板为基准组装两种，本节主要介绍以上翼板为基准组装的方法。

1）肋板与上翼板的装焊。装配时，先在上翼板上以划线定位的方式装配肋板，用 90° 角尺检验垂直度后进行定位焊，为减小梁的下挠变形，装好肋板后应进行肋板与上翼板焊缝的焊接。如翼板未预制旁弯，则焊接方向应由内侧向外侧（图 8–12a），以满足一定旁弯的要求；如翼板预制有旁弯，则方向应如图 8–12b 所示，以控制变形。

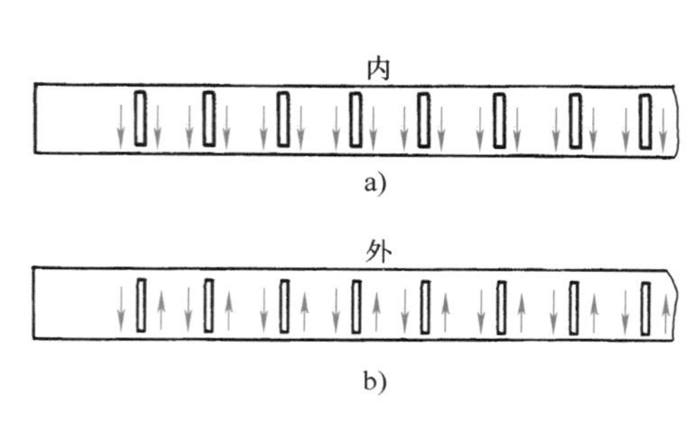

图 8–12　肋板焊接方向

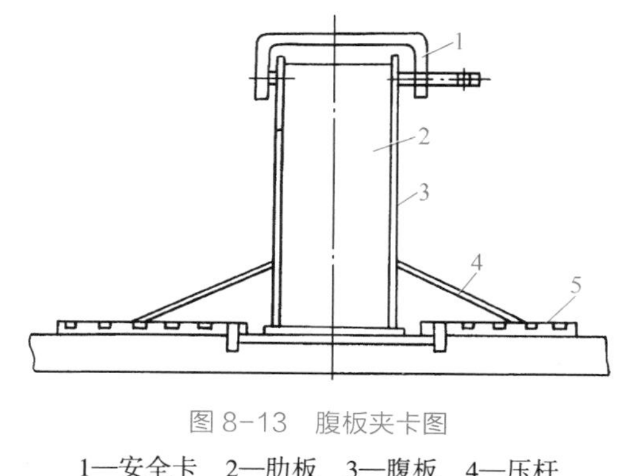

图 8–13　腹板夹卡图

1—安全卡　2—肋板　3—腹板　4—压杆

5—沟槽限位板

2）腹板的装焊。组装腹板前，首先要求在上翼板和腹板上分别划出跨度中心线，然后再用吊车将腹板吊起与翼板、肋板进行组装。先使腹板的跨度中心线对准上翼板的跨度中心线，然后在跨中点定位焊。腹板上边用安全卡 1（图 8–13）将腹板临时紧固到长肋板上，可在翼板底下打楔子使上翼板与腹板靠紧，通过平台孔安放沟槽限位板 5，斜放压杆 4，并注意压杆要放在肋板处。当压下压杆时，压杆产生的水平力使下部腹板靠紧肋板。为了使上部腹板与肋板靠紧，可用专用夹具式腹板装配胎夹紧。由跨中组装后，定位焊至腹板一端，然后用垫块垫好（图 8–14），再装配和定位焊另一端腹板。

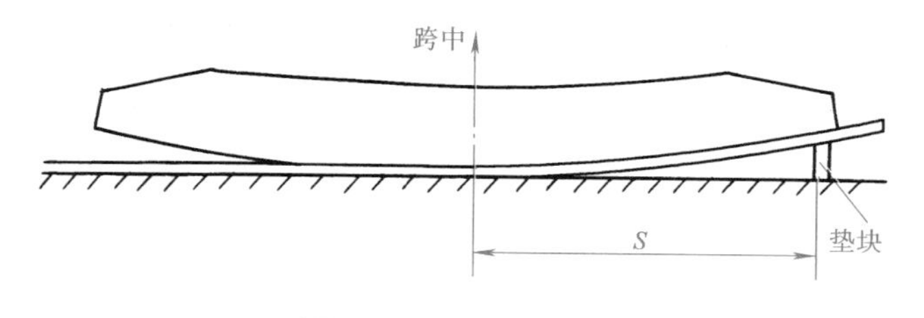

图 8–14　腹板装配过程

想一想

在装配腹板的过程中，用到了哪些装配定位方法？

腹板装好后，即应进行肋板与腹板的焊接。焊前应检查变形情况以确定焊接次序。如旁弯过大，应先焊外腹板焊缝；如旁弯不足，应先焊内腹板焊缝。对“π”形梁内壁的所有焊缝，就国内生产而言，大多还是采用焊条电弧焊。较理想的是用 CO_2 气体保护焊，它可以减小变形，提高生产率。为使“π”型梁的弯曲变形均匀，应沿梁的长度由偶数焊工对称施焊。

（5）下翼板的装配　下翼板的装配质量关系到主梁最后的成形质量。装配前先在下翼板上划出腹板的位置线，将“π”形梁吊装在下翼板上，两端用双头螺杆将其压紧固定（图 8-15）；然后用水平仪和线锤检验梁中部和两端的水平度、垂直度及拱度，如有倾斜或扭曲，应用双头螺杆单边拉紧。下翼板与腹板的间隙应不大于 1mm，点焊时应从中间向两端同时进行。主梁两端弯头处的下翼板可借助起重机的拉力进行装配定位焊。

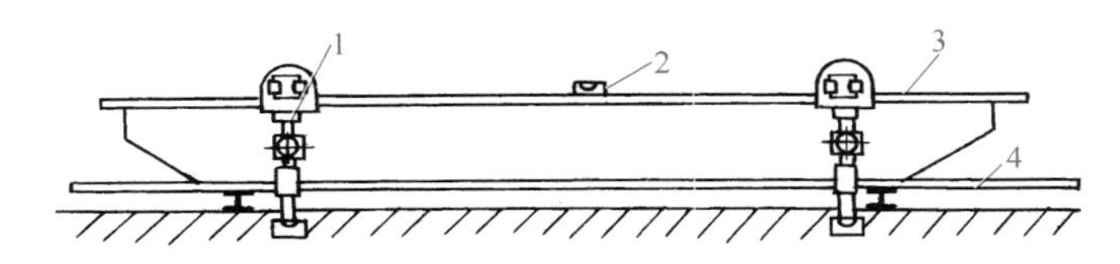

图 8-15　下翼板的装配

1—双头螺杆拉紧器　2—水平仪　3—上翼板　4—下翼板

（6）主梁纵缝的焊接　主梁有四条纵缝，目前国内主要采用的是以下几种焊接方式：

1）埋弧焊或气体保护焊的“船形”位置焊。这种焊接方式比较普遍，用垫架将箱形梁需要焊接的焊缝摆放为 45° 位置，这样焊缝成形较好。准备两个或两个以上的垫架，梁固定在垫架上，可以在工作台上放置埋弧焊焊机或者气体保护焊焊机的行走机构，平台上设置行走机构的轨道或者导向板，沿着焊缝进行焊接，如图 8-16a 所示；也可将气体保护焊机的送丝机构放在主梁上，用自动焊小车通过支承滚轮放在腹板上，沿着焊缝进行焊接，如图 8-16b 所示。这种方式与前一

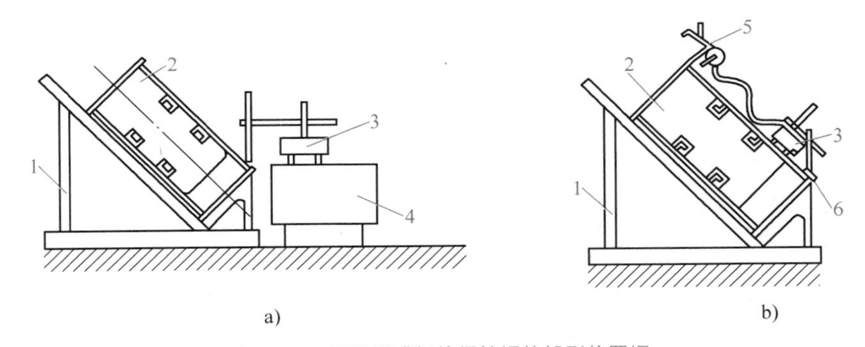

图 8-16　埋弧焊或气体保护焊的船形位置焊

a）自动焊小车放在单独工作台上　b）自动焊小车放在梁上

1—垫架　2—梁　3—自动焊小车　4—工作台　5—气体保护焊送丝机构　6—自动焊小车支承滚轮

种方式相比，如在焊接上翼板和腹板之间的焊缝时遇到拱度的变化，不用调整行走位置。

2）固定式气体保护焊或者埋弧焊焊接。采用这种方式焊接时，可以采用两台焊机同时焊接，如图 8-17 所示，不但效率高，而且焊接变形小于船形焊。采用这种方式焊接时，可以工件或者焊机移动，根据装梁完成时的拱度选择先焊接上翼板与腹板间的焊缝或者下翼板与腹板之间的焊缝。如果拱度低于标准值，应先焊接下翼板与腹板之间的两条焊缝；当拱度高于标准值时，应先焊接上翼板和腹板之间的焊缝，并调节梁下面垫块的位置来控制梁的拱度变形。

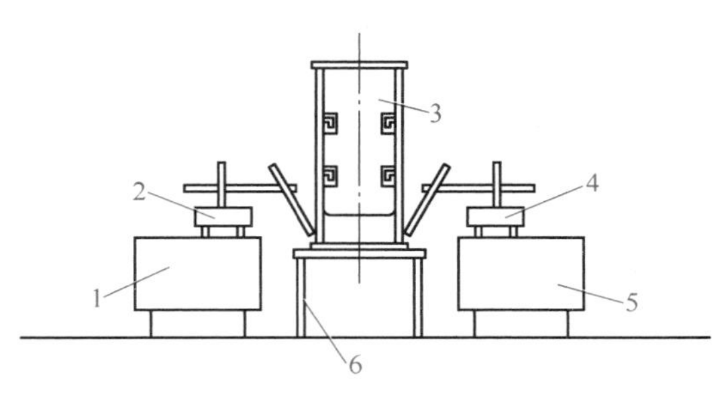

图 8-17 固定式气体保护焊或者埋弧焊焊接
1，5—工作台 2，4—自动焊小车 3—梁 6—固定支架或运行装置

视频：箱形主梁的装配

（7）主梁的矫正 箱形主梁装焊完毕后应进行检查，每根箱形梁在制造时均应达到技术条件的要求，如果变形超过了规定值，则应进行矫正。矫正时，应采用火焰矫正法，根据变形情况选择加热的部位与加热方式。

想一想

采用火焰矫正法，如何正确选择加热方式和加热部位？

2. 端梁制造的工艺要点

本书以角形轴承箱截面端梁为例，简单介绍其制作步骤及注意事项。

1）备料。注意弯板的备料应使弯角大于 90° ，间隙为 0.5~1.5mm。

2）将端梁上翼板放于平台上，划出肋板与腹板的位置线。

3）组装定位肋板、外腹板，然后焊接。焊接肋板时运条方向应从外腹板侧走向内腹板侧，以从焊接工艺上保证端梁向内弯。

4）组装内腹板、补强板及连接板等部件。

5）先将两块弯板放在平台上，用定位元件将其连接成一体，然后再组装弯板到梁上。使用水平尺检查弯板的水平度，保证两块弯板在同一高度，公差控制在 1mm 以内。

6）焊接内部焊缝。先焊接端梁外侧腹板与肋板焊缝，后焊接端梁内侧腹板与肋板焊缝，同样是从焊接工艺上保证端梁向内弯。

7）装配下翼板，焊接前检查翼板的水平度，控制翼板的扭曲。

8）焊接外面四条主焊缝，先焊接下翼板处的主焊缝，然后焊接上翼板处的主焊缝。

3. 桥架的装配与焊接工艺

桥架的装配与焊接工艺，包括已制好的主梁与端梁组装焊接、组装焊接走台、组装焊接小车轨道与焊接轨道压板等工序。在桥架组装之前，所有的主梁和端梁都应经过检测验收合格。组装之前的准备工作应注意以下几点：

1）桥架组装的场地。桥架的组装会有垂直方向的拱度变化或者水平方向的旁弯产生，相应地就会导致桥架的两小车轨道高低差和小车轨距的变化，对桥架的制造和检测造成不利的影响。因此，桥架的组装通常在车间内进行，而且在车间内组装也要防止太阳透过玻璃窗照射桥架。对于必须露天安装作业的，也要根据外界温度变化规律，对拱度和旁弯的制造加一个经验数值进行修整。检测时安排在温差不大或者无强光的早、晚或者夜间进行。

2）垫架位置的选择。垫架位置不同，对主梁的拱度也会有不同程度的影响。主梁垫架位置应选择在主梁的跨端或接近跨端的位置。起重量较小的桥架在最后测量调整时应尽量垫到端梁处。

3）桥架组装基准。为使桥架安装车轮后能正常运行，两个端梁上的四组弯板组装时应在同一水平面内，以该水平面为组装调整桥架其余各部分的基准。为此，可穿过端梁上翼板的吊装孔立 T 形标尺，用水平仪测量调整。

4）桥架装焊顺序。为减小桥架整体焊接变形，在桥架组装前应焊完所有部件本身的焊缝，不要等到整体组装后再补焊。这是因为部件焊接变形容易控制，又便于翻转，容易施焊，可提高焊缝质量。

（1）主梁与端梁的装配与焊接　将分别经过阶段验收的两根主梁摆放在垫架上，通过调整，应使两主梁中心线距离、对角线差及水平高低差等均在规定范围之内。然后，在端梁上翼板划出纵向中心线，用直尺将弯板垂直面的位置引到上翼板，与端梁纵向中心线相交得基准点，以基准点为依据划出主梁装配时的纵向中心线。而后将端梁吊到划线部位与主梁装配，用夹具将端梁固定于主梁上翼板上。调整端梁，应使端梁上翼板两端的 A'、C'、B'、D' 四点水平度差及对角线 $A'D'$ 与 $B'C'$ 之差在规定的数值内，如图 8-18 所示。同时，穿过吊装孔立 T 形标尺，用水准仪测量调整，保证同一端梁弯板水平面的高度差及跨度方向高度差不超过规定数值。以上所有检查合格后，才能进行定位焊。

主梁与端梁采用的焊接连接方式有直板连接和三角板连接两种，如图 8-19 所示。主要焊缝有主梁与端梁上、下翼板焊缝、直板焊缝或三角板焊缝。为减小变形与应力，应先焊上翼板焊缝，然后焊下翼板焊缝，再焊直板或三角板焊缝；先焊外侧焊缝，后焊内侧焊缝。

（2）走台的装配与焊接　为减小桥架的整体变形，走台的斜撑与连接板（图 8-20）要按图

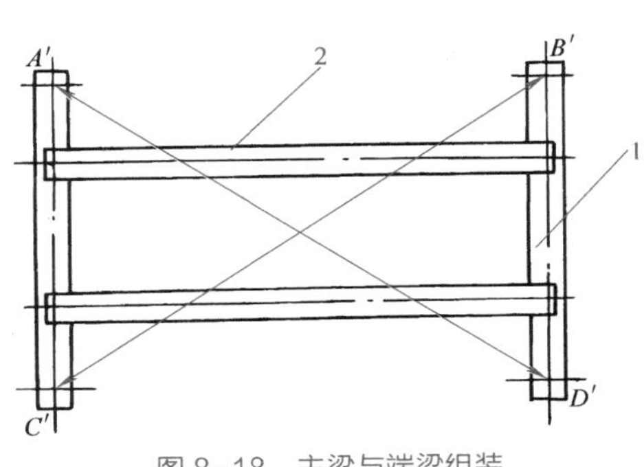

图 8-18　主梁与端梁组装

1—端梁　2—主梁

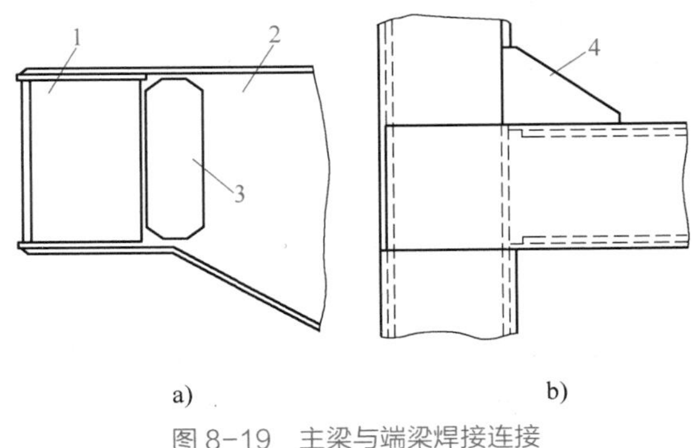

图 8-19　主梁与端梁焊接连接

a）直板连接　b）三角板连接

1—端梁　2—主梁　3—直板　4—三角板

样尺寸预先装配焊接成组件，再进行桥架组装焊接。组装时，按图样尺寸划走台的定位线，走台应与主梁上翼板平行，即具有与主梁一致的上挠曲线。装配横向水平角钢时，用水平尺找正，使外端略高于水平线，并定位焊于主梁腹板上，然后组装定位焊斜撑组件，再组装定位焊走台边角钢。走台边角钢应具有与走台相同的上挠度。走台板应在接宽的纵向焊缝完成后进行矫平，然后组装定位在走台上。在焊接整个走台的焊缝时，为减小应力变形，应先定好焊接顺序，水平外弯大的一侧走台和走台下部焊缝应先焊。

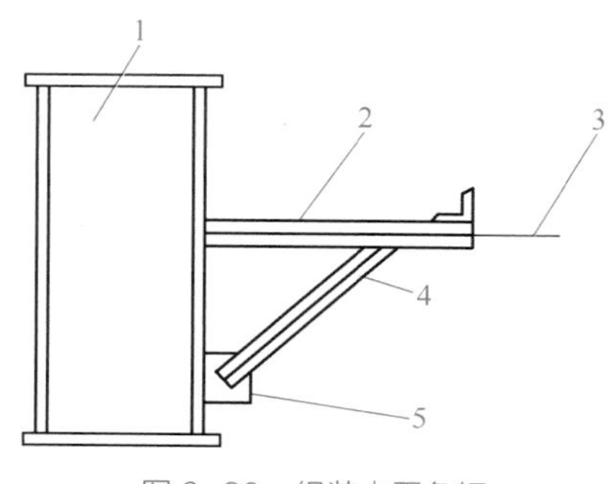

图 8-20 组装水平角钢

1—主梁 2—水平角钢 3—水平线 4—斜撑 5—连接板

（3）小车轨道的装配与焊接 小车轨道用电弧焊方法焊接成整体，焊后磨平焊缝。小车轨道应平直，不得扭曲和有明显的局部弯曲。轨道与桥架组装时，应预先在主梁的上翼板划出轨道位置线，然后装配，再定位焊轨道压板。为使主梁受热均匀，从而使下挠曲线对称，可由多名焊工沿跨度均匀分布，同时焊接。

桥式起重机桥架组装焊接后应全面检测，使之符合技术要求。

思考与练习

一、填空题

1. 桥式起重机由______、______和______组成。

2. 桥式起重机的桥架结构由______、______、______、______、______及操纵室组成。

3. 桥式起重机桥梁架常见的结构形式有______、______、______以及______。

4. 端梁与主梁的连接接头可分为______和______两种形式。

5. 起重机轨道有______、______、______和______。中小型起重机采用________钢轨，重型起重机采用________钢轨。

6. 为了保证梁的承载能力，上、下翼板和腹板对接焊缝的错开距离不得小于______，所有大肋板的布置与腹板对接焊缝错开______。

7. 在焊接肋板与上翼板的焊缝时，如翼板未预制旁弯，焊接方向应由______，以满足一定旁弯的要求。

8. 肋板与腹板的焊接，如旁弯过大，应先______焊缝；如旁弯不足，应先焊______。

二、简答题

1. 桥式起重机桥架主梁制造的技术要点有哪些？

2. 桥式起重机桥架端梁制造的技术要点有哪些？

3. 小车轨道制造的技术标准有哪些？

4. 简述主梁制造的工艺要点。

5. 简述腹板靠模气割原理。

任务二　压力容器的制造工艺

学习目标

1. 了解常用压力容器的特点及在国民经济生产中的应用。

2. 理解各类压力容器的结构特点和技术要求，掌握其主要部件的结构特点及技术标准。

3. 学会结合生产条件，合理制定压力容器的制造工艺。

任务描述

在种类繁多的焊接结构中，质量要求最高、技术难度最大、先进的焊接工艺方法应用最多、采用钢材品种最多的焊接结构首推锅炉、压力容器与管道。这类焊接结构不仅运行条件苛刻、工作环境恶劣，而且要求长时间的服役周期。在压力容器中，有些需在高压和低温下工作，有些不仅要承受内压和高温，而且还要经受各种工作介质的腐蚀。因此，对这类结构的设计和制造提出了十分严格的要求，必须采用先进、正确、合理的制造工艺和完善的质量保证措施。本任务主要介绍压力容器的结构特点及其加工工艺过程。

必备知识

一、压力容器的基本知识

1. 压力容器的结构形式

压力容器有多种结构形式，最常见的结构为圆筒形、球形和锥形三种（图 8-21）。球形容器的结构特点将在后面介绍，由于圆筒形和锥形容器在结构上大同小异，所以这里只简单介绍圆筒形容器的结构特点。

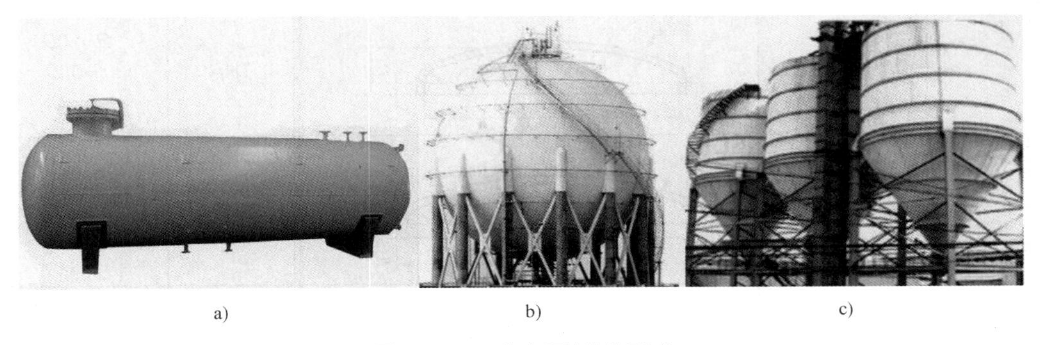

a)　　b)　　c)

图 8-21　压力容器的结构形式

a）圆筒形　b）球形　c）锥形

（1）筒体　筒体是压力容器最主要的组成部分，它构成储存物料或完成化学反应所需要的大部分压力空间。当筒体直径小于 500mm 时，可用无缝钢管制作。当直径较大时，筒体一般用钢板卷制或压制（压成两个半圆）后焊接而成。由于筒体焊缝的方向与筒体的纵向（即轴向）一致，故称为纵焊缝。当筒体较短时，可做成完整的一节；当筒体的纵向尺寸大于钢板的宽度时，可由几个筒节拼接而成。前述压缩空气储罐就是由两节筒节拼接而成的。由于筒节与筒节或筒体与封头之间的连接焊缝呈圆环形，故称为环焊缝。所有的纵、环焊缝焊接接头，原则上均采用对接接头。

（2）封头　根据 GB/T 25198—2010《压力容器封头》的规定，封头的类型可分为半球形、椭圆形、碟形和球冠形等几种。各种封头的断面形状、类型代号及形式参数见表 8-1。目前，应用最普遍的是椭圆形封头。

（3）法兰　法兰分为管法兰和容器法兰。用于管道连接和密封的法兰叫管法兰；用于容器顶盖与筒体连接的法兰叫容器法兰。法兰与法兰之间一般加密封件，并用螺栓联接。

（4）开孔与接管　由于工艺要求和检修时的需要，常在石油化工容器的筒体或封头上开设各种孔或安装接管，如人孔、手孔、视镜孔、物料进出接管，以及安装压力表、液位计、流量计、安全阀等接管开孔。筒体与封头上开孔后，开孔部位的强度被削弱，一般应使用补强圈补强。

表 8-1　各种封头的断面形状、类型代号及形式参数

名称		断面形状	类型代号	形式参数关系
半球形封头		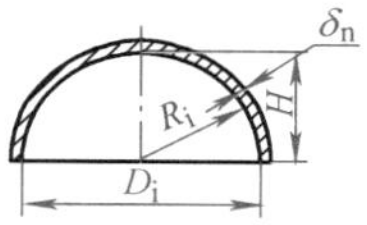	HHA	$D_i=2R_i$ $D_N=D_i$
椭圆形封头	以内径为基准	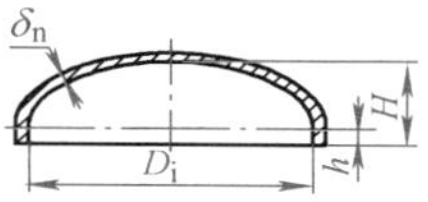	EHA	$D_i/2=2(H-h)$ $D_N=D_i$
	以外径为基准	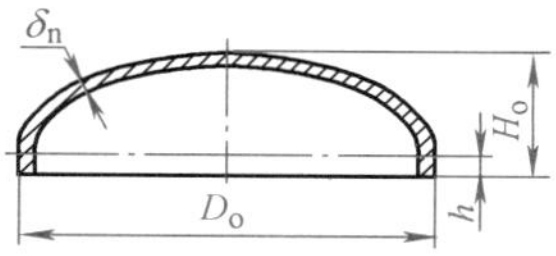	EHB	$D_o/2=2(H_o-h)$ $D_N=D_o$
碟形封头	以内径为基准	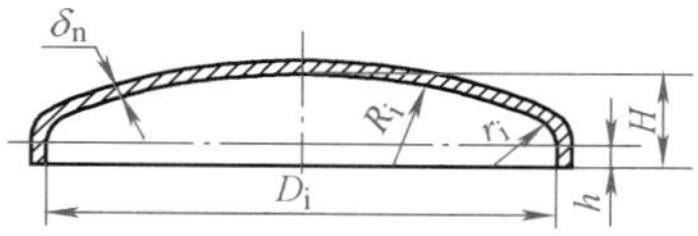	THA	$R_i=1.0D_i$ $r_i=0.1D_i$ $D_N=D_i$
	以外径为基准	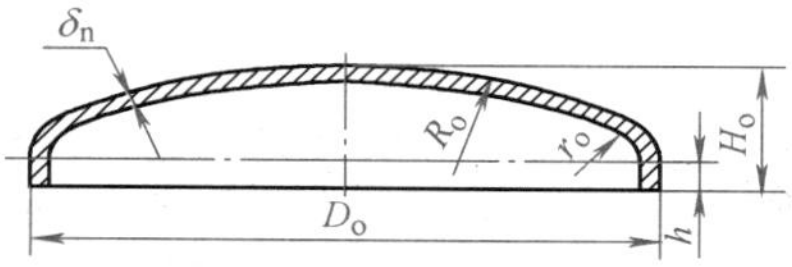	THB	$R_o=1.0D_o$ $r_o=0.1D_o$ $D_N=D_o$
球冠形封头		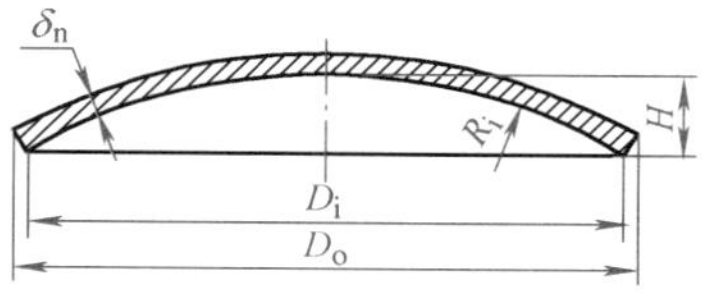	SDH	$R_i=1.0D_i$ $D_N=D_o$
平底形封头		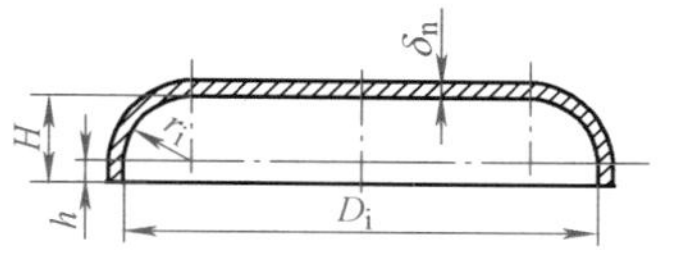	FHA	$r_i \geqslant 3\delta_n$ $H=r_i+h$ $D_N=D_i$

（续）

名称	断面形状	类型代号	形式参数关系
锥形封头		CHA30	$r_i \geqslant 0.1D_i$ 且$r_i \geqslant 3\delta_n$ $\alpha=30°$ D_N以D_i/D_{is}表示
		CHA45	$r_i \geqslant 0.1D_i$ 且$r_i \geqslant 3\delta_n$ $\alpha=45°$ D_N以D_i/D_{is}表示
		CHA60	$r_i \geqslant 0.1D_i$ 且$r_i \geqslant 3\delta_n$ $r_s \geqslant 0.05D_{is}$ 且$r_s \geqslant 3\delta_n$ $\alpha=60°$ D_N以D_i/D_{is}表示

注：D_N为封头公称直径。

（5）支座（支腿）　压力容器靠支座（支腿）支承并固定在基础上。因圆筒形容器的安装位置不同，卧式容器主要采用鞍式支座支承并固定，立式容器一般采用支腿支承并固定，如图 8−22 所示。

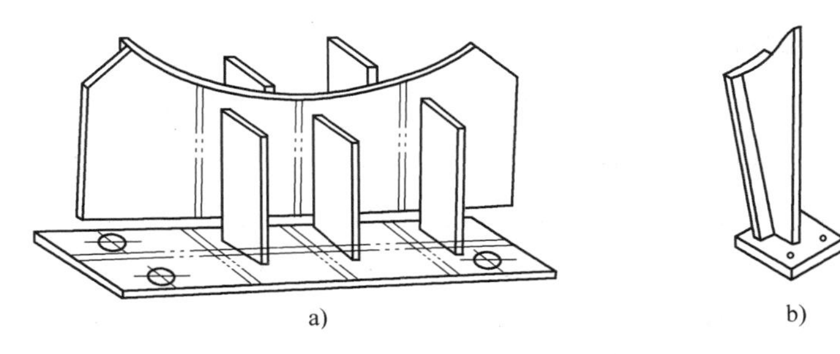

图 8−22　支座与支腿的结构形式

a）支座　b）支腿

2. 压力容器的焊缝

压力容器不仅是工业生产中常用的设备，同时也是一种比较容易发生事故的特殊设备。与其他生产装置不同，压力容器一旦发生事故，不仅容器本身会遭到破坏，而且往往会引发一连串恶性事故，如破坏其他设备和建筑设备，危及人员的生命和健康，污染环境，给国民经济造成重大损失，其结果可能是灾难性的。所以，必须严格控制压力容器的设计、制造、安装、选材、检验和使用监督。

在 GB 150.1~150.4—2011 中，压力容器受压部分的焊缝按其所在的位置分为 A、B、C、D 四类，如图 8−23 所示。

（1）A 类焊缝　包括圆筒部分的纵向焊缝，球形封头与圆筒连接的环向焊缝，各类凸形封头中的所有拼接焊缝，嵌入式接管与壳体对接连接的焊缝。工艺要求采用双面焊或保证全部焊透的

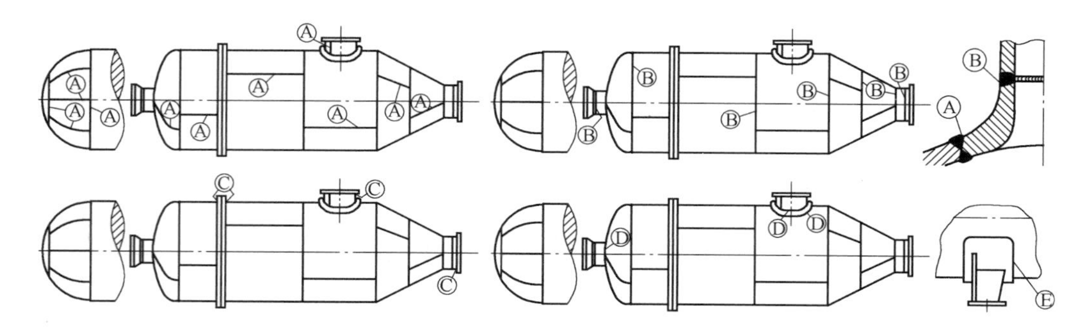

图 8-23　压力容器四类焊缝的位置

单面焊缝。

（2）B 类焊缝　壳体部分的环向焊缝，锥形封头小端与接管连接的焊缝，长颈法兰与接管连接的焊缝。工艺要求采用双面焊的对接焊缝或采用带衬垫的单面焊缝。

（3）C 类焊缝　平盖、管板与圆筒非对接连接的焊缝，法兰与壳体、接管连接的焊缝，内封头与圆筒的搭接焊缝。工艺要求通常采用角焊缝连接，高压容器和剧毒介质容器应保证全部焊透。

（4）D 类焊缝　接管、人孔、凸缘等与壳体连接的焊缝。此类焊缝受力条件差，存在较高的应力集中。因此，工艺要求也应采用全部焊透的焊缝。

对于非受压元件与受压元件的连接焊缝为 E 类焊缝，如容器鞍座的焊接。

二、球形压力容器的制造工艺

1. 球形容器的结构形式

球形容器一般称作球罐，它主要用来储存带有压力的气体或液体。球罐按其瓣片形状不同分为橘瓣式、足球瓣式及混合式，如图 8-24 所示。橘瓣式球罐因安装较方便，焊缝位置较规则，目前应用最广泛。按球罐直径大小和钢板尺寸的不同分为三带、四带、五带和七带橘瓣式球罐。足球瓣式的优点是所有瓣片的形状、尺寸都一样，材料利用率高，下料和切割比较方便，但大小受钢板规格的限制，混合式球罐的中部用橘瓣式，上极和下极用足球瓣式，常用于较大型的球罐。

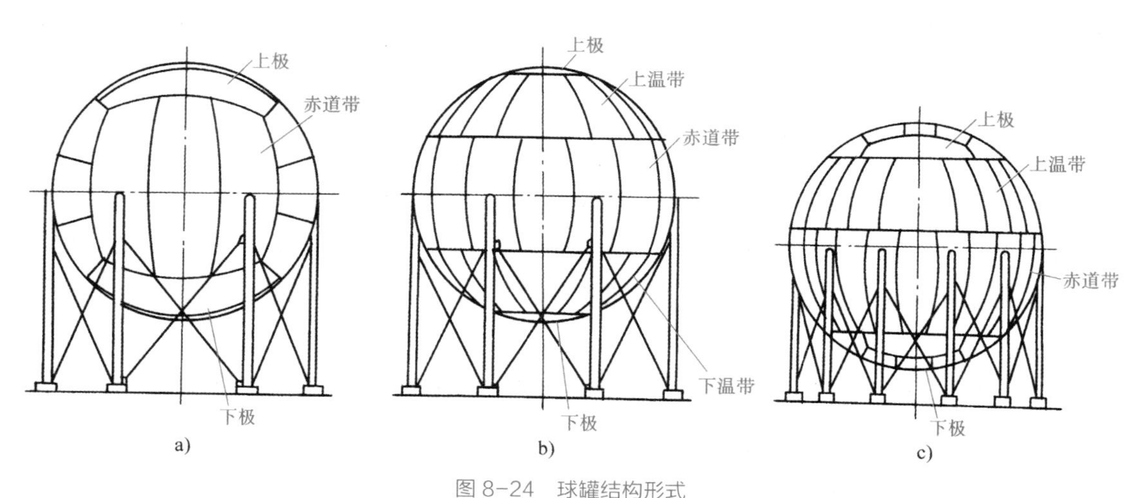

图 8-24　球罐结构形式

a）足球瓣式　b）橘瓣式　c）混合式

一个完整的球体，往往需要数十乃至数百块的瓣片。

2. 技术条件及其分析

球罐的工作条件及结构特征决定了球罐的技术条件是相当高的。首先球罐的各球瓣下料、坡口、装配精度等尺寸均要确保质量，这是保证球罐质量的先决条件。另外，由于工作介质和压力、环境的要求，且返修困难，故焊接质量要严格控制，要保证受压均匀。焊接变形也要严格控制，必须有合适的工夹具来配合及采用正确的装焊顺序。一般球罐多在厂内预装，然后将零件编号，再到现场组装焊接。球罐的焊接多数采用焊条电弧焊，要求焊工的技术水平较高，并要有严格的检验制度，对每一生产环节都要认真对待。

3. 球罐的制造工艺

（1）瓣片制造　球瓣的下料及成形方法较多。由于球面是不可展曲面，因此多采用近似展开下料。通过计算（常用球心角弧长计算法），放样展开为近似平面，然后压延成球面，再经简单修整即可成为一个瓣片，此法称为一次下料。还可以按计算周长适当放大，切成毛料，压延成形后进行二次划线，精确切割，此法称为二次下料，目前应用较广。如果采用数学放样，数控切割，可大大提高精度与加工效率。

小知识

热压成形能防止材料的加工硬化现象，但操作困难，且氧化皮对材料表面性能危害较大，板料变薄较严重。

对于球瓣的压形，一般直径小，曲率大的瓣片采用热压；直径大、曲率小的瓣片采用冷压。压制设备为水压机或油压机等。冷压球瓣采用局部成形法，具体操作方法是：钢板由平板状态进入初压时不要压到底，每次冲压坯料一部分，压一次移动一定距离，并留出一定的压延重叠面，这可避免工件局部产生过大的突变和折痕。当坯料返程移动时，可以压到底。

（2）支柱制造　球罐支柱形式多样，以赤道正切式应用最为普遍。赤道正切支柱多数是管状形式，小型球罐选用钢管制成；大型球罐由于支柱直径大而长，所以用钢板卷制拼焊而成。如考虑到制造、运输、安装的方便，大型球罐的支柱在制造时分成上、下两部分，其上部支柱较短。上、下支柱的连接借助一短管，以便于安装时对拢。

支柱接口的划线、切割一般是在制成管状后进行。划线前应先进行接口放样制样板，其划线样板应以管子外壁为基准。支柱制好后要按要求进行检查，合格后还要在支柱下部的地方，约离其端部 1500mm 处取假定基准点，以供安装支柱时测量使用。

（3）球罐的装配　球罐的装配方法很多，现场安装时，一般采用分瓣装配法。分瓣装配法是将瓣片或多瓣片直接吊装成整体的安装方法。分瓣装配法中以赤道带为基准来安装的方法运用得最为普遍。赤道带为基准的安装顺序是先安装赤道带，随后向两端发展安装。它的特点是由于赤道带先安装，其重力直接由支柱来支承，使球体利于定位，稳定性好，辅助工装少。图 8–25 所示是橘瓣式球罐分瓣装配法中以赤道带为基准的装配流程简图。

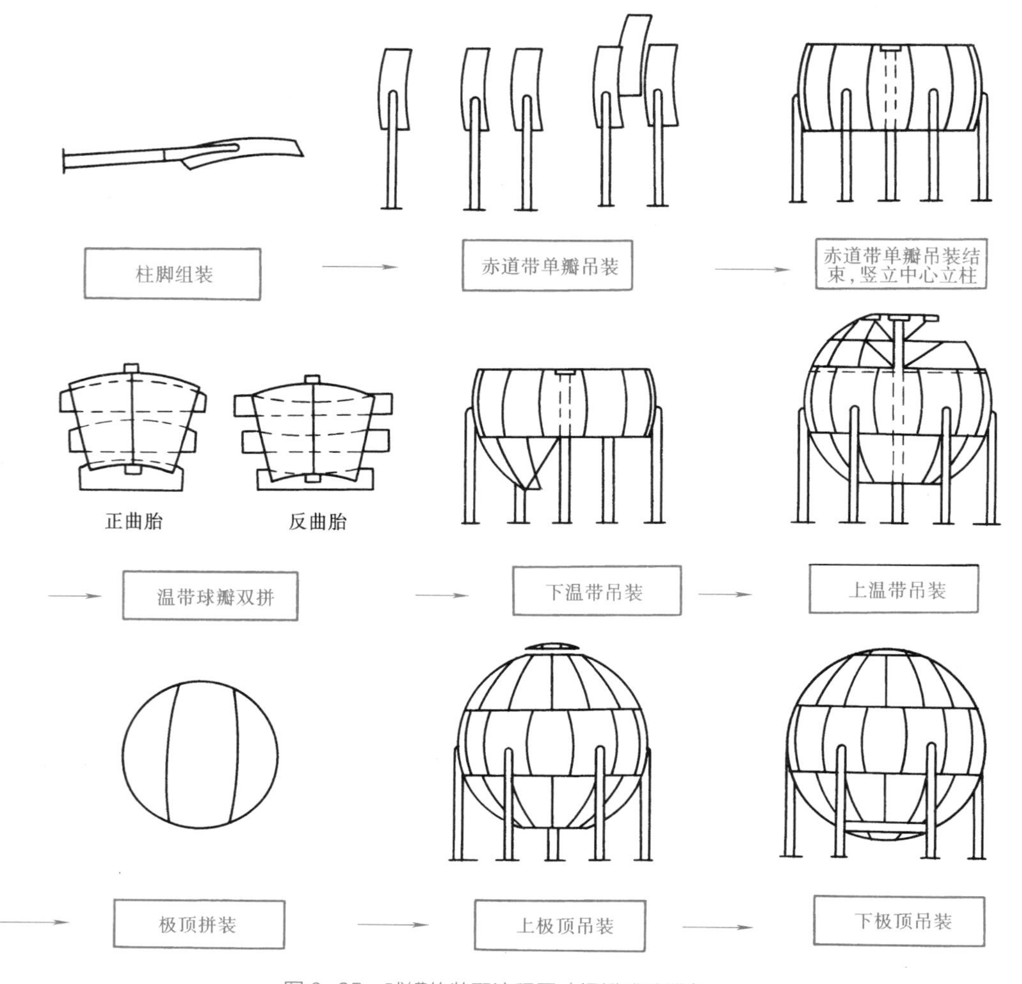

图 8-25　球罐的装配流程图（橘瓣式球罐）

装配时，在基础中心一般都要放一根中心柱（见图 8-26）作为装配和定位的辅助装置。它由 ϕ300~ϕ400mm 的无缝钢管制成，分段用法兰连接。装赤道板时，用以拉住瓣片中部，用花篮螺钉调节并固定位置。温带球瓣可先在胎具上进行双拼，胎具与球瓣具有相同形状的曲面。

想一想

中心支柱的作用是什么？何时安装、拆除中心支柱？

胎具分两种：正曲胎和反曲胎。正曲胎中胎具制成凸形，用于球瓣外缝的焊接；反曲胎中胎具抽成凹形，用于球瓣内缝的焊接。装下温带时，先把下温带板上口挂在赤道板下口，再夹住瓣片下口，通过钢丝绳吊在中心柱上，如图 8-26 所示。钢丝绳中间加一倒链装置，把温带板拉起到所需位置。装上温带时，它的下口搁在赤道板上口，再用固定在中心柱上的顶杆顶住它的上口，通过中间的双头螺钉调节位置。也可以在中心柱上面做成一个倒伞形架，上温带板上口就搁在其上。

温带板都装好后，拆除中心柱。

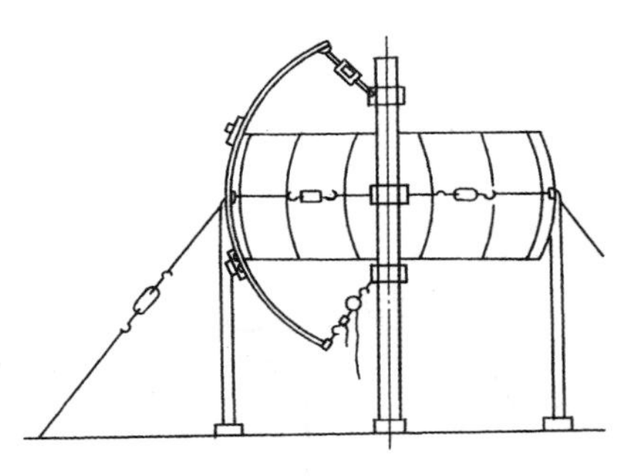

图 8-26　中心柱的使用

球罐制造时，一般装焊交替进行，其安装、焊接及焊后的各项工作为：支柱组合→吊装赤道板→吊装下温带板→吊装上温带板→装里外脚手→赤道纵缝焊接→下温带纵缝焊接→上温带纵缝焊接→赤道下环缝焊接→赤道上环缝焊接→上极板安装→上极板环缝焊接→下极板安装→下极板环缝焊接→射线探伤和磁粉探伤（赤道带焊接结束即可穿插探伤）→水压试验→磁粉探伤→气密性试验→热处理→涂装、包保温层→交货。

（4）球罐的焊接　球罐的焊接大多数情况下采用焊条电弧焊完成，焊前应严格控制接头处的装配质量，并在焊缝两侧进行预热。同时，应按国家标准进行焊接工艺评定，焊工须取得考试合格证书。现场焊接时，要参照有关条例严格控制施焊环境。焊缝坡口形式为：一般厚 18mm 以下的板采用单面 V 形坡口；厚 20mm 以上的板采用不对称 X 形坡口。对于一般赤道和下温带环缝以上的焊缝，大坡口在里，即里面先焊；对于下温带环缝及其以下的焊缝，大坡口在外，即外面先焊。焊接材料的干燥、发放和使用均按该材料和压力容器焊接的要求执行。纵缝焊接时，每条焊缝要配一名焊工，同时焊接。如焊工不够，可以间隔布置焊工，分两次焊接。环缝则按焊工数均匀分段，但层间焊接接头应错开，打底焊应采用分段退焊法。

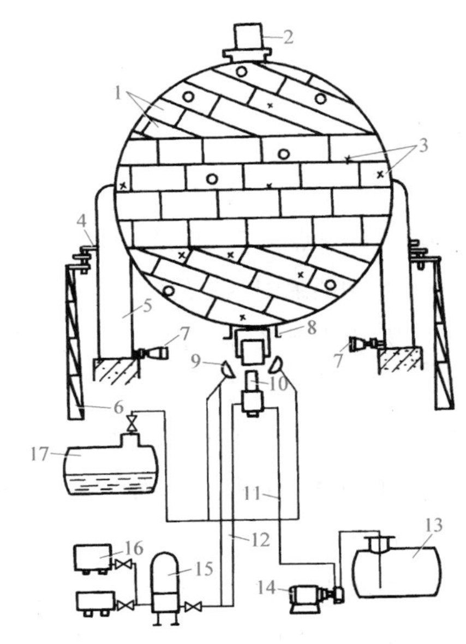

图 8-27　退火装置示意图

1—保温毡　2—烟囱　3—热电偶布置点（○为内侧，× 为外侧）　4—指针和底盘　5—柱脚　6—支架　7—千斤顶　8—内、外套筒　9—点燃器　10—烧嘴　11—油路软管　12—气路软管　13—油罐　14—泵组　15—储气罐　16—空压机　17—液化气罐

焊条电弧焊焊接球罐工作量大，效率低，劳动条件差，因此，探索应用机械化焊接方法的脚步从未停止，现已采用的有埋弧焊、管状丝极电渣焊和气体保护电弧焊等。

（5）球罐的热处理　球罐焊后是否要进行热处理，主要取决于材质与厚度。球罐热处理一般进行整体退火，退火装置如图 8-27 所示。加热前将整球连带地脚螺钉从基础上架起，浮架在辊道上，以便处理过程中自由膨胀。热处理时应监测实际位移值，并按计算位移值来调整柱脚的位移。温度每变化 100℃，应调整一次。移动柱脚时，应平稳缓慢，一般在柱脚两面装 2 只千斤顶来调节伸缩。

任务实施

钢制压力容器的制造工艺过程按照容器结构的不同而各有差异。钢板卷焊式容器是目前普遍采用的一种压力容器结构形式。它具有制造工序简单，生产周期短，生产过程易于实现机械化和

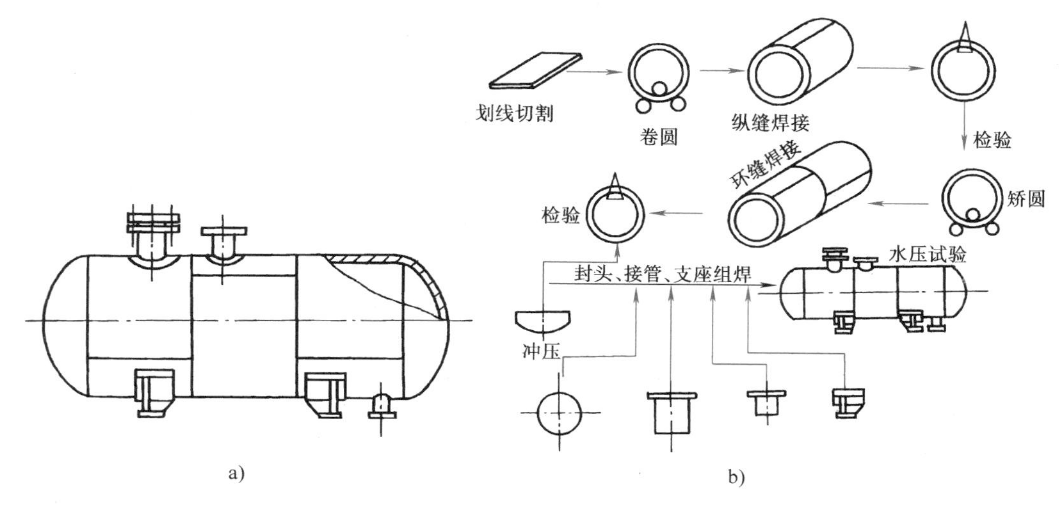

图 8-28　圆筒形压力容器制造工艺流程

a）压力容器的结构示意图　b）制造工艺流程

自动化的特点。下面以图 8-28 所示的压力容器为例，介绍其具体的制造工艺过程。

1. 封头的制造工艺

目前广泛采用冲压成形工艺加工封头。现以椭圆形封头为例来说明其制造工艺。

封头制造工艺大致如下：原材料检验→划线→下料→拼缝坡口加工→拼板的装焊→加热→压制成形→二次划线→封头余量切割→热处理→检验→装配。

（1）封头的拼焊　椭圆形封头压制前的坯料是一个圆形，封头的坯料尽可能采用整块钢板，如直径过大，则一般采用拼接。拼接方法主要有两种：一种是用两块或由左右对称的三块钢板拼焊，其焊缝必须布置在直径或弦的方向上；另一种是由瓣片和顶圆板拼接制成，焊缝方向只允许是径向和环向的。径向焊缝之间最小距离应不小于名义厚度 δ_n 的 3 倍，且不小于 100mm，如图 8-29 所示。封头拼接焊缝一般采用双面埋弧焊。

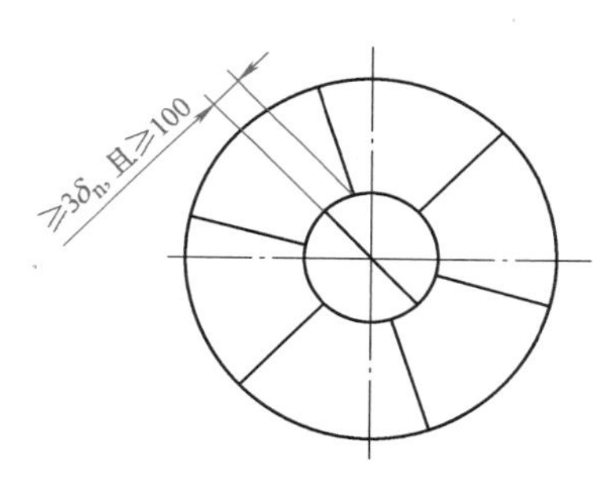

图 8-29　封头拼缝位置

（2）封头的成形　封头成形有热压和冷压之分。采用热压时，为保证热压质量，必须控制始压和终压温度。低碳钢始压温度一般为 1 000~1 100℃，终压温度为 750~850℃。加热的坯料在压制前应清除表面的杂质和氧化皮。封头的压制是在水压机（或油压机）上，用凸凹模一次压制成形，不需要采取特殊措施。

想一想

为什么要控制封头的始压温度和终压温度？

（3）封头的边缘加工　已成形的封头还要对其边缘进行加工，以利于筒体装配。一般应先在平台上划出保证直边高度的加工位置线，用氧气切割割去加工余量，可采用图 8-30 所示的封头余量切割机。此机械装备在切割余量的同时，可通过调整割矩角度直接割出封头边缘的坡口（V 形），经修磨后可直接使用；如对坡口精度要求高，或是其他形式的坡口，一般是将切割后的封头放在立式车床上进行加工，以达到设计图样的要求。封头加工完后，应对主要尺寸进行检查，合格后才可与筒体装配焊接。

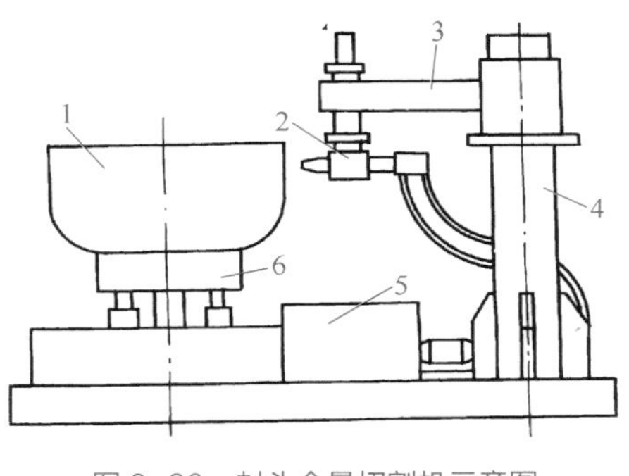

图 8-30 封头余量切割机示意图

1—封头 2—割炬 3—悬臂 4—立柱 5—传动系统 6—支座

2. 筒节的制造工艺

筒节的制造的一般过程为：原材料检验→划线→下料→边缘加工→卷制→纵缝装配→纵缝焊接→焊缝检验→矫圆→复检尺寸→装配。

（1）筒节的划线与下料　筒节一般在卷板机上卷制而成，由于一般筒节的内径比壁厚要大许多倍，所以，筒节下料的展开长度 L，可用筒节的平均直径 D_p 来计算，即

$$L=2\pi D_p$$

$$D_p=D_g+\delta \tag{8-4}$$

式中 D_g——筒节的内径；

δ——筒节的壁厚。

筒节可采用剪切或半自动切割下料，下料前要先划线，包括切割位置线、边缘加工线、孔洞中心线及位置线等。其中，管孔中心线距纵缝及环缝边缘的距离不小于管孔直径的 0.8 倍，并打上样冲标记，图 8-31 为筒节划线示意图。需要注意的是，筒节的展开方向应与钢板轧制的纤维方向一致，且最大夹角应小于 45°。

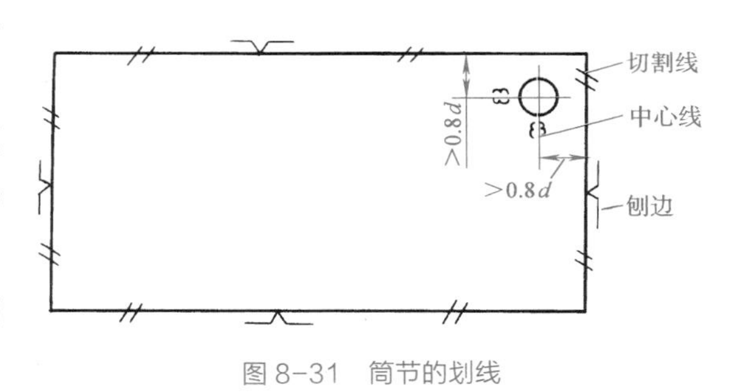

图 8-31 筒节的划线

（2）筒节的成形　中低压压力容器的筒节可在三辊或四辊卷板机上冷卷而成，卷制过程中要经常用样板测量弧度，检查曲率，循序渐进，直到筒体形状基本符合样板形状后，再从卷板机上取下。卷圆后其纵缝处的棱角、径向和纵向错边量应符合技术要求。

（3）筒节的焊接　筒节卷制好后，在进行纵缝焊接前应先进行纵缝的装配，主要是采用杠杆－螺旋拉紧器、柱形拉紧器等各种工装夹具来消除卷制后出现的质量问题，满足纵缝对接时的装配技术要求，保证焊接质量。装配好后即进行定位焊。筒节的纵、环缝坡口是在卷制前就加工好的，焊前应注意坡口两侧的清理。

筒节纵缝焊接的质量要求较高，一般采用双面焊，顺序是先里后外。纵缝焊接时，一般都应做产品的焊接试板；同时，由于焊缝引弧处和灭弧处的质量不好，故焊前应在纵向焊缝的两端装上引弧板和引出板，图 8-32 为筒节两端装上引弧板、焊接试板和引出板的情况。筒节纵缝焊接完后还须按要求进行无损探伤，再经矫圆，满足圆度的要求后才送入装配。

3. 容器的装配工艺

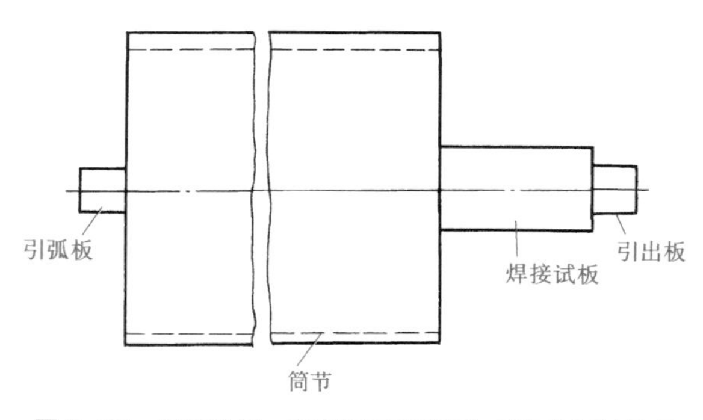

图 8-32 焊接试板、引弧板和引出板与筒节的组装情况

容器的装配是指各零部件间的装配，其接管、人孔、法兰、支座等的装配较为简单，下面主要分析筒节与筒节以及封头与筒节之间的环缝装配工艺。

（1）筒节的装配 筒节与筒节之间的环缝装配要比纵缝装配困难得多，其装配方法有立装和卧装两种。

1）立装适合于直径较大而长度不太大的容器，一般在装配平台或车间地面上进行。装配时，先将一筒节吊放在平台上，然后再将另一筒节吊装其上，调整间隙后，即沿四周定位焊，依相同的方法再吊装上其他筒节。

2）卧装一般适合于直径较小而长度较大的容器。卧装多在滚轮架或 V 形块上进行。先把将要组装的筒节置于滚轮架上，将另一筒节放置于小车式滚轮架上，移动辅助夹具使筒节靠近，端面对齐。当两筒节连接可靠时，将小车式滚轮架上的筒节推向滚轮架上，再装配下一筒节。

筒节与筒节装配前，可先测量周长，再根据测量尺寸采用选配法进行装配，以减少错边量；或在筒节两端内使用径向推撑器，把筒节两端整圆后再进行装配。另外，相邻筒节的纵向焊缝应错开一定的距离，其值在周围方向应大于筒节壁厚的 3 倍以上，并且不应小于 100mm。

（2）封头与筒体的装配 封头与筒体的装配也可采用立装和卧装，当封头上无孔洞时，也可先在封头外临时焊上起吊用吊耳（吊耳与封头材质相同），以便于封头的吊装。立装与前面所述筒节之间的立装相同；卧装时，如为小批量生产，则一般采用手工装配的方法，如图 8-33 所示。装配时，在滚轮架上放置筒体，并使筒体端面伸出滚轮架外 400~500mm 以上，用起重机吊起封头，送至筒体端部，相互对准后横跨焊缝焊接一些刚性不太大的小板，以便固定封头与筒体间的相互位置。移去起重机后，用螺旋压板等将环向焊缝逐段对准到适合的焊接位置，再用“Π”形马横跨焊缝用定位焊固定。批量生产时，一般是采用专门的封头装配台来完成封头与筒体的装配。封头与筒体组装时，封头拼接焊缝与相邻筒节的纵焊缝也应错开一定的距离。

视频：封头与筒体的装配

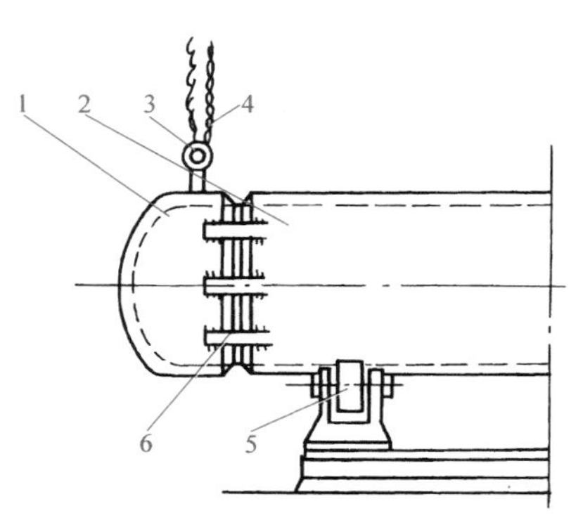

图 8-33 封头简易装配法

1—封头 2—筒体 3—吊耳 4—吊钩 5—滚轮架 6—Π 形马

4. 容器的焊接工艺

（1）筒体环缝与纵缝的焊接　容器环缝的焊接一般采用双面焊。在焊剂垫上进行双面埋弧焊时，经常使用的环缝焊剂垫有带式焊剂垫和圆盘焊剂垫两种。带式焊剂垫（图 8-34a）是在两轴之间的一条连续带上放有焊剂，容器直接放在焊剂垫上，靠容器自重与焊剂贴紧，焊剂靠容器转动时的摩擦力带动一起转动，焊接时需要不断添加焊剂。圆盘式焊剂垫是一个可以转动的圆盘装满焊剂，放在容器下边，圆盘与水平面成 15° 角，焊剂紧压在工件与圆盘之间，环缝位于圆盘最高位置，焊接时容器旋转带动圆盘随之转动，使焊剂不断进入焊接部位，如图 8-34b 所示。

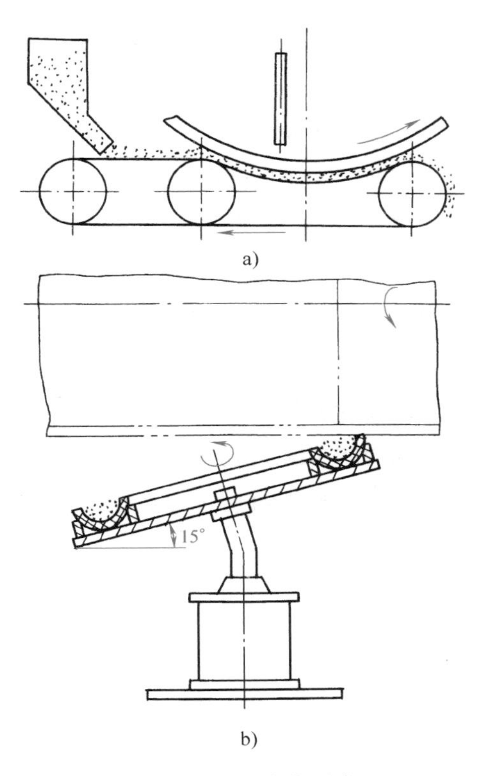

图 8-34　焊剂垫形式
a）带式焊剂垫　b）圆盘式焊剂垫

容器环缝焊接时，可采用各种焊接操作机进行内外缝的焊接，但在焊接容器的最后一条环缝时，只能采用手工封底的或带垫板的单面埋弧焊。

（2）其他部件的焊接　容器的其他部件，如人孔、接管、法兰、支座等，一般采用焊条电弧焊焊接。容器焊接完以后，还必须用各种方法进行检验，以确定焊缝质量是否合格。力学性能试验、金相分析、化学分析等破坏性试验，适用于对产品焊接试板的检验；而对容器本身焊缝，则应进行外观检查、各种无损探伤、耐压及致密性试验等。凡检验出超过规定的焊接缺陷，都应进行返修，直到重新探伤后确认缺陷已全部清除才算返修合格。焊缝质量检验与返修的各项规定可参看 GB150.1~150.4—2011 的有关内容。

思考与练习

一、填空题

1. 压力容器有多种结构形式，最常见的结构为_______、_______和锥形三种。
2. 当筒体直径小于_______时，可用无缝钢管制作。当直径较大时，筒体一般用钢板_______后焊接而成。
3. 根据 GB/T 25198—2010《压力容器封头》的规定，封头的类型可分为_______、椭圆形、______和_______等几种，目前，应用最普遍的是_______封头。
4. 法兰分为_______和_______。用于管道连接和密封的法兰叫_______；用于容器顶盖与筒体连接的法兰叫_______。
5. 筒体与封头上开设孔后，开孔部位的强度被削弱，一般应通过_______补强。

6. 因圆筒形容器的安装位置不同，卧式容器主要采用________支座支承并固定，立式容器一般采用________支承并固定。

7. 球罐按其瓣片形状分为________、________及________，________球罐因安装较方便，焊缝位置较规则，目前应用最广泛。

8. 采用热压时，为保证热压质量，必须控制始压和终压温度。低碳钢始压温度一般为________，终压温度为________。

9. 筒节纵缝焊接的质量要求较高，一般采用________，顺序是________。

二、简答题

1. 简述封头制造工艺。

2. 简述筒节的制造工艺。

3. 筒节与筒节之间的环缝装配通常采用什么方法？

任务三　船舶双层底分段的制造工艺

学习目标

1. 了解船舶结构的类型、特点及技术要求。
2. 理解船舶结构焊接的工艺原则，掌握船舶结构的制造方法。
3. 学会结合生产条件，合理地制定船舶主要分段及分段合拢的制造工艺。

任务描述

现代船舶的船体已采用全焊接结构，这对减轻船体自重、缩短船舶的建造周期和改善航运性能具有重要的作用。船舶是一座水上浮动结构物，而作为其主体的船体是由一系列板架相互连接而又相互支持构成的，它是一个具有复杂外形和空间构造的焊接结构。现代船体结构的制造多采用分段制造法，即将船体结构划分为部件、分段和总段，它们是平面的和立体的结构。这些部件、分段和总段都有足够的刚度，它们的装配焊接工作可以在车间条件下，利用装配焊接夹具及机械化装置完成。这种生产方式易于实现专业化，便于组织流水线作业，有利于提高船舶的生产率和建造质量。本任务以船舶结构为载体，介绍其采用分段建造法进行船舶主要分段及分段合拢的制造工艺。

必备知识

一、船舶结构的类型及特点

船舶是水上浮动的空间结构物。船体结构必须具有可靠的水密性和足够的坚固性，实质上它是由一系列板架结构相互连接构成的，如图 8-35 所示。

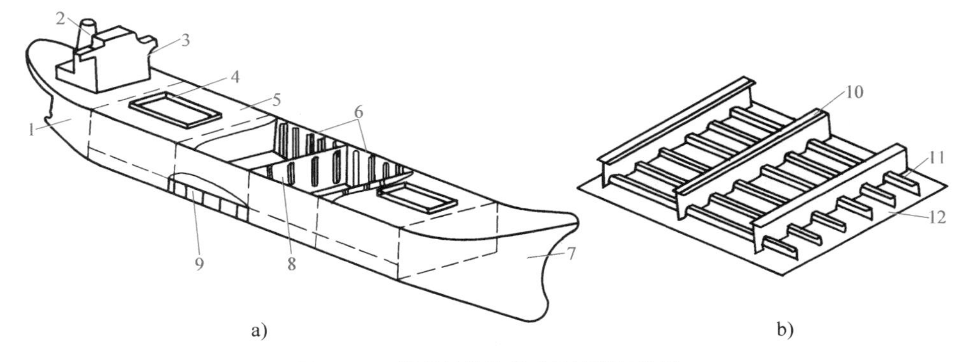

图 8-35　船体结构的组成及其板架简图

a）船体结构简图　b）板架结构简图

1—尾部　2—烟囱　3—上层建筑　4—货舱口　5—甲板　6—舷侧　7—首部　8—横舱壁

9—船底　10—桁材　11—骨材　12—板

1. 船舶板架结构的类型及使用范围

船体板架结构可分为纵骨架式、横骨架式及混合骨架式三种，其特征和使用范围见表 8-2。

表 8-2　船体板架结构的类型及特征

板架类型	结构特征	适用范围
纵骨架式	板架中纵向(船长方向)构件较密、间距较小,而横向(船宽方向)构件较稀、间距较大	大型油船的船体、大中型货船的甲板和船底、军用船舶的船体
横骨架式	板架中横向构件较密、间距较小,而纵向构件较稀、间距较大	小型船舶的船体,中型船舶的弦侧、甲板,民船的首尾部
混合骨架式	板架中纵、横向构件的密度和间距相差不多	除特种船舶外,很少使用

2. 船体结构的特点

船体结构与其他焊接结构相比，具有以下特点：

（1）零部件数量多　一艘万吨级货船的船体，其零部件数量在 20 000 个以上。

（2）结构复杂、刚性大　船体中纵、横构架相互交叉又相互连接，尤其是首尾部分还有不少典型结构。这些构件用焊接连成一体，使整个船体成为一个刚性的焊接结构。一旦某一焊缝或结构不连续处衍生微小的裂缝，就会快速地扩展到相邻构件，造成部分结构乃至整个船体发生破坏。因此，在设计时要避免构件不连续和应力集中的因素。在制造时要正确装配，保证焊接质量，并注意零件自由边的切割质量，构件端头和开孔处应实施包角焊等。

（3）钢材的加工量和焊接工作量大　各类船舶的船体结构重量和焊缝长度列于表 8-3。焊接工时一般占船体建造总工时的 30%~40%。因此，设计时要考虑结构的工艺性，同时也要考虑采用高效焊接的可能性，并尽量减少焊缝的长度。

（4）使用的钢材品种少　各类船舶所使用的钢材见表 8-4。

表 8-3　各类船舶的船体结构重量和焊缝长度

项目 船种	载重量/t	主尺寸/m			船体钢材重量/t	焊缝长度/km		
		长	宽	深		对接	角接	合计
油轮	88 000	226	39.4	18.7	13 200	28.0	318.0	346.0
	153 000	268	53.6	20.0	21 900	48.0	437.0	485.0
汽车运输船	16 000	210	32.2	27.0	13 000	38.0	430.0	468.0
集装箱船	27 000	204	31.2	18.9	11 100	28.0	331.0	359.0
散装货船	63 000	211	31.8	18.4	9 700	22.0	258.0	280.0

表 8-4　各类船舶使用的钢材

船舶类型	使用钢种	备注
一般中小型船舶	船用碳钢	—
大中型船舶、集装箱船和油轮	船用碳钢 R_{el}=320~400MPa船用高强钢	用于高应力区构件
化学药品船	船用碳钢和高强钢 奥氏体不锈钢、双相不锈钢	用于货舱
液化气船	船用碳钢和高强钢 低合金高强钢 0.5Ni、3.5Ni、5Ni和9Ni钢,36Ni,2A12铝合金	用于全压式液罐、半冷半压和全冷式液罐和液舱

二、船舶结构焊接的工艺原则

1. 焊接顺序的基本原则

在船体建造中，为了减少船体结构的变形与应力，正确选择和严格遵守焊接顺序，是保证船体焊接质量的重要措施。由于船体结构复杂，各种类型的船体结构也不一样，因此焊接顺序也不相同。所谓焊接顺序，就是为减小结构变形，降低焊接残余应力，并使其分布合理而按一定次序进行的焊接过程。船体结构焊接顺序的基本原则是：

1）船体外板、甲板的拼缝，一般应先焊横向焊缝（短焊缝），然后焊纵向焊缝（长焊缝），如图8-36所示，对具有中心线且左右对称的构件，应左右对称地进行焊接，最好是双数焊工同时进行焊接，以避免构件中心线产生移位。埋弧焊一般应先焊纵缝后焊横缝。

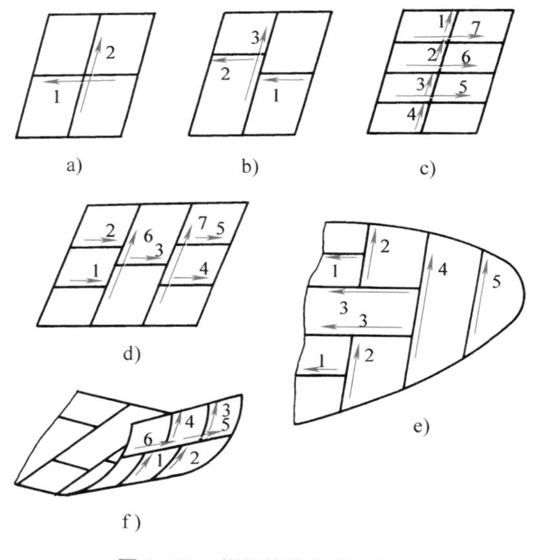

图 8-36　拼板接缝的焊接顺序

2）当构件中同时存在对接焊缝和角接焊缝时，则应先焊对接焊缝，后焊角接焊缝。如同时存在立焊缝和平焊缝，则应先焊立焊缝，后焊平焊缝。所有焊缝应采取由中间向左右、由中间向艏艉、由下往上的焊接顺序。

3）凡靠近总段和分段合拢处的对接焊缝和角焊缝应留出 200~300mm 暂时不焊，以利于船台装配对接，待分段、总段合拢后再进行焊接。

4）焊条电弧焊时，焊缝长度小于 1 000mm 时，可采用直通焊，焊缝长度大于 1 000mm 时，可采用分段退焊法。

5）在结构中同时存在厚板与薄板构件时，先将收缩量大的厚板进行多层焊，后将薄板进行单层焊。多层焊时，各层的焊接方向最好相反，各层焊缝的接头应相互错开。或采用分段退焊法，如图 8-37 所示，焊缝的接头不应处在纵横焊缝的交叉点。

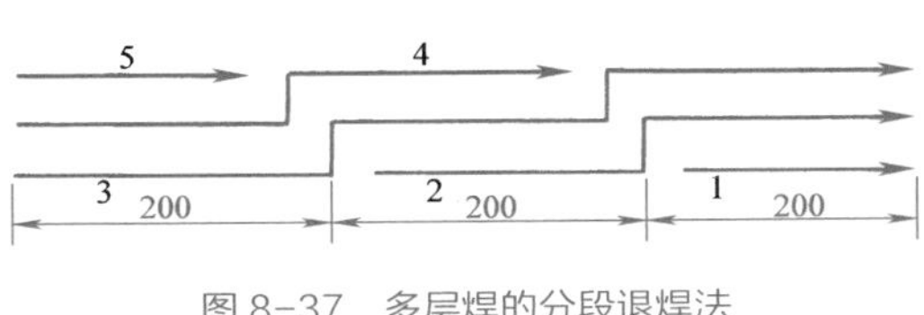

图 8-37　多层焊的分段退焊法

6）刚性大的焊缝，如立体分段的对接焊缝（大接头），焊接过程不应间断，应力求迅速、连续完成。

7）分段接头呈 T 形和十字形交叉时，对接焊缝的焊接顺序是：T 字形对接焊缝可采用直接先焊好横焊缝（立焊），后焊纵焊缝（横焊），如图 8-38a 所示，也可以采用图 8-38b 所示的顺序，先在交叉处两边各留出 200~300mm 最后焊接，这样可防止在交叉部位由于应力过大而产生裂纹。同样，十字形对接焊缝的焊接顺序如图 8-38c 所示，横焊缝错开的 T 字形交叉焊缝的焊接顺序如图 8-38d 所示。

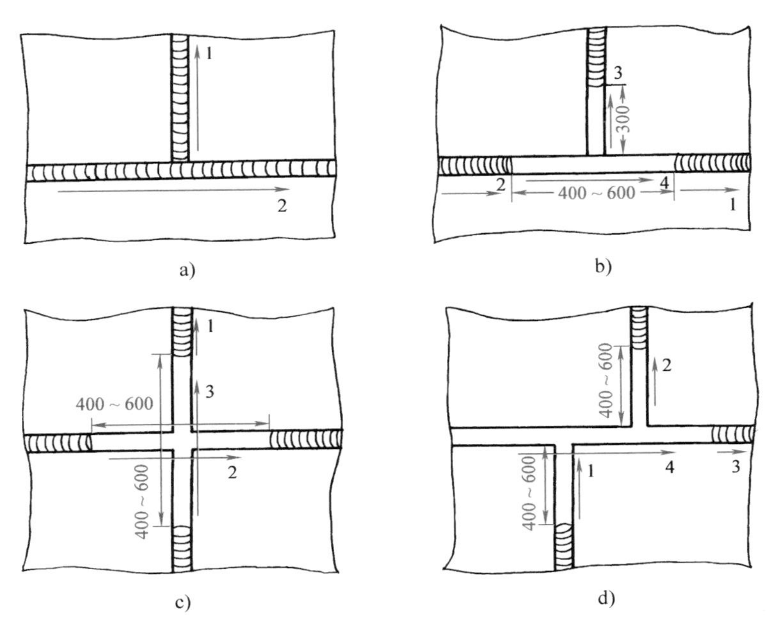

图 8-38　T 字形、十字形交叉对接焊缝的焊接顺序示意图

8）船台大合拢时，先焊接总段中未焊接的外板、内底板、舷侧板和甲板等的纵焊缝，同时焊接靠近大接头处的纵、横构架的对接焊缝，然后焊接大接头环形对接焊缝，最后焊接构架与船体外板的连接角焊缝。

2. 工艺守则

在船体结构的焊接过程中，焊工应该遵守以下几项守则：

1）凡是担任船结构焊接的电焊工，必须按我国“钢质海船入级与建造规范”（英文简称ZC）规则，以及相对应的国外船检局（如NK、GL、ABS等）规则进行考试（包括定位焊的焊工），并取得考试合格证。

2）为了保证焊透和避免产生弧坑等缺陷，在埋弧焊焊缝两端应安装引弧板和引出板。引弧板与引出板的尺寸，最小为150mm×150mm，厚度与焊件相同。

3）当环境温度低于−5℃，施焊一般强度钢的船体主要结构（船体外板和甲板的接缝、艏柱、挂舵臂等）时，均需进行预热，预热温度一般为100℃左右。

4）所有对接焊缝（包括T形构件的面板、腹板）正面焊好后，反面必须采用碳弧气刨清根，未露出金属光泽的焊缝不得焊接。

5）缺陷未补，不上船台，分段建造产生的焊接缺陷和焊接变形，应修正和矫正完毕后，再吊上船台。

6）焊条、焊剂等材料的烘焙、发放应按有关技术要求严格执行，一次使用不得超过4h，而且回收烘焙只允许重复两次。

7）焊接时，不允许在焊缝的转角处或焊缝交叉处起弧或收弧，焊缝的接头应避开焊缝交叉处。引弧应在坡口中进行，严禁在焊件上缘引弧。

8）装配使用的定位焊条必须与焊工施焊焊条牌号相同。在施焊过程中，遇到接头定位焊开裂，使错边量超过标准要求，须修正后再焊接。如果坡口间隙过大，可采用堆焊坡口的方法，以及采用临时垫板工艺。切不可以嵌焊条或用切割余料等作为填充嵌补金属材料。

9）当构件连续角焊缝与已完工的拼接缝相交时，可采取如下工艺措施：

①可将相交部分焊缝打平，但不允许该处焊缝呈突变的缺口。

②允许在构件腹板上开R30mm的半圆孔或60mm×4mm的长形孔。让平焊缝增强量高出部分通过，而施行角焊时再将长孔填满。

③当构件要求水密时，其腹板上开长60mm、高3mm、剖面削斜45°的长形孔，这样既可使平焊缝增高部分通过，又能保证施焊角焊缝焊透。

④当构件穿越液舱时，应采取隔水孔或其他等效措施，距水密边界两侧各100mm处构件开R40mm的半圆孔，并保证半圆孔处有良好的包角，同时在孔与水密边界之间，将角焊缝焊脚尺寸加大10%。

10）按“ZC船规”规定，一般船体结构中，对下列部位在包角焊缝的规定长度内应采用双面连续的角焊缝：

①肋板趾端的包角焊缝长度应不小于连接骨材的高度，且不小于75mm。

②型钢端部，特别是短型钢的端部削斜时，其包角焊缝的长度应为型钢的高度或不小于削斜长度。

③各种构件的切口、切角和开孔的端部和所有相互垂直连接构件的垂直交叉处的板厚大于12mm时，包角焊缝的长度应不小于75mm；板厚小于或等于12mm时，其包角焊缝长度应不小于50mm。

包角焊操作时，包角焊缝应有顺利过渡，焊脚尺寸不能小于设计尺寸，在构件的端部更不能以点焊代替。

11）焊接时，对以下船体结构和构件，按“ZC船规”规定，应采用低氢型焊条：

①船体大合拢时的环形对接焊缝和纵桁材对接焊缝。

②具有冰区加强级的船舶，其外板的端接缝和边接焊缝。

③桅杆、吊货杆、吊艇架、拖钩架和系缆桩等承受强大载荷的舾装件及其所有承受高应力的零部件。

④要求具有较大刚度的构件，如艏框架、艉框架和艉轴架等，及其与外板和船体骨架的接缝。

⑤主机基座以及与其相连接的构件。

⑥用低合金钢材建造的所有船体焊缝。

⑦船长大于90m的舷顶列板与强力甲板边板在舯0.5L（L为船的长度）区域内的角焊缝。

⑧蒸汽锅炉及一、二类受压容器。

12）当焊接D、E级高强度船体结构用钢时，严格按D、E级钢焊接的操作要求执行。

13）按“ZC船规”规定，船体主要结构中的平行焊缝应保持一定距离。对接焊缝之间的平行距离应不小于100mm，且避免尖角相交；对接焊缝与角焊缝之间的平行距离应不小于50mm，如图8-39所示。

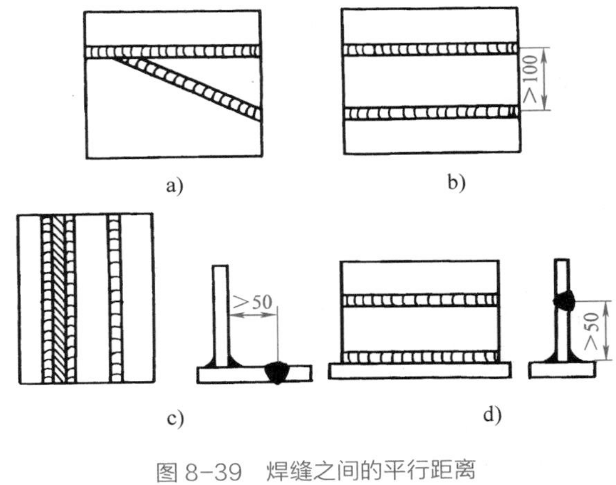

图8-39　焊缝之间的平行距离

a）不正确　b）、c）、d）正确

三、整体造船中的焊接工艺

整体造船法目前在船厂中用得较少，只有在起重能力小、不能采用分段造船法和中小型船厂才使用，一般适用于吨位不大的船舶。

整体造船法就是直接在船台上由下至上、由里至外先铺全船的龙骨底板，然后在龙骨底板上架设全船的肋骨框架、舱壁等纵横构架，最后将船板、甲板等安装于构架上，待全部装配工作基本完毕后，才进行主船体结构的焊接工作。这种整体造船法的焊接工艺是：

1）先焊纵、横构架对接焊缝，再焊船壳板及甲板的对接焊缝，最后焊接构架与船壳板及甲板的连接角焊缝。前两者也可同时进行。

2）船壳板的对接焊缝应先焊船内一面，然后外面采用碳弧气刨扣槽封底焊。甲板对接焊缝可先焊船内一面（仰焊），然后在反面刨槽进行平对接封底焊或采用埋弧焊；也可以采用外面先焊平对接焊缝，再在船内刨槽仰焊封底。两种方法各有利弊，一般采用后者较多，因其易保证质量，可减轻劳动强度。或者直接采用先进的单面焊接双面成形工艺（有焊条电弧焊和CO_2气体保护焊）。

3）按船体结构顺序的基本原则要求，船壳板及甲板对接缝的焊接顺序是：若是错开接缝，先焊横缝（立焊），后焊纵缝（横焊）；若是平列接缝，则应先焊纵缝，后焊横缝，如图 8-40 所示。

4）船首外板缝的焊接顺序应待纵、横焊缝焊完后，再焊船首柱与船壳板的接缝，如图 8-41 所示。

5）所有焊缝均采用由船中向左右，由中向首尾，由下往上的焊接，以减少焊接变形和应力，保证建造质量。

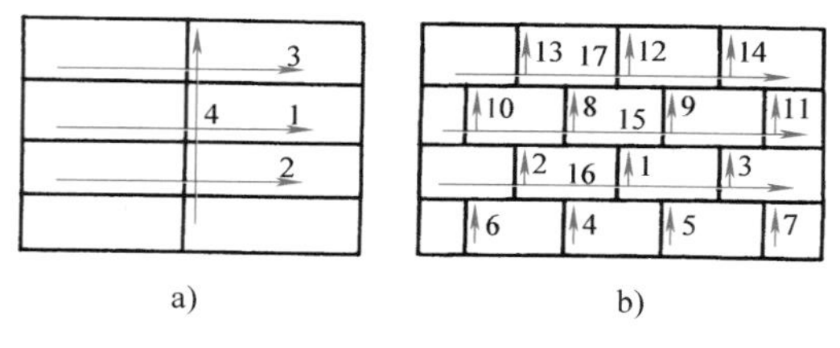

图 8-40　船体外板、甲板的焊接顺序

a）平列接缝　b）错开接缝

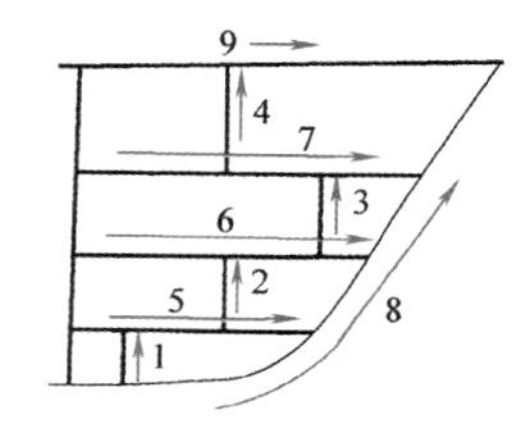

图 8-41　船首外板的焊接顺序

任务实施

目前在建造大型船舶时，都是采用分段造船法。分段由两个或两个以上零件装焊而成的部件和零件组合而成。它可分为平面分段、半立体分段和立体分段三种。平面分段有隔舱、甲板、舷侧分段等；立体分段有双层底、边水舱等；半立体分段介于二者之间，如甲板带舷部、舷部带隔舱、甲板带围壁及上层建筑等。下面以七万吨散货船为例介绍几种典型分段的焊接工艺。

1. 甲板分段的装焊工艺

甲板分段是典型的平面分段，由上甲板、大小横梁、顶墩组件、大肋板等组成。通常以上甲板为基准面反造。其制造工艺流程如图 8-42 所示。

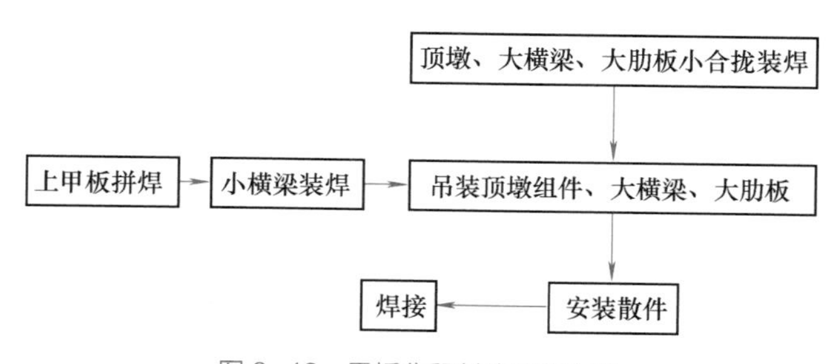

图 8-42　甲板分段制造工艺流程

（1）甲板分段的装配顺序　甲板分段的安装顺序如图 8-43 所示。图中上支座①是顶墩隔板，上支座②是顶墩垂直板，上支座③、④是大肋板。

（2）甲板拼板的焊接　甲板是具有船体中心线的平面板材构件，虽具有较小的曲型（一般为船宽的 1/100~1/50 梁拱），但可在平台上进行装配和焊接，焊接顺序可与一般拼板接缝顺序相同。确定焊接顺序时，应保证在船体中心线左右对称地进行。其对接焊缝可用三丝 FCB 法焊接工艺；有拱度上甲板的装配和焊接采用双面自动埋弧焊工艺。

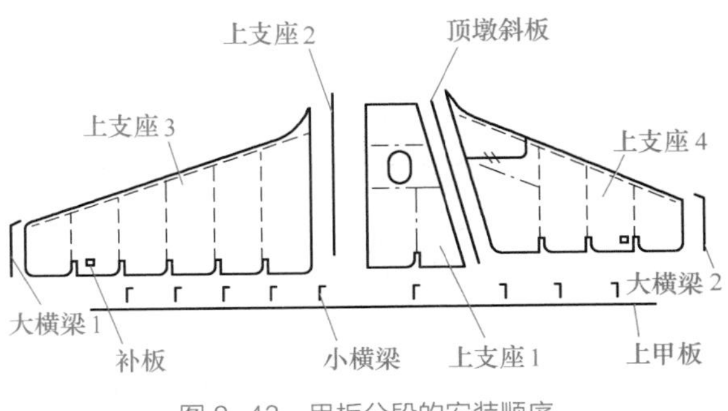

图 8-43　甲板分段的安装顺序

（3）顶墩组件、大横梁、大肋板小合拢　顶墩组件和大肋板的对接焊缝应先焊接。顶墩组件和大肋板的对接缝可用单丝双面自动埋弧焊工艺，若板较厚，也可以用双丝双面自动埋弧焊工艺。

（4）甲板分段的总装　将焊后的甲板吊放在胎架上，为了保证甲板分段的梁拱和减小焊接变形，甲板与胎架应间隔一定距离进行定位焊。按构架位置划好线后，将全部构件用定位焊装配在甲板上，并用支承加强，以防止焊后产生角变形。焊接顺序应按下列工艺进行：

1）先焊构架的对接焊缝，然后焊构架的角焊缝（立角焊缝）及构架上的肋板，最后焊接构架与甲板的平角焊缝。甲板分段焊接时，应由双数焊工从分段中央开始，逐步向左右及前后方向对称进行焊接。

2）为了总段或立体分段装配方便，在分段两端的纵桁应有一段约 300mm 暂不焊，待总段装配好后再按装配的实际情况进行焊接。横梁两端应为双面焊，其焊缝长度相当于肋板长度或横梁的高度。

3）在焊接大型船舶时，为了采用埋弧焊或重力焊，加快分段建造周期，提高生产率，可采用分离装配的焊接方法。分段为横向结构时，先装横梁，重力焊焊后再装纵桁，然后再进行全部焊接工作，但对纵向结构设计的分段则相反。也可采用纵横构架单独装焊成整体，然后再和甲板合拢，焊接平角焊缝。

4）焊接小型船舶时，宜采用混合装配法，即纵、横构架的装配可以交叉进行，待全部构件装配完成后，再进行焊接，这样可减小分段焊后的变形。

2. 双层底分段的装焊工艺

双层底分段是典型的立体分段，由外底板、内底板、纵桁、纵骨、肋板等主要部件组成。根据双层底分段的结构和钢板厚度的不同，有两种建造方法：一种是以内底板为基准面的“反造法”，对于结构强、板厚或单一生产的船舶，多采用“反造法”建造；另一种是以船底板为基准面的“正造法”，它在胎架上建造，能保证分段的正确线形。本文以“反造法”为例介绍双层底分段的装焊工艺。其制造工艺流程如图 8-44 所示。

（1）纵骨的装焊　内底板、外底板的对接拼焊在平面分段生产线上进行。在装配平台上铺设内底板（外底板），进行装配定位焊后用埋弧焊进行内底板（外底板）的拼焊。内底板和纵骨、外底板和纵骨的平角焊缝焊接也在平面分段生产线上用 CO_2 气体保护焊进行。

纵骨的形式一般有球扁钢和 T 排，主要由船型和吨位来确定。

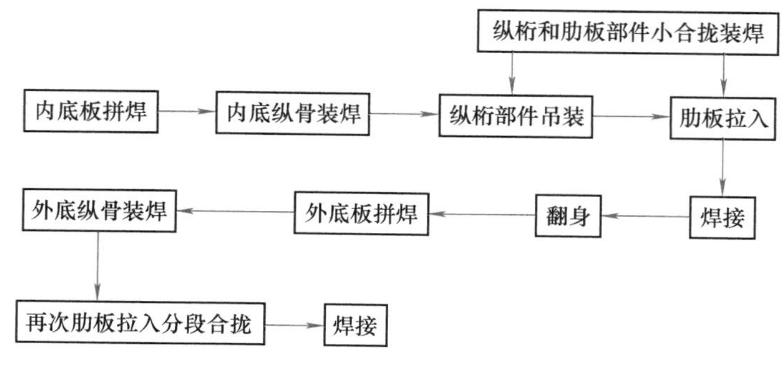

图 8-44　底部分段的制造工艺流程

（2）纵桁部件的装焊　纵桁部件是一块长方形的板上装两根纵向构架，如图 8-45 所示。其形式有扁钢、球扁钢或 T 排，所采用的形式以及纵桁部件的长度、宽度和厚度都随船型和吨位的变化而改变。在长度方向的对接焊缝均采用双面自动埋弧焊工艺，构架的平角焊缝可采用 CO_2 气体保护焊工艺。内底板与纵向构件的焊接顺序如图 8-46 所示。

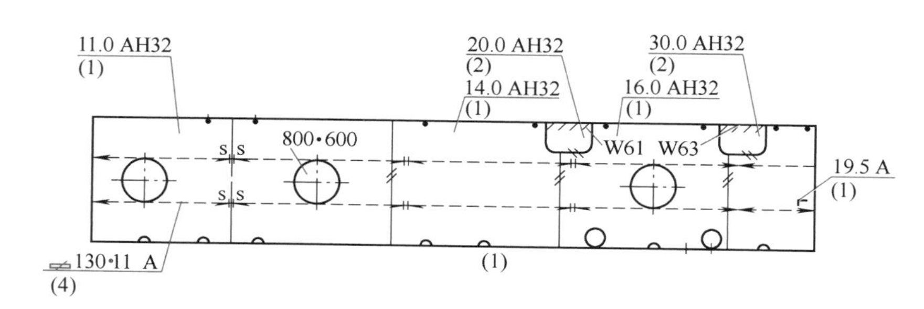

图 8-45　纵桁部件

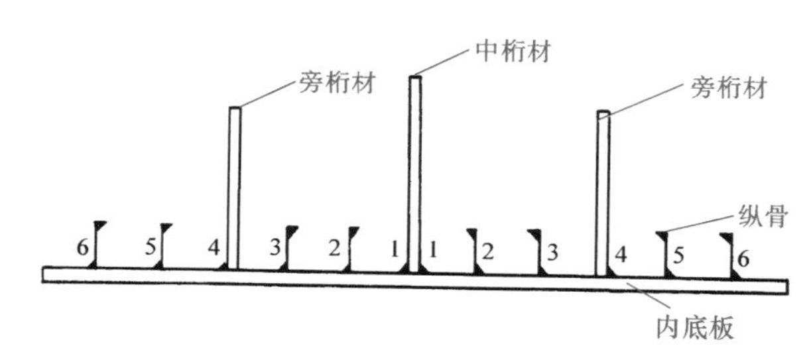

图 8-46　内底板与纵向构件的焊接顺序

（3）肋板的装焊　肋板安装方法有插入法、肋板单面拉入法和肋板双面拉入法。肋板单面拉入法是指肋板与内底板装配时采用拉入法，而肋板与外底板装配时采用插入法。肋板双面拉入法是指肋板与内、外底板装配时都采用拉入法。拉入法和插入法相比有如下优点：可节约大量的补板装焊工时、补板材料及相应的焊接材料；可改善纵骨穿越区应力集中的状况，从而提高船舶的使用寿命。

在内底板上装配肋板并施定位焊后，用焊条电弧焊或 CO_2 气体保护焊焊接肋板与中桁材、旁桁材的立角焊缝，其焊接顺序如图 8-47 所示。然后焊接肋板与纵骨的角缝，焊接顺序是由中间

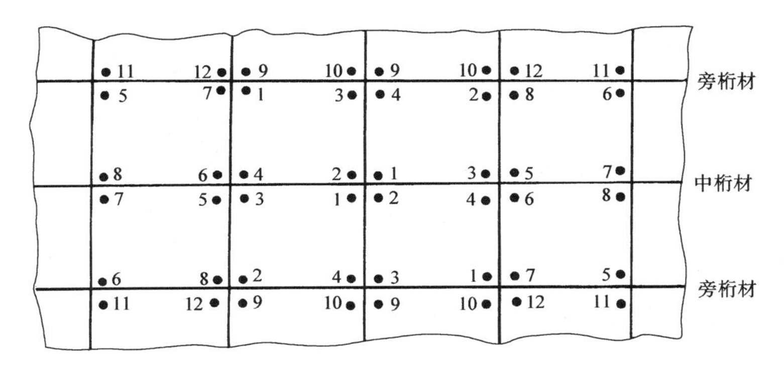

图 8-47　内底板分段立角焊的焊接顺序

图 8-48　内底板分段平角焊的焊接顺序

向四周；由双数焊工（图上为 4 名焊工）对称进行；当立角焊长度大于 1m 时，要分段退焊，即先上后下进行焊接。焊接肋板与内底板的平角焊缝时，焊接顺序如图 8-48 所示。

（4）外底板的装焊　在肋板上装好纵骨构架形成内底构架后便开始装配外底板。先翻身，然后采用插入法将内底构架与外底板进行装配，如图 8-49 所示。肋板与外底板架之间的角焊缝一般采用 CO_2 气体保护焊工艺，其焊接顺序参照图 8-48。

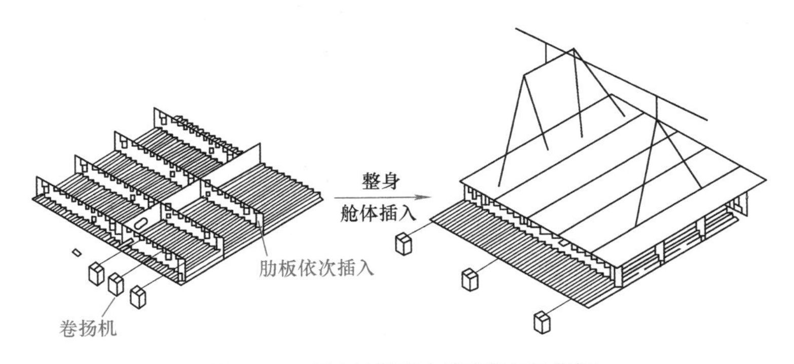

图 8-49　插入法装配内底构架与外底板

视频：双层底分段的装焊工艺

3. 平面分段总装成总段的焊接工艺

在建造大型船舶时，先在平台上装配 - 焊接成平面分段，然后在船台上或车间内分片总装成总段，如图 8-50 所示，最后再吊上船台进行总段装焊（大合拢）。平面分段总装成总段的焊接工艺如下：

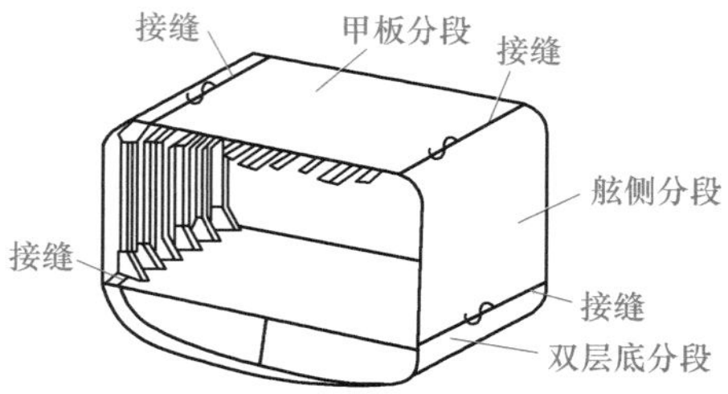

1）为了减小焊接变形，甲板分段与舷侧分段、舷侧分段与双层底分段之间的对接焊缝，应采用“马”板加强定位。

2）由双数焊工对称地焊接两侧舷侧外板分段与双层底分段对接焊缝的内侧焊缝。焊前应根据板厚开设特定坡口，采用焊条电弧焊或 CO_2 气体保护焊工艺。

接缝
甲板分段
接缝
舷侧分段
接缝
接缝
双层底分段

图 8-50　平面分段总装成总段

3）焊接甲板分段与舷侧分段的对接焊缝。在采用焊条电弧焊时，先在接缝外面开设 V 形坡口，进行平焊，焊完后，内面采用碳弧气刨清根，进行仰焊封底；也可采用接缝内侧开坡口、焊仰焊打底，然后在接缝外面采用埋弧焊；有条件的还可以直接采用 FAB 衬垫或陶瓷衬垫，采用 CO_2 气体保护焊单面焊双面成形工艺。

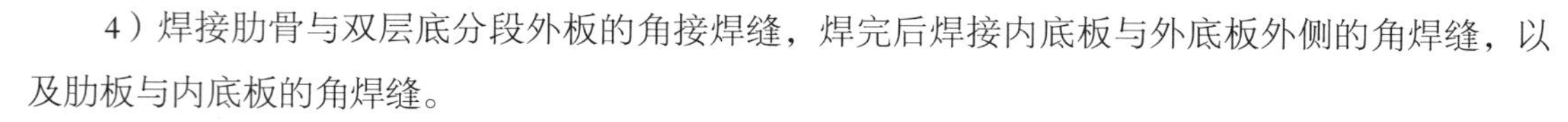

4）焊接肋骨与双层底分段外板的角接焊缝，焊完后焊接内底板与外底板外侧的角焊缝，以及肋板与内底板的角焊缝。

5）焊接肋板与甲板或横梁间的角焊缝。

6）用碳弧气刨将舷侧分段与双层底分段间的对接焊缝进行清根，然后实施焊条电弧焊封底焊接。

4. 大合拢阶段的焊接工艺

大合拢阶段主要有上甲板对接、内底板对接、外底板对接、舷侧外板对接、下边水舱斜板对接、内部构架对接等焊缝，如图 8-51 所示。

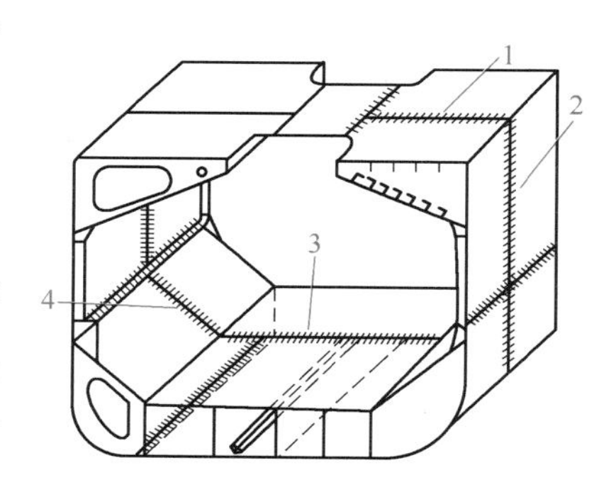

图 8-51　大合拢阶段的主要焊缝

图 8-51 中 1 和 3 分别表示上甲板对接和内底板对接，目前国内大部分船厂使用陶瓷衬垫单面半自动 CO_2 气体保护焊打底、埋弧焊盖面的混合焊工艺，少数船厂使用陶瓷衬垫自动双丝单面 MAG 焊工艺。图 8-51 中 2 表示舷侧外板对接，目前国内大部分船厂使用自动垂直气电单面立焊工艺。图 8-51 中 4 表示下边水舱斜板对接，目前国内大部分船厂使用陶瓷衬垫单面半自动 CO_2 气体保护焊打底、半自动 CO_2 气体保护焊盖面的工艺。

思考与练习

一、填空题

1. 船体板架结构可分为_______、_______及_______三种。
2. 当构件中同时存在对接焊缝和角接焊缝时，则应先焊_______，后焊_______。如同时存在立焊缝和平焊缝，则应先焊_______，后焊_______。
3. 在结构中同时存在厚板与薄板构件时，先将收缩量大的厚板进行_______，后将薄板进行_______。
4. 整体造船法中，所有焊缝均采用由_______，由_______，由_______的焊接，以减少_______，保证建造质量。

5. 分段由两个或两个以上零件装焊而成的部件和零件组合而成。它可分为_________、_________和_______三种。

6. 甲板分段是典型的平面分段，由_______、_______、_______、大肋板等组成。

二、简答题

1. 船体结构与其他焊接结构相比具有哪些特点?

2. 船体结构焊接顺序的基本原则是什么?

3. 什么是整体造船法?

4. 双层底分段可有哪些建造方法? 各有什么特点?

大国工匠——王树军

参考文献

［1］王云鹏，戴建树．焊接结构生产［M］．北京：机械工业出版社，1998.

［2］张婉云．焊接结构装焊技术［M］．北京：机械工业出版社，2012.

［3］赵熹华．焊接方法与机电一体化［M］．北京：机械工业出版社，2001.

［4］陈祝年．焊接工程师手册［M］.2 版北京：机械工业出版社，2010.

［5］王国凡．钢结构焊接制造［M］．北京：化学工业出版社，2005.

［6］邢晓林．焊接结构生产［M］．北京：化学工业出版社，2002.

［7］戴建树，叶克力．焊接结构零件制造技术［M］．北京：机械工业出版社，2010.

［8］陈裕川．焊接结构制造工艺实用手册［M］．北京：机械工业出版社，2012.

［9］鲍勇祥．焊接结构生产［M］．北京：中国劳动社会保障出版社，2012.

［10］张应立，周玉华．焊接结构生产与管理实战手册［M］．北京：机械工业出版社，2015.

［11］李莉．焊接结构生产［M］.2 版北京：机械工业出版社，2015.